三峡水库支流水华与生态调度新进展

杨正健 刘德富 马骏 崔玉洁 纪道斌 徐雅倩 王从锋 等著

中国水利水电出版社
www.waterpub.com.cn
·北京·

内 容 提 要

本书是在 2013 年出版的《三峡水库支流水华与生态调度》基础上，针对三峡水库175m 蓄水后干支流水环境演变和水华防控的研究的新进展。本书阐述了三峡水库支流库湾分层异重流特性及其形成过程，分析了三峡水库支流库湾水华机理，并提出了防控支流库湾水华的三峡水库"潮汐式"调度方法。全书共分 13 章，主要包括三峡水库干流水流及水环境特征，支流水环境及水华特征，三峡水库典型水华藻类昼夜垂直迁移特征及模式，典型支流库湾藻类可利用营养盐来源，不同水动力条件对水华藻类生长的影响，基于临界层理论的三峡水库支流水华生消机理，三峡水库干支流水流-水温耦合数值模拟，香溪河库湾水动力演变过程及水动力参数模拟，基于藻类-温度关系改进的香溪河库湾水华数值模拟，三峡水库调度规程及调度空间分析，防控三峡水库支流水华水库群调度需求分析，防控三峡水库支流水华的水库群联合调度准则及效果分析等。

本书可以作为我国水库水华防控和水环境改善的一个典型案例进行经验总结和推广应用，可供水利、环境、生态、农业、水土保持等有关专业的工程技术和研究人员参考。

图书在版编目（CIP）数据

三峡水库支流水华与生态调度新进展 ／ 杨正健等著
. -- 北京 ：中国水利水电出版社，2021.10
ISBN 978-7-5226-0137-3

Ⅰ．①三… Ⅱ．①杨… Ⅲ．①三峡水利工程－水库环
境－藻类水华－生态环境－研究 Ⅳ．①X143

中国版本图书馆CIP数据核字(2021)第209471号

书　　名	三峡水库支流水华与生态调度新进展
	SAN XIA SHUIKU ZHILIU SHUIHUA YU SHENGTAI DIAODU XIN JINZHAN
作　　者	杨正健 刘德富 马 骏 崔玉洁 纪道斌 徐雅倩 王从锋 等 著
出版发行	中国水利水电出版社
	（北京市海淀区玉渊潭南路 1 号 D 座　100038）
	网址：www.waterpub.com.cn
	E-mail：sales@mwr.gov.cn
	电话：(010) 68545888（营销中心）
经　　售	北京科水图书销售有限公司
	电话：(010) 68545874、63202643
	全国各地新华书店和相关出版物销售网点
排　　版	中国水利水电出版社微机排版中心
印　　刷	北京中献拓方科技发展有限公司
规　　格	184mm×260mm　16 开本　21.5 印张　523 千字
版　　次	2021 年 10 月第 1 版　2021 年 10 月第 1 次印刷
定　　价	**118.00 元**

前　言

　　支流库湾水华问题已成三峡水库目前主要的环境问题。围绕这一问题，2013 年出版的《三峡水库支流水华与生态调度》一书阐述了三峡水库支流库湾分层异重流特性及其形成过程，并初步分析了三峡水库支流库湾水华机理，并提出了防控支流库湾水华的三峡水库"潮汐式"调度方法。

　　2013 年以来，我们又陆续承担或参与了国家"十二五"水专项课题"基于三峡水库及下游水环境改善的水库群联合调度关键技术研究与示范"、国家 973 前期研究专项项目"具有地方特色的资源开发与生态环境保护基础研究"、国家国际科技合作专项"河道型水库水华机理及防控技术合作研究"以及国家自然科学基金重点项目"三峡水库水位波动防控支流库湾水华机制及其生态调度方法研究"等项目的研究工作，对三峡水库 175m 正式蓄水发电以来的干支流水环境演变趋势、水动力对支流库湾水华的影响机制进行了深入研究，取得了一些新的研究进展，主要包括如下六个方面：

　　（1）三峡水库干支流水文水动力特征分析。通过分析 2012—2018 年三峡水库干支流水流、水温、营养盐、浮游植物等数据，进一步阐明三峡水库干支流水动力特征，分析三峡水库 175m 水位蓄水发电以来干支流水环境及水华演变趋势；重点分析支流分层异重流-纵垂向混合-水体分层等过程及主要演变模式，确定水体层化模式的主要影响因素及其变化规律，进而分析香溪河库湾水体类型及其与三峡水库干流的差异及其可能的生态环境影响。

　　（2）三峡水库典型水华藻类昼夜垂直分析特征及模式。2013 年版系统分析了拟多甲藻的昼夜垂直分布特征，但 2012 年以来，三峡水库典型支流库湾水华优势种已由原来的甲藻、硅藻逐步演替为甲藻、硅藻、蓝藻、绿藻等藻类交替演变的趋势。而不同藻类的垂直运动及昼夜分布对于水华形成过程具有重要影响，因此，本书进一步分析了拟多甲藻、小环藻及铜绿微囊藻的昼夜垂直分布特征，并比较分析了不同藻类垂向运动的差异。

　　（3）典型支流库湾藻类可利用营养盐的来源分析。2013 年版利用保守粒子示踪法对典型支流营养盐来源进行了初步分析，本书在此基础上进一步完善了营养盐示踪分析方法，采用保守粒子示踪和氢氧同位素示踪对比分析的方式重新讨论了分层异重流对支流营养盐的补给模式，并分析了三峡水库香溪河库湾藻类可利用营养盐的来源时空分布特征。

（4）不同水动力对支流库湾水华影响机制分析。本书进一步增加了不同流速、流速梯度、扰动强度、水体滞留时间和水体层化结构对水华藻类生长影响的控制实验，重点分析了水体滞留时间和水体层化结果对水华生消的影响机制，并改进了临界层理论，提出了三峡水库典型支流库湾水华生消判定模式，进一步详细阐述了分层异重流背景下的三峡水库支流库湾水华机理。

（5）三峡水库干支流水流-水质-水华耦合模型及水华预测预报。通过改进CE-QUAL-W2模型，实现了三峡水库干支流水流-水质-水华的耦合数值模拟，详细分析了分层异重流对三峡水库干支流水体交换模式及水动力参数的影响；通过分析藻类-温度理论改进了藻类-水温关系曲线，构建了三峡水库典型支流营养盐、浮游植物种类的数值模型，实现了三峡水库支流水华的预测预报。

（6）防控支流库湾水华的"潮汐式"调度方法及效果评价。系统研究了三峡水库在保证防洪、发电、通航、补水等效益情况下的水库调度空间，并构建了三峡水库生态调度水位控制线；在此基础上，提出了防控支流水华的"潮汐式"调度准则和调度方法，并分析了"潮汐式"生态调度防控支流库湾水华的作用机制及水华防控效果，并为三峡水库生态调度及水华防控提供了措施建议。

全书共分为13章，其中第1章、第3章、第5～第7章、第13章由杨正健、刘德富执笔，主要阐述了基于分层异重流背景下的三峡水库支流库湾水华的生消机理及其与水库调度的相关关系；第8章、第9章、第12章由马骏执笔，主要实现了三峡水库干支流水流-水质-水华的耦合模拟，并通过模拟提出了防控支流库湾水华的"潮汐式"生态调度理论参数阈值及调度方法；第4章、第10章由崔玉洁执笔，通过研究不同水华藻类的垂向迁移特性和改进水环境与藻类生长的关系曲线实现了支流库湾水华的预测预报；第2章由纪道斌执笔，分析了三峡水库175m蓄水以来干支流水环境演变规律；第11章由徐雅倩执笔，系统阐明了三峡水库生态调度与防洪、发电、通航、补水等调度的协调关系，并提出了三峡水库可用的生态调度空间。

三峡大学王从锋、郭小娟、王耀耀、赵星星、聂小芬、刘静思、朱晓声、袁思谦、陈思祥、陈成、刘毅、李亮、吴凡和湖北工业大学王鸿洋、余君妍、唐金云、王章鹏、罗俊雄等同学参与了书稿的绘图和修改工作；书稿中的基础资料收集工作得到了中国长江三峡集团有限公司、长江勘测规划设计研究有限责任公司和水利部长江水利委员会水文局的领导及相关管理人员的大力支持，在此一并对他们表示感谢。同时感谢三峡大学、湖北工业大学全体课题组成员对本书的大力支持！

鉴于编者水平有限，书中不妥之处还望读者和同行给予批评指正。

作者

2021 年 7 月

目　　录

第1章 综 述

1.1 概 述

我国绝大多数水利水电工程都建在大江大河上,拦河大坝形成的水库基本都属于河道型水库。水库蓄水后较大程度地改变了原有河流生境条件,河流连续性遭到破坏,原河流生态系统演变为水库生态系统。水库水位周期性年调节、水位年变幅大,加之水库纵向生境条件差异显著,致使水库生境时空异质性高,库尾段常在湖泊与河流特性之间转变,水库干流与支流回水区之间生境特性也差异明显。因此,水库生态系统具有独特性。不少河道型水库在从河流生态系统向水库生态系统演变时,出现了水华等生态环境问题,这给水库的健康运行和管理带来了巨大的挑战。以三峡水库为例,自 2003 年蓄水发电以来,三峡工程在带来巨大防洪、发电、航运等综合效益的同时,也改变了长江的水文、水动力等条件,产生了支流库湾水体富营养化及水华问题,水华藻种也由河流型的硅藻、甲藻向湖泊型的有毒蓝藻、绿藻演替[1]。支流水体富营养化及水华问题已成为三峡水库目前最主要的水环境问题[2]。水华的频繁暴发,对库区人民日常生活造成负面影响,也对相关区域工农业用水及水库的正常运行构成了威胁。

目前,针对三峡水库等河道型水库对生态环境的影响开展了不少的研究工作。特别是针对水库水体富营养化及水华问题,通过现场调查、室内试验和数值模拟等方法在水动力、营养盐、藻种演替、水华机理及控制措施等方面取得了阶段性认识。但目前水库的水环境污染形势仍不乐观,支流的富营养化及水华问题依然突出。阐明水库生态环境演变和水华生消机制,并提出水库水华的防控方法,对提高水库对生态环境影响的认识水平,进而有效控制或降低其对生态环境的不利影响,促进水利水电工程可持续发展具有重要意义。

1.2 国外相关研究现状及发展趋势

1.2.1 大坝水库对水库生境条件的影响

河流连续体概念 (river continuum concept,RCC)[3]表明,自然河流系统本应是由各种不同级别的河流共同形成的连续整体。大坝等水利工程引起了河流的水文、信息流、生物群落等因子在时间及空间上的不连续性,打破了原有的生态平衡。对于浮游植物来说,大坝使水库的生境条件更类似于湖泊,进而导致水体富营养化及藻类水华,水质下降[4]。大坝拦截对水文的直接影响就是降低了流速,增大了水库的水体滞留时间,这就使得藻类在水库中更易聚集。例如在日本的 Asahi 水库,虽然原河流氮、磷浓度较高,但只有建库后水体滞留时间超过 2 周时,才出现藻类水华[5];在波兰,Sulejów 水库建成后,水体滞留时间达到 60～120 天，蓝藻水华随之暴发[6]。大坝建设能够通过改变水温进而影响浮游植物的群落演替，例如瑞士 Ticino 梯级水库建成后，河流水温的季节性差异明显缩小，浮游植物群落结构随之发生了较大变化[7]。大坝对水温的影响更多体现在促使水温分层上，水体分层将导致水团垂向掺混减弱，使藻类能够停滞在光照带接受充足的阳光而增殖，进而导致水华暴发[8]。在澳大利亚的 Burrinjuck 水库，水温分层是导致藻类水华的最主要的原因[9]；Micgregor 对 40 多个水库进行了研究，进一步证明了水库导致的水体分层能够诱发藻类水华[10]。水下光学特性的改变，也能诱发水库水华，其中最大的影响就是促使水体泥沙沉降，增大水体透明度，美国的 Aswan 水库就是一个典型代表[11]。大坝建设还能改变营养盐在水体中的迁移转化规律，最明显的是表现出"过滤效应"而对营养盐进行拦截[12]，例如 Humborg 等通过研究多瑙河对黑海硅营养的影响发现，铁门大坝修建后，多瑙河进入黑海的硅通量减少了近 80%[13]；在法国的 Seine 河流域，大坝建设拦截的磷比氮要高得多[14]。这种拦截作用使得营养盐更多地停留在水库中，促进水库的富营养化。

对于大坝水库对浮游植物生境的影响，更多的学者将其归纳为水库的"湖沼学反应"[4]。实际上，水库（特别是河道型水库）是介于湖泊与河流之间的一类特殊水体，其特征一般包括：①流域面积大，流量周期性变化显著；②水体相对较深，垂向层化结构（光分层、温分层）季节变化明显；③水面纵深相对较大，生态系统空间分布特征显著；④受人工调蓄作用影响较大，水动力及生境条件也随之变化[15]。绝大多数湖泊的富营养化演替过程主要是营养盐的累积过程，人类活动只是加速了这种进程，但其自身的水动力特征并没有发生本质改变[16]；而水库的富营养化更多的则是源自大坝建设导致的生境条件的演变，这种演变的核心是水动力背景的改变。因水动力改变而导致能量交换、水团混合、水体分层等过程发生变化，进而改变了浮游植物赖以生存的水下光场、营养盐等生境条件，最终以浮游植物群落结构变化、水体富营养化等形成表现出来。因此，水库建成后的水动力特征、水体循环及层化结构、营养盐的界面交换过程以及真光层内的营养盐补给模式成为水库生境演替研究关注的焦点。

1.2.2 水华藻类生长及演替的机制研究

影响藻类生长及演替的主要生境要素包括：物质基础（二氧化碳、营养盐、微量元素等），能量要素（光照、温度等），生物要素（浮游动物捕食等），以及水动力过程（水流掺混扰动条件等）等。

营养盐作为物质基础而最先被人们所关注，并构建了诸多不同营养盐与不同藻种生长的相关关系，如 Grover 等开发了 11 种淡水藻类的磷依赖生长动力学模型[17]；Atkinson 等[18]认为组成藻类的元素化学计量比接近为 $C : N : P = 106 : 16 : 1$，指出水中不同营养盐比对藻类生长会产生影响。自然水体中，光照沿水深呈指数递减，不同藻类对光的竞争机制不同，最能成功捕获光照的藻类个体的生长就不会被限制[19]，例如甲藻因有鞭毛而具备趋光性[20]，铜绿微囊藻因伪空泡而能聚集于水体表面[21]，这二者都易占据优势而形成水华。温度的变化会影响浮游植物的光合、呼吸作用速率，导致不同藻类的最适生长温度范围不尽相同。例如，硅藻、甲藻属于狭冷型藻，最适温度范围为 10～20℃；蓝藻、绿藻生长的最适温度范围为 25～35℃[22]，这就决定了藻类群落随温度变化产生的季节性演替。水动力也被认为是影响浮游植物生长的重要因素：一方面，水体扰动能够使底泥再悬浮，促进营养盐释放；另一方面，扰动能影响浮游植物在水体中的位置而决定其生长条件。1960 年，Hairston 等最先指出捕食压力对藻种丰度和组分的影响，引起了极大的关注[23]，后来研究表明浮游动物捕食对藻类群落演替具有重要作用。

在大量单因素对藻类生长影响研究的基础上，Sverdrup 等在 Gran 和 Braarud 提出的水体混合影响浮游植物生物量观点的基础上建立了经典的临界层理论（critical depth theory）[24]。Sverdrup 假设，在营养盐充足的条件下，浮游植物生产力水平与光合有效辐射呈线性关系，而因呼吸、捕食、沉降、感染决定的广义呼吸作用沿水深是一个定值。在临界深度以上水柱中，24 小时内浮游植物生产总量等于消耗量，那么只有表层混合深度小于临界层时，浮游植物总生物量才能得到积累，水华由之开始。因此，混合层、光补偿深度与临界层在深度上的相互关系在很大程度上决定了水华暴发的情势。

实际上，从生态学上来讲，决定浮游植物生长与演替的过程主要包括两个，即环境的选择与物种的竞争。上述生境因子与浮游植物生长及演替的所有研究，都属于环境对浮游植物的选择范畴。Reynolds 参考了陆生生态系统的"r/K 选择理论[25]"和"CSR 理论（competitor-stress tolerator-ruderals theory）[26]"，总结并完善了浮游植物环境适应机制及其生长策略，形成了藻类生态学的 C-R-S 概念，将所有浮游植物生长策略划分为：竞争者（competitors，C 型），杂生者（ruderals，R 型），环境胁迫的耐受者（stress-tolerators，S 型），以及慢性环境胁迫的耐受者（chronic-stress tolerators，SS 型）。构建了浮游植物生态功能组（functional groups），将所有浮游植物聚集模式归纳成 31 种生态功能组（见表 1.1），分别阐明了每个功能组的优势种、形态、特征及适应的生境特点，为预测浮游植物群落演替提供了依据[27]。

表 1.1　　　　　浮游植物生态功能组[28]

组别	栖息环境	典型藻属/种代表	耐受条件	敏感条件
A	清澈，通常混合完全，贫营养的湖泊	*Urosolenia* *Cyclotella comensis*	营养物匮乏	pH 值升高
B	垂直混合，中营养的中小型湖泊	*Aulacoseira subarctica* *Aulacoseira islandica*	光照匮乏	pH 值升高、D-SiO₂ 匮乏、分层
C	混合的、中小型富营养湖泊	*Asterionella formosa* *Aulacoseira ambigua* *Stephanodiscus rotula*	光照与 C 的匮乏	D-SiO₂ 的大量消耗、分层
D	浅水、浑浊程度大的水体，含河流	*Synedra acus* *Nitzschia* spp. *Stephanodiscus hantzschii*	流水冲刷	营养物匮乏
N	中营养的湖泊表水层	*Tabellaria* *Cosmarium* *Staurodesmus*	营养物匮乏	温度分层、pH 值升高
P	富营养的湖泊表水层	*Fragilaria crotonensis* *Aulacoseria granulata* *Costerium aciculare* *Saturastrum pingue*	中等光照条件与 C 匮乏	温度分层、D-SiO₂ 匮乏
T	深度大且混合完全的湖泊表水层	*Geminella* *Mougeotia* *Tribonema*	匮乏	光照营养物匮乏

续表

组别	栖息环境	典型藻属/种代表	耐受条件	敏感条件
T_B	高度掺混的河流或小溪	*Nitzschia* *Navicula*		
S_1	浑浊的混合层	*Planktothrix agardhii* *Limnothrix redekei* *Pseudanaena*	高度光照匮乏条件	流水冲刷
S_2	浅水、浑浊的混合层	*Spirulina* *Arthrospira* *Raphidiopsis*	光照匮乏	流水冲刷
S_N	温暖的混合层	*Cylindrospermopsis* *Anabaena minutissima*	光照和 N 的匮乏	流水冲刷
Z	清澈的混合层	*Synechococcus* *prokaryote picoplankton*	低营养物浓度	光照匮乏、被摄食
X_3	浅层、清澈的混合层	*Koliella* *Chrysoccccus* *eukaryote picoplankon*	真核微藻 较低的基质条件	混合程度、被摄食
X_2	浅水中~富营养湖泊 中的混合层	*Plagioselmis* *Chrysochromulina* *Monoraphidium*	温度分层	混合程度、滤食性动物摄食
X_1	营养丰厚的浅水混合层	*Chlorella Ankyra* *Monoraphidium*	温度分层	营养物匮乏、滤食性动物摄食
Y	通常在营养物含 量高的小型湖泊	*Cryptomonas*	低光照条件	噬菌生长
E	通常在小型贫营养、 基质较低的湖泊或 异养型池塘	*Dinobryon* *Mallomonas* (*Synura*)	低营养条件以 混合营养型为主	CO_2 匮乏
F	清澈的湖泊表水层	*Botryococcus* *Pseudosphaerocystis* *Coenochloris* *Oocystis lacustris*	低营养物	高浑浊度或 CO_2 匮 乏（暂不明确）
G	短暂的、营养物 丰富的水层	*Eudorina* *Volvox*	高光照条件	营养物匮乏
J	浅水、营养物丰富的湖泊、 池塘和河流	*Pediastrum* *Coelastrum* *Scenedesmus* *Golenkinia*	（暂无）	光照下降
K	短暂的、营养物 丰富的水层	*Aphanothece* *Aphanocapsa*	（暂无）	深层混合
H_1	固氮型的念珠 藻目典型生境	*Anabaena flos-aquae* *Aphanizomenon*	低 N、低 C 条件	混合、低光照、低 P

续表

组别	栖息环境	典型藻属/种代表	耐受条件	敏感条件
H_2	大型中营养湖泊中的固氮型念珠藻目典型生境	*Anabaena lemmermanni* *Gloeotrichia echinulata*	低 N	混合、缺乏光照条件
U	夏季表水层	*Uroglena*	低营养物	CO_2 匮乏
L_O	中营养湖泊夏季表水层	*Peridinium* *Woronichinia* *Merismopedia*	营养物供给同光照条件可利用性相分离	时间延长或深度较大的混合层
L_M	富营养湖泊夏季表水层	*Ceratium* *Microcystis*	非常低的 C	混合、低的光照和分层
M	低纬度、小型富营养湖泊日变化下的混合层	*Microcystis* *Sphaerocayum*	强光照条件	流水冲刷、总光照较低
R	中营养分层湖泊变温层	*Planktothrix rubescens* *Planktothrix mougeotii*	低光照、强烈的	水层不稳定
V	富营养分层湖泊变温层	*Chromatium* *Chlorobium*	非常低的光照条件、营养物同光照条件分离程度深	水层不稳定
W_1	有机质含量丰厚小池塘	*Euglenioids* *Synura* *Gonium*	高 BOD	摄食
W_2	浅水中营养湖泊	bottom – dwelling （底栖藻类） *Trachelomonas*	暂不明晰	暂不明晰
Q	富含腐殖酸的小型湖泊	*Gonyostomum*	高色度	暂不明晰

　　对于物种的竞争，最经典的是"竞争排斥原理"[29]，即同时竞争同一生存资源的两种物种最后只有一种物种能够生存。1961 年，Hutchinson 认为浮游植物始终以多种共存，提出了"浮游植物悖论"[30]。共存现象在陆生森林系统中也存在，Connell 在 1978 年用"中度扰动假设"解释了这一现象，即只有适当范围的环境变化才能保证物种的多样性[31]。1993 年，Reynolds 等结合浮游植物悖论，将"中度扰动假设"应用于浮游植物研究领域[32]，认为稳定环境会导致某一藻类的绝对占优，而不断变化的环境才能保证浮游植物物种的多样性。这一论述为抑制绝对优势种水华、维持浮游植物种类多样性提供了理论支撑。

1.2.3　通过水库调度改善水体生态环境的实践

　　国外的大量实践证明，基于生态水力学的水库调度管理是控制水库水华的重要手段。例如在澳大利亚 Weir 水库，调节大坝下泄流量能够通过打破水温分层、减少水库滞留时间的机制消除鱼腥藻水华并改善水库水质[33]。Mitrovic 等[34]研究了 Darling 河部分河段水流与水华的关系，认为当流速大于临界流速（0.05m/s）时水体会因水温分层不显著而水华消失。在地中海西西里岛的 Arancio 水库与上游 Garcia 水库进行联合调度试验发现，干旱的盛夏时期，通过上游水库向 Arancio 水库补水使其维持较高的水位，从而避免由于水库放空导致底泥的内源释放，浮游植物生物量显著下降，水质显著改善[35]。Leston 等[36]研究发现，通过调水，可以使美国 Mondego 海湾富营养化水体发生循环与交换，能够降低水体中氨氮（$NH_4^+ - N$）的浓度。在乌克兰，德涅斯特罗夫水库建成后下游氮素超标，通过在 4 月底到 5 月初加大水库泄水后，下游水质显著改善、生态环境得以恢复[37]。1991—1996 年，美国以提高水库下泄流量、改善下游水质、增大溶解氧为目标，对近 20 个水库调度运行方式进行了优化调整[38]，提出了改善水库水质的水库调度方法。Horn 等[39]研究发现，Saidenbach 水库中蓝藻与硅藻生物量的交替出现受制于水库调度导致的硅（Si）与磷（P）的比例变化，进而提出了防控这两种水华的调度措施。

上述调度即为水库生态调度，主要是指为了改善生态环境之目的，通过人为调控水库下泄流量，改变下游水文情势或水库的水量吞吐、水位变化和水团运动等特征[40]，从而影响水体生源要素的传输、迁移及转化，改变水库生境条件，实现水库或下游水质的好转和生物群落的健康演替[41]。较其他控制措施而言，水库生态调度措施具有操作简单、影响面广、见效快等特点，而且属于原位控制措施，生态风险较小，除有时与水库传统效益发挥有一定矛盾外，当前被认为是改善流域生态环境较为理想的方法。但是，目前有关水库生态调度的研究尚处于定性论述及实践探索阶段，并没有完全上升到理论层面，关键就是调蓄导致的水动力对生境因素的作用机制、生境对浮游植物及生态系统的影响尚不明确，这将是后期从理论上研究水库生态调度改善水库生态环境的重点。

1.3　国内湖库水体富营养化与水华机理及其控制研究

1.3.1　国内水体富营养化与水华研究概况

国内有关湖库水体富营养化与水华的报道，始于 20 世纪 80 年代对武汉东湖蓝藻水华的研究[42]。此后自 90 年代开始，随着我国工农业的高速发展，淡水湖库的富营养化呈逐年加重之势，太湖、巢湖、滇池等均暴发了严重的蓝藻水华；三峡水库、乌江梯级水库、西安黑河水库、北京密云水库、广东高州水库等也有关于水华的报道，甚至一直以"水清"著称的"清江"也因修建大坝而发生了藻类水华。

大批学者沿袭国外的思路对这些富营养化湖库、河流进行了长期跟踪研究。研究内容包括：特定藻类生长和群落结构演替与光照、营养盐、水温等因子的响应及复合响应机制；特定藻类的垂向运动特性[43-45]；鱼类[46-48]及浮游动物[49-50]对藻类生物量和群落结构演替的影响；水流流速大小对藻类生长[51-52]的影响等。在实际应用上，太湖经过多年的研究积累，得到了一些大型浅水湖泊水华生消机理的一般结论。如秦伯强等[53]提出了太湖沉积物再悬浮的动力机制及内源释放的概念性模式，指出风生流引起的水体扰动是导致太湖营养盐内源释放的主要驱动力；孔繁翔等[54]提出了太湖蓝藻水华暴发的四个阶段假说等。

关于湖库水华治理及水生态修复，国内学者也很早就开始了一些研究。其中最早取得成功的是 20 世纪 80 年代武汉东湖蓝藻水华的治理[55]，这也是国内成功应用生物操纵解决大型湖泊蓝藻水华问题的经典案例。多种措施在几十年的太湖蓝藻水华治理实践均得到应用：如为削减内源性营养盐负荷，实施了底泥疏浚工程[56]；为改善太湖水动力条件，实施了"引江济太"跨流域调水计划[57];为保证饮用水安全,采用了机械打捞、喷洒除藻剂、除臭剂等应急水处理措施[53];为控制外源性污染负荷,制定了以恢复水质为目标的太湖流域管理方案[58]等。

1.3.2 三峡水库水体富营养化与水华研究进展

1. 水体富营养化及水华机理研究进展

三峡大坝坝址处控制流域面积达 100 万 km²,总库容达 393 亿 m³,水库面积 1084km²[59]。水库建成蓄水改变了河流的连续性及水文水动力过程,水流流速大幅减小,特别是支流流速从每秒米级降低到厘米级,致使水库支流库湾出现不同程度的水体富营养化及水华问题[60]。据统计,三峡水库支流流域面积超过 100km² 的支流有 38 条[61],其中部分支流自 2003 年蓄水以来每年不同季节都出现了不同程度的"水华"现象[1],且随着水位的抬高,优势藻种正从最初的河道型水华优势种(硅藻、甲藻)向湖泊型水华优势种(蓝藻、绿藻)演替。水华暴发时一般是多种复合藻种同时大量增殖而少有单一藻种长时间占优,且年内呈现显著的季节性演替,春季以硅藻(小环藻、星杆藻)、甲藻(多甲藻)为优势种,夏季以绿藻(小球藻)、蓝藻(微囊藻)为优势种,秋季以绿藻、硅藻、甲藻为优势种,冬季以硅藻、甲藻为优势种[1]。尤其是 2008 年夏季,香溪河库湾暴发了大面积、高浓度的蓝藻(微囊藻、鱼腥藻)水华[61],甚至在冬季,大宁河局部河段仍暴发了蓝藻水华[62]。近年来,围绕三峡水库支流水体富营养化及水华问题,从野外跟踪监测、室内外控制试验和数值模拟模型等方面开展了如下方面的工作。

(1)分析三峡水库支流库湾氮(N)、磷(P)等生源要素的输入特点以及在库湾的迁移转化规律[63-66],调查评价蓄水后支流库湾的营养状态[60,67],并从控源的角度探讨三峡水库富营养化及水华的防控措施[60,68]。

(2)系统调查与藻类生长相关的环境因子的时空动态过程,以及水华期藻类群落结构及演替特征[69-70],研究支流库湾水华特征,结合室内模型试验及野外围隔实验研究典型优势藻种生长同主要环境因子的相互关系[71]。

(3)从三峡水库支流水文水动力条件变化入手,通过现场监测和室内试验研究水动力条件与藻类生长的相互关系[52,71];试图搞清水流条件对支流富营养化及水华的影响规律,建立库区支流的富营养化模型[73-74]。

这些研究在一定程度上反映了三峡水库支流水环境现状,并对水华机理有了初步的分析和认识,总结了三峡蓄水后产生的生态环境问题,为后期深入研究三峡水库水体富营养化机理及其防控方法、预测水华发展态势、分析三峡水库生态环境发展趋势打下了坚实的基础。所形成的基本结论主要有以下几点。

(1)水库干流水体的氮素以硝氮($NO_3^- - N$)为主,主要来自农田径流、城市径流以及淹没土壤的释放,$NH_4^+ - N$ 所占比例不大,主要源自城市污水、工业废水以及少量的流动污染源和生活垃圾[64];水体中磷素以颗粒态磷为主,主要源自三峡水库上游径流伴生过程的面源污染,影响面积较大[63]。支流营养盐受底泥释放[75]、径流[76]、干流倒灌[77]等影响,总氮(TN)、总磷(TP)含量较高,均已超过国际公认的水体富营养化阈值。三峡水库干流处于中营养水平,支流则多处于富营养化状态并伴随有水华发生,情势不容乐观[66-67]。控源是控制三峡水库支流富营养化问题的根本途径,控源涉及三峡以上整个流域，但因干流来流污染物浓度本底较大，加上该区域正处于经济快速发展之中，因此控源难度巨大，应作为长期目标[60,68]。

（2）三峡水库干流径流库容比（α 值）处于 20 左右，总体为过渡型～混合型水体，绝大多数时间干流水体流速较大，垂向紊动强烈，只有局部江段会在春、秋季节局部时段出现较小的水温分层现象，汛期含沙量和浊度增大，透明度减小[78]。尽管有适合藻类生长的营养条件及环境条件，但因没有适合的水动力条件，干流出现水华的可能性很小。

（3）三峡水库部分支流在不同季节均可暴发水华现象，而以春季最为严重；藻种由多种复合藻种组成，优势种群不断演替，且整体上呈现由河流型向湖泊型演替。充足的 N、P 营养盐来源是支流水华藻类生长的物质基础，水温和光照条件的季节性变化是水华发生以及藻类群落演替的主控因子[69-70]。对比分析支流蓄水前、后以及蓄水之后干、支流的差异，主要表现在水动力条件的差异，因而水动力条件变化是支流水华暴发的主要诱导因子[71]。

（4）已有研究分别以水体流速、流速梯度、扰动强度等为表征指标探讨水动力与浮游植物生长的相互关系，在观测的基础上建立了多条流速与藻类生长的关系曲线[52,72]，进而建立支流富营养化模型[15,73-74]，部分反映了三峡水库蓄水后，支流库湾因水流改变而导致浮游植物繁殖的特征。

2. 防控支流水华的三峡水库生态调度方法及其可行性

防控三峡水库支流水华的最有效途径主要有两个：第一个途径就是开展流域污染物消减工作（控源），使水体中营养盐降低到中、贫营养盐水平，从根本上控制三峡水库干支流水体富营养化；第二个途径就是改变水华暴发的生境条件使其抑制藻类的增殖或聚集，为水华防控的"治标"方法。然而，相关研究表明，三峡水库主要污染来源于整个三峡及其上游流域而并非仅是三峡库区[79]，同时支流营养盐主要来源于水库干流[80-81]，故单靠支流流域内污染削减和综合整治并不能有效缓解支流水华问题。而针对三峡及以上流域的控源工作，也因流域面积大、经济相对落后、发展与排放矛盾突出等原因而只能作为长远计划[82]，对当前水华暴发事态不能起到显著抑制效果。利用第二个途径防控水华的方法主要包括物理法[83]、化学法[84]、生物操纵法[85]等。但三峡水库支流较多，水面巨大，一些适用于小型湖泊水华控制的措施（如机械除藻、曝气混合、除藻剂、黏土除藻等）不仅成本高昂，且难于实施，现场围隔实验也表明生物操纵控制三峡水库水华的方法也是不合适的[86]。水库生态调度方法则是在综合考虑三峡水库防洪、发电、通航、补水等传统效益的情况下，通过调节流量改变三峡水库的水文状态以影响生境因子进而控制水华的方法[87-88]。较其他控制措施而言，水库生态调度方法具有操作简单、影响面广、见效快等特点，而且属于原位控制措施，生态风险较小，若能平衡其与水库的传统效益，可能是当前最能被接受的三峡水库支流水华防控措施[89]。

自三峡水库支流水华发生始，水库调度防控水华方法就已经开始被学者探究。"临界流速"概念[72]就是国内最早作为调度参数来进行三峡水库生态调度研究的，即假设当三峡水库流速小于某一"临界流速"时，水华暴发，反之则水华消失；如果假设成立，那么就可以通过泄水调度拉大支流流速而抑制水华[73]，但后来研究及调度实验证明这一假设在三峡水库内不能成立[90]。另一个用于生态调度的水力学参数就是"水体滞留时间"。

部分学者认为[91-92]，水体滞留时间越长，污染物及藻类越易在水体中积累，水华易暴发，反之则水华消失。但三峡水库枯水运用期水体滞留时间最长但藻类水华并不显著，这显然与"水体滞留时间"理论相悖，冬季水温较低不适合藻类生长成为该理论对这种矛盾的解释。后来发现，在低于 14℃ 的冬季水体中，三峡水库支流也可能暴发藻类水华[62,93-94]，这说明低温不是冬季水华的限制因子，进一步说明"水体滞留时间"不能作为独立指标决定藻类水华的生消。后来有学者考虑到干流水质较好的优势，提出在水库非汛期水位调节过程中，提高电站日调节幅度，以加大水库水位波动和干支流水体置换量进而加强污染物降解并抑制藻类生长的调度方法[95]，该方法在三峡水库得到了应用，取得一定的效果，但只能改善支流近河口区域的水质状态。另有学者提出，在一定时段内通过交替抬高和降低三峡水库水位[96-97]，增强水库水体的波动[98]，在库区形成类似于"潮汐"的作用[99]，从而有效缓解库区支流富营养化情势。

总的来看，充足的 N、P 营养盐是支流水华藻类生长的物质基础，季节性变动的水温和光照条件是水华发生以及藻类群落演替的主控环境条件[69-70]。但对比分析水库支流蓄水前、后以及蓄水之后干、支流的差异，认为主要差异表现在水动力条件的显著变化，营养盐水平及季节性变动的水温和光照条件均未发生显著变化，而显著变化的水动力条件正是支流水华暴发的主要诱导因子[68,71,100-101]。通过三峡水库生态调度改善支流水流条件进而控制支流富营养化及水华已经被越来越多学者所接受[68,90,95,102]。

1.4　相关研究的不足之处

虽然我国对湖库水体富营养化及水华的研究已取得了一定的成果，但对类似三峡水库这种河道型水库的研究尚处于初级阶段，还有大量工作有待深入研究或完善，主要包括以下几个方面。

（1）缺乏对建库后特殊水动力背景下生境特征的系统研究。三峡自建库以来，水文条件发生了本质改变，而前期大部分研究多关注三峡对下游生态环境的影响。对水库生境特征的研究或是以传统的一维水流特征来进行数值模拟分析，或是以湖泊研究经验来探讨浮游植物演替规律。由于监测方法的不足且无先例可依，这些研究忽略了支流库湾显著存在的分层异重流，而由这种特殊水动力导致的水体分层、营养盐迁移及生境演替规律与传统认识具有很大的差异。这样就使得目前的研究并不能反映三峡水库的真实生境特征，由此得到的相关结论及认识有待商榷。

（2）缺乏河道型水库水华生消机理及藻种演替的理论指导。虽然目前我国借鉴国外研究思路和方法开展了大量相关研究，但更多的是基于现象本身变化的详细描述及规律分析，再结合统计分析对影响因子进行探讨性解释，没有建立较为系统的生境因子-藻类生长本构关系，更没有上升到理论层面分析水华及浮游植物群落演替的本质规律，关于国外较为成熟理论（如临界层理论、CSR 理论、中度扰动理论等）的应用研究也较为少见。这就使得目前研究方法及思路较为发散，缺少一套针对河道型水库水华生消机理及浮游植物群落演替的研究体系。

（3）缺乏对复杂水流条件下的水华模拟及预测预报方法。构建基于机制和过程的"水流-水质-水华动态仿真模型"实现水华预测预报是确定防控水华的水位波动需求的前提。要实现三峡水库水流-水质-水华动态仿真模拟,必须首先要实现分层异重流、水体特殊分层等复杂水动力过程的模拟,但目前在水库通用的一维或平面二维模型均难以实现,而三维模型又不适合于整个三峡水库耦合模拟。此外,因相关实验条件的限制和基础资料的不足,目前已有的水华模拟模型中水环境条件(水温、营养盐、捕食、流速等)与藻类的关系多采用理论适配曲线分布模型确定,而曲线相关参数多采用模型默认值或通过观测数据进行率定,这又使得环境条件与水华藻类生长的关系不够准确,降低了水华预测精度。

(4)缺乏具有针对性且效果显著的水库生态调度方法。虽然目前认为水库生态调度方法是从"治标"层面上缓解水华事态的可能方法,周建军[95]、刘德富等[97]、王俊娜[102]都对此进行了较为充分的论证,为提出可能的防控支流水华的生态调度方案提供了基础,但因研究时间周期相对较短,积累的数据有限,还无法对大型河道型水库生境特征进行准确的认识和把握,更缺乏准确预测预报浮游植物群落演替及水华生消的模型,由此提出的生态调度方法还只停留在概念模型及定性阶段。

1.5 本书主要研究内容

2013 年出版的《三峡水库支流水华与生态调度》,初步阐述了三峡水库支流库湾分层异重流特性、形成过程,并分析了三峡水库支流水华机理及其生态调度防控方法,但基于分层异重流背景下的水华生消机理并未很好解释清楚,未能实现三峡水库干支流水流-水质-水华耦合数值模拟和水华预测预报,通过水库调度防控支流水华的作用途径和理论基础也不够清晰。本书在 2013 版的基础上,进一步分析三峡水库干支流水动力特征,重点搞清三峡水库支流库湾水体循环模式及其对支流营养盐的补给作用,结合临界层理论,确定分层异重流导致的支流库湾不同水体层化结构模式下的水华生消机理,并实现三峡水库干支流水流-水质-水华耦合模型和水华预测预报,确定三峡水库生态调度空间,并提出防控支流库湾水华的"潮汐式"调度准则,最后通过"调度实验"评估三峡水库支流库湾水华防控效果。主要章节内容具体如下。

(1)三峡水库干支流水文水动力特征分析(第 2 章、第 3 章)。通过分析 2012—2018 年三峡水库干支流水流、水温、营养盐、浮游植物等数据,进一步阐明三峡水库干支流水动力特征,分析三峡水库 175m 水位蓄水发电以来干支流水环境及水华演变趋势;重点分析支流分层异重流、纵垂向混合、水体分层等过程及主要演变模式,确定水体层化模式的主要影响因素及其变化规律,进而分析香溪河库湾水体类型及其与三峡水库干流的差异及其可能的生态环境影响。

(2)三峡水库典型水华藻类昼夜垂直分析特征及模式(第 4 章)。2013 版系统分析了拟多甲藻的昼夜垂直分布特征,但 2012 年以来,三峡水库典型支流库湾水华优势种已由原来的甲藻、硅藻逐步演替为甲藻、硅藻、蓝藻、绿藻等藻类交替演变的趋势。而不同藻类的垂直运动及昼夜分布对于水华形成过程具有重要影响,因此,本书进一步分析了拟多甲藻、小环藻及铜绿微囊藻的昼夜垂直分布特征,并比较分析了不同藻类垂向运动的差异。

（3）典型支流库湾藻类可利用营养盐的来源分析（第5章）。2013版利用保守粒子示踪法对典型支流营养盐来源进行了初步分析，本书在此基础上进一步完善了营养盐示踪分析方法，采用保守粒子示踪和氢氧同位素示踪对比分析的方式重新讨论了分层异重流对支流营养盐的补给模式，并分析了三峡水库香溪河库湾藻类可利用营养盐的来源时空分布特征。

（4）不同水动力对支流库湾水华影响机制分析（第6章、第7章）。本书进一步增加了不同流速、流速梯度、扰动强度、水体滞留时间和水体层化结构对水华藻类生长影响的控制实验，重点分析了水体滞留时间和水体层化结果对水华生消的影响机制，并改进了临界层理论并提出了三峡水库典型支流库湾水华生消判定模式，进一步详细阐述了分层异重流背景下的三峡水库支流库湾水华机理。

（5）三峡水库干支流水流-水质-水华耦合模型及水华预测预报（第8章、第9章、第10章）。通过改进CE-QUAL-W2模型，实现了三峡水库干支流水流-水质-水华的耦合数值模拟，详细分析了分层异重流对三峡水库干支流水体交换模式及水动力参数的影响；通过分析藻类-温度理论改进了藻类-水温关系曲线，构建了三峡水库典型支流营养盐、浮游植物种类的数值模型，实现了三峡水库支流水华的预测预报。

（6）防控支流库湾水华的"潮汐式"调度方法及效果评价（第11章、第12章、第13章）。系统研究了三峡水库在保证防洪、发电、通航、补水等效益情况下的水库调度空间，并构建了三峡水库生态调度水位控制线；在此基础上，提出了防控支流水华的"潮汐式"调度准则和调度方法，并分析了"潮汐式"生态调度防控支流库湾水华的作用机制及水华防控效果，并为三峡水库生态调度及水华防控提供了措施建议。

1.6 本 章 小 结

本章针对三峡水库支流水体富营养化及水华未得到很好解决这一问题，指出了其原因在于水库蓄水后三峡水库生境特征的变化还不很清楚，变化生境下水华生消机理及浮游植物演替规律尚不明确，以及通过水库调度防控支流水华的方法还不成熟等，由此指出开展这些研究的意义和前景。

本章还分析了国内外关于大坝水库对浮游植物生境条件的影响、浮游植物生长及群落演替的机制以及通过水库调度改善水库环境的研究现状，总结了近年来关于三峡水库水体富营养化和水华的研究结论，并提出了当前国内外关于三峡水库相关研究的不足。

结合三峡水库目前研究的不足，以及近年来课题组发现的分层异重流现象，提出了开展"基于分层异重流背景下三峡水库支流水华生消机理及其调控"的研究目标、研究内容、技术路线和解决的关键问题，阐明了本文的主要内容（即1.5节所列）。

参 考 文 献

[1] 中国环境监测总站. 长江三峡工程生态与环境监测公报［EB/OL］. http：//www.cnemc.cn/zzjj/jgsz/sts/gzdt_sts/. 北京：中华人民共和国环境保护部，2004—2011.

［ 2 ］ 吴晓青．完善环保标准，推进环保工作 ［EB/OL］．（http：//www. gov. en/zxft/ft108/）．北京：
中华人民共和国环境保护部，2008.

［ 3 ］ VANNOTE R L, MINSHALL G W, CUMMINUS K W, et al. The river continuum concept ［J］.
Canadian Journal of Fisheries and Aquatic Science, 1980, 37 (1)：130 - 137.

［ 4 ］ WARD J V, STANFORD J A. The Ecology of Regulated Streams ［M］. Plenum Press, 1979.

［ 5 ］ KAWARA O, YURA E, FUJII S, et al. A study on the role of hydraulic retention time in eutroph-
ication of the Asahi River Dam reservoir ［J］. Water Science and Technology, 1998, 37 (2)：
245 - 252.

［ 6 ］ TARCZYŃSKA M, ROMANOWSKA - DUDA Z, JURCZAK T, et al. Toxic *cyanobacterial* blooms in
a drinking water reservoir - causes, consequences and management strategy ［J］. Water Science & Tech-
nology：Water Supply, 2001, 1 (2)：237 - 246.

［ 7 ］ FRUTIGER A. Ecological impacts of hydroelectric power production on the River Ticino. Part 1：
Thermal effects ［J］. Archiv für Hydrobiologie, 2004, 159 (1)：43 - 56.

［ 8 ］ JONES G J, POPLAWSKI W. Understanding and management of *cyanobacterial* blooms in sub -
tropical reservoirs of Queensland, Australia ［J］. Water Science and Technology, 1998, 37 (2)：
161 - 168.

［ 9 ］ LAWRENCE I, BORMANS M, OLIVER R L, et al. Physical and nutrient factors controlling algal
succession and biomass in Burrinjuck Reservoir ［R］. Sydney, Cooperative Research Centre for
Freshwater Ecology, 2000.

［10］ MICGREGOR G B, FABBRO L D. Dominance of *Cylindrospermopsis raciborskii* (Nostocales, Cy-
anoprokaryota) in Queensland tropical and subtropical reservoirs：Implications for monitoring and
management ［J］. Lakes & Reservoirs：Research & Management, 2008, 5 (3)：195 - 205.

［11］ WHITE G F. The Environmental Effects of the High Dam at Aswan ［J］. Environment：Science
and Policy for Sustainable Development, 1988, 30 (7)：4 - 40.

［12］ DILLON P J, RIGLER F H. A test of a simple nutrient budget model predicting the phosphorus
concentration in lake water ［J］. Journal of the Fisheries Research Board of Canada, 1974, 31
(11)：1771 - 1778.

［13］ HUMBORG C, ITTEKKOT V, COCIASU A, et al. Effect of Danube River dam on Black Sea bio-
geochemistry and ecosystem structure ［J］. Nature：International Weekly Journal of Science,
1997, 386 (6623)：385 - 388.

［14］ G, B, N, et al. Biogeochemical mass - balances (C, N, P, Si) in three large reservoirs of the
Seine basin (France) ［J］. Biogeochemistry, 1999, 47 (2)：119 - 146.

［15］ 王玲玲，戴会超，蔡庆华．河道型水库支流库湾富营养化数值模拟研究 ［J］．四川大学学报（工
程科学版），2009, 41 (2)：18 - 23.

［16］ QIN B Q, YANG L Y, CHEN F Z, et al. Mechanism and Control of Lake Eutrophication ［J］.
Chinese Science Bulletin, 2006, 51 (19)：2401 - 2412.

［17］ GROVER J P. Phosphorus - dependent growth kinetics of 11 species of freshwater algae ［J］. Lim-
nology and Oceanography, 1989, 34 (2)：341 - 348.

［18］ ATKINSON M J S, SMITH S V. C：N：P Ratios of Benthic Marine Plants ［J］. Limnology and
Oceanography, 1983, 28 (3)：568 - 574.

［19］ DIEHL S. Phytoplankton, light, and nutrients in a gradient of mixing depths：theory ［J］. Ecolo-
gy, 2002, 83 (2)：386 - 398.

［20］ SMAYDA T J. Harmful Algal Blooms：Their Ecophysiology and General Relevance to Phytoplank-
ton Blooms in the Sea ［J］. Limnology and Oceanography, 1997, 42 (5)：1137 - 1153.

［21］　KROMKAMP J，KONOPKA A，MUR L R. Buoyancy regulation in light – limited continuous cultures of *Microcystis aeruginosa* ［J］. Journal of Plankton Research，1988，10 (2)：171 – 183.

［22］　ROBARTS R D，ZOHARY T. Temperature Effects on Photosynthetic Capacity，Respiration，and Growth Rates of Bloom – Forming *Cyanobacteria* ［J］. New Zealand Journal of Marine and Freshwater Research，1987，21 (3)：391 – 399.

［23］　HAIRSTON N G，SMITH F E，SLOBODKIN L B. Community Structure，Population Control，and Competition ［J］. The American Naturalist，1960，44 (879)：421 – 425.

［24］　SVERDRUP H U. On Conditions for the Vernal Blooming of Phytoplankton ［J］. ICES Journal of Marine Science，1953，18 (3)：287 – 295.

［25］　GADGIL M，SOLBRIG O T. The Concept of r – and K – Selection：Evidence from Wild Flowers and Some Theoretical Considerations ［J］. The American Naturalist，1972，106 (947)：14 – 31.

［26］　GRIME J P. Evidence for the Existence of Three Primary Strategies in Plants and Its Relevance to Ecological and Evolutionary Theory ［J］. The American Naturalist，1977，111 (982)：1169 – 1194.

［27］　REYNOLDS C S. The Ecology of Phytoplankton ［M］. Cambridge：Cambridge University Press，2011.

［28］　REYNOLDS C S，HUSZAR V，KRUK C，et al. Towards a functional classification of the freshwater phytoplankton ［J］. Journal of Plankton Research，2002，24 (5)：417 – 428.

［29］　HARDIN G. The Competitive Exclusion Principle ［J］. Science，1960，131 (3409)：1292 – 1297.

［30］　HUTCHINSON G E. The Paradox of the Plankton ［J］. The American Naturalist，1961，95 (882)：137 – 145.

［31］　CONNELL J H. Diversity in Tropical Rain Forests and Coral Reefs ［J］. Science，1978，199 (4335)：1302 – 1310.

［32］　REYNOLDS C S，PADISAK J，SOMMER U. Intermediate disturbance in the ecology of phytoplankton and the maintenance of species diversity：a synthesis ［J］. Hydrobiologia，1993，249 (1 – 3)：183 – 188.

［33］　WALKER K F，THOMS M C. Environmental effects of flow regulation on the lower river Murray，Australia ［J］. Regulated Rivers：Research & Management，1993，8 (1 – 2)：103 – 119.

［34］　MITROVIC S M，OLIVER R L，REES C，et al. Critical flow velocities for the growth and dominance of Anabaena circinalis in some turbid freshwater rivers ［J］. Freshwater Biology，2003，48 (1)：164 – 174.

［35］　NASELLI – FLORES L. Water – Level Fluctuations in Mediterranean Reservoirs：Setting a Dewatering Threshold as a Management Tool to Improve Water Quality ［J］. Hydrobiologia，2005，548 (1)：85 – 99.

［36］　LESTON S，LILLEBØ A L，PARDAL M A. The response of primary producer assemblages to mitigation measures to reduce eutrophication in a temperate estuary ［J］. Estuarine，Coastal and Shelf Science，2008，77 (4)：688 – 696.

［37］　容致旋. 关于德涅斯特罗夫水库利用调度进行自然保护的问题 ［J］. 水利水电快报，1994 (14)：7 – 11.

［38］　HIGGINS J M，BROCK W G. Overview of reservoir release improvements at 20 TVA dams ［J］. Journal of energy engineering，1999，125 (1)：1 – 17.

［39］　HORN H，UHLMANN D. Competitive growth of blue – greens and diatoms (*Fragilaria*) in the Saidenbach Reservoir，saxony ［J］. Water Science and Technology，1995，32 (4)：77 – 88.

［40］　邬红娟，郭生练. 水库水文情势与浮游植物群落结构 ［J］. 水科学进展，2001，12 (1)：

51 - 55.

[41] GERALDES A M, BOAVIDA M J. Seasonal water level fluctuations: Implications for reservoir limnology and management [J]. Lakes & Reservoirs: Research & Management, 2005, 10 (1): 59 - 69.

[42] 蔡庆华. 武汉东湖浮游植物水华的多元分析 [J]. 水生生物学报, 1990, 14 (1): 22 - 31.

[43] 吴生才, 陈伟民. 微囊藻和栅列藻的垂直迁移及生态学意义 [J]. 生态科学, 2004, 23 (3): 244 - 248.

[44] 杨正健, 刘德富, 易仲强, 等. 三峡水库香溪河库湾拟多甲藻的昼夜垂直迁移特性 [J]. 环境科学研究, 2010 (1): 26 - 32.

[45] 成慧敏, 邱保胜. 蓝藻的伪空泡及其对蓝藻在水体中垂直分布的调节 [J]. 植物生理学通讯, 2006, 42 (5): 974 - 980.

[46] 唐汇娟, 谢平. 围隔中不同密度鲢对浮游植物的影响 [J]. 华中农业大学学报, 2006, 25 (3): 277 - 280.

[47] 王宇庭, 孙建. 春季水库浮游生物与鲢鳙生长的关系 [J]. 海洋湖沼通报, 2003 (1): 43 - 51.

[48] 田利, 王金鑫, 张丽彬, 等. 鲢鱼、芦台鲍鱼对富营养化水体中藻类的控制作用 [J]. 生态环境, 2008, 17 (4): 1334 - 1337.

[49] 孙军, 宋书群, 王丹, 等. 中华哲水蚤 (*Calanus sinicus*) 对浮游植物和微型浮游动物的摄食速率估算 [J]. 生态学报, 2007, 27 (8): 3302 - 3315.

[50] 操璟璟, 廖庆生, 蒋继宏, 等. 不同温度条件下几种枝角类浮游动物的抑藻净水效应研究 [J]. 生物学杂志, 2010 (1): 57 - 60.

[51] 焦世珺. 三峡库区低流速河段流速对藻类生长的影响 [D]. 重庆: 西南大学, 2007.

[52] 黄钰铃, 刘德富, 陈明曦. 不同流速下水华生消的模拟 [J]. 应用生态学报, 2008, 19 (10): 2293 - 2298.

[53] 秦伯强, 王小冬, 汤祥明, 等. 太湖富营养化与蓝藻水华引起的饮用水危机——原因与对策 [J]. 地球科学进展, 2007, 22 (9): 896 - 906.

[54] 孔繁翔, 高光. 大型浅水富营养化湖泊中蓝藻水华形成机理的思考 [J]. 生态学报, 2005, 25 (3): 589 - 595.

[55] 刘建康, 谢平. 揭开武汉东湖蓝藻水华消失之谜 [J]. 长江流域资源与环境, 1999, 8 (3): 312 - 319.

[56] 钟继承, 刘国锋, 范成新, 等. 湖泊底泥疏浚环境效应: I. 内源磷释放控制作用 [J]. 湖泊科学, 2009, 21 (1): 84 - 93.

[57] 刘春生, 吴浩云. 引江济太调水实验的理论和实践探索 [J]. 水利水电技术, 2003, 34 (1): 4 - 8.

[58] 陈荷生. 面向 21 世纪的太湖流域水资源统一管理 [J]. 水利水电科技进展, 2000, 20 (3): 2 - 5.

[59] 黄真理. 三峡水库水质预测和环境容量计算 [M]. 北京: 中国水利水电出版社, 2006.

[60] 蔡庆华, 胡征宇. 三峡水库富营养化问题与对策研究 [J]. 水生生物学报, 2006, 30 (1).

[61] 张敏, 蔡庆华, 王岚, 等. 三峡水库香溪河库湾蓝藻水华生消过程初步研究 [J]. 湿地科学, 2009, 7 (3): 230 - 236.

[62] 曹承进, 郑丙辉, 张佳磊, 等. 三峡水库支流大宁河冬、春季水华调查研究 [J]. 环境科学, 2009, 30 (12): 3471 - 3480.

[63] 曹承进, 秦延文, 郑丙辉, 等. 三峡水库主要入库河流磷营养盐特征及其来源分析 [J]. 环境科学, 2008, 29 (2): 310 - 315.

[64] 郑丙辉, 曹承进, 秦延文, 等. 三峡水库主要入库河流氮营养盐特征及其来源分析 [J]. 环境科学, 2008, 29 (1): 1 - 6.

[65] YE L, HAN X, XU Y Y, et al. Spatial analysis for spring bloom and nutrient limitation in Xiangxi bay of three Gorges Reservoir [J]. Environmental Monitoring and Assessment, 2007, 127 (1): 135 - 145.

[66] 刘学斌, 刘晓霭, 付道林. 三峡水库蓄水前后大宁河水体中营养盐时空分布及水质变化趋势探讨 [J]. 环境科学导刊, 2009, 28 (2): 22 - 24.

[67] 张晟, 李崇明, 郑坚, 等. 三峡水库支流回水区营养状态季节变化 [J]. 环境科学, 2009, 30 (1): 64 - 69.

[68] 李崇明, 黄真理, 张晟, 等. 三峡水库藻类 "水华" 预测 [J]. 长江流域资源与环境, 2007, 16 (1): 1 - 6.

[69] 周广杰, 况琪军, 胡征宇, 等. 三峡库区四条支流藻类多样性评价及 "水华" 防治 [J]. 中国环境科学, 2006, 26 (3): 337 - 341.

[70] 郭劲松, 陈杰, 李哲, 等. 156m 蓄水后三峡水库小江回水区春季浮游植物调查及多样性评价 [J]. 环境科学, 2008, 29 (10): 1072 - 1081.

[71] 曾辉, 宋立荣, 于志刚, 等. 三峡水库 "水华" 成因初探 [J]. 长江流域资源与环境, 2007, 16 (3): 336 - 339.

[72] 李锦秀, 杜斌, 孙以三. 水动力条件对富营养化影响规律探讨 [J]. 水利水电技术, 2005, 36 (5): 15 - 18.

[73] 李锦秀, 禹雪中, 幸治国. 三峡库区支流富营养化模型开发研究 [J]. 水科学进展, 2005, 16 (6): 777 - 783.

[74] 诸葛亦斯, 欧阳丽, 纪道斌, 等. 三峡水库香溪河库湾水华生消的数值模拟分析 [J]. 中国农村水利水电, 2009 (5): 18 - 22.

[75] 付长营, 陶敏, 方涛, 等. 三峡水库香溪河库湾沉积物对磷的吸附特征研究 [J]. 水生生物学报, 2006, 30 (1): 31 - 36.

[76] 李凤清, 叶麟, 刘瑞秋, 等. 三峡水库香溪河库湾主要营养盐的入库动态 [J]. 生态学报, 2008, 28 (5): 2073 - 2079.

[77] YANG Z J, LIU D F, JI D B, et al. Influence of the Impounding Process of the Three Gorges Reservoir Up to Water Level 172.5 m on Water Eutrophication in the Xiangxi Bay [J]. Since China Technological Sciences, 2010, 53 (4): 1114 - 1125.

[78] 纪道斌, 刘德富, 杨正健, 等. 三峡水库香溪河库湾水动力特性分析 [J]. 中国科学: 物理学力学天文学, 2010, 40 (1): 101 - 112.

[79] 冉祥滨, 姚庆祯, 巩瑶, 等. 蓄水前后三峡水库营养盐收支计算 [J]. 水生态学杂志, 2009, 2 (2): 1 - 8.

[80] 陈媛媛, 刘德富, 杨正健, 等. 分层异重流对香溪河库湾主要营养盐补给作用分析 [J]. 环境科学学报, 2013, 33 (3): 762 - 770.

[81] 吉小盼, 刘德富, 黄钰铃, 等. 三峡水库泄水期香溪河库湾营养盐动态及干流逆向影响 [J]. 环境工程学报, 2010, 4 (12): 2687 - 2693.

[82] FU B J, WU B F, LV Y H, et al. Three Gorges Project: Efforts and challenges for the environment [J]. Progress in Physical Geography, 2010, 34 (6): 741 - 754.

[83] 沈银武, 刘永定, 吴国樵. 富营养湖泊滇池水华蓝藻的机械清除 [J]. 水生生物学报, 2004, 28 (2): 131 - 136.

[84] 兰智文, 赵鸣. 藻类水华的化学控制研究 [J]. 环境科学, 1992, 13 (1): 12 - 15.

[85] LIU J K, XIE P. Enclosure Experiments on and Lacustrine Practice for Eliminating *Microcystis* Bloom [J]. Chinese Journal of Oceanology and Limnology, 2002, 20 (2): 113 - 117.

[86] ZHOU G J, ZHAO X M, BI Y H, et al. Effects of Silver Carp (Hypophthalmichthys molitrix) on

Spring Phytoplankton Community Structure of Three‐Gorges Reservoir (China)：Results from An Enclosure Experiment [J]．Journal Limnology，2011，70 (1)：26-32.

［87］ 董哲仁，孙东亚，赵进勇．水库多目标生态调度 [J]．水利水电技术，2007，38 (1)：28-32.

［88］ 蔡其华．三峡工程防洪与调度 [J]．中国工程科学，2011，13 (7)：15-19.

［89］ YANG Z J，LIU D F，JI D B，et al. An eco‐environmental friendly operation：An effective method to mitigate the harmful blooms in the tributary bays of Three Gorges Reservoir [J]．Science China：Technological Sciences，2013，56 (6)：1458-1470.

［90］ 王玲玲，戴会超，蔡庆华．香溪河生态调度方案的数值模拟 [J]．华中科技大学学报：自然科学版，2009，37 (4)：111-114.

［91］ 富国．湖库富营养化敏感分级水动力概率参数研究 [J]．环境科学研究，2005，18 (6)：80-84，102.

［92］ 张远，郑丙辉，富国．河道型水库基于敏感性分区的营养状态标准与评价方法研究 [J]．环境科学学报，2006，26 (6)：1016-1021.

［93］ 任春坪，钟成华，邓春光，等．三峡库区冬季微囊藻水华探析 [J]．安徽农业科学，2009，37 (11)：5074-5077.

［94］ 姚绪姣，刘德富，杨正健，等．三峡水库香溪河库湾冬季甲藻水华生消机理初探 [J]．环境科学研究，2012，25 (6)：645-651.

［95］ 周建军．关于三峡电厂日调节调度改善库区支流水质的探讨 [J]．科技导报，2005，23 (10)：8-12.

［96］ 袁超，陈永柏．三峡水库生态调度的适应性管理研究 [J]．长江流域资源与环境，2011，20 (3)：269-275.

［97］ 三峡大学．一种通过水位调节控制河道型水库支流水华发生的方法：CN 201010532571.1 [P]．2011-03-02.

［98］ 郑守仁．优化调度三峡工程充分利用洪水资源 [J]．中国水利，2009 (19)：29-29.

［99］ 周建军．优化调度改善三峡水库生态环境 [J]．科技导报，2008，26 (7)：64-71.

［100］ ZENG H，SONG L R，YU Z G，et al. Distribution of phytoplankton in the Three‐Gorge Reservoir during rainy and dry seasons [J]．Science of the Total Environment，2006，367 (2-3)：999-1009.

［101］ 钟成华，幸治国，赵文谦，等．三峡水库蓄水后大宁河水体富营养化调查及评价 [J]．灌溉排水学报，2004，23 (3)：20-23.

［102］ 王俊娜．改善三峡水库非汛期水质的调度方式研究 [D]．天津：天津大学，2008.

第2章 三峡水库干流水流及水环境特征

2.1 概 述

三峡水库蓄水的直接影响是改变了原来河道的水文循环，导致水库水深增加、水流减缓[1-3]。例如，干流断面平均流速由蓄水前的2m/s下降到0.17m/s，支流流速由蓄水前的1~3m/s下降到0.05m/s[4-6]。早期对三峡水库的研究认为三峡蓄水对水流的影响只是导致水流减缓，而水库干支流水体均是自上游流向下游的一维形态，并以此作为水动力背景开展三峡水库生态环境研究[7-10]。近年研究发现，三峡水库干流基本属于一维水流，而在三峡水库支流库湾却出现了显著的分层异重流[11-14]。分层异重流的发现打破了关于三峡水库水动力特征的传统认识，其分布特点、形成机制及生态环境效应都很有必要深入研究。

本章将系统分析三峡水库蓄水后干支流水文特征，包括水位、流量、水温、泥沙、水体滞留时间、流速、流场等参数，分析干流水位波动过程年际变化规律、干流一维水动力特征；重点将分析三峡水库支流库湾的分层异重流形成特点、潜入深度、分布规律，以及分层异重流随时间的变化及转化过程；结合三峡水库干支流水动力特点，探讨支流分层异重流形成机制及其影响因素，为系统研究三峡水库水体层化结构、支流水体循环过程、支流营养盐补给模式及水华生消机制提供水动力背景资料。

2.2 水 动 力 特 征

2.2.1 香溪河入江口流速随时间变化规律

图2.1为2012—2018年香溪河与长江干流交汇点（香溪河入江口，样点代号XX）表层流速随时间变化过程，其中正值表示流向下游，负值表示流向上游。由图2.1可以看出表层流速一般情况下均流向下游，但仍存在少数情况，表层流向上游，这种情况可能受库区风速影响。2012—2018年干流表层最大流速为0.508m/s，平均流速为0.092m/s，流速变化区间为0~0.508m/s。

图2.2为2012—2018年香溪河入江口流速垂向分布随时间变化过程，图中黑色箭头表示流速为正，水流从上游流向下游，白色箭头表示流速为负值，水流从下游流向上游。由图2.2可以看出，2012—2018年香溪河入江口垂向流速在0~0.5m/s之间变化，表层流速一般情况下大于中、下层流速，汛期流速明显大于其他时期。

2.2.2 干流流速空间分布

2.2.2.1 汛前消落期

图2.3为2014—2017年汛前消落期三峡水库（茅坪—云阳）流速纵剖面图。由图2.3

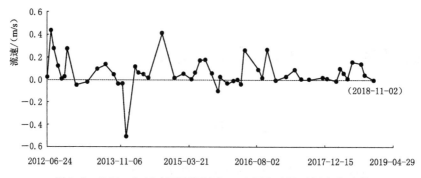

图 2.1　2012—2018 年香溪河入江口表层流速随时间变化过程

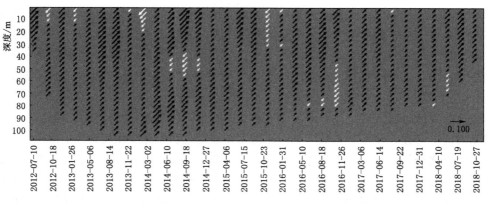

图 2.2　2012—2018 年香溪河入江口流速垂向分布随时间变化过程（单位：m/s）

可以看出，水库流速整体较大，平均流速为分米级。三峡水库为东西走向，水流从西往东流，侧向流速较小，因此在分析水库水流特性时采用各断面测得的东向分流速矢量，图中黑色箭头表示流速为正，水流从上游流向下游，白色箭头表示流速为负值，水流从下游流向上游。

在汛前消落期，长江干流水流整体上是从上游流向下游，不存在分层异向流动的现象。2014 年流速变幅范围在 0～0.4m/s；从纵向上看，上游水深较浅，流速相对较小；下游水深较深，流速较大；从垂向上看，上游流速在垂向上分布较为均匀，但中下游水域流速垂向分布显著，表层流速较大，底部流速相对较小。2015 年流速变幅范围为 0～0.5m/s；从纵向上看，上、下游流速相对较小，中游流速较大；从垂向上看，下游流速在垂向上分布较为均匀，但中下游水域流速垂向分布显著，中游水域尤为明显，表层流速较大，底部流速相对较小。2016 年流速变幅范围为 0～0.2m/s；从纵向上看，上、下游流速相对较小，中游流速较大；从垂向上看，上、下游水域流速在垂向上分布较为均匀，但中游水域流速垂向分布显著，中上层流速较大，底部流速相对较小。2017 年流速变幅范围为 0～0.4m/s；从纵向上看，流速变化不大，仅在中上游局部水域出现极小值；从垂向上看，中下游水域垂向流速从表层至底层，流速逐渐减小，上游水域垂向流速则在中层出现极小值。

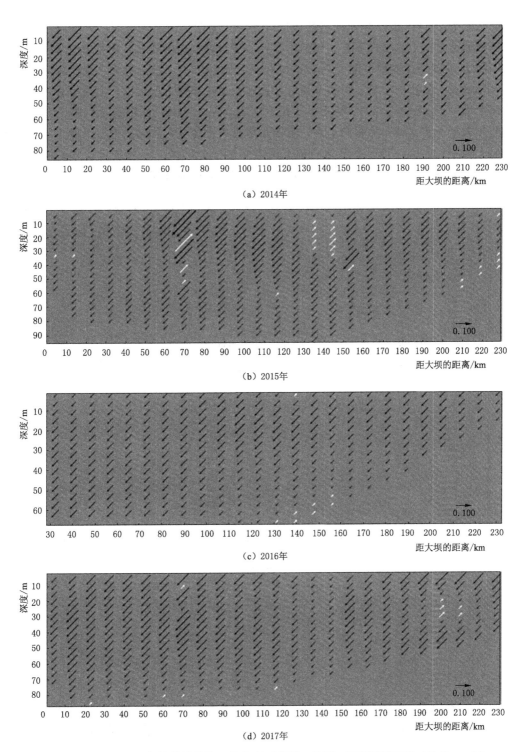

图 2.3 2014—2017 年汛前消落期三峡水库（茅坪—云阳）流速纵剖面图（单位：m/s）

2.2.2.2　汛期

图 2.4 为 2014—2017 年汛期三峡水库（茅坪—云阳）流速纵剖面图。汛期，长江干流水流整体上是从上游流向下游，仍然不存在分层异向流动的现象，流速较消落期明显增大。2014 年下游流速变幅范围为 0.02～0.8m/s。从纵向上，接近大坝水域流速明显大于中游水域流速；从垂向上看，下游水域底部流速明显小于中上层流速，上游水域表现为底部流速大于中上层流速。2015 年流速变幅范围为 0～0.5m/s，从纵向上，中、上游水域流速明显大于下游水域；从垂向上看，上游水域垂向流速变化均匀，中、下游水域表层流速明显大于中、上层。2016 年流速变幅范围为 0.01～0.5m/s，从纵向上，中、下游水域流速略大于上游水域；从垂向上看，流速分布均匀，无明显变化。

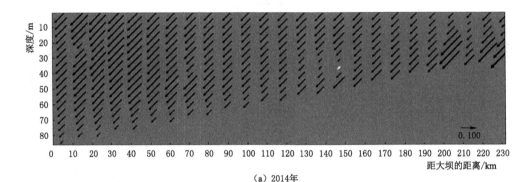

（a）2014年

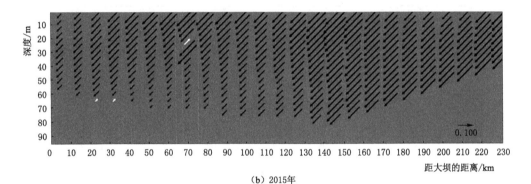

（b）2015年

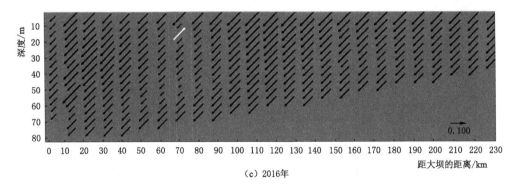

（c）2016年

图 2.4（一）　2014—2017 年汛期三峡水库（茅坪—云阳）流速纵剖面图（单位：m/s）

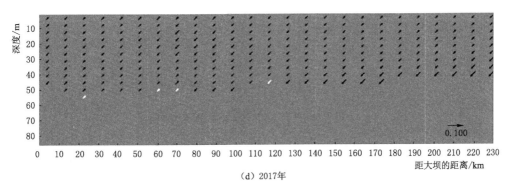

（d）2017年

图2.4（二） 2014—2017年汛期三峡水库（茅坪—云阳）流速纵剖面图（单位：m/s）

2.2.2.3 汛末蓄水期

图2.5为2014—2017年汛末蓄水期三峡水库（茅坪—云阳）流速纵剖面图（注：2014年数据缺失）。汛末蓄水期，长江干流水流整体上是从上游流向下游，仍然不存在分层异向流动的现象，流速较汛期略有减小。2015年流速变幅范围为0～0.3m/s，从纵向上看，中下游以及上游水域流速较大；从垂向上看，上游水域底部流速较表层流速大，中下游水域中上层流速较底部流速大。2016年流速变幅范围为0.01～0.3m/s，从纵向上，中游水域流速较大；从垂向上看，流速分布均匀，无明显变化。

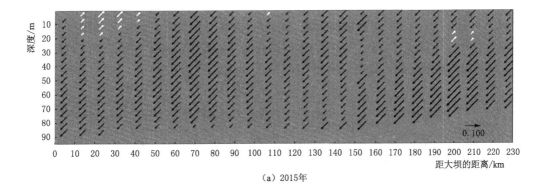

（a）2015年

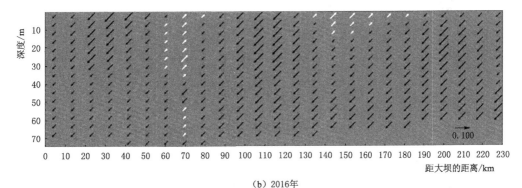

（b）2016年

图2.5（一） 2014—2017年汛末蓄水期三峡水库（茅坪—云阳）流速纵剖面图（单位：m/s）

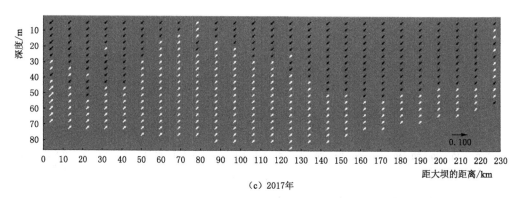

（c）2017年

图 2.5（二）　2014—2017 年汛末蓄水期三峡水库（茅坪—云阳）流速纵剖面图（单位：m/s）

综上所述，三峡水库干流不存在明显的分层异向流动的现象，干流水流整体上从上游流向下游；汛期流速相对其他时期流速较大。

2.3　水　温　特　征

2.3.1　香溪河入江口水温变化规律

2.3.1.1　随时间变化

图 2.6 为 2012—2018 年香溪河入江口表层水温月变化过程，由图 2.6 可以看出，该点水温变化符合年际变化特征，表现为中间高两头低的趋势，每年 8 月末至 9 月初达到峰值，2 月下旬达到最低值；最高温度为 27.33℃，最低温度为 8.3℃。

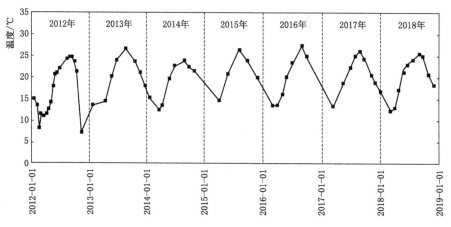

图 2.6　2012—2018 年香溪河入江口表层水温月变化

2.3.1.2　垂向变化

图 2.7 为 2012—2018 年香溪河入江口水温垂向月变化过程。由图 2.7 可以看出，2012 年 3—4 月水深 60～80m 范围内垂向差异明显，表层水温小于底层水温；7—10 月水

深 40～80m 范围内垂向差异明显，表层水温大于底层水温；2013 年 7—10 月水深 20～60m 范围内垂向分层明显，且表层水温大于底层水温；2014 年 7—10 月水深 40～60m 范围内垂向分层明显，且表层水温大于底层水温；2015 年 7 月中旬至 8 月末表层水温出现差异，全年垂向差异不明显；2016 年 7—10 月水深 40～60m 范围内垂向差异显著，表层水温大于底层水温；2017 年 6—7 月下旬、8—10 月 20～60m 范围内水温垂向差异明显，且 6—7 月下旬表层水温低于底层水温，8—10 月表层水温大于底层水温，两次连续分层演替表明，6—10 月表层水温变化较大，底层水温变化较小；2018 年 7—10 月由于缺少垂向水温数据，其垂向差异性不明显，但仍能看出水温分层趋势。

由图 2.7 可知，除 2012 年外，7—10 月香溪河入江口定点水下 20～70m 不同范围内等温线垂向差异性明显，表明垂向变化梯度较大，温差均超过 1℃，出现水温分层现象。汛前消落期，枯水期沿水深水温等值线趋近于直线，表明水温分布均匀，表底没有温差，无分层现象。

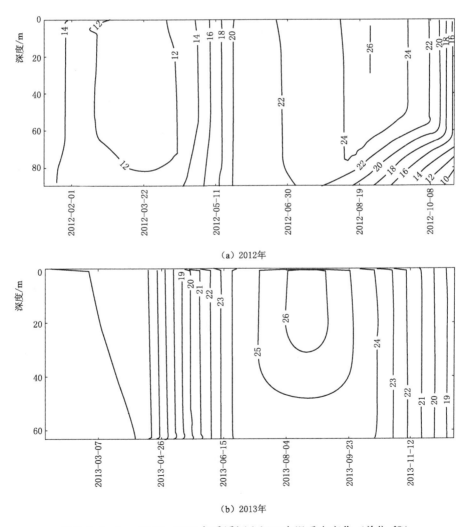

图 2.7（一）　2012—2018 年香溪河入江口水温垂向变化（单位：℃）

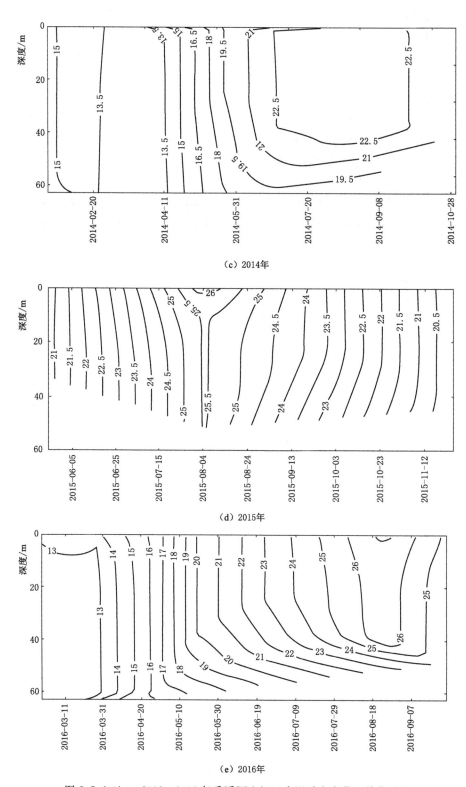

（c）2014年

（d）2015年

（e）2016年

图 2.7（二）　2012—2018 年香溪河入江口水温垂向变化（单位：℃）

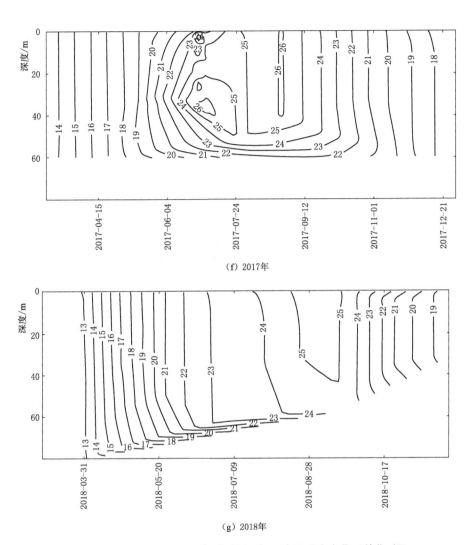

图 2.7（三） 2012—2018 年香溪河入江口水温垂向变化（单位：℃）

2.3.2 干流水温空间分布

2.3.2.1 汛前消落期

2014 年、2015 年汛前消落期长江干流水温空间分布如图 2.8 所示，图 2.8（a）为 2014 年 4 月水温纵剖面图，从图中可以看出，沿程约 10m 水深范围内偶有水温分层现象，整体上水温等值线为直线，垂向差异较小，表层水温大于底层水温。图 2.8（b）为 2015 年 3 月末至 4 月中旬水温纵剖面图，垂向水温差异明显，表层水温大于底层水温。

2014 年干流沿程最高温度为 20.03℃，最低温度为 12.65℃，表底最大温差约为 2.5℃；2015 年沿程最高温度为 18.84℃，最低温度为 13.15℃，表底最大温差约为 2℃。汛前消落期干流水温垂向差异明显，出现水温分层现象；出现分层的地方表层温度大于底层温度，距离坝前越远温度越高。

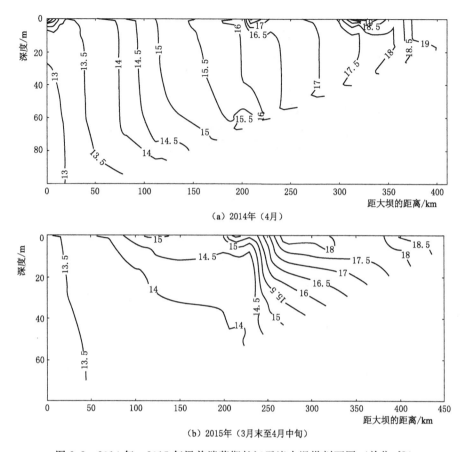

图 2.8　2014 年、2015 年汛前消落期长江干流水温纵剖面图（单位：℃）

2.3.2.2　汛期

图 2.9 为 2014—2017 年汛期长江干流水温空间分布图。图 2.9（a）为 2014 年 7 月末至 8 月中旬干流水温剖面图，可以看出，距坝前水温垂向差异较小，无水体分层现象。距坝前 100km 之后库区垂向水温差异显著。图 2.9（b）为 2015 年 7 月末 8 月初坝前水温剖面图，可以看出，水温垂向差异显著，表层水体水温大于底层水体。图 2.9（c）为 2016 年 8 月上旬水温剖面图，可以看出水温垂向差异显著，表层水温大于底层水温。图 2.9（d）为 2017 年 7 月末干流水温剖面图，垂向水温差异性显著。2014 年表层水温大于底层水温，沿程最高温度为 27.02℃，最低温度为 24.06℃，表底最大温差约为 0.8℃；2015 年最高温度为 29.60℃，最低为 24.16℃，表底最大温差约为 2.5℃，出现水温分层现象；2016 年沿程最高温度为 27.56℃，最低温度为 25.96℃，表底最大温差约为 1℃；2017 年沿程最高温度为 35.12℃，最低温度为 23.86℃，表底最大温差约为 5.5℃。汛期干流水温垂向差异性显著，出现明显的水温分层现象，沿程温度大小无明显规律。

2.3.2.3　枯水运用期

图 2.10 为 2017 年枯水期坝前水温剖面图，可以看出，距离坝前 100km 范围内水温垂向差异较小，100km 范围之外垂向水温出现差异性。沿程最高温度值为 18.9℃，最低

温度值为 17.1℃，表底最大温差约为 0.8℃。

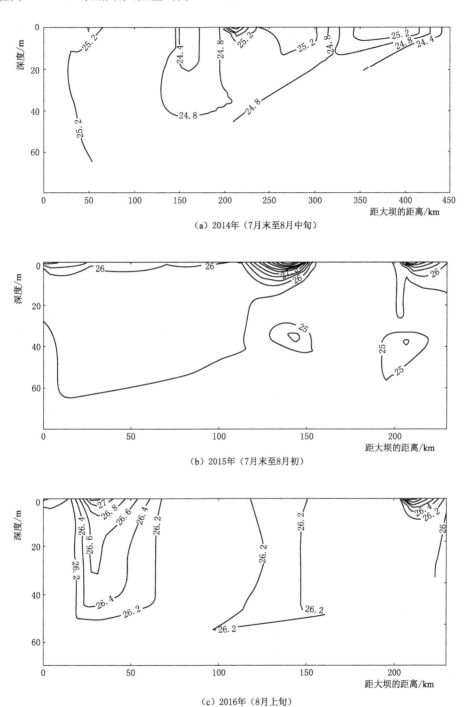

（a）2014年（7月末至8月中旬）

（b）2015年（7月末至8月初）

（c）2016年（8月上旬）

图 2.9（一） 2014—2017 年汛期长江干流水温纵剖面图（单位:℃）

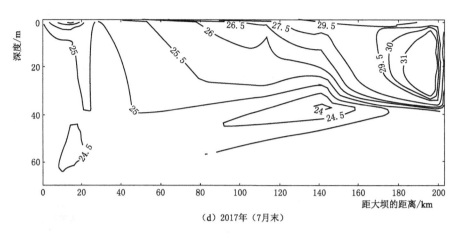

(d) 2017年（7月末）

图 2.9（二）　2014—2017 年汛期长江干流水温纵剖面图（单位：℃）

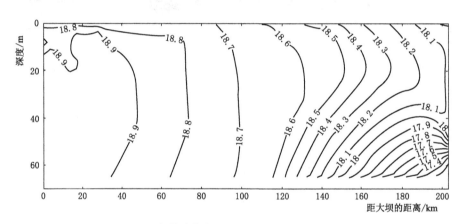

图 2.10　2017 年枯水期长江干流水温纵剖面图（单位：℃）

2.4　营养盐特征

2.4.1　氮盐时空分布

2.4.1.1　氮盐随时间变化规律

2012—2018 年香溪河入江口表层水体 TN、$NO_3^- - N$、$NH_4^+ - N$ 浓度如图2.11所示。2012—2018 年期间香溪河入江口 TN 浓度最大值 3.40mg/L，最小值 1.24mg/L，平均值为 2.10mg/L，年内、年际波动较小。2012—2018 年期间香溪河入江口 $NO_3^- - N$ 浓度最大值 2.46mg/L，最小值 0.41mg/L，平均值为 1.50mg/L，年内、年际波动较小。2012—2018 年期间香溪河入江口 $NH_4^+ - N$ 浓度最大值 0.977mg/L，最小值 0.030mg/L，平均值为 0.254mg/L，夏季 $NH_4^+ - N$ 浓度略高于冬季，年际波动较小。

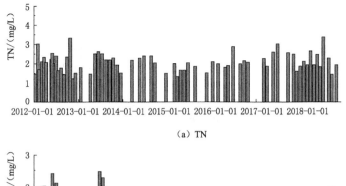

（a）TN

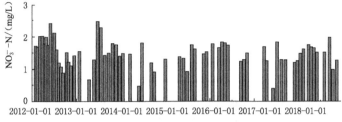

（b）$NO_3^- - N$

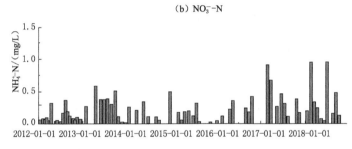

（c）$NH_4^+ - N$

图 2.11　2012—2018 年香溪河入江口表层氮盐浓度随时间变化过程

2.4.1.2　氮盐随空间变化规律

（1）汛前消落期（3—5 月）。2014—2017 年汛前消落期长江干流自重庆至坝前茅坪段水体 TN、$NO_3^- - N$、$NH_4^+ - N$ 浓度如图 2.12 所示。2014—2017 年重庆至茅坪段水体 TN 浓度最大值 3.90mg/L，最小值 0.74mg/L，平均值为 2.26mg/L，随水流从重庆向茅坪方向水体 TN 浓度有减小趋势，年际变化不大。2014—2017 年期间自重庆至茅坪段水体 $NO_3^- - N$ 浓度最大值 1.89mg/L，最小 0.08mg/L，平均值为 1.10mg/L，随水流从重庆向茅坪方向水体 $NO_3^- - N$ 浓度中段略高于两端，年际变化不大。2014—2017 年期间自重庆至茅坪段水体 $NH_4^+ - N$ 浓度最大值 1.691mg/L，最小值 0.045mg/L，平均值为 0.338mg/L，随水流从重庆向茅坪方向万州以上段 2014 年、2016 年水体 $NH_4^+ - N$ 浓度略高于下半段，年际变化不大。

（2）汛期（6—8 月）。2012—2017 年汛期长江干流自重庆至坝前茅坪段水体 TN、$NO_3^- - N$、$NH_4^+ - N$ 浓度如图 2.13 所示。2012—2017 年期间自重庆至茅坪段水体 TN 浓度最大值 3.47mg/L，最小值 0.66mg/L，平均值为 2.04mg/L，随水流从重庆向茅坪方向水体 TN 浓度空间变化、年际变化不大。2012—2017 年期间自重庆至茅坪段水体 $NO_3^- - N$

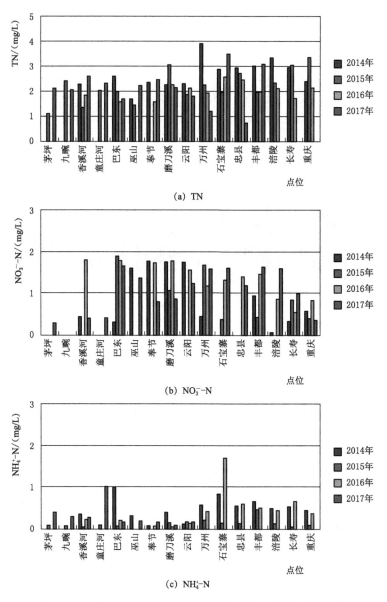

(a) TN

(b) NO₃⁻-N

(c) NH₄⁺-N

图 2.12　2014—2017 年汛前消落期长江干流氮盐浓度分布图

浓度最大值 2.68mg/L，最小值 0.10mg/L，平均值为 1.36mg/L，随水流从重庆向茅坪方向水体 NO_3^--N 浓度有升高趋势，年际变化不大。2012—2017 年期间自重庆至茅坪段水体 NH_4^+-N 浓度最大值 1.612mg/L，最小值 0.030mg/L，平均值为 0.363mg/L，随水流从重庆向茅坪方向 NH_4^+-N 浓度中段略高于两端，年际变化不大。

（3）枯水运用期（12 月至次年 2 月）。2014—2017 年枯水运用期长江干流自重庆至坝前茅坪段水体 TN、NO_3^--N、NH_4^+-N 浓度如图 2.14 所示。2014—2017 年期间自重庆至茅坪段水体 TN 浓度最大值 3.79mg/L，最小值 1.19mg/L，平均值为 2.15mg/L，随水流从重庆向茅坪方向水体 TN 浓度空间变化、年际变化不大。2014—2017 年期间自重庆至

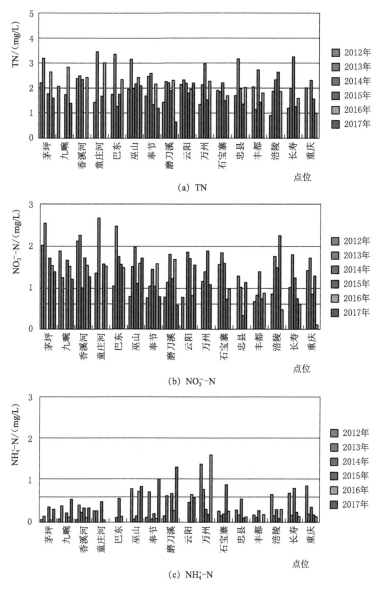

图 2.13 2012—2017 年汛期长江干流氮盐浓度分布图

茅坪段水体 NO_3^--N 浓度最大值 2.37mg/L，最小值 0.86mg/L，平均值为 1.48mg/L，随水流从重庆向茅坪方向水体 TN 浓度空间分布、年际变化不大。2014—2017 年期间自重庆至茅坪段水体 NH_4^+-N 浓度最大值 1.911mg/L，最小值 0.044mg/L，平均值为 0.468mg/L，随水流从重庆向茅坪方向万州以上段 2014 年、2017 年水体 NH_4^+-N 浓度略低于下半段。

总体来说，2012—2017 年香溪河入江口水体 TN、NO_3^--N、NH_4^+-N 浓度变化较平稳。长江干流重庆至茅坪段水体 TN、NO_3^--N、NH_4^+-N 浓度空间分布较稳定，汛期下游水体 TN、NO_3^--N 浓度略高于上游，各时期氮盐浓度相当。

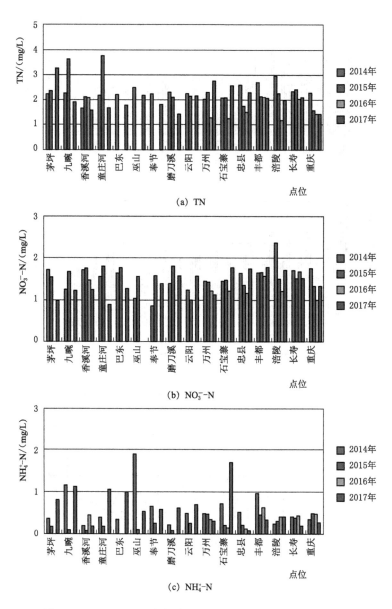

图 2.14 2014—2017 年枯水运用期长江干流氮盐浓度分布图

2.4.2 磷盐时空分布

2.4.2.1 磷盐随时间变化规律

2012—2018 年香溪河入江口表层水体 TP、$PO_4^{3-}-P$ 浓度如图 2.15 所示。2012—2018 年期间香溪河入江口 TP 浓度最大值 0.27mg/L，最小值 0.03mg/L，平均值为 0.12mg/L。2012—2018 年期间香溪河入江口 $PO_4^{3-}-P$ 浓度最大值 0.19mg/L，最小值 0.01mg/L，平均值为 0.06mg/L。2012—2018 年期间香溪河入江口 TP、$PO_4^{3-}-P$ 浓度均有减小趋势。

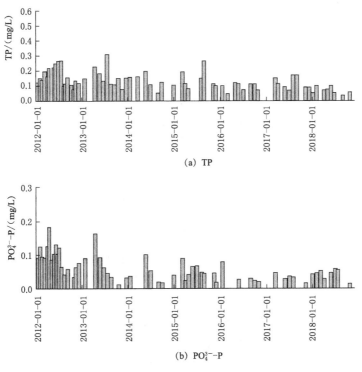

图 2.15　2012—2018 年香溪河入江口表层磷盐浓度随时间变化过程

2.4.2.2　磷盐随空间变化规律

（1）汛前消落期（3—5 月）。2014—2017 年汛前消落期（3—5 月）长江干流自重庆至坝前茅坪段水体 TP、PO_4^{3-}-P 浓度如图 2.16 所示。2014—2017 年期间自重庆至茅坪段水体 TP 浓度最大值 0.24mg/L，最小值 0.02mg/L，平均值为 0.12mg/L，随水流从重庆向茅坪方向水体 TP 浓度空间分布、年际变化不大。2014—2017 年期间自重庆至茅坪段水体 PO_4^{3-}-P 浓度最大值 0.10mg/L，最小值 0.01mg/L，平均值为 0.05mg/L，随水流从重庆向茅坪方向水体 PO_4^{3-}-P 浓度有升高趋势，年际变化不大。

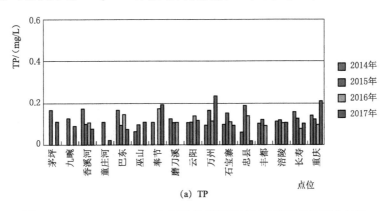

图 2.16（一）　2014—2017 年汛前消落期长江干流磷盐浓度分布图

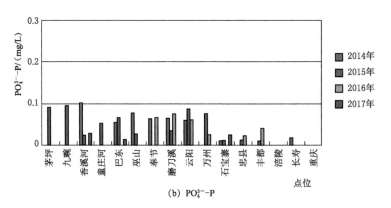

(b) $PO_4^{3-}-P$

图 2.16（二）　2014—2017 年汛前消落期长江干流磷盐浓度分布图

（2）汛期（6—8 月）。2012—2017 年汛期（6—8 月）长江干流自重庆至坝前茅坪段水体 TP、$PO_4^{3-}-P$ 浓度如图 2.17 所示。2012—2017 年期间自重庆至茅坪段水体 TP 浓度最大值 0.52mg/L，最小值 0.05mg/L，平均值为 0.18mg/L，2012 年水体 TP 浓度显著高于其他年份，随水流从重庆向茅坪方向 2013 年水体 TP 浓度下游明显高于上游，其他年份空间分布变化不大。2012—2017 年期间自重庆至茅坪段水体 $PO_4^{3-}-P$ 浓度最大值 0.20mg/L，最小值 0.01mg/L，平均值为 0.05mg/L，随水流从重庆向茅坪方向水体 $PO_4^{3-}-P$ 浓度空间分布变化不大，2012 年水体 $PO_4^{3-}-P$ 浓度显著高于其他年份。

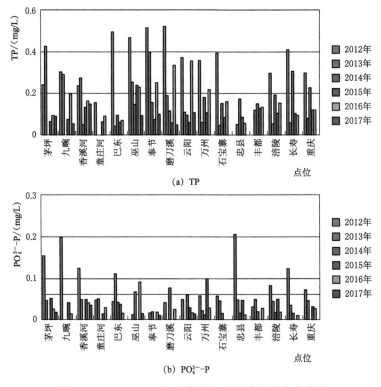

图 2.17　2012—2017 年汛期长江干流磷盐浓度分布图

（3）枯水运用期（12月至次年2月）。2014—2017年枯水运用期长江干流自重庆至坝前茅坪段水体TP、$PO_4^{3-}-P$浓度如图2.18所示。2014—2017年期间自重庆至茅坪段水体TP浓度最大值0.25mg/L，最小值0.01mg/L，平均值为0.10mg/L，随水流从重庆向茅坪方向水体TP浓度空间分布、年际变化不大。2014—2017年期间自重庆至茅坪段水体$PO_4^{3-}-P$浓度最大值0.14mg/L，最小值0.01mg/L，平均值为0.05mg/L，随水流从重庆向茅坪方向水体$PO_4^{3-}-P$浓度空间分布、年际变化不大。

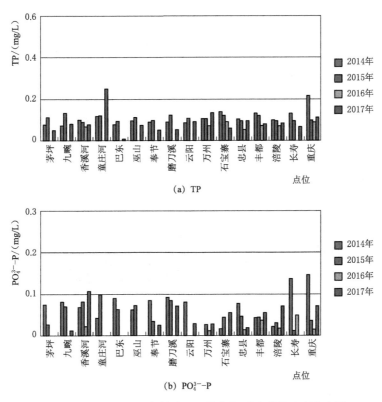

图2.18　2014—2017年枯水运用期长江干流磷盐浓度分布图

总体来说，2012—2017年香溪河入江口水体TP、$PO_4^{3-}-P$浓度有减小趋势。长江干流重庆至茅坪段水体TP、$PO_4^{3-}-P$浓度空间分布较稳定，汛期水体TP、$PO_4^{3-}-P$浓度略高于其他时期。

2.4.3　溶解性硅时空分布

2.4.3.1　溶解性硅（D-SiO₂）随时间变化规律

2012—2018年香溪河入江口表层水体$D-SiO_2$浓度如图2.19所示。2012—2018年期间香溪河入江口$D-SiO_2$浓度最大值11.5mg/L，最小值3.1mg/L，平均值为7.1mg/L，年际变化不大。

2.4.3.2　D-SiO₂随空间变化规律

（1）汛前消落期（3—5月）。2014—2017年汛前消落期（3—5月）长江干流自重庆至坝前茅坪段水体 D-SiO₂ 浓度如图 2.20 所示。2014—2017 年期间自重庆至茅坪段水体 D-SiO₂ 浓度最大值 9.6mg/L，最小值 3.1mg/L，平均值为 6.0mg/L，随水流从重庆向茅坪方向水体 D-SiO₂ 浓度空间分布、年际变化不大。

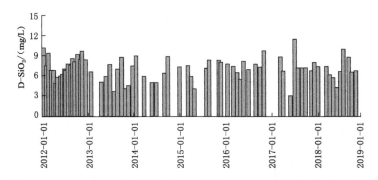

图 2.19　2012—2018 年香溪河入江口表层 D-SiO₂ 浓度随时间变化过程

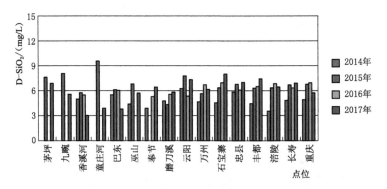

图 2.20　2014—2017 年汛前消落期长江干流 D-SiO₂ 浓度分布图

（2）汛期（6—8 月）。2012—2017 年汛期（6—8 月）长江干流自重庆至坝前茅坪段水体 D-SiO₂ 浓度如图 2.21 所示。2012—2017 年期间自重庆至茅坪段水体 D-SiO₂ 浓度最大值 9.7mg/L，最小值 3.6mg/L，平均值为 7.0mg/L，随水流从重庆向茅坪方向水体 D-SiO₂ 浓度空间分布、年际变化不大。

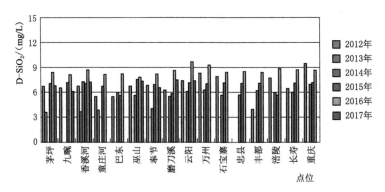

图 2.21　2012—2017 年汛期长江干流 D-SiO₂ 浓度分布图

（3）枯水运用期（12月至次年2月）。2014—2017年枯水运用期（12月至次年2月）长江干流自重庆至坝前茅坪段水体 $D-SiO_2$ 浓度如图2.22所示。2014—2017年期间自重庆至茅坪段水体 $D-SiO_2$ 浓度最大值9.9mg/L，最小值5.1mg/L，平均值为7.9mg/L，随水流从重庆向茅坪方向水体 $D-SiO_2$ 浓度空间分布、年际变化不大。

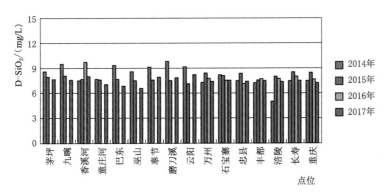

图2.22　2014—2017年枯水运用期长江干流 $D-SiO_2$ 浓度分布图

总体来说，2012—2017年香溪河入江口水体 $D-SiO_2$ 浓度分布较均一。水体 $D-SiO_2$ 浓度自长江干流重庆至茅坪段空间分布较稳定，各时期浓度变化不大。

2.5 水库入库条件及水位变化特征

2.5.1 寸滩入库条件特征

三峡水库寸滩站年际入流量变化如图2.23所示。三峡水库寸滩站逐日平均入库流量年内总体变化规律类似，入库水量在每年4—5月随着汛期的到来逐渐增大，年入库量波动明显，6—9月汛期来临达到最大，而每年10月至次年3月，长江干流水体入库流量较少，约为5000m³/s。2013年、2014年三峡库区寸滩站入库最大流量约为46000m³/s，2015年三峡库区入库最大流量约为35000m³/s，且在汛期均呈双峰型变化趋势，2016年、2017年寸滩站入库最大流量峰值约为29000m³/s，年内入库量变化频繁，这可能与三峡水库上游梯级水库调度相关。

2.5.2 水库水位变化特征

图2.24为三峡水库水位年际变化图，从图可见，2012—2019年三峡水库水位变化趋势基本相同。在枯水运用期即每年的11月至次年的1月，水库水位维持在175m运行，水库主要以发电为目标。汛前泄水期（2月至6月初）水库逐渐降低水位并在6月初降至145m，在此期间，水库主要以发电、下游通航及生态补水为主要目标，水位变化较小；主汛期（6—9月）水库水位在2014年、2015年维持145m汛限水位，水位几乎不变，其余年份由于上游入库流量增加水位出现峰形变化趋势，此时水库防洪为主要目标，水位变化频繁；汛后蓄水期（9月底至10月底）水库水位将迅速抬升，水位将由汛限水位145m上升至正常蓄水位175m。

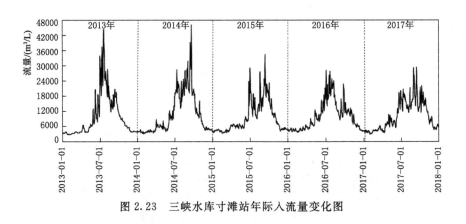

图 2.23　三峡水库寸滩站年际入流量变化图

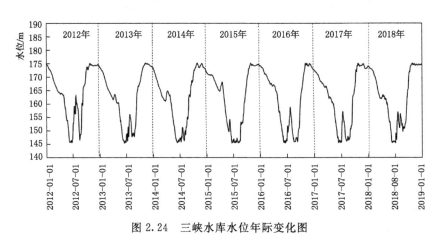

图 2.24　三峡水库水位年际变化图

2.6　本　章　小　结

本章系统分析了 2012 年以来三峡水库按 175m 正常蓄水运行以来干流水流场、水温、营养盐、入库边界条件等变化过程，主要结论包括以下几个方面。

（1）2012—2018 年香溪河与长江干流交汇点（香溪河入江口，样点代号 CJXX）表层最大流速为 0.508m/s，平均流速为 0.092m/s。该点垂向流速在 0～0.5m/s 之间变化，汛期流速明显大于其他时期。2014—2017 年三峡水库（茅坪—云阳）水流从西往东流，水库流速平均流速为分米级，变化范围为 0～0.8m/s。三峡水库干流不存在明显的分层异向流动的现象，干流水流整体上从上游流向下游，汛期流速相对其他时期流速较大。

（2）2012—2018 年香溪河入江口表层水温变化符合年际变化特征，表现为中间高两头低的趋势，每年 8 月末至 9 月初达到峰值，最高温度为 27.33℃，2 月下旬达到最低值，最低温度 8.3℃。该点汛期最大表底温差 4℃，其他时期该点垂向水温均一、未分层。2014—2015 年汛前消落期长江干流水温最大值为 20.03℃，最低温度为 12.65℃，个别断面表层水温大于底层水温，温差约 2℃。2014—2017 年汛期最高温度为 35.12℃，最低温度为 23.86℃。水温垂向差异显著，表层水温大于底层水温，最大温差 5.5℃。2017 年枯水运用期水温最大值为 18.9℃，最小值为 17.1℃，水温垂向差异较小。

(3) 2012—2018 年香溪河入江口水体 TN、$NO_3^- - N$、$NH_4^+ - N$ 浓度变化较平稳。TN 浓度变化范围为 1.24～3.40mg/L，$NO_3^- - N$ 浓度变化范围 0.41～2.46mg/L，年内、年际波动较小。$NH_4^+ - N$ 浓度变化范围为 0.030～0.977mg/L，夏季 $NH_4^+ - N$ 浓度略高于冬季，年际波动较小。2012—2017 年长江干流重庆至茅坪段水体 TN 浓度为（1.19～3.90mg/L）、$NO_3^- - N$ 浓度（0.08～2.68mg/L）、$NH_4^+ - N$ 浓度（0.03～1.91mg/L）空间分布较稳定，汛期下游水体 TN、$NO_3^- - N$ 浓度略高于上游，各水文时期氮盐浓度相当。2012—2018 年期间香溪河入江口 TP 浓度为 0.03～0.27mg/L；$PO_4^{3-} - P$ 浓度为 0.01～0.19mg/L。2012—2018 年期间香溪河入江口 TP、$PO_4^{3-} - P$ 浓度均有减小趋势。长江干流重庆至茅坪段水体 TP 浓度（0.01～0.52mg/L）、$PO_4^{3-} - P$ 浓度（0.01～0.20mg/L）空间分布较稳定，汛期水体 TP、$PO_4^{3-} - P$ 浓度略高于其他时期。2012—2018 年香溪河入江口水体 $D - SiO_2$ 浓度变化范围为 3.1～11.5mg/L，年际变化不大。自长江干流重庆至茅坪段 $D - SiO_2$ 浓度（3.1～6.9mg/L）空间分布较稳定，各水文时期浓度变化不大。

(4) 2013—2017 年三峡水库寸滩站年际入流量数据表明，每年 4—5 月，随着汛期的到来逐渐增大，年入库量波动明显；6—9 月汛期来临，达到最大，约 30000m³/s，而每年 10 月至次年 3 月，长江干流水体入库流量最小，约为 5000m³/s。在枯水运用期三峡水库水位维持在 175m 运行，水库主要以发电为目标。汛前泄水期（2 月至 6 月初）水库逐渐降低水位并在 6 月初降至 145m，在此期间，水库主要以发电、下游通航及生态补水为主要目标，水位变化较小；主汛期（6—9 月）水库水位维持在 145m 汛限水位，此时水库防洪为主要目标；汛后蓄水期（9 月底至 10 月底）水库水位将迅速抬升，水位将由汛限水位 145m 上升至正常蓄水位 175m。

参 考 文 献

[1] 杨正健．分层异重流背景下三峡水库典型支流水华生消机理及其调控 [D]．武汉：武汉大学，2014.

[2] 郭文献，李越，卓志宇，等．三峡水库对长江中下游河流水文情势影响评估 [J]．水力发电，2019，45（5）：22 - 27.

[3] 王艳芳．三峡工程对下游河流生态水文影响评估研究 [D]．郑州：华北水利水电大学，2016.

[4] 张远，郑丙辉，刘鸿亮，等．三峡水库蓄水后氮、磷营养盐的特征分析 [J]．水资源保护，2005，21（6）：23 - 26.

[5] 章国渊．三峡水库典型支流水华机理研究进展及防控措施浅议 [J]．长江科学院院报，2012，29（10）：48 - 56.

[6] 罗光富．支流河口水动力作用对三峡库区干支流营养盐交换的影响 [D]．上海：华东师范大学，2014.

[7] 况琪军，毕永红，周广杰，等．三峡水库蓄水前后浮游植物调查及水环境初步分析 [J]．水生生物学报，2005，29（4）：353 - 358.

［8］ 韩德举，胡菊香，高少波，等．三峡水库135m蓄水过程坝前水域浮游生物变化的研究［J］．水利渔业，2005，25（5）：55－58，112.

［9］ 王玲玲，戴会超，蔡庆华．河道型水库支流库湾富营养化数值模拟研究［J］．四川大学学报（工程科学版），2009，41（2）：18－23.

［10］ 王征，郭秀锐，程水源，等．三峡库区支流河口水动力及水污染迁移特性［J］．北京工业大学学报，2012，38（11）：1731－1737.

［11］ 纪道斌，刘德富，杨正健，等．三峡水库香溪河库湾水动力特性分析［J］．中国科学：物理学力学天文学，2010，40（1）：101－112.

［12］ 蔡庆华，孙志禹．三峡水库水环境与水生态研究的进展与展望［J］．湖泊科学，2012，24（2）：169－177.

［13］ 纪道斌，曹巧丽，谢涛，等．中层温差反坡异重流运动特性试验研究［J］．长江科学院院报，2013，30（4）：34－39，43.

［14］ 刘德富，杨正健，纪道斌，等．三峡水库支流水华机理及其调控技术研究进展［J］．水利学报，2016，47（3）：443－454.

第3章 三峡水库支流水环境及水华特征

3.1 概　　述

　　水库水流形态决定了水体垂向能量交换过程。研究表明三峡水库干流因流速较大、泥沙浓度相对较高，导致干流上下层水体交换频繁，整体呈混合状态，水温垂向分层不显著[1-4]；而三峡水库支流因分层异重流的存在，使得支流水温及层化结构相对复杂[5-7]。以香溪河库湾为例，一方面，三峡水库不同水体的水温差是导致香溪河库湾支流出现复杂的分层异重流的根本原因；另一方面，这种分层异重流又会反过来影响香溪河库湾的水体分层结构[1,8-9]。而水体的不同层化结构又是导致水体初级生产力及浮游植物演替的重要因素，将决定水生态环境的演变方向[10-12]。因此，有必要对三峡水库干支流水体分层结构及其与分层异重流的相互关系进行研究。

　　本章将系统分析三峡水库蓄水后干支流水温、水体稳定系数、混合层、表底温差等参数；搞清干流水温时空分布变化规律及垂向混合状态；确定香溪河库湾支流水温时空变化规律，以及水温分层导致水体混合层在一年内的变化过程；重点将凝练三峡水库支流特殊水温垂向分布模式，明确这些分层模式与分层异重流的相互关系，并与经典水温分层模式进行比较，探讨三峡水库干支流水体层化结构的特殊性。为系统研究三峡水库支流水体循环过程、支流营养盐补给模式及水华生消机制提供水体分层背景资料。

3.2 分层异重流特征

3.2.1 定点垂向流速随时间变化规律

　　香溪河回水区为南北走向，水流从北往南流，侧向流速较小，因此在分析库湾水流特性时采用各断面测得的北向分流速矢量，图中黑色箭头表示流速为负值，水流从库湾流出，白色箭头表示流速为正值，水流从干流流入库湾。

　　图3.1为定点（样点编号XX06）垂向流速随时间的变化过程。由图3.1可以看出，库湾整体流速较小，平均流速只有厘米级。多数时段干流表层、中上层倒灌进入库湾，反之，库湾水体从底层流入干流。2012年流入库湾最大流速为0.661m/s，流出库湾最大流速为0.542m/s；2013年流入库湾最大流速为0.167m/s，流出库湾最大流速为0.444m/s；2014年流入库湾最大流速为0.167m/s，流出库湾最大流速为0.341m/s；2015年流入库湾最大流速为0.674m/s，流出库湾最大流速为0.264m/s；2016年流入库湾最大流速为0.553m/s，流出库湾最大流速为0.315m/s。（注：2017年、2018年数据缺失。）

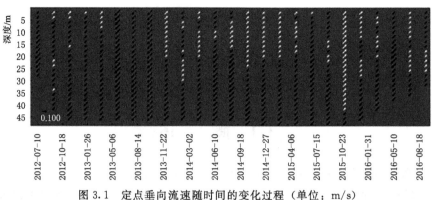

图 3.1 定点垂向流速随时间的变化过程（单位：m/s）

3.2.2 流速空间分布

3.2.2.1 汛前消落期

图 3.2 为 2012—2018 年汛前消落期香溪河库湾流速纵剖面图（注：2012 年数据缺失）。图中黑色箭头表示流速为负值，水流从库湾流出，白色箭头表示流速为正值，水流从干流流入库湾。由图 3.2 可以看出，库湾整体流速较小，平均流速为厘米级，但存在明显的分层异重流。2012 年数据缺失。2013 年干流水体在河口水深 5～40m 处倒灌进入香溪河库湾，潜入距离约距河口 17km，上游来流由库湾底部流向河口，最大流速在 XX04 水深 12m 处，为 0.182m/s。2014 年干流水体在河口水深 5～30m 处倒灌进入香溪河库湾，潜入距离约距河口 16km，上游来流仍从库湾底部流向下游，最大流速出现在河口附近 77m 水深处，为 0.198m/s。2015 年干流水体在河口水深 0～30m 处倒灌进入香溪河库湾，潜入距离约距河口 22km，上游来流由库湾底部流向河口，最大流速在 XX03 水深 37m 处，为 0.191m/s。2016 年干流水体在河口水深 5～35m 处倒灌进入香溪河库湾，潜入距离约距河口 26km，上游来流由库湾底部流向河口，最大流速在 XX08 水深 21m 处，为 0.267m/s。2017 年干流水体在河口水深 0～30m 处倒灌进入香溪河库湾，潜入距离约距河口 20km，上游来流由库湾底部流向河口，最大流速在 XX03 水深 52m 处，为 0.242m/s。2018 年干流水体在河口水深 10～25m 处倒灌进入香溪河库湾，潜入距离约距河口 19km，上游来流由库湾底部流向河口，最大流速在 XX05 水深 25m 处，为 0.214m/s。

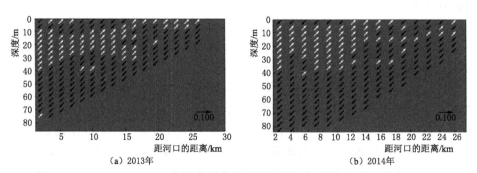

（a）2013年 （b）2014年

图 3.2（一） 2012—2018 年汛前消落期香溪河库湾流速纵剖面图（单位：m/s）

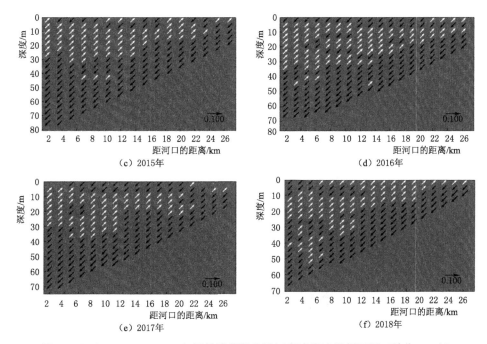

图 3.2 (二)   2012—2018 年汛前消落期香溪河库湾流速纵剖面图 (单位: m/s)

3.2.2.2 汛期

图 3.3 为 2012—2018 年汛期香溪河库湾流速纵剖面图。由图 3.3 可以看出，库湾整体流速较小，平均流速为厘米级，但存在明显的分层异重流。2012 年干流水体在河口水深 15~40m 处倒灌进入香溪河库湾，潜入距离约距河口 20km，上游来流从底部流向库湾，并最终流向干流，此期间最大流速出现在 XX04 表层，为 0.214m/s。2013 年干流水体在河口水深 15~40m 处倒灌进入香溪河库湾，潜入距离约距河口 20km，上游来流从底部流向库湾，并最终流向干流，最大流速出现在 XX04 表层，为 0.181m/s。2014 年干流水体在河口水深 9~30m 处倒灌进入香溪河库湾，潜入距离约距河口 16km，上游来流从底部流向库湾，并最终流向干流，最大流速出现在 XX04 水深 5m 处，为 0.493m/s。2015 年干流水体在河口水深 5~35m 处倒灌进入香溪河库湾，潜入距离约距河口 22km，上游来流从底部流向库湾，并最终流向干流，最大流速出现在 XX08 水深 8m 处，为 0.396m/s。2016 年干流水体在河口水深 9~35m 处倒灌进入香溪河库湾，潜入距离约距河口 24km，在 13km 处延伸至表层，上游来流从底部流向库湾，并最终流向干流，最大流速出现在 XX09 水深 3m 处，为 0.205m/s。2017 年干流水体在河口水深 5~40m 处倒灌进入香溪河库湾，潜入距离约距河口 22km，上游来流从底部流向库湾，并最终流向干流，最大流速出现在 XX05 水深 2m 处，为 0.152m/s。2018 年干流水体在河口水深 0~25m 处倒灌进入香溪河库湾，潜入距离约距河口 24km，上游来流从底部流向库湾，并最终流向干流，最大流速出现在河口水深 7m 处，为 0.162m/s。

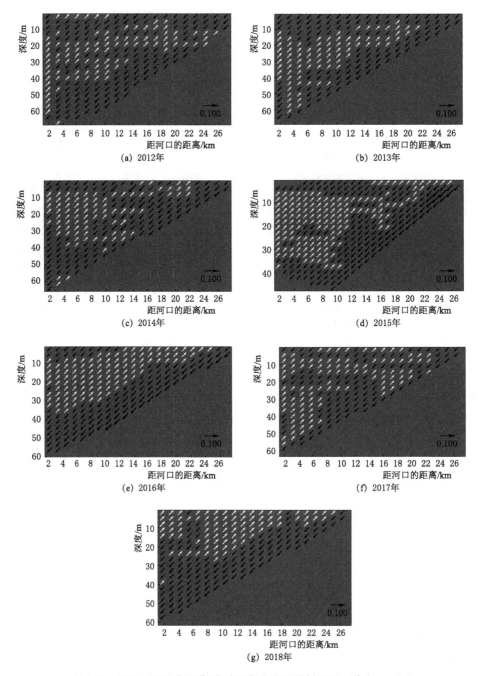

图 3.3 2012—2018 年汛期香溪河库湾流速纵剖面图（单位：m/s）

3.2.2.3 汛末蓄水期

图 3.4 为 2012—2018 年汛末蓄水期香溪河库湾流速纵剖面图。由图 3.4 可以看出，库湾整体流速较小，平均流速为厘米级，但存在明显的分层异重流。2012 年干

流水体在河口水深 40～90m 处倒灌进入香溪河库湾，影响范围为全库湾，上游来流以表层异重流的形式潜入库湾，并最终流向下游，期间最大流速出现在 XX03 水深 3m 处，为 0.188m/s。2013 年干流水体在河口水深 50～80m 处倒灌进入香溪河库湾，潜入距离约距河口 20km，上游来流以表层异重流的形式潜入库湾，并最终流向下游，期间最大流速出现在 XX06 水深 3m 处，为 0.444m/s。2014 年干流水体在河口水深 28～60m 处倒灌进入香溪河库湾，潜入距离约距河口 24km，上游来流以底层顺坡异重流的形式潜入库湾，并最终流向下游，期间最大流速出现在 XX06 水深 26m 处，为 0.318m/s。2015 年干流水体在河口水深 32～60m 处倒灌进入香溪河库湾，潜入距离约距河口 20km，上游来流以底层顺坡异重流的形式潜入库湾，并最终流向下游，期间最大流速出现在 XX06 水深 35m 处，为 0.144m/s。2016 年干流水体在河口水深 10～60m 处倒灌进入香溪河库湾，影响范围为全库湾，上游来流以底层顺坡异重流的形式潜入库湾，并最终流向下游，期间最大流速出现在 XX03 水深 69m 处，为 0.183m/s。2017 年干流水体在河口水深 10～50m 处倒灌进入香溪河库湾，潜入距离约距河口 20km，上游来流以底层顺坡异重流的形式潜入库湾，并最终流向下游，期间最大流速出现在 XX06 水深 2m 处，为 0.152m/s。2018 年干流水体在河口水深 20～50m 处倒灌进入香溪河库湾，影响范围为全库湾，上游来流以底层顺坡异重流的形式潜入库湾，并最终流向下游，期间最大流速出现在 XX07 水深 26m 处，为 0.249m/s。

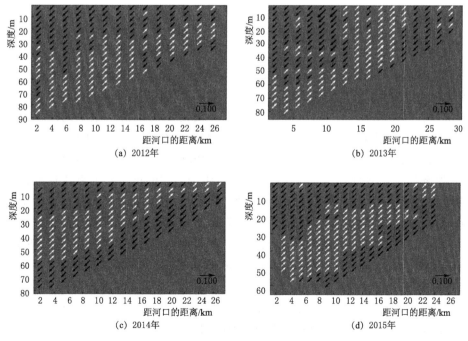

图 3.4（一）　2012—2018 年汛末蓄水期香溪河库湾流速纵剖面图（单位：m/s）

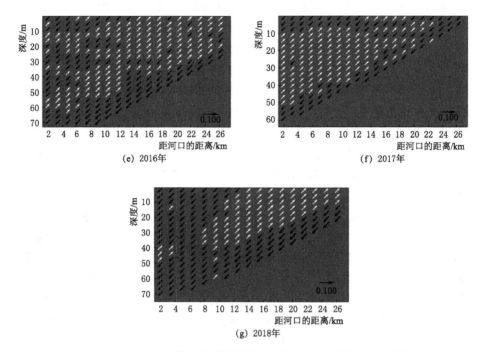

图 3.4（二）　2012—2018 年汛末蓄水期香溪河库湾流速纵剖面图（单位：m/s）

3.2.2.4　枯水运行期

图 3.5 为 2012—2018 年枯水运行期香溪河库湾流速纵剖面图（注：2012 年数据缺失）。由图 3.5 可以看出，库湾整体流速较小，平均流速为厘米级，但存在明显的分层异重流。2013 年干流水体在河口水深 50～80m 处倒灌进入香溪河库湾，潜入距离约距河口 20km，上游来流以底层顺坡异重流的形式潜入库湾，在距河口 21km 处与干流水体产生掺混，期间最大流速出现在 XX03 水深 5m 处，为 0.405m/s。2014 年干流水体在河口水深 40～90m 处倒灌进入香溪河库湾，潜入距离约距河口 26km，上游来流以底层顺坡异重流的形式潜入库湾，在距河口 7km 处与干流水体产生掺混，期间最大流速出现在 XX06 水深 40m 处，为 0.295m/s。2015 年干流水体在河口水深 0～60m 处倒灌进入香溪河库湾，潜入距离约距河口 26km，上游来流以底层顺坡异重流的形式潜入库湾，并最后流入干流，期间最大流速出现在 XX03 水深 30m 处，为 0.410m/s。2016 年干流水体在河口水深 40～75m 处倒灌进入香溪河库湾，潜入距离约距河口 19km，上游来流以底层顺坡异重流的形式潜入库湾，并最终流向下游，期间最大流速出现在 XX02 水深 40m 处，为 0.554m/s。2017 年干流水体在河口水深 20～65m 处倒灌进入香溪河库湾，潜入距离约距河口 24km，上游来流以底层顺坡异重流的形式潜入库湾，并最终流向下游，期间最大流速出现在 XX07 水深 15m 处，为 0.179m/s。2018 年干流水体在河口水深 0～45m 处倒灌进入香溪河库湾，潜入距离约距河口 20km，上游来流以底层顺坡异重流的形式潜入库湾，并最终流向下游，期间最大流速出现在 XX05 水深 16m 处，为 0.021m/s。

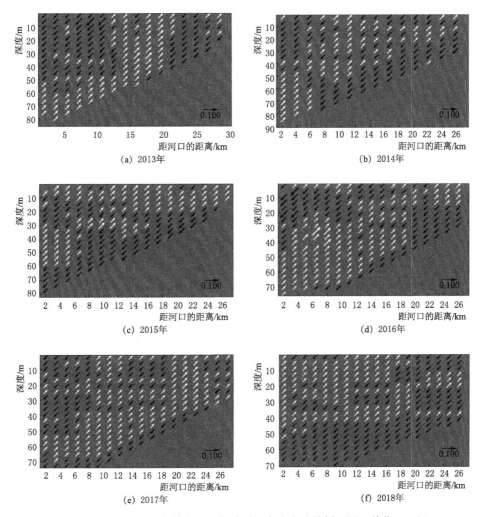

图 3.5　2012—2018 年枯水运行期香溪河库湾流速纵剖面图（单位：m/s）

3.3　水温及其分层特征

3.3.1　定点水温变化规律

香溪河库湾原位监测方案主要分为定点监测和常规库湾巡测，基于现有的原位监测数据，分析库湾定点 XX06 表层水温随时间的变化规律及定点垂向水温结构变化规律，以及整个库湾 CJXX－XX09 共 11 个断面的水温在水库不同运行时期的变化规律。

3.3.1.1　表层水温时间变化

图 3.6 为 2012 年、2014—2016 年香溪河库湾定点 XX06 表层水温随时间的月变化过程，定点采样时间一般为当日上午 9 时，采样频率为每日一次。由图 3.6 可知，每年表层水温年内季节分布规律均为夏季高，春秋次之，冬季最低。每年从 3 月开始，表层水温逐

渐升高，直到 8 月水温升至最高，而后 9 月至次年 2 月水温逐渐降低，表层水温变化主要受当地太阳辐射及气温变化的影响。表层水温变化范围为 7.61～31.66℃，多年平均水温为 19.37℃。

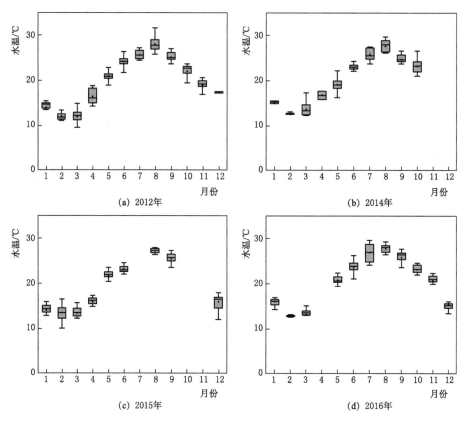

图 3.6　2012 年、2014—2016 年香溪河库湾定点 XX06 表层水温月变化

3.3.1.2　垂向结构变化

图 3.7 为 2012 年、2014—2016 年香溪河库湾定点 XX06 水温垂向变化过程，由图 3.7 可以看出，香溪河定点水温垂向结构变化明显，全年 5—8 月水体温度较高，而 1—3 月水体温度较低。2012—2016 年，水温分层均在 5 月中旬开始发育，水体垂向结构由均一逐渐开始出现分层，表层水体升温速度大于底层水体，表底层温差逐渐增大，至 8 月中旬表底温差达到最大，随着枯水期来临，受水库蓄水与当地气温及太阳辐射的影响，水体水温在 9 月开始降低，垂向结构的水体温度差异逐渐减小，水温再次呈现均一化。从图 3.7 中还可以看出，在夏季汛期时，定点水深 20m 以下出现"楔形"低温水，该部分水体温度明显低于表层水体，可能是由于汛期降雨量增大，香溪河上游低温水从底部流入香溪河，且在汛期香溪河接受太阳辐射增强，表层水体吸收更多的热量，共同导致了垂向结构温度差的出现。相比于蓄水期，从图 3.7 中各年 10—12 月水温可以看出，由于长江干流大量低温水倒灌进入香溪河，以整体冷却的方式降低了香溪河的水温，并逐渐向香溪河上游蔓延，使香溪河水温结构趋向均一化，表底温差几乎消失。

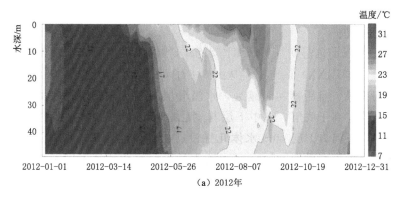

（a）2012年

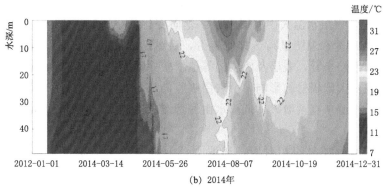

（b）2014年

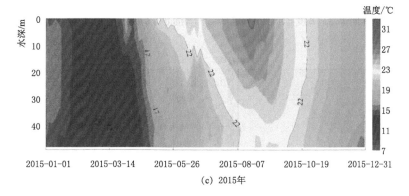

（c）2015年

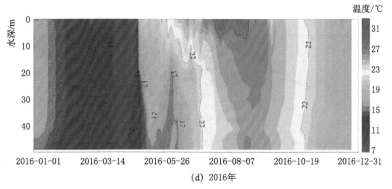

（d）2016年

图 3.7　2012 年、2014—2016 年香溪河库湾定点 XX06 水温垂向变化

3.3.2　水温空间分布

3.3.2.1　汛前消落期

2012—2018 年汛前消落期香溪河库湾水温结构沿纵剖面分布如图 3.8 所示，横坐标表示点位与河口（即 CJXX）的距离。从图 3.8 中可以看出，2012—2018 年汛前消落期水体均已出现分层现象，且距离河口越远，水温分层越明显，表层与底层温差越大。2012 年上层水体水温明显高于底层，且中下层与底层之间有较大的温度梯度。2013 年垂向水体温度变化明显，且河口上层 40m 水体几乎没有出现分层现象，直至 XX03 开始出现分层现象，表底水温差逐渐增大。2014 年库湾水体垂向变化特征不同于其他年份，表层水温呈现中游高于上下游的趋势，可能是由于天气原因致使水体吸收热量不均。2015 年与 2012 年相似，但下游水体垂向结构特征没有 2012 年突出，只在上游出现较明显的垂向分层。2016 年垂向上表层水温大雨底层水温，垂向变化较小。2017 年表层出现较明显的分层现象。2018 年库湾水温明显高于其他年份，沿纵剖面从下至上水体垂向温度差异逐渐增大。从各垂向断面来看，表层及底层的等值线较中间层等值线更为密集，一方面这表明库湾水体受气温及太阳辐射的影响，由表层吸收的热量变多了；另一方面，汛前消落期雨水较枯水期多，上游来流量增大，低温水由底部流入香溪河，可能是底部温度梯度变大的原因。

与香溪河库湾采样时间相对应，选取香溪河库湾上中下游三个点位分别为 XX09、XX05、CJXX，2012 年上中下游表底温差分别为 7.56℃、3.13℃、0.03℃，而在 2018 年，上中下游表底温差分别为 6.92℃、5.71℃、0.01℃，可以看出干流水温通常较支流水温低，香溪河垂向水温梯度沿程分布差异在汛前消落期已经开始显现。

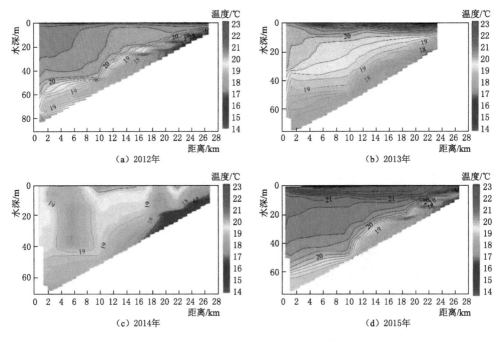

图 3.8（一）　2012—2018 年汛前消落期香溪河库湾水温纵剖面图

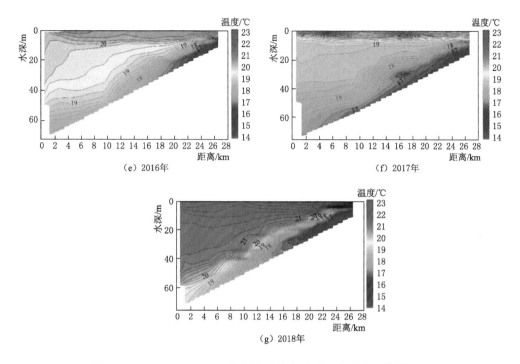

图 3.8（二） 2012—2018 年汛前消落期香溪河库湾水温纵剖面图

3.3.2.2 汛期

2012—2018 年汛期香溪河库湾水温沿纵剖面分布如图 3.9 所示，从图 3.9 中可以看出，香溪河库湾表层水体水温明显大于中底部水温，且在表层有明显的水温梯度显现，除 2014 年以外，库湾水体表层水温均显著高于中层水体，致使中层水体垂向变化明显。2014 年汛期巡测期间可能是受天气影响，表层未出现温度明显高于下层温度的水体。从图 3.9 中还可以看出，2012—2018 年汛期，库湾有明显的上游低温水从底部潜入，直至河口，与汛前消落期的特征相似。2013 年库湾垂向水温变化较 2012 年更明显，库湾中上游垂向水温变化更大。而 2015—2018 年水温库湾水温分布规律基本相同，每年均有不同强度的低温水从库湾上游潜入，流向河口方向，但 2018 年上游底部来水的温度更低，平均温度仅为 20.1℃。

2012 年干流（CJXX）水体水温最大值为 24.31℃，最小值为 24.16℃，表层与底层温差 0.1℃，XX09 水体水温最大值为 29.93℃，最小值为 22.52℃，表底温差 7.41℃，上下游水温差别很大。2016 年干流（CJXX）水体水温最大值为 27.33℃，最小值为 26.63℃，表底温差 0.7℃，干流水体出现弱分层，但仍不明显，XX09 水体水温最大值为 30.43℃，最小值为 24.94℃，表底温差 5.49℃，香溪河上游水体表底温差很大，分层明显。2018 年干流（CJXX）水体水温最大值为 24.93℃，最小值为 24.88℃，表底温差 0.05℃，XX09 水体水温最大值为 25.88℃，最小值为 19.04℃，表底温差 6.84℃，干流水体混合均匀，上游水体分层明显。

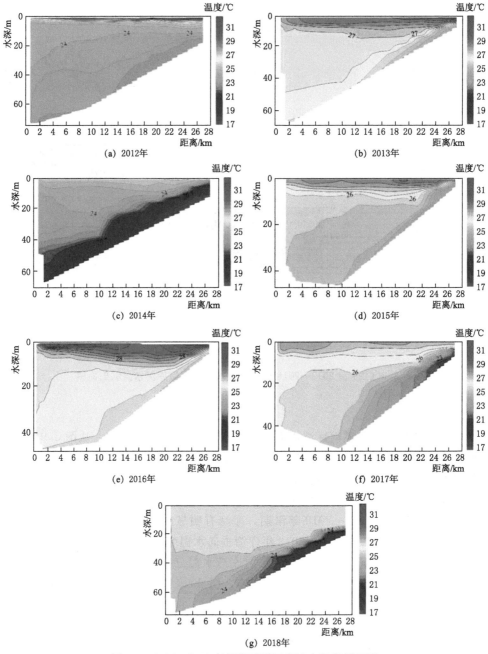

图 3.9　2012—2018 年汛期香溪河库湾水温纵剖面图

3.3.2.3　汛末蓄水期

2012—2018 年汛末蓄水期香溪河库湾水温纵剖面特征如图 3.10 所示，从图 3.10 中可以看出，库湾水体整体较汛期水温低，表底层水体温度差异小于汛期。干流水体温度与香溪河库湾下游水体温度趋于一致，水体垂向结构得到弱化。且 2012—2018 年表层水温较汛期水温梯度小，只在 2017 年、2018 年出现较小的温度梯度。长江干流水体在汛末蓄水期大量倒灌进入香溪河库湾，使得下游水体的垂向结构被打破，水体分层逐步消失。在2012—2018年库湾底部均有不同程度的低温水由上游流向河口，底部垂向水温变化明显。

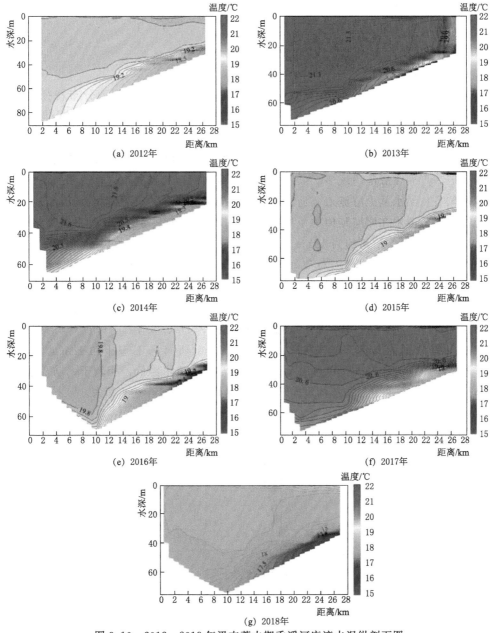

图 3.10　2012—2018 年汛末蓄水期香溪河库湾水温纵剖面图

2012 年干流（CJXX）水温最大值为 19.64℃，最小值为 18.86℃，平均值为 19.57℃。较库湾表层水温低，但较库湾中底层水温高。2013 年干流（CJXX）水温最大值为 21.22℃，最小值为 21.15℃，平均值为 21.21℃，较库湾中上层水温低，与库湾底层水温相近。2014 年干流（CJXX）水温最大值为 21.55℃，最小值为 21.50℃，平均值为 21.53℃，较库湾底层水温高，与库湾中上层水温相近。2015 年干流（CJXX）水温最大值为 20.10℃，最小值为 19.78℃，平均值为 19.85℃，与库湾水体温度相差不大。2016 年干流（CJXX）水温最大值为 19.81℃，最小值为 19.74℃，平均值为 19.80℃，与库湾整体水温相差不大。2017 年干流（CJXX）水温最大值为 20.52℃，最小值为 20.46℃，平均值为 20.50℃，较表层水体温度低，与中下层水体水温相近。2018 年干流（CJXX）水温最大值为 18.29℃，最小值为 18.24℃，平均值为 18.28℃，与库湾整体水温相差不大。

3.3.2.4　枯水运行期

图 3.11 为 2012—2018 年枯水运行期香溪河库湾水温沿纵向剖面分布特征图，由于 2015 年枯水运行期仪器返厂维修，未能监测该时期水温情况，故没有 2015 年该时期数据。从图 3.11 中可以看出，该时期几乎所有年份水温垂向结构的差异均集中在底部区域，而不再是表层区域，除 2016 年、2018 年库湾水体表层出现弱分层现象，其他年份均未出现明显分层。反而在底部出现多次低温水由上游流向河口的现象，这也说明香溪河库湾不同时间段均有低温水从上游流入，造成了底部垂向水温梯度的显著变化。且低温水潜入的强弱也决定了低温水在库湾延伸的距离，其中 2012 年延伸距离最长，几乎贯穿整个库湾，而 2018 年最弱，延伸距离约为 14km。

与香溪河库湾采样时间相对应，选取香溪河库湾上中下游三个点位分别为 XX09、XX05、CJXX，2012 年上中下游表底温差分别为 1.99℃、1.09℃、0.69℃，2013 年上中下游表底温差分别为 1.48℃、0.7℃、0.13℃，2014 年上中下游表底温差分别为 2.33℃、0.85℃、0.03℃，2016 年上中下游表底温差分别为 5.13℃、0.32℃、0.77℃，2017 年上中下游表底温差分别为 0.92℃、0.79℃、0.01℃，在 2018 年，上中下游表底温差分别为 1.59℃、1.15℃、0.169℃，可以看出干流温差通常较支流水温低，相较于汛前消落期，库湾水体分层现象减弱明显，香溪河垂向水温梯度沿程分布差异在逐渐消失。

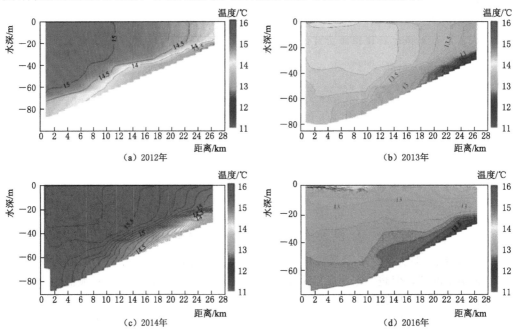

图 3.11（一）　2012—2018 年枯水运行期香溪河库湾水温纵剖面图

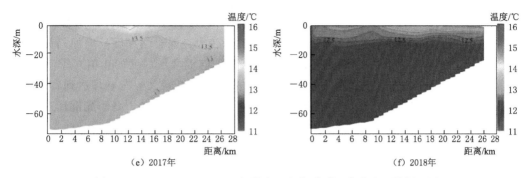

（e）2017年 （f）2018年

图 3.11（二） 2012—2018 年枯水运行期香溪河库湾水温纵剖面图

3.4 水体层化结构特征

图 3.12 给出了香溪河定点（XX06）3 年（2014—2016 年）来野外监测的真光层深度时空变化过程。可以看出香溪河定点 3 年真光层深度变化趋势大致相似，但真光层深度随时间变化较大，最大 15m，最小 2m。

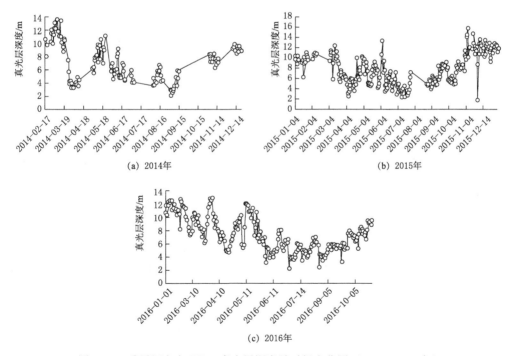

（a）2014年 （b）2015年

（c）2016年

图 3.12 香溪河定点 XX06 真光层深度随时间变化图（2014—2016 年）

香溪河库湾真光层、混合层深度的年内变化过程如图 3.13 所示。香溪河库湾真光层深度年内变化较小，1—2 月，真光层深度几乎保持稳定状态，真光层深度相对较大；3 月初，真光层深度逐渐减小；4 月初至 8 月底，真光层深度相对较小，且保持波动状态；

9—12 月真光层深度增大。而混合层深度的年际变化较为明显，1—2 月水体混合层深度较大，最高达 40m，水体几乎呈完全混合状态；3—5 月，混合层深度呈降低趋势，6—8 月降至年内最低；9 月开始，水库开始蓄水，水体扰动较大，混合层深度呈增加趋势；11—12 月增至年内最高。香溪河库湾光混比（真光层深度与混合层深度的比值）季节性差异较大，1—2 月，水体光混比较小；进入春季后，光混比逐渐增大，在 4 月达到春季最大；夏季光混比达到年内最高；秋季光混比较夏季略低，且呈下降趋势；冬季光混比达到年内最低，且保持较为稳定状态，变化较小。

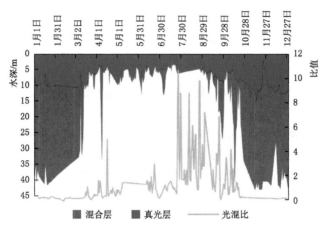

图 3.13 香溪河库湾水体年内真光层、混合层深度变化规律

3.5 营 养 盐 特 征

3.5.1 营养盐时间变化特征

图 3.14 是 2012—2018 年香溪河库湾监测点 XX06 表层营养盐 TN、$NO_3^- - N$、$NH_4^+ - N$、TP 和 $PO_4^{3-} - P$ 随时间变化过程图。

由图 3.14 可知，根据水库不同运行期分为汛前消落期（3—5 月）、汛期（6—9 月中旬）、汛后蓄水期（9 月中旬至 11 月）和枯水运用期（12 月至次年 2 月）四个不同时期，年内营养盐变化呈波动趋势，不同时期营养盐变化不同。香溪河库湾 TN 浓度略大于 $NO_3^- - N$ 浓度，且二者变化趋势基本一致，说明 $NO_3^- - N$ 是香溪河氮营养盐的主要组成部分。2012 年 1 月至 2 月底为枯水期，氮营养盐呈增大的趋势；3 月至 5 月底为消落期，呈先减小后期增大的趋势；6 月至 9 月中旬为汛期，呈减小的趋势；9 月中旬至 11 月底为汛后蓄水期，呈先增大后减小的趋势；12 月至次年 3 月底为枯水期，呈先增大后减小的趋势。通过不同时期比较来看，氮营养盐主要在枯水期末期、汛期前期和蓄水期中期质量浓度较大。2015 年和 2016 年不同时期氮营养盐变化趋势与 2012 年基本相似，其余年份由于有效数据较少，规律不明显。

TP 和 $PO_4^{3-} - P$ 较于氮营养盐的整体变化趋势有所不同。从 2012 年、2015 年和 2016 年来看，不同时期磷营养盐变化整体趋势较为相似，1 月至 2 月底为枯水期，均呈增大趋势；3月至5月底为消落期，均呈先增大后减小的趋势；6月至9月中旬为汛期，均呈先减小后增大的趋势；12月至次年3月底为枯水期，虽由不同程度的波动，但整体均呈升高趋势。但9月中至11月底为汛后蓄水期，2012年和2016年呈增大的趋势，而2015年波动较大，无明显规律。

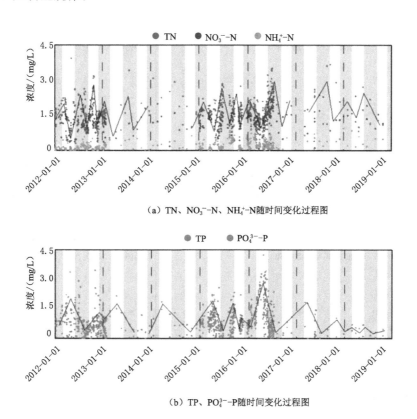

（a）TN、NO_3^--N、NH_4^+-N随时间变化过程图

（b）TP、$PO_4^{3-}-P$随时间变化过程图

图3.14　香溪河库湾营养盐随时间变化过程图

3.5.2　营养盐空间变化特征

图3.15、图3.16分别为2012—2018年不同水库运行期内香溪河库湾TN和TP质量浓度空间分布规律。由图3.15可知，在汛前消落期（3—5月），长江干流TN平均质量浓度相较于其他时期有所降低，年际变化较小且年内波动也较小；但香溪河库湾TN浓度自河口至回水末端呈现下降的变化趋势。6月至9月中旬，三峡水库处于汛期，此时长江干流TN营养盐较消落期没有显著变化；香溪河库湾TN平均质量浓度较消落期有所升高，并且沿程变化波动较大；回水末端仅仅略低于河口，差异不大。9月中旬至11月为汛后蓄水期，沿程变化波动较大；但香溪河库湾上游来流TN浓度较其他期没有明显变化。12月至次年2月为枯水运用期，此时沿程空间差异较小，波动不明显，并且年际变化较稳定；上游来流（XXYT）相比于库湾和河口较低。

由图3.16可知，上游来流TP浓度明显高于香溪河库湾和长江干流（CJXX），这与上游来流TN浓度始终处于较低水平正好相反，这说明香溪河上游来流水体确实是高磷低氮水体。消落期时，磷营养盐波动较大，年际差异较大，磷营养盐空间整体水平较其他期高。汛期时，自长江干流至源头表现先减小后缓慢增高的趋势。蓄水期时，除上游来水较高外其余较小，且沿程波动较稳定，年际差异不明显。枯水期时，香溪河河口 TP 略大于长江干流，且自河口至末端呈现略有上升的趋势，但整体变化并不显著。

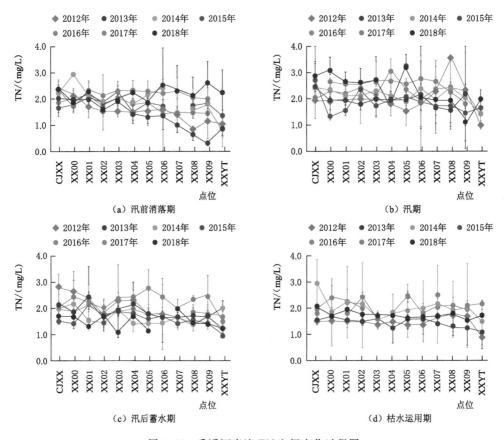

图 3.15　香溪河库湾 TN 空间变化过程图

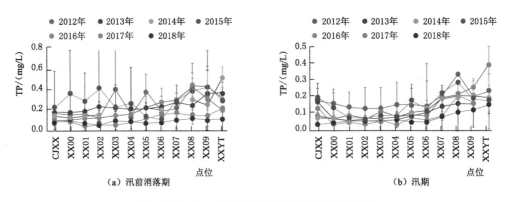

图 3.16（一）　香溪河库湾 TP 空间变化过程图

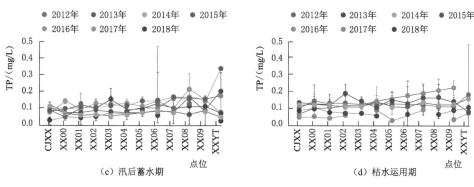

图 3.16（二）　香溪河库湾 TP 空间变化过程图

3.6　浮游植物及水华特征

3.6.1　浮游植物群落特征及变化规律

图 3.17 为 2012—2016 年香溪河库湾浮游植物平均总藻（细胞）密度的时间变化。香溪河浮游植物平均总细胞密度变化范围为 $4.6 \times 10^3 \sim 8.96 \times 10^7 cells/L$，其中最大值一般出现在汛期（6—8 月），最小值常出现在枯水运行期（12 月至次年 2 月），2012 年、2013 年、2014 年、2016 年在每个时期的平均总细胞密度明显高于 2015 年，处于一个较高水平；在 2012 年、2013 年、2014 年、2016 年中，平均总细胞密度从汛前消落期到汛期明显开始上升，在汛期达到最大值，到达汛末蓄水期后，平均总细胞密度开始下降，到达枯水运行期后降到一年中最低的值。在 2015 年，平均总细胞密度在年内的变化趋势与其他几年类似，但维持在一个较低的水平。

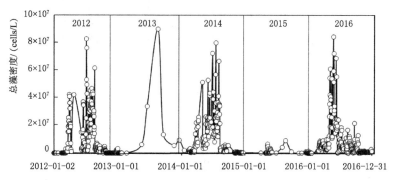

图 3.17　2012—2016 年香溪河库湾浮游植物平均总细胞密度的时间变化

图 3.18 为 2012—2016 年香溪河库湾浮游植物平均总细胞密度的空间变化。在汛前消落期，2014 年的平均总藻密度是 5 年中最高的，空间上，5 年的变化趋势基本一致，表现为从下游向上游呈现先增大后下降的趋势，最大值出现一般出现在 XX02、XX06、XX07、XX08；在汛期，平均总藻密度最高值出现在 2014 年，空间上，表现为从下游向上游呈现

先增大后下降的趋势，最大值一般出现在 XX02、XX06；在汛后蓄水期平均总藻密度最大值也出现在 2014 年，空间上，表现为从下游向上游增大的趋势，最大值一般出现在 XX00、XX04、XX09。在枯水运行期，平均总藻密度的最大值出现在 2016 年，空间上，表现为从下游向上游呈现减少的趋势，最大值一般出现在 XX00、XX01、XX03。

图 3.19～图 3.23 为 2012—2016 年香溪河各藻种细胞密度的空间变化。由图 3.19 可知，2012 年，汛前消落期香溪河库湾以硅藻、绿藻及隐藻为主，且存在少量的裸藻和甲藻；汛期香溪河以绿藻、硅藻及蓝藻为主，存在少量的隐藻与黄藻；汛后蓄水期香溪河以硅藻、绿藻及隐藻为主，也存在少量的蓝藻与甲藻；枯水运行期香溪河以隐藻、绿藻与硅藻为主，也存在少量的蓝藻与甲藻。

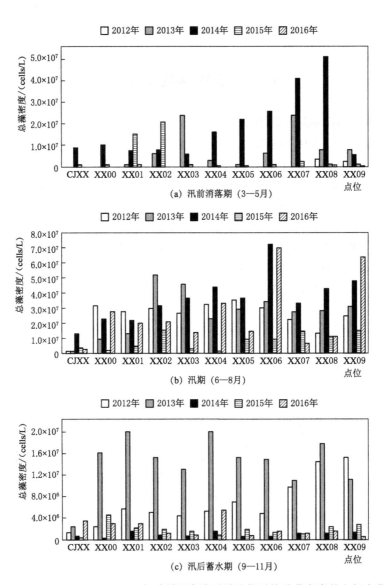

图 3.18 （一）　2012—2016 年香溪河库湾浮游植物平均总藻密度的空间变化

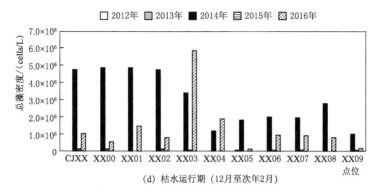

图 3.18（二） 2012—2016 年香溪河库湾浮游植物平均总藻密度的空间变化

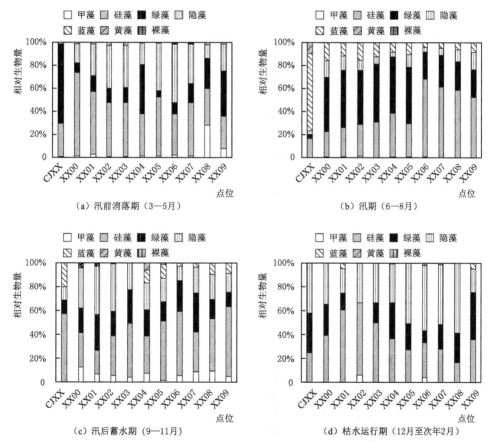

图 3.19 2012 年香溪河各藻种细胞密度的空间变化

由图 3.20 可知，2013 年，汛前消落期香溪河库湾以蓝藻、绿藻及硅藻为主，且存在少量的隐藻；汛期香溪河以绿藻、硅藻及蓝藻为主，存在少量的隐藻与裸藻；汛后蓄水期香溪河以绿藻、硅藻及蓝藻为主，也存在少量的隐藻；枯水运行期香溪河以绿藻与硅藻为主，也存在少量的蓝藻、甲藻与隐藻。

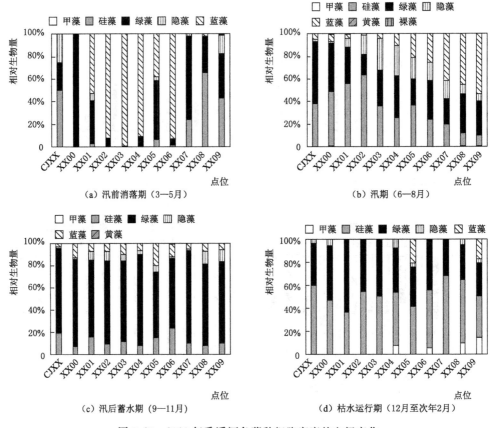

图 3.20　2013 年香溪河各藻种细胞密度的空间变化

由图 3.21 可知，2014 年，香溪河汛前消落期库湾以绿藻及硅藻为主，且存在少量的隐藻；汛期以绿藻、硅藻为主，存在少量的隐藻与甲藻；汛后蓄水期以硅藻与隐藻为主，也存在少量的绿藻、蓝藻与裸藻；枯水运行期以绿藻、蓝藻与硅藻为主，也存在少量的隐藻。

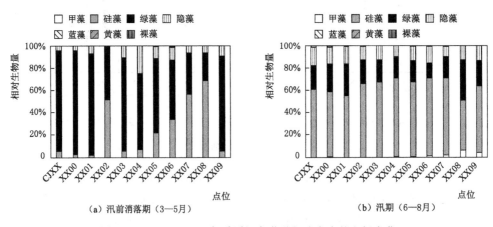

图 3.21（一）　2014 年香溪河各藻种细胞密度的空间变化

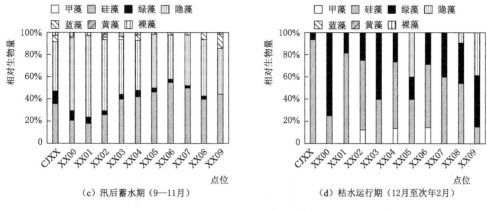

（c）汛后蓄水期（9—11月）　　　（d）枯水运行期（12月至次年2月）

图 3.21（二）　2014 年香溪河各藻种细胞密度的空间变化

由图 3.22 可知，2015 年，香溪河汛前消落期库湾以绿藻为主，且存在少量的隐藻、蓝藻与硅藻；汛期以绿藻、硅藻与蓝藻为主，存在少量的隐藻；汛后蓄水期以蓝藻与绿藻为主，也存在少量的隐藻与硅藻；枯水运行期以蓝藻、隐藻与硅藻为主，也存在少量的绿藻与裸藻。

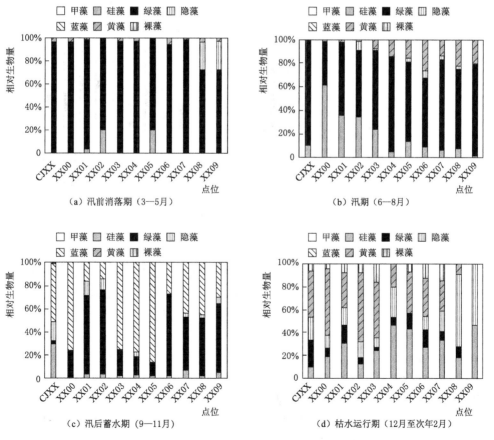

（a）汛前消落期（3—5月）　　　（b）汛期（6—8月）

（c）汛后蓄水期（9—11月）　　　（d）枯水运行期（12月至次年2月）

图 3.22　2015 年香溪河各藻种细胞密度的空间变化

　　由图 3.23 可知，2016 年，香溪河汛前消落期库湾以绿藻及硅藻为主，且存在少量的隐藻与裸藻；汛期以绿藻、蓝藻及硅藻为主，存在少量的隐藻与裸藻；汛后蓄水期以蓝藻与硅藻为主，也存在少量的绿藻、隐藻与裸藻；枯水运行期以绿藻、硅藻与蓝藻为主，也存在少量的隐藻与裸藻。

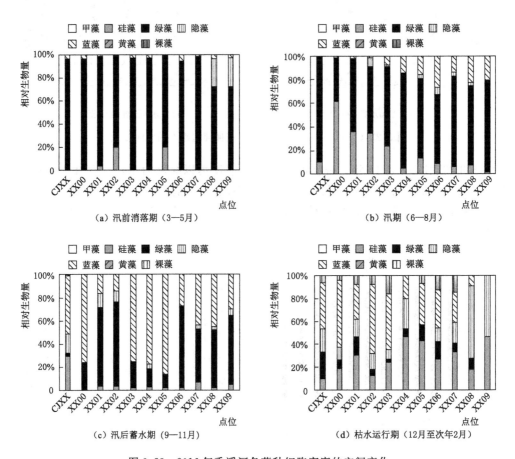

图 3.23　2016 年香溪河各藻种细胞密度的空间变化

3.6.2　叶绿素 a（Chl - a）特征

　　2012—2016 年香溪河库湾 Chl - a 浓度时间变化如图 3.24 所示。2012 年，香溪河库湾 Chl - a 浓度最大值出现在 4 月中旬，从 4 月到 11 月，表现为逐渐减少的趋势，4 月到 10 月浓度处于较高的水平。2013 年，香溪河库湾 Chl - a 浓度最大值出现在 7 月底，全年整体浓度与其他年份相比较低，最大值为 40.59μg/L。2014 年，香溪河库湾 Chl - a 浓度最大值出现在 6 月底，1—2 月及 11—12 月 Chl - a 浓度保持在较低水平，3—10 月 Chl - a 浓度呈现波动变化趋势。2015 年，香溪河在 1—2 月及 11 月底 Chl - a 浓度处于较低水平，最大值出现在 5—9 月，且在该时期内香溪河库湾 Chl - a 浓度也处于较高水平。2016 年 1—3 月及 11—12 月 Chl - a 浓度均较小，春季（4—5 月）、夏季（6—8 月）、秋季（9 月）Chl - a 浓度较大，5 月 Chl - a 浓度出现最大值。

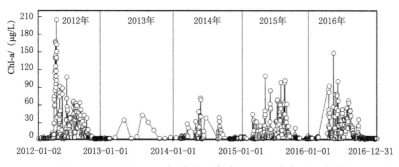

图 3.24　2012—2016 年香溪河库湾 Chl－a 浓度时间变化

3.7　本　章　小　结

本章系统分析了 2012 年以来三峡水库典型支流库湾水流场、水温及分层特征、营养盐、浮游植物及水华的变化特征，主要结论包括以下几个方面。

（1）汛前消落期、汛期、汛末蓄水期及枯水运行期三峡水库典型支流库湾均存在不同程度的分层异重流特性，但以中层倒灌异重流为主。受分层异重流的影响，四个水位运行期最大流速分别可达到 0.267m/s、0.493m/s、0.444m/s 和 0.554m/s。

（2）三峡水库干流分层特征不明显，表底温差为 0～0.7℃；但支流库湾受分层异重流影响，不同时期呈现不同的水温分层特征，且越靠近库湾末端水温分层越显著，表底温差最大可达 7.41℃。

（3）香溪河库湾真光层深度年际变化较小，在 2～10m 间变化，最大值一般发生在枯期，最小值发生在汛期。混合层深度的年际变化较为明显，1—2 月最高可达 40m，水体几乎呈完全混合状态；6—8 月降至年内最低，9 月开始呈增加趋势，11—12 月增至年内最高。

（4）$NO_3^- - N$ 是香溪河库湾氮营养盐的主要组成部分。枯水期氮营养盐呈增大的趋势；汛前消落期呈先减小后期增大的趋势；汛期呈减小的趋势；汛后蓄水期呈先增大后减小的趋势；枯水期呈先增大后减小的趋势。磷营养盐在枯水期呈增大趋势；在汛前消落期呈先增大后减小的趋势；在汛期呈先减小后增大的趋势；汛后蓄水期整体呈增大的趋势；枯水期有不同程度的波动，但整体均有升高趋势。

（5）香溪河浮游植物平均总细胞密度变化范围为 $4.6×10^3 ～ 8.96×10^7$ cells/L，最大值一般出现在汛期（6—8 月），最小值常出现在枯水运行期（12 月至次年 2 月）。汛前消落期优势藻类以硅藻、绿藻及隐藻为主，汛期以绿藻、硅藻及蓝藻为主，汛后蓄水期香溪河以硅藻、绿藻及隐藻为主，枯水运行期以隐藻、绿藻与硅藻为主。

（6）香溪河库湾 Chl－a 浓度在 1.0～200μg/L 之间变化，最大值一般发生在汛前泄水期或汛期，也是香溪河水华发生的主要时期。枯水运行期 Chl－a 浓度一般均维持在较低的水平，无明显水华发生。

参 考 文 献

［1］ 杨正健，刘德富，马骏，等．三峡水库香溪河库湾特殊水温分层对水华的影响［J］．武汉大学学报（工学版），2012，45（1）：1-9.

［2］ 胡江，杨胜发，王兴奎．三峡水库2003年蓄水以来库区干流泥沙淤积初步分析［J］．泥沙研究，2013（1）：39-44.

［3］ 唐强，贺秀斌，鲍玉海，等．三峡水库干流典型消落带泥沙沉积过程［J］．科技导报，2014，32（24）：73-77.

［4］ 姚烨．温差和水库调度对三峡库区香溪河支流水动力影响研究［D］．天津：天津大学，2011.

［5］ 易仲强，刘德富，杨正健，等．三峡水库香溪河库湾水温结构及其对春季水华的影响［J］．水生态学杂志，2009（5）：6-11.

［6］ 纪道斌，刘德富，杨正健，等．三峡水库香溪河库湾水动力特性分析［J］．中国科学：物理学力学天文学，2010，40（1）：101-112.

［7］ 章国渊．三峡水库典型支流水华机理研究进展及防控措施浅议［J］．长江科学院院报，2012，29（10）：48-56.

［8］ 杨霞．三峡水库香溪河库湾异重流背景下水华暴发影响因子研究［D］．宜昌：三峡大学，2011.

［9］ 刘晋高，徐雅倩，马骏，等．三峡水库香溪河库湾不同异重流下水温分层模式研究［J］．长江科学院院报，2018，35（4）：37-42.

［10］ 陈钊．基于临界层理论的香溪河库湾浮游植物初级生产力及其影响因素研究［D］．宜昌：三峡大学．

［11］ 朱永锋，琚珊珊，蔡庆华，等．三峡水库春季浮游植物群落特征及影响因素［J］．长江流域资源与环境，2019，28（12）：2893-2900.

［12］ 李步东，刘畅，刘晓波，等．大型水库热分层的水质响应特征与成因分析［J］．中国水利水电科学研究院学报，2021，19（1）：156-164.

第 4 章　三峡水库典型水华藻类昼夜
垂直迁移特征及模式

4.1　概　　述

因部分水华藻类（甲藻、衣藻、实球藻、微囊藻等）有鞭毛或伪空泡而在水体中具备运动能力，且藻类密度比水重，在静止水体中又能向下沉降[1-2]，这些藻类自身属性可使其与静止水体发生相对运动，藻类的这种运动与水华生消过程关系非常密切。大量现场观测结果表明：水华的暴发并非藻类短时间内快速增殖所致，而是在适宜的气候条件及水动力驱动下，大量分散于水体中的藻类上浮聚集形成宏观"水华"的过程[3-6]，某些具有昼夜迁移能力的藻种会出现"昼浮夜沉"或者"昼沉夜浮"的特殊生理现象，直接影响藻种的昼夜垂向分布格局[7-8]。

本章选择拟多甲藻、小环藻、微囊藻 3 种常见水华优势藻种，通过对其昼夜跟踪监测结果分析，凝练不同藻种沉降方程，以不同昼夜垂向迁移运动能力替代固定沉降速度，优化模型沉降模块，模拟研究其不同垂向迁移能力对藻类昼夜垂向分布格局的影响，为香溪河库湾水华模拟及后期防控提供依据。

4.2　典型藻种昼夜垂向迁移规律的监测

4.2.1　监测方案
4.2.1.1　拟多甲藻监测方案
甲藻是一类单细胞具有双鞭毛的集合群，有两条顶生或侧生鞭毛，其中一条是茸鞭型，另一条是尾鞭型，营养方式分光合性和非光合性两种，常分布于淡水和海水中，大多数甲藻都具有垂直迁移特性[9-12]，这种特性可促进藻细胞捕获光照和营养盐[13]。拟多甲藻是香溪河库湾甲藻主要优势藻种，水华主要暴发季节为冬末春初以及秋季。拟多甲藻水华表现为暴发水域通常呈现大片酱油色云彩[14]。

高岚河是香溪河最大支流，于库湾中游峡口镇（XX06）处汇入香溪河，监测结果显示，2008 年 4 月高岚河与香溪河交汇区域上游 1km 处暴发了严重的以拟多甲藻为优势藻种的甲藻水华。为研究拟多甲藻的垂向分布特征及迁移模式，在高岚河水华暴发区域设置左、中、右三个监测点，分别记为 GLL、GLM、GLR，自 4 月 3 日 8：00 至 4 日 8：00开展 24h 野外原位跟踪监测。监测指标及方法参见 2.2.2 节。
4.2.1.2　小环藻监测方案
硅藻是一类具有色素体的单细胞植物，常由几个或很多细胞个体连结成各式各样的群体，形态多种多样。硅藻对温度的适应能力较强，水温为 15～31℃范围内均可保持较高密度[15]。春季和秋季通常是硅藻生长的高峰期，由于具有密度较大的硅质外壳，硅藻的沉降速率比其他藻类快，但硅质壳的分解速率极慢。水体中的硅是合成硅壳必不可少的元素[16]，另外硅藻生长过程中光和色素的合成、蛋白质合成、DNA 合成以及细胞分裂中也需要大量的硅酸盐，因此水体中的硅酸盐浓度与硅藻生长关系密切[17]。为研究硅藻的迁移特性，选择硅藻水华暴发期对硅藻门典型优势藻种小环藻垂向迁移特征开展研究。

2009 年 3 月 3 日香溪河上游回水末端 XX09 位置处暴发了严重的以小环藻为优势藻种的硅藻水华，为研究小环藻的垂向迁移特性，在香溪河回水末端上游平邑口设置监测点，于 3 月 3 日 14：00 至 3 月 4 日 8：00 进行每小时一次野外连续监测工作，共计 19h。监测指标及方法参见 2.2.2 小节。

4.2.1.3 微囊藻监测方案

2014 年 7 月三峡水库支流库湾暴发了持续近一个月的高浓度微囊藻水华，为研究微囊水华昼夜垂向迁移模式，从 2014 年 7 月 10 日 8：00 至 7 月 12 日 6：00 共 46h，在水华暴发区域建立围隔实验系统，对围隔内水体开展 48h 持续监测。现场围隔实验能较好地反映自然条件下的水温分层和营养盐状态。微囊藻的垂向迁移与水动力条件紧密相关，风浪等弱动力过程会对其产生干扰。为了研究深水湖库型水体的微囊藻垂向迁移及影响因素，在微囊藻水华暴发时进行开放水体和围隔实验的 48h 对比实验。围隔实验的设计是为了最大程度地减少风及其他水动力条件对于藻类的干扰，创造一个静态的水动力条件，对比实验组天然水体，最大程度地再现真实情形。

围隔由上端开口、下端封闭的透光性较好的聚乙烯薄膜制成，以排除风浪及行船对藻类水平迁移的影响，上端用边长为 1m 的矩形边框固定，水深约 11m。围隔内注入经由浮游动物网（孔径 200μm）过滤的香溪河河水，以排除浮游动物捕食作用。围隔充水后成为柱状在水下展开，静置 24h 后开始实验；同时对照组设置为邻近无围隔开放水域，水域深度为 15m。各监测指标及方法参见 2.2.2 小节。

4.2.2 分析方法

Chl-a 浓度被认为是表征水华暴发程度的重要指标，郑丙辉在水库营养状态评价标准中将 Chl-a 浓度超过 10μg/L 界定为水华暴发阈值[18]。由于水下光强呈指数衰减，不同水深的 Chl-a 浓度差异较大，现将不同水深 Chl-a 浓度加权平均，即为该样点平均 Chl-a 浓度，平均 Chl-a 浓度有助于区分样点垂向上藻类生物总量，公式为

$$\bar{X} = \frac{\sum_{i=1}^{n}(d_{i+1} - d_i)(x_{i+1} + x_i)}{2H} \tag{4.1}$$

式中：$\bar{X}$ 为平均 Chl-a 浓度，μg/L；x_i 为第 i 层 Chl-a 浓度，μg/L；x_{i+1} 为第 $i+1$ 层 Chl-a 浓度，μg/L；$d_{i+1} - d_i$ 为水层厚度，m；H 为水体总深度。

此处设计 $d_{i+1} - d_i$ 水层厚度为 1m，水体总深度为 12m。

聚集度指数 MI（Morisita's Index）用于反映藻种在水柱中的分散程度[19]，计算公式为

$$MI = \frac{n\left[\sum(x_i)^2 - \sum x_i\right]}{(\sum x_i)^2 - \sum x_i} \tag{4.2}$$

当 MI 指数大于 1 时，表明藻种以聚集状态为主；当 MI 指数等于 1 时为随机状态；

当 MI 指数小于 1 时藻种在水体垂向呈现分散状态。

藻类平均深度 MRD（Mean Residence Depth）来表征藻类群体在水下平均聚集深度[20]，计算公式为

$$MRD = \frac{\sum(x_i d_i)}{\sum x_i} \tag{4.3}$$

4.3 典型水华藻类昼夜垂直分布特征

4.3.1 拟多甲藻昼夜垂直分布特征

不同藻种 Chl-a 浓度差异较大，通过对水样中藻种类别及生物量镜检结果可知，监测期内拟多甲藻平均密度约为 5×10^6 cells/L，占浮游植物细胞总密度 71.4% 以上，为绝对优势物种，选用 Chl-a 浓度能较好地表征拟多甲藻的密度。图 4.1 是监测点 Chl-a 浓度时空分布等值线图。由图 4.1 可知，高岚河不同监测点（左、中、右）Chl-a 浓度大体垂向分布格局相同，整体上左右垂线（GLL、GLR）Chl-a 浓度峰值略高于中垂线（GLM），且夜间左右垂线最大下沉深度约为 15m，而中垂线约为 12m。现以高岚河中游监测点表征拟多甲藻昼夜垂向分布差异。监测初期（4 月 3 日 8：00）表层 Chl-a 浓度 $40\mu g/L$，且在垂向上随着深度增加逐渐降低，拟多甲藻主要集中在 8m 以上水层中。随着光照逐渐增强，表层水温升高等多因素的影响，藻类逐渐向上集聚，拟多甲藻活动层逐渐上移，表层 Chl-a 浓度逐渐升高，至 4 月 3 日 14：00，表层 Chl-a 浓度超过 $100\mu g/L$，高浓度 Chl-a 主要集中在 2m 深水层；16：00 后随着光照减弱，藻类开始整体向下迁移；至 0：00 左右，表层 Chl-a 降低至 $10\mu g/L$，且水体中分布趋于均一化；2：00 后，拟多甲藻开始向上迁移；至 4 月 4 日 8：00，垂向分布格局与 3 日 8：00 保持大体一致。综合 Chl-a 的垂向迁移变化规律可知，拟多甲藻主要活动范围集中在 0~12m 深水体，12m 以下拟多甲藻浓度很低，整体拟多甲藻迁移规律可以概化为：在 0：00—16：00，拟多甲藻向水体表层中迁移并聚集；16：00—0：00，拟多甲藻由水体表层逐渐向下部迁移。

图 4.2 为高岚河不同垂线（GLL、GLM、GLR）平均 Chl-a 浓度变化图。由图可知，因不同点位以水动力为主的生境条件差异，水华暴发区域左右断面变化趋势相似，而与中泓断面差异相对较大。GLL、GLM、GLR 平均 Chl-a 浓度依次为 $11.91\mu g/L$，$14.02\mu g/L$，$14.66\mu g/L$。为综合考量水体中拟多甲藻浓度变化规律，对左、中、右断面取平均值（AVE），垂线 Chl-a 平均浓度波动范围为 $6.15 \sim 20.14\mu g/L$，总体方差为 2.76，监测期内水体中拟多甲藻总量波动较小。其中，3 日 8：00—18：00 平均 Chl-a 浓度受水流和风声流等外力作用，波动相对较大，夜间 19：00—7：00 波动较小。

图 4.3 为高岚河聚集度指数 MI 昼夜变化图，由 MI 定义可知，MI 指数越高，聚集程度越高，当 MI 指数等于 1 时为随机状态，小于 1 时为分散状态，MI 指数大于 1 时，表明藻种呈现聚集状态。由图可知，高岚河拟多甲藻在 4 月 3 日 8：00—16：00 聚集程度不断增加，16：00—19：00 MI 指数迅速降低，20：00 后，MI 指数小于 1 表明拟多甲藻聚集程度下降，处于分散状态。在光照最强的 12：00—16：00，MI 指数超过 3，藻类分布成高聚集状态。

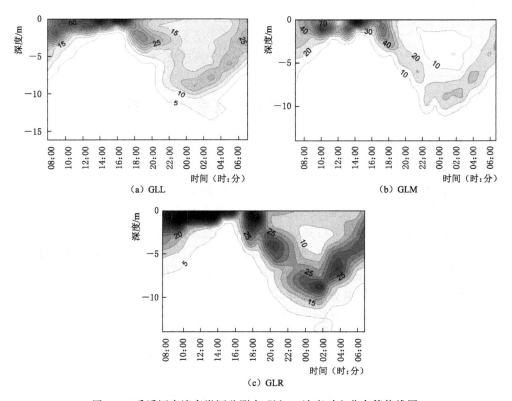

图 4.1 香溪河库湾高岚河监测点 Chl‐a 浓度时空分布等值线图

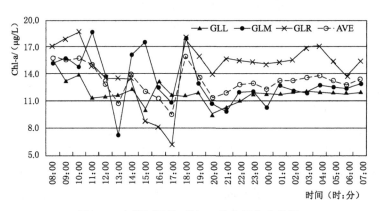

图 4.2 高岚河平均 Chl‐a 浓度昼夜变化图

拟多甲藻垂向迁移主要受自身对光照、水温及营养盐等生境因子调节机制决定，作为河流型藻种，拟多甲藻相对其他藻种，更能适应于微弱水流条件。为研究引起 Chl‐a 变化的原因，选取监测期内表层 Chl‐a 与光照、浊度、透明度、溶解氧、水温、表底温差等利用 SPSS 软件进行相关性分析，结果见表 4.1。

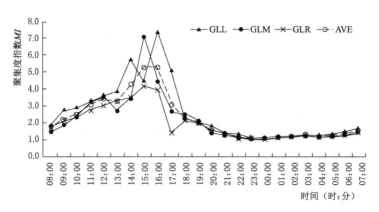

图 4.3 高岚河聚集度指数 MI 昼夜变化图

表 4.1 Chl-a 浓度与环境变量的相关性分析表

相关分析	表层水温	pH值	电导率	溶解氧	浊度	光照	透明度	流速	TN	TP	可溶性硅酸盐	表底温差
相关系数	0.433*	0.316	−0.269	−0.441*	0.843**	0.894**	−0.851**	0.352	−0.434	−0.422	−0.224	0.471*
检验系数	0.034	0.132	0.203	0.031	0.000	0.000	0.000	0.129	0.466	0.479	0.718	0.020

* 表示双尾相关性检验系数 $P<a=0.05$，即相关性分析具有统计学意义；** 表示 $P<a=0.01$，为非常显著。

浊度、透明度、溶解氧的变化与藻类密度变化关系密切，互为因果，因此，影响表层水体中拟多甲藻含量变化的主要因子为光照、表层水温及表底温差，即拟多甲藻垂直迁移原因很可能与藻类的趋光性、水温变化及水体的分层状态有关。齐雨藻等[21]通过研究香港海域甲藻塔玛亚历山大藻昼夜垂直迁移，认为该藻具有显著的趋光性，同时不同的光照对该藻形成不同的迁移节律性，温度也是该藻垂直迁移的重要影响因素；周名江[22]认为某些涡鞭毛藻的昼夜垂直迁移特性可能与藻细胞的趋光性有关。在本研究中，在光照逐渐升高的上午，拟多甲藻逐渐向上聚集，且表层 Chl-a 浓度与光照相关性系数最大，说明拟多甲藻昼夜垂直迁移的主要原因也是因为拟多甲藻的趋光性。Heaney 等[23]认为，温跃层能够对某些藻的昼夜垂直迁移产生影响，部分研究表明，水体分层形成的垂向稳定水体结构是某些甲藻在水体表层增殖的主要原因[24]。但是随着水体分层状态的加强，有些鞭毛藻在夜间向下迁移时会受到温跃层的限制或干扰。在本研究中，白天水体表底温差达到4℃，拟多甲藻在白天水体分层时期能够稳定地分布在表层水体中接受大量光照；晚上表底温差只有 2℃，水体分层较弱，有利于拟多甲藻向下迁移并吸收营养盐。影响藻类垂直迁移的主要因子还有营养盐浓度，2008 年监测点 TN 为 1.25mg/L，TP 高达 0.27mg/L，均高于国际公认的水体富营养化临界值，因此，营养盐可能不是限制香溪河库湾拟多甲藻昼夜垂直迁移的环境条件。故综合本研究可知，在光照逐渐升高的上午，拟多甲藻逐渐向上聚集，这与甲藻自身的趋光性有很大的关系，但在 2:00 无光的情况下拟多甲藻也向上迁移，可能与周围环境对拟多甲藻的影响，促使其进行自身生理调节，而形成有节律性的运动有关，具体的调控机制还有待深入研究。

4.3.2　小环藻昼夜垂直分布特征

由镜检结果可知，监测期内硅藻占浮游植物细胞总密度 75％以上，为绝对优势物种，选用 Chl-a 浓度能较好地表征小环藻的密度。图 4.4 为 3 月 3 日 14：00 至 3 月 4 日 8：00 平邑口硅藻水华 Chl-a 浓度时空变化图。监测期内 Chl-a 浓度整体较高，在 23：00 最大浓度达到 140mg/m³。垂向上 Chl-a 浓度昼夜变化不太明显，Chl-a 浓度主线集中在 2～3m 之间水层中，并没有发生较为明显的垂直迁移，在 19：30—23：30，Chl-a 浓度的高浓度区范围扩大，逐渐扩散到 3m 以上水层，4 日 4：30 后，Chl-a 浓度的富集区范围存在一定的缓慢下移趋势。与拟多甲藻相比，硅藻门小环藻垂直迁移特性不显著。

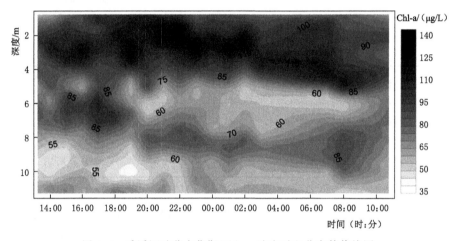

图 4.4　香溪河硅藻水华期 Chl-a 浓度时空分布等值线图

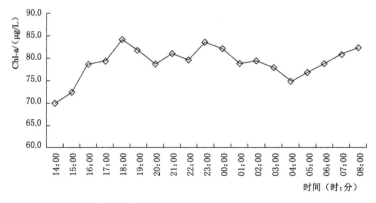

图 4.5　平均 Chl-a 浓度昼夜变化

由式（4.1）计算水体平均 Chl-a 浓度可知：水柱中整体平均 Chl-a 变化较小，波动范围为 69.9～84.0μg/L，远超过水华暴发阈值。14：00—8：00 受光合作用影响，水柱中平均 Chl-a 浓度持续上涨，19：00—23：00 维持较为稳定的水平，23：00—4：00 由于呼吸作用大于光合作用，Chl-a 浓度有所降低，4：00 过后存在一定程度的升高。

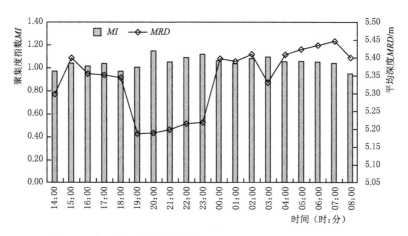

图 4.6 小环藻聚集度指数 *MI* 及平均深度 *MRD* 昼夜变化图

根据式（4.2）、式（4.3）计算小环藻的聚集度指数 *MI* 及平均深度 *MRD*（图 4.6）。小环藻聚集度指数波动范围为 $0.953\sim1.054$，表明小环藻在水体中主要呈现随机分布状态，无明显聚集形态。在水深约 10m 的平邑口处，小环藻在 15：00—19：00 平均深度 *MRD* 存在微弱上升趋势，监测期内平均深度 *MRD* 范围为 $5.19\sim5.45$m，变化范围可忽略不计。因此，可认定小环藻本身的迁移过程在模型模拟中可忽略不计，其垂向分布格局主要受其与环境因子的动态变化过程影响。故可将硅藻颗粒在沉降项上作为粒子处理，在模型中采用固定沉降速率通过模型参数率定获得。

4.3.3 微囊藻昼夜垂直分布特征

藻类镜检共检出 5 门 12 属，包括甲藻（多甲藻）、蓝藻（席藻、微囊藻）、硅藻（小环藻、菱形藻）、绿藻（小球藻、盘星藻）。在不同深度水体中微囊藻占据总藻量超过 90%，因此，在单一藻种占绝对优势条件下，可以用 Chl-a 浓度来代替微囊藻的生物量。

图 4.7 为监测期内光照及水下光衰减系数 K_s。晚上 20：00—8：00 因光强过弱，未进行测定记为 0。第一天最大光强为 $2374\mu mol/(s\cdot m^2)$，比第二天最大值 $2630\mu mol/(s\cdot m^2)$ 略大。监测期内 8：00—14：00 光照逐渐增强，随后逐渐降低。光强峰值出现在 14：00。光衰减系数 K_s 与光照强度同步变化。第一天的 K_s 比第二天的略小，主要是由于藻类第一天的生长，在同样的光照条件下，开放水体的 K_s 比围隔内略高。

监测期内的风速变化如图 4.8 所示，数据来源于巴东气象站。风向为南北向，风速很低，在 $0.1\sim0.2$m/s 范围内变动，主要发生在白天，风速对围隔内的水体影响可忽略不计。

两套监测系统中垂向水温除了靠近水体表面，其余围隔内外水体温度差别较小（图 4.9），4m 以上水体随深度迅速降低。温度最大值出现在第一天 16：00，表层为 32℃。由于开放水体比围隔内水体深 2m，因此表底温差为 13℃，略大于围隔内 12℃ 的表底温差。

表 4.2 为监测期内开放水体及围隔水体其他环境因子，氮磷足够其生长，其他因子差别不大。图 4.10 为围隔内外 Chl-a 等值线图。

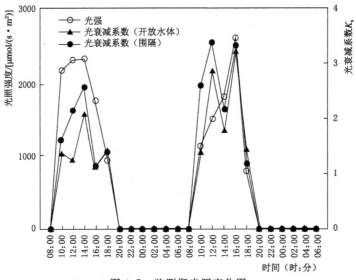

图 4.7　监测期光照变化图

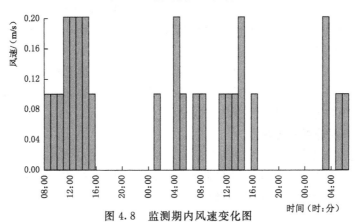

图 4.8　监测期内风速变化图

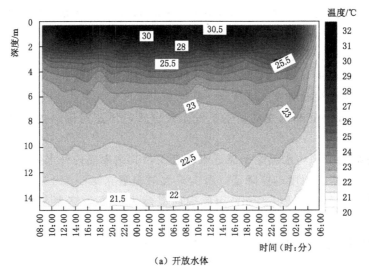

（a）开放水体

图 4.9（一）　围隔内外水体水温等值线图

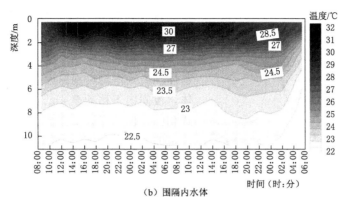

（b）围隔内水体

图 4.9（二） 围隔内外水体水温等值线图

表 4.2 开放水体及围隔水体环境因子

项目	开 放 水 位		围 隔	
	平均值	变化范围	平均值	变化范围
DO/（mg/L）	8.8	2.2～24.8	10.1	6.2～19.7
pH 值	8.14	7.35～9.67	8.79	8.35～9.47
EC/（mS/cm）	0.36	0.25～1.25	0.3	0.20～0.31
ORP	112.54	8.97～173.93	106.84	56.33～174.54
浊度/NTU	12	1～62	10	4～35
TN/（mg/L）	2.07	1.22～3.41	2.15	1.28～3.78
TP/（mg/L）	0.08	0.04～0.35	0.08	0.04～0.16

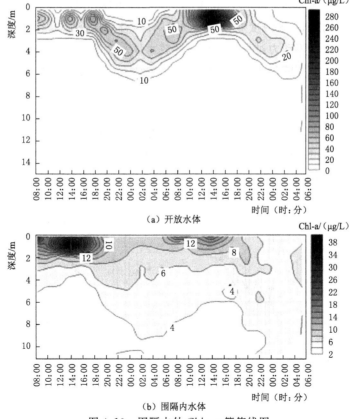

（a）开放水体

（b）围隔内水体

图 4.10 围隔内外 Chl－a 等值线图

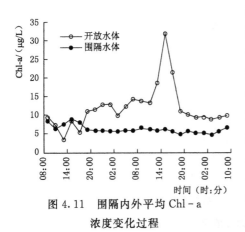

图 4.11　围隔内外平均 Chl-a
浓度变化过程

垂向迁移过程在开放水体和围隔中随时间变化差异较大（图 4.11），藻类在围隔水体比开放水体中向下移动更深，浓度峰值通常出现在 1m 深水体。两天中均出现白天微囊藻集中于 1m 深水体，夜间向下移动至 4m。围隔内外大体迁移模式相同，但是开放水体比围隔内迁移深度更深，这可能与围隔薄膜水平对光的遮挡作用有关。此外，围隔内 Chl-a 浓度的最大值比开放水体小，这可能与开放水体中外来藻类聚集有关。Chl-a 的最大值出现在 14：00，这与光照的最大值和表层温度的最高值保持一致。开放水体中，微囊藻从 14：00—20：00 向下移动，

2：00—10：00 向上移动，围隔内微囊藻向下移动时间为 10：00—16：00，并且夜间在水中分布更为均匀。

水柱中 Chl-a 浓度垂向动态变化过程可能主要有三个因素导致：浮力调节机制、藻类的生长，以及水体动态交换过程导致的藻类交换。由于微囊藻浓度在不同水层差异较大，单一水层的 Chl-a 浓度不能反映整体水层 Chl-a 整体变化趋势。因此选用平均 Chl-a 浓度来表征监测期内水体整体 Chl-a 变化水平。其开放水体标准差为 30.67，远高于围隔内 4.16。开放水体平均 Chl-a 浓度变化范围为 3.47～31.87μg/L，因此围隔内外尽管环境相似，风生流以及水流等动力过程能够导致开放水体藻类的垂向巨大差异。

考虑到混合以及藻类的分布模式，聚集度指数 MI 和平均深度 MRD 能够有效地反映围隔内外水体整体变化趋势（图 4.12）。开放水体 MI 指数远高于围隔内部，表明围隔外水体微囊藻聚集程度远高于围隔内水体，白天的聚集度指数也远高于晚上。此外平均深度数据表明藻类浓度白天集中于表层水体，夜间向深水处下沉。该垂向迁移模式在围隔中也保持一致，没有受到过多外部水体及水动力的影响。

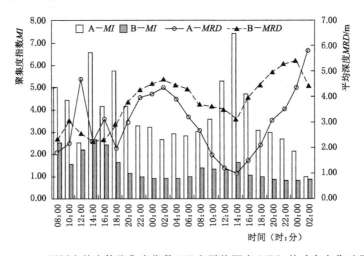

4.12　围隔内外水体聚集度指数 MI 和平均深度 MRD 的动态变化过程

为了研究围隔内外垂向迁移差异的原因，讨论分析温度、Chl－a 与光照的垂向分布格局（图 4.13）。在温度最高的第一天 14：00，水体分层最为明显。开放水体最大 Chl－a 浓度远高于围隔内，主要集中在 1m 水体，此时围隔内外真光层深度均超过 3m。表层光照超过 $1000\mu mol/(s \cdot m^2)$，并在深度上随指数降低。围隔内外水温垂向差异不大，水温分层在整个监测期内均小于 4m。

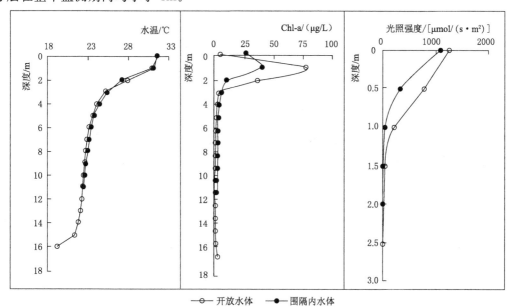

—○— 开放水体　　—●— 围隔内水体

图 4.13　围隔内外水温、Chl－a 以及光照差异（第一天 14：00）

4.4　典型藻种昼夜垂向迁移模式的构建

4.4.1　拟多甲藻

拟多甲藻的单个个体的移动通常具有较大随机性，但其群体移动规律是其对适宜环境的选择。为研究藻类的整体迁移规律，利用平均深度 MRD 来表征拟多甲藻在水体中平均深度。

高岚河不同监测点拟多甲藻平均深度 MRD 昼夜变化情况，由图 4.14 可知，不同监测点呈现大致相同的变化规律。藻类在 8：00—16：00 开始整体向上移动，在 16：00—2：00 逐渐下沉，2：00 之后逐渐上升，整体变化规律呈现正弦分布。

由拟多甲藻平均深度 MRD 昼夜变化规律可知，藻类群体昼夜迁移满足余弦方程，假设设定余弦通用方程为

$$f(t) = A\cos(\omega t + \varphi) + h \qquad (4.4)$$

式中：A 决定藻类迁移轨迹峰值，影响纵向拉伸压缩的倍数；φ 决定迁移水深与时间 t 轴的位置关系；h 决定波动与迁移水深在垂向上的位置关系；ω 决定迁移周期，最小正周期为 $2\pi/\omega$。

拟多甲藻迁移轨迹及速度的实测与拟合结果见图 4.15，其中决定系数 R^2 是趋势线拟

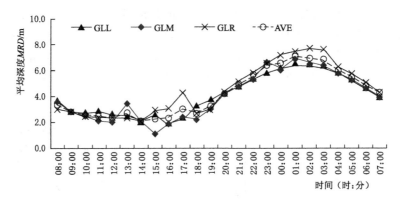

图 4.14　高岚河平均深度 MRD 昼夜变化图

合程度的指标，它的数值大小可以反映趋势线的估计值与对应的实际数据之间的拟合程度，拟合程度越高，趋势线的可靠性就越高。由图 4.15 可知，拟多甲藻垂向迁移路径拟合方程为

$$f(t) = 2.7\cos(6.05t + 6.3) + 4.5 \tag{4.5}$$

该方程拟合下迁移轨迹与实测拟多甲藻平均水深决定系数 R^2 高达 0.94，拟合结果能较好地反映拟多甲藻整体昼浮夜沉的垂向迁移轨迹，藻类在 12：00—14：00 实际迁移过程存在略微向下迁移，主要可能与正午光照辐射过于强烈有关。

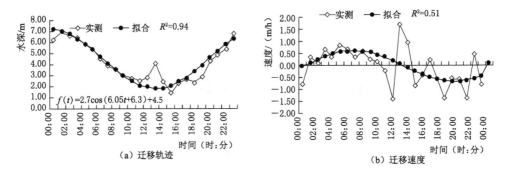

图 4.15　拟多甲藻迁移轨迹、速度的实测与拟合结果对比

迁移速度为迁移轨迹的倒数，由于实际监测结果藻类随机性较大，受外界干扰较大，藻类迁移速度易出现剧烈波动，为使得藻类自身垂向藻类迁移规律更具连续性和重复性，此处藻类迁移速度为每小时垂向移动距离，正值代表向水体表层迁移，负值代表向水底运动。实测与拟合藻类垂向迁移速度分别基于实测与模拟藻类逐小时迁移轨迹获取，二者拟合系数为 0.51。

藻类迁移速度方程为藻类垂向迁移方程的二次拟合，拟合方程为

$$v(t) = 0.62\sin(6.02t + 0.05) - 0.1 \tag{4.6}$$

拟多甲藻在昼夜垂向上最大迁移速度为 0.72m/h，出现在 5：00，而向下最大迁移速度为 0.52m/h，出现在 20：00。与一次拟合相比，二次拟合将一次拟合散点方程化，第一次拟合由于受外界条件干扰作用，23：00 垂向迁移速度 0：00 差异较大，其不连续

性与实际情况存在较大差异，二次拟合修正了藻类在昼夜迁移速度上的重复性，在模型中更具实用性。选取随时间动态变化的昼夜迁移方程代替原 CE‑QUAL‑W2 模型中的固定沉降速度，能更好地反映拟多甲藻昼夜迁移的特殊生理特征，与实际监测结果更为接近。拟多甲藻垂向迁移速度拟合曲线如图 4.16 所示。

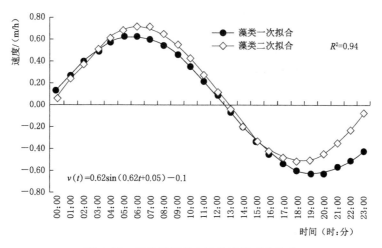

图 4.16　拟多甲藻垂向迁移速度拟合曲线

4.4.2　微囊藻

由微囊藻平均深度 MRD 昼夜变化规律可知，藻类群体昼夜迁移满足余弦方程，同拟多甲藻相同，假设设定余弦通用方程为

$$f(t) = A\cos(wt + \varphi) + h \qquad (4.7)$$

微囊藻迁移轨迹及速度的实测与拟合结果见图 4.17，其中，微囊藻垂向迁移路径拟合方程为

$$f(t) = 1.6\cos6.5t + 3 \qquad (4.8)$$

该方程拟合下迁移轨迹与实测微囊藻平均水深决定系数 R^2 高达 0.99，拟合结果能较好地反应微囊藻整体昼浮夜沉的垂向迁移轨迹，微囊藻整体保持着 0：00—14：00 向水体表层移动，而 14：00—0：00 微囊藻整体向下移动，整体变化规律呈现正弦分布。

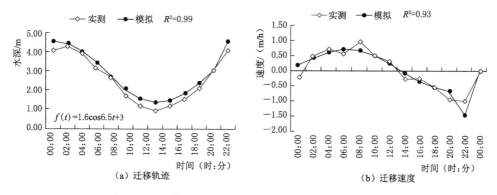

图 4.17　微囊藻迁移轨迹、速度的实测与拟合结果对比

基于实测和拟合迁移轨迹结果，计算藻种迁移速度见图 4.17（b），二者拟合系数为 0.93，藻类向上最大迁移速度为 0.68m/h，出现在 6：00；向下最大迁移速度为 1.5m/h，出现在 22：00，由 20：00—0：00，迁移速度存在先加速下沉、再加速上升的过程。

同拟多甲藻相同，为使藻类自身垂向藻类迁移规律更具连续性和重复性，藻类迁移速度方程为藻类垂向迁移方程的二次拟合，拟合方程为

$$v(t) = 0.8\sin(6.45t + 0.65) - 0.2 \qquad (4.9)$$

微囊藻垂向迁移速度拟合曲线如图 4.18 所示。微囊藻向上最大迁移速度为 0.60m/h，出现在 6：00；向下最大迁移速度为 0.94m/h，出现在 22：00，迁移速度在 22：00 存在差异较大。

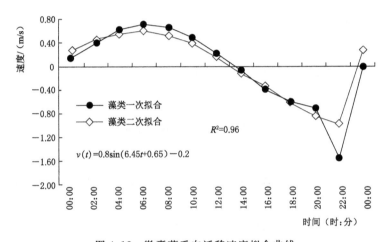

图 4.18　微囊藻垂向迁移速度拟合曲线

4.5　不同藻种昼夜垂向迁移能力对比

通过对拟多甲藻、小环藻、微囊藻三种不同优势藻种暴发时期昼夜 24h 跟踪监测，发现不同藻种昼夜垂向分布格局差异较大见表 4.3。拟多甲藻与微囊藻均为典型的昼浮夜沉藻种，拟多甲藻上浮时段为 0：00—16：00，而微囊藻为 2：00—10：00，时间相差较小，与太阳辐射变化过程较为一致，因此藻类对光照强度的适应性选择是昼夜迁移型藻类的驱动力。学者对于拟多甲藻"昼浮夜沉"的垂向迁移特征研究结论较为一致，徐耀阳[25]在研究拟多甲藻昼夜分布规律时指出太阳光的昼夜交替是影响拟多甲藻昼夜垂直迁移的重要环境因素，齐雨藻等[21]研究结果也表明甲藻门亚历山大藻昼夜垂直迁移的主要诱因即为藻类的趋光性。然而微囊藻主要为湖泊型蓝藻，其昼夜迁移规律在不同水域监测结果相差较大。唐汇娟等[26]指出在浅水湖泊中，微囊藻藻细胞白天在光合作用下密度上升，藻类群体向水体下层迁移，夜间呼吸作用带来的藻细胞物质消耗，密度降低，致使微囊藻向水体表层迁移。黄钰玲等[27]通过室内实验解释了微囊藻垂向迁移机制为强光条件下伪空泡破裂下沉、弱光条件下伪空泡增多上浮。现场研

究表明：香溪河水体透明度约为 2m，真光层深度（取表层光强 1%）约为 10m，而跟踪实验结果发现，不同藻类迁移运动最大水深为 8～12m，水体中真光层深度是藻类所能达到的最大深度。拟多甲藻昼夜迁移速度范围为 −0.52～0.72m/h，汤宏波[28]在研究东湖拟多甲藻迁移能力时发现该藻运动速度最高可达 4.2m/h 以上；齐雨藻等[21]在甲藻人工培养柱中的发现甲藻上迁速度最高可达 1.20m/h，而下迁速度最高只有 0.77m/h。本文中微囊藻昼夜迁移速度范围为 −0.94～0.60m/h，而黄钰铃在自制水柱中计算微囊藻迁移速度最大可达 2.59m/h。

表 4.3   **不同藻种垂向迁移模式对比**

项　　目	拟多甲藻	小环藻	微　囊　藻
沉降类型	昼浮夜沉	不明显	昼浮夜沉
上浮时段	0：00—16：00		2：00—10：00
下沉时段	16：00—0：00		10：00—2：00
速度范围/(m/h)	−0.52～0.72		−0.94～0.6
藻迁移最大水深/m	8	12	12
迁移轨迹方程	$f(t) = 2.7\cos(6.05t + 6.3) + 4.5$		$f(t) = 1.6\cos 6.05t + 3$
垂向迁移速度方程	$v(t) = 0.62\sin(6.02t + 0.05) - 0.1$		$v(t) = 0.62\sin(6.02t + 0.05) - 0.1$

迁移型藻种拟多甲藻和微囊藻迁移轨迹和运动速度方程均能以正弦函数、余弦数拟合，拟合系数 R^2 超过 0.9。受时间与条件限制，仅捕捉到拟多甲藻和微囊藻垂向迁移过程，随着后期深入研究，在 CE - QUAL - W2 模型中构建昼夜迁移型藻类垂向迁移通用方程式（4.10），即

$$f(t) = A\cos(\omega t + \varphi) + h \tag{4.10}$$

将藻类迁移轨迹振幅 A、迁移周期参数 ω，迁移水深与时间轴 t 位置的上下参数 φ，左右参数 h，设置外界端口，迁移型藻种进行迁移轨迹及速度参数率定。

不同浓度藻类比增长率见表 4.4。对比两组实验的藻类比增长率，初始浓度为 30μg/L 的实验组，藻类比增长率较大，最大值为 0.615，最小值为 0.20，而初始浓度较高的实验组（3600μg/L），藻类比增长率最大仅为 0.077，水体滞留时间小于 4 天，藻类出现负增长现象，藻类生长受水体滞留时间的影响更为显著。

表 4.4   **不同浓度藻类比增长率**

	滞留时间	∞	12 天	6 天	4 天	2 天	1 天
初始浓度 30μg/L	稳定浓度/(μg/L)	565.94	288.38	198.22	114.30	19.7	6.14
	稳定值/初始值	18.9	9.6	6.61	3.81	0.66	0.20
	比增长率	0.615	0.601	0.545	0.511	0.282	0.085
初始浓度 3600μg/L	稳定浓度/(μg/L)	6618.35	4852.37	4234.88	3375.02	1467.17	169.376
	稳定值/初始值	1.84	1.35	1.17	0.94	0.41	0.0001
	比增长率	0.0770	0.0478	0.0306	0.0097	−0.0831	−0.3475

4.6 本 章 小 结

本章通过在甲藻门拟多甲藻、硅藻门小环藻、蓝藻门微囊藻三大优势藻种水华暴发期间，对各生物量、Chl-a 浓度及生境因子开展昼夜垂向跟踪监测，研究不同藻种昼夜垂向分布格局及形成原因，提炼藻种垂向迁移速度方程，替代现有模型中固定沉降速率，主要结论如下：

（1）通过对高岚河拟多甲藻水华暴发期 24h 昼夜跟踪监测可知，拟多甲藻群体在8：00—16：00 开始整体向水体上层移动，16：00—2：00 逐渐下沉，2：00 之后逐渐上升，迁移轨迹呈现余弦分布，昼夜迁移速度方程满足正弦曲线方程，拟合程度超过 90%。

（2）小环藻昼夜跟踪监测结果显示小环藻群体主要集中于水面下 2～3m 之间的水体中，昼夜迁移特征不明显。

（3）微囊藻 14：00—20：00 向下移动，2：00—10：00 向上移动，主要表现为昼浮夜沉，并且夜间在水中分布更为均匀。

参 考 文 献

[1] 桑正林，贾小玲. 藻类植物在体制上的平行演化 [J]. 昭通师专学报，1996，4 (3)：68-70.

[2] 游江涛. 不同营养水平水体浮游植物脂肪酸组成的比较研究 [D]. 广州：暨南大学，2003.

[3] 王丽燕，张永春，蔡金傍. 水动力条件对藻华的影响 [J]. 水科学与工程技术，2008，4 (增1)：61-62.

[4] 李英，蒋固政. 水华成因分析与防治措施研究进展 [J]. 环境科学与工程：英文版，2009 (12)：15-20.

[5] 孔繁翔，宋立. 蓝藻水华形成过程及环境特征研究 [M]. 北京：科学出版社，2011.

[6] 张振. 水动力学对藻类生理影响的研究进展 [J]. 全文版：工程技术，2016 (6)：301.

[7] 项斯端. 蓝藻型富营养湖泊藻量的昼夜变化节律 [J]. 水生生物学报，1992，16 (2)：125-132.

[8] 唐汇娟，谢平，陈非洲. 微囊藻的昼夜垂直变化及其迁移 [J]. 中山大学学报（自然科学版），2003，4 (增2)：236-239.

[9] CULLEN J J. Diel vertical migration by dinoflagellates：Roles of carbohydrate metabolism and behavioral flexibility [J]. Mar Sci，1985，27：135-152.

[10] CULLEN J J，Horrigan S G. Effects of nitrate on the diurnal vertical migration，carbon to nitrogen ratio，and the photosynthetic capacity of the dinoflagellate Gymnodinium splendens [J]. Marine Biology，1981，62 (2)：81-89.

[11] KAMYKOWSKI D，MILLIGAN E J，REED R. E. Relationships between geotaxis/phototaxis and diel vertical migration in autotrophic dinoflagellates [J]. Journal of Plankton Research，1998，20 (9)：1781.

[12] MACINTYRE J G，CULLEN J J，CEMBELLA A D. Vertical migration，nutrition and toxicity in the dinoflagellate Alexandrium tamarense [J]. Marine Ecology Progress Series，1997，148 (1)：201-216.

[13] ROSS O N，SHARPLES J. Swimming for survival：A role of phytoplankton motility in a stratified turbulent environment [J]. Journal of Marine Systems，2008，70 (3-4)：248-262.

[14] 汤宏波，刘国祥，胡征宇．三峡库区高岚河甲藻水华的初步研究［J］．水生生物学报，2006，30 (1)：47－51.

[15] 王朝晖，陈菊芳，徐宁，等．大亚湾澳头海域硅藻，甲藻的数量变动及其与环境因子的关系［J］．海洋与湖沼，2005，36 (2)：186－192.

[16] 张晓峰，孔繁翔，曹焕生，等．太湖梅梁湾水华蓝藻复苏过程的研究［J］．应用生态学报，2005，16 (7)：1346－1350.

[17] WERNER D. The Biology of Diatoms［M］．Blackwell，1977.

[18] 郑丙辉，张远，富国，等．三峡水库营养状态评价标准研究［J］．环境科学学报，2006，26 (6)：1022－1030.

[19] THACKERAY S J，GEORGE D G，et al. Statistical quantification of the effect of thermal stratification on patterns of dispersion in a freshwater zooplankton community［J］．Aquatic Ecology，2006，40 (1)：23－32.

[20] WANG L，CAI Q，ZHANG M，et al. Vertical distribution patterns of phytoplankton in summer microcystis bloom period of xiangxi bay，three gorges reservoir，CHINA［J］．Fresenius Environmental Bulletin，2011，20 (3)：553－560.

[21] 齐雨藻，黄长江，钟彦，等．甲藻塔玛亚历山大藻昼夜垂直迁移特性的研究［J］．海洋与湖沼，1997 (5)：458－467.

[22] 周名江．两种涡鞭毛藻的周日垂直迁移特性研究［J］．海洋与湖沼，1994 (2)：173－178.

[23] HEANEY S I，EPPLEY R W. Light，temperature and nitrogen as interacting factors affecting diel vertical migrations of dinoflagellates in culture［J］．Journal of Plankton Research，1981 (2)：2.

[24] AMANO K，WATANABE M，HARADA K S. 0 1998. by the Amencan Society of Limnology and Oceanography，Inc Conditions necessary for Chattonella antiqua red tide outbreaks［J］．Limnology & Oceanography，1998，43 (1)：117－128.

[25] 徐耀阳，蔡庆华，黎道丰，等．三峡水库香溪河库湾拟多甲藻昼夜垂直分布初步研究［J］．植物科学学报，2008，26 (6)：608－612.

[26] 唐汇娟，谢平，陈非洲．微囊藻的昼夜垂直变化及其迁移［J］．中山大学学报（自然科学版），2003，42 (增2)：240－243.

[27] 黄钰铃，朱纯，周召红，等．不同光照下微囊藻垂直迁移模拟研究［J］．环境科学与技术，2012，35 (11)：21－25.

[28] 汤宏波．三峡库区及武汉东湖甲藻水华研究［D］．北京：中国科学院研究生院（水生生物研究所），2006.

第5章　典型支流库湾藻类可利用营养盐来源

5.1　概　　述

营养盐是水生态系统最基本的生源要素，是初级生产力必要的物质基础。良好的营养盐循环能促进生态系统的健康演替，过量的营养盐则会导致水体富营养化，促使藻类疯长并形成水华。三峡水库支流库湾藻类水华很大程度上与三峡大坝建设改变了支流库湾营养盐循环规律有关[1]。因此，分析三峡水库支流主要营养盐时空分布，弄清支流库湾营养盐的主要来源并明确三峡大坝建设对支流营养盐迁移转化的影响，对分析支流水华生消机制及其防控具有重要意义。

三峡水库支流分层异重流的发现，使得支流营养盐补给过程更为复杂[2-3]。其一，长江水体常年以不同倒灌异重流的形式携带营养盐进入支流库湾，对支流营养盐形成一个明显不同于支流流域补给的新补给源；其二，虽然香溪河上游来流属于富磷水体，但该水体常年以底部顺坡异重流的形式自库湾底层流向长江干流，这部分营养盐不可能全部参与库湾表层的光合作用；其三，每年3月上游来流从库湾表层流向长江干流，这一过程对真光层内的营养盐补给引起藻类水华产生较大影响。这些过程的核心是三峡水库干流及支流库湾来流在不同时期对支流库湾营养盐的补给作用及贡献率问题。

本章将针对三峡水库支流主要营养盐的补给问题，系统分析2010—2011年香溪河库湾营养盐时空分布规律，利用常量离子示踪技术和同位素示踪技术，估算不同水库运行期内长江干流及库湾上游来流分别对支流库湾营养盐的补给量及贡献率，并讨论三峡水库支流营养盐的主要来源及其对支流水华的可能影响，探讨三峡水库典型支流污染负荷消减的新思路。

5.2　基于保守离子示踪的营养盐来源分析

5.2.1　保守离子示踪方法

5.2.1.1　多源线性混合模型

香溪河库湾营养盐是不同污染源共同贡献的结果，弄清香溪河库湾营养盐的主要来源及其对香溪河的补给过程，对指导香溪河流域水污染防治及水华防控具有重要意义。一般而言，营养盐交换过程是伴随水团交换过程进行的，在营养盐本身很难进行追踪索源的前提下，通过示踪方法弄清各个源对水体水团贡献量然后间接推算营养盐贡献量不失为一个有效的办法。营养盐本身在水团交换的过程容易产生富集、沉降、分解或转化，进而容易在水体中呈现析出或加入现象，很难作为标记物对水团交换进行计算。但无机常量离子［如钠离子（Na^+）、氯离子（Cl^-）等］因很难在水体中发生化学反应而析出水体，故一且进入水体会呈现出较好的化学保守行为[4]，因而可以通过质量守恒原理示踪水体中不同水团来源。

最简单的两个来源水团混合的示踪方法如图 5.1 所示。

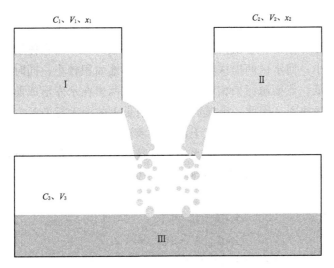

图 5.1　两个来源水团混合示意图

如图 5.1 所示，假设水体Ⅲ来源于水团Ⅰ和水团Ⅱ，其中水团Ⅰ、水团Ⅱ和水团Ⅲ中某一保守离子浓度分别为 C_1，C_2，C_3 且水团Ⅰ和水团Ⅱ对水团Ⅲ的输入体积分别为 V_1，V_2，保守离子贡献率分别为 x_1，x_2，根据水量平衡和质量守恒，则方程组为

$$\left.\begin{array}{l} V_1 + V_2 = V_3 \\ V_1 = V_3 x_1 \\ V_2 = V_3 x_2 \\ V_1 C_1 + V_2 C_2 = V_3 C_3 \end{array}\right\} \tag{5.1}$$

将式（5.1）进行转化，即得到二源线性混合模型，即

$$\left.\begin{array}{l} x_1 + x_2 = 1 \\ x_1 C_1 + x_2 C_2 = C_3 \end{array}\right\} \tag{5.2}$$

由此推论，多（n）源线性混合模型则可表示为

$$\left.\begin{array}{l} \displaystyle\sum_{i=1}^{n} x_i = 1 \\[2mm] \displaystyle\sum_{i}^{n} x_i C_i^1 = C^1 \\ \vdots \\ \displaystyle\sum_{i}^{n} x_i C_i^{i-1} = C^{i-1} \end{array}\right\} \tag{5.3}$$

式中：C_i^{i-1} 为第 $i-1$ 种示踪离子在第 i 源水团中的浓度；C^{i-1} 为第 $i-1$ 种示踪离子在接纳水体中的浓度；x_i 为第 i 源水团对接纳水体的水体贡献率。

显然，要计算 n 源水团对接纳水体的水体贡献率，必须知道 $n-1$ 种示踪离子在各种源水团及接纳水体中的浓度。

5.2.1.2　香溪河营养盐来源示踪模型

就一般水库而言，水体中污染物来源主要有上游径流、点源污染、非点源污染、底质释放及淹没区释放等污染源。三峡水库支流库湾因受倒灌异重流的影响，干流倒灌是支流库湾的另一个污染源。但是，香溪河库湾处于峡谷区域，回水区水体较深，但水面面积及流域面积相对都很小；回水区两岸深林覆盖率高，耕地面积较小；同时流域内人口密度较小，工业化程度较低，点面源污染相对较弱；香溪河两岸在水库形成前开展过严格清库工作，底质释放通量很小[5]。因此，香溪河库湾当前最大的两大污染源主要是上游来流和长江倒灌。假设在不同水位运行期内长江干流和香溪河上游来流水体中常量离子浓度基本稳定，忽略因水位变化导致的香溪河库湾水体的常量离子浓度变化，则可根据二源线性混合模型计算在特定水位运行期内长江干流和上游来流对香溪河库湾水体的贡献率。根据式（5.2）可得

$$\left.\begin{aligned} x_{\mathrm{CJ}} + x_{\mathrm{Up}} = 1 \\ x_{\mathrm{CJ}} C_{\mathrm{CJ}} + x_{\mathrm{Up}} C_{\mathrm{Up}} = \overline{C}_{\mathrm{XX}} \end{aligned}\right\} \tag{5.4}$$

式中：x_{CJ} 和 x_{Up} 分别为长江倒灌和香溪河上游来流对香溪河水体的贡献率；C_{CJ}、C_{Up} 和 $\overline{C}_{\mathrm{XX}}$ 分别为长江水体、香溪河上游来流及香溪河库湾的示踪离子浓度。

根据示踪离子浓度，可以计算得到长江干流倒灌及香溪河上游来流对香溪河库湾水体的贡献率分别为 x_{CJ} 和 x_{Up}，根据库容曲线及实际水位情况可以得到香溪河库湾的库容 V_{XX}，即可得到长江干流倒灌及香溪河上游来流对香溪河库湾输入的水团量分别为 $V_{\mathrm{XX}} x_{\mathrm{CJ}}$ 和 $V_{\mathrm{XX}} x_{\mathrm{Up}}$，那么，在已知长江水体的营养盐浓度 M_{CJ} 和上游来流营养盐浓度 M_{Up} 情况下，即可得到长江干流倒灌及香溪河上游来流对香溪河库湾营养盐的贡献量 T_{CJ}、T_{Up} 及贡献率 μ_{CJ}、μ_{Up}，表达式如下所示：

$$\left.\begin{aligned} T_{\mathrm{CJ}} = V_{\mathrm{XX}} x_{\mathrm{CJ}} M_{\mathrm{CJ}} \\ T_{\mathrm{Up}} = V_{\mathrm{XX}} x_{\mathrm{Up}} M_{\mathrm{Up}} \\ \mu_{\mathrm{CJ}} = T_{\mathrm{CJ}} / (T_{\mathrm{CJ}} + T_{\mathrm{Up}}) \\ \mu_{\mathrm{Up}} = T_{\mathrm{Up}} / (T_{\mathrm{CJ}} + T_{\mathrm{Up}}) \end{aligned}\right\} \tag{5.5}$$

即

$$\begin{aligned} \mu_{\mathrm{CJ}} = x_{\mathrm{CJ}} M_{\mathrm{CJ}} / (x_{\mathrm{CJ}} M_{\mathrm{CJ}} + x_{\mathrm{Up}} M_{\mathrm{Up}}) \\ \mu_{\mathrm{Up}} = 1 - \mu_{\mathrm{CJ}} \end{aligned} \tag{5.6}$$

式（5.4）、式（5.5）和式（5.6）即为香溪河营养盐来源示踪模型。

5.2.2　示踪保守常量离子的选择及分布特征

5.2.2.1　示踪保守常量离子的选择

常量离子是指在水体中能够长期共存而不易在迁移过程中发生析出的无机离子，这些离子在河流运输中呈现出显著的化学保守特性，与其他大多数易产生富集、沉降及化学反应的微量组分有着显著的不同，因而在水团交换的过程中可以起到示踪剂的作用[6]。

一般而言，淡水中普遍存在的阳离子主要包括钙离子（Ca^{2+}）、镁离子（Mg^{2+}）、钾

离子（K^+）和钠离子（Na^+），阴离子主要有氯离子（Cl^-）、氟离子（F^-）、硫酸根离子（SO_4^{2-}）和硝酸根离子（NO_3^-）。但 NO_3^- 因作为营养盐容易被藻类吸收而溢出水体，一般不作为保守离子考虑。作为示踪离子，还必须要始终保持有化学保守特性，即在某一时期内与参照离子具有很好的线性关系[7-8]。2013 年香溪河库湾常规离子相关性矩阵排列图及相关性分析分别见图 5.2 和表 5.1。从图 5.2 可以看出，若以 Cl^- 作为参照离子，Na^+、K^+ 和 SO_4^{2-} 与之始终保持较好的线性关系，而且这四种离子之间也具有良好的线性特征；同时，在表 5.1 中可以发现，所有离子中，只有这四种离子呈现显著的相

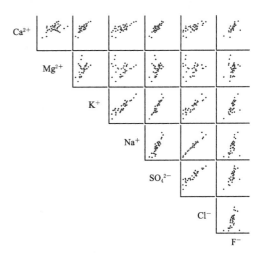

图 5.2　香溪河库湾常量离子矩阵排列

关关系，说明适合香溪河库湾的示踪离子应该在这四种离子中选取。

表 5.1　　　　　　2013 年香溪河库湾常量离子相关性分析表

项目	Cl^-	Ca^{2+}	K^+	Mg^{2+}	SO_4^{2-}	F^-	
相关系数	0.926*	0.493	0.807*	−0.131	0.708*	0.279	Na^+
双尾检验系数 P	0.000	0.000	0.000	0.347	0.000	0.057	
样本数	52	54	54	54	51	47	
相关系数		0.434	0.800*	−0.171	0.765*	0.222	Cl^-
双尾检验系数 P		0.001	0.000	0.222	0.000	0.129	
样本数		53	53	53	52	48	
相关系数			0.397	0.579	0.613	0.400	Ca^{2+}
双尾检验系数 P			0.003	0.000	0.000	0.005	
样本数			55	55	52	48	
相关系数				0.024	0.735*	0.447	K^+
双尾检验系数 P				0.860	0.000	0.001	
样本数				55	52	48	
相关系数					0.233	0.290	Mg^{2+}
双尾检验系数 P					0.097	0.045	
样本数					52	48	
相关系数						0.416	SO_4^{2-}
双尾检验系数 P						0.004	
样本数						46	

注　1. 双尾检验系数 $P < 0.05$ 表示分析具有统计学意义。

　　2. * 表示相关系数较高。

除此之外，为保证示踪计算过程中的精度，示踪离子在不同来源水团之间应该具有稳定的浓度差，且浓度差越大，计算精度越高，反之越低。不同水位运行期内三峡水库长江干流和香溪河上游来流离子值及差异性见表 5.2。因监测分析仪器故障，2013 年 12 月香溪河库湾离子浓度缺失，特选取 2012 年 1 月相关监测数据来分析三峡水库枯水运用期离子浓度；三峡水库汛前泄水期、汛期及汛后蓄水期分别选取 2013 年 4 月、8 月、10 月的监测数据进行分析。从表 5.2 中可以看出，在三峡水库四个典型水位运行期内，长江干流的 Cl^- 和 Na^+ 离子浓度始终维持在 13.00mg/L 以上，而香溪河上游来流的 Cl^- 和 Na^+ 始终保持在 5mg/L 以下。以长江干流作为基准，二者的浓度差异长期维持在 70% 以上，这说明 Cl^- 和 Na^+ 在香溪河库湾不同来源水体中始终保持稳定且较大的浓度差，是作为示踪的较为理想离子；虽然 K^+ 和 SO_4^{2-} 离子也有一定浓度差，但相对于 Cl^- 和 Na^+ 不够稳定。Cl^- 和 Na^+ 一般不易被胶体吸附，不易被生物吸收富集，也不易产生沉淀而移出水体，其在水中的行为与水分子十分相似，在理论上也是最理想的示踪离子[9]。因此，本章选取 Cl^- 和 Na^+ 作为香溪河库湾水团交换的示踪离子。

表 5.2　　　　　　　　长江干流和香溪河上游来流离子浓度及其差异表

时间	地点	Na^+ / (mg/L)	Cl^- / (mg/L)	Ca^{2+} / (mg/L)	K^+ / (mg/L)	Mg^{2+} / (mg/L)	SO_4^{2-} / (mg/L)	F^- / (mg/L)
1 月枯水运用期	长江干流	17.331	17.978	43.916	1.684	8.227	46.049	0.214
	上游径流	1.989	1.182	28.02	0.571	13.003	17.605	0.159
	浓度差	15.342	16.796	14.896	1.113	−3.777	28.444	0.055
	差值率	88.53%	93.43%	33.92%	66.09%	40.93%	61.79%	25.70%
4 月汛前泄水期	长江干流	15.896	13.624	50.222	2.113	12.62	48.737	0.259
	上游径流	1.775	1.453	27.959	0.509	8.569	16.452	0.118
	浓度差	14.121	12.171	22.263	1.603	3.051	32.285	0.141
	差值率	88.83%	88.34%	44.33%	75.89%	24.17%	66.24%	54.46%
8 月汛期	长江干流	13.15	15.942	40.894	2.143	8.552	44.878	0.191
	上游径流	2.051	1.925	36.345	1.154	18.837	30.647	0.145
	浓度差	11.1	14.018	4.549	0.989	−10.285	14.231	0.046
	差值率	84.41%	87.93%	11.12%	46.14%	120.27%	31.71%	23.90%
10 月汛后蓄水期	长江干流	15.764	14.93	48.373	2.819	11.256	51.789	0.567
	上游径流	4.789	3.379	30.156	1.162	13.206	28.435	0.197
	浓度差	10.975	11.55	18.217	1.657	−1.95	23.355	0.369
	差值率	68.62%	77.37%	37.66%	58.78%	17.32%	45.10%	65.22%

5.2.2.2　保守离子空间分布特征

Cl^- 与 Na^+ 对应关系在三峡水库干流、香溪河库湾及香溪河上游来流之间的分布特征如图 5.3 所示。从图 5.3 中可以看出，Cl^- 与 Na^+ 具有较高的线性关系，但在水库不同运行期内，二者在不同水体间的分布情况具有一定的差别。在枯水运用期的 1 月，如图 5.3 (a) 所示，干流离子浓度最高，支流来水离子浓度最低，而香溪河库湾离子浓度则居于二者之间且更靠近长江干流，这说明此时香溪河库湾水体化学特征与长江干流更为相似；根据香溪河水动力特征，此时香溪河库湾无明显的分层异重流，这种离子分布特征说明前一年水库蓄水干流倒灌入支流的水体始终保持在支流库湾中，并未被支流水体所替代。

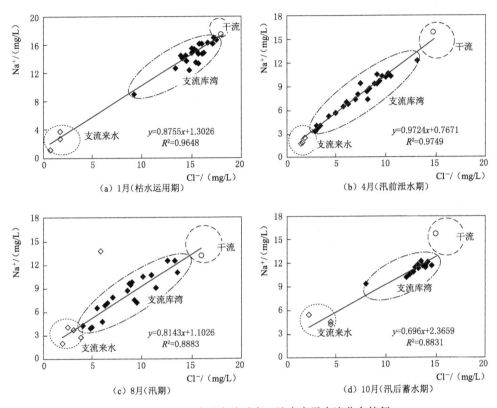

图 5.3　Cl⁻ 与 Na⁺ 对应关系在三峡水库干支流分布特征

到汛前泄水期，如图 5.3（b）所示，长江干流离子浓度仍然最大，支流来流离子浓度仍然最小，但香溪河库湾离子浓度已逐渐均匀分布在干流与支流之间，且略向支流来流倾斜，此时刚刚发生了长江水体从底层倒灌入香溪河库湾、上游来流自表层流向长江干流的水流事件，这一事件改变了香溪河库湾表层水体特征，使其更具有香溪河上游来流的特点。到 8 月，三峡水库处于汛期，此时虽然长江干流与上游来流的离子浓度仍然保持在两个端点，如图 5.3（c）所示，但香溪河库湾水体离子浓度基本均匀分布在两者之间，这说明干支流及上游来流在此时对香溪河库湾均具有较强的影响，这与汛期的不稳定水文事件正好对应。

在 10 月，三峡水库正在进行汛后蓄水过程，离子浓度分布特点如图 5.3（d）所示。显然，此时香溪河库湾离子浓度更靠近长江干流而远离上游来流，这说明在蓄水期，香溪河库湾水体物理特征与长江干流极为相似，而受上游来流影响很小；恰好此时长江干流水体以表层异重流的形式潜入香溪河库湾，而香溪河水体则从底层流出库湾，这一水动力过程与离子浓度的分布特征能够很好对应。

上述分析说明，在三峡水库不同的运行期内，三峡水库离子浓度分布特征能够与对应的水动力特点很好地相互佐证，进一步证明了三峡水库香溪河库湾分层异重流存在的真实性，也说明了通过离子示踪方法来分析香溪河库湾水团混合是可行且可靠的。

5.2.3　基于保守离子示踪的主要营养盐来源分析

根据香溪河营养盐来源示踪模型，结合 Cl⁻ 与 Na⁺ 离子浓度值，计算所得长江干流及香溪河上游来流对香溪河库湾水体贡献率见表 5.3。从以 Cl⁻ 作为示踪离子的计算结果来看，在汛后蓄水期长江干流对支流库湾水体的贡献最大，达到 85.87%；枯水运用期次之为 84.98%，汛期贡献最小，为 54.99%；汛前泄水期为 66.82%。从以 Na⁺ 作为示踪离子的计算结果与 Cl⁻ 的计算结果有一定的差异，尤其估算的讯后蓄水期长江干流对香溪河库湾水体的贡献率略偏小，这可能与香溪河库湾离子浓度平均值的选取方法有关。但二者计算结果整体上相差不大，且估算的长江干流贡献率均大于上游来流，这说明香溪河库湾水体主要均来源于长江干流，但支流来流对香溪河库湾水体的贡献也不容忽视，尤其在汛前泄水期和汛期。

表 5.3　　　　不同水团对香溪河库湾水体的贡献率（保守离子示踪）

时间	地点	Cl⁻/(mg/L)	水体贡献率（Cl⁻）	Na⁺/(mg/L)	水体贡献率（Na⁺）
1月 枯水运用期	长江干流	17.978	84.98%	17.331	83.38%
	上游径流	1.182	15.02%	1.989	16.62%
	香溪河库湾	15.454		14.781	
4月 汛前泄水期	长江干流	13.624	66.82%	15.896	57.03%
	上游径流	1.453	33.18%	1.775	42.97%
	香溪河库湾	8.586		8.828	
8月 汛期	长江干流	15.942	54.99%	13.150	60.11%
	上游径流	1.925	45.01%	2.051	38.89%
	香溪河库湾	8.633		8.723	
10月 汛后蓄水期	长江干流	14.930	85.87%	15.764	70.69%
	上游径流	3.379	14.13%	4.789	28.31%
	香溪河库湾	13.297		12.547	

不同水位运行期三峡水库干支流主要营养盐浓度见表 5.4。结合表 5.4，根据香溪河营养盐来源示踪模型，计算得到的长江干流和香溪河上游来流对香溪河库湾主要营养盐的贡献率见表 5.5 和表 5.6。其中估算偏差表示利用离子浓度和水量平衡所估算的香溪河库湾营养盐浓度值与香溪河库湾实测营养盐浓度的相对差。估算偏差为正值，即估算值大于实测值，理论上此时香溪河库湾水体存在对应营养盐的移出过程；相反，则估算值小于实测值，理论上此时香溪河库湾存在对应营养盐的其他来源。

表 5.4 不同水位运行期三峡水库干支流主要营养盐浓度

时间	地 点	TN /(mg/L)	$NO_3^- - N$ /(mg/L)	$NH_4^+ - N$ /(mg/L)	TP /(mg/L)	$PO_4^{3-} - P$ /(mg/L)	$D - SiO_2$ /(mg/L)
1月 枯水 运用期	长江干流	1.685	1.465	0.066	0.106	0.091	10.223
	上游径流	1.340	1.311	0.036	0.092	0.085	6.704
	香溪河库湾	1.502	1.327	0.060	0.100	0.090	7.344
4月 汛前 泄水期	长江干流	1.475	0.684	0.590	0.202	0.166	5.019
	上游径流	0.588	0.429	0.425	0.400	0.318	3.733
	香溪河库湾	1.373	0.764	0.505	0.255	0.193	4.337
8月 汛期	长江干流	1.389	1.025	0.185	0.038	0.008	5.668
	上游径流	1.098	0.946	0.634	0.041	0.003	3.211
	香溪河库湾	1.603	1.029	0.198	0.113	0.026	5.813
10月 汛后 蓄水期	长江干流	2.288	1.779	0.117	0.135	0.012	1.071
	上游径流	2.102	1.472	0.114	0.168	0.012	1.049
	香溪河库湾	1.925	1.558	0.062	0.134	0.071	1.027
12月 枯水 运用期	长江干流	1.524	1.391	0.009	0.134	0.033	7.515
	上游径流	0.790	0.456	0.049	0.058	0.009	5.567
	香溪河库湾	1.617	1.135	0.034	0.129	0.047	8.394

表 5.5 不同水团对香溪河库湾营养盐的贡献率（Cl^-）

时间	地 点	TN /(mg/L)	$NO_3^- - N$ /(mg/L)	$NH_4^+ - N$ /(mg/L)	TP /(mg/L)	$PO_4^{3-} - P$ /(mg/L)	$D - SiO_2$ /(mg/L)
1月 枯水 运用期	长江干流	87.67%	86.34%	91.08%	86.75%	85.91%	88.61%
	上游径流	12.33%	13.66%	8.92%	13.25%	14.09%	10.39%
	估算偏差	8.72%	8.70%	2.85%	4.03%	0.32%	8.00%
4月 汛前 泄水期	长江干流	83.48%	76.28%	73.63%	50.42%	51.25%	73.03%
	上游径流	16.52%	23.72%	26.37%	48.58%	48.75%	26.97%
	估算偏差	−14.02%	−21.56%	5.95%	5.19%	12.20%	5.89%
8月 汛期	长江干流	60.73%	56.97%	26.29%	53.25%	74.62%	68.32%
	上游径流	38.27%	43.03%	73.71%	46.75%	25.38%	31.68%
	估算偏差	−21.50%	−3.78%	95.63%	−65.05%	−77.75%	−21.52%
10月 汛后 蓄水期	长江干流	86.86%	88.01%	86.14%	82.98%	85.87%	86.11%
	上游径流	13.14%	11.99%	13.86%	17.02%	14.13%	13.89%
	估算偏差	17.45%	11.39%	86.06%	4.15%	−83.60%	4.04%

表 5.6　　　　　　　　不同水团对香溪河库湾营养盐的贡献率（Na⁺）

时间	地　点	TN /(mg/L)	$NO_3^- - N$ /(mg/L)	$NH_4^+ - N$ /(mg/L)	TP /(mg/L)	$PO_4^{3-} - P$ /(mg/L)	$D - SiO_2$ /(mg/L)
1 月 枯水 运用期	长江干流	86.31%	84.87%	90.05%	85.30%	84.39%	88.44%
	上游径流	13.69%	15.13%	9.95%	14.70%	15.61%	11.56%
	估算偏差	8.35%	8.51%	2.06%	3.80%	0.20%	8.24%
4 月 汛前 泄水期	长江干流	76.91%	67.94%	64.79%	40.12%	40.92%	64.09%
	上游径流	23.09%	32.06%	35.21%	59.88%	59.08%	35.91%
	估算偏差	−20.35%	−24.84%	2.76%	12.82%	19.92%	2.99%
8 月 汛期	长江干流	65.60%	62.02%	30.55%	58.41%	78.38%	72.68%
	上游径流	34.40%	37.98%	69.45%	41.59%	21.62%	27.32%
	估算偏差	−20.57%	−3.39%	84.02%	−65.17%	−76.85%	−19.35%
10 月 汛后 蓄水期	长江干流	72.41%	74.45%	71.15%	65.92%	70.69%	71.11%
	上游径流	27.59%	25.55%	28.85%	34.08%	29.31%	28.89%
	估算偏差	15.99%	8.40%	85.43%	7.92%	−83.60%	3.72%

从表 5.5 可以看出，在枯水运用期，长江干流倒灌对香溪河库湾总氮贡献率达到 87.67%，总磷贡献率达到 86.75%，其他营养盐贡献率均超过了 80%，估算偏差均低于 10%。而此时正是支流库湾水环境相对稳定的时期，营养盐不会有太大的变化，这与估算结果对应比较一致。到汛前泄水期的 4 月，长江干流对支流氮和硅营养盐的贡献率仍然占主导作用，超过 70%，但对磷营养盐的贡献明显降低，基本与上游来水的贡献持平。这是因为在 4 月之前发生了一次上游高磷低氮水体从香溪河库湾表层流向干流，对支流磷营养盐进行了一次补充。而此时氮营养盐的估算偏差为负值，说明此阶段香溪河库湾有氮源排放，可能与生活污水排放有关。到汛期，长江倒灌与上游来流对支流库湾营养盐的贡献相对持平，且估算偏差均较大，尤其不稳定的氨氮和易沉降的磷营养盐在此阶段很不稳定。到汛后蓄水期，长江干流对支流营养盐的贡献又超过 80%，除氨氮和正磷酸盐外，其他营养盐估算偏差相对较小。表 5.6 与表 5.5 的计算值基本一致，在此不再重复分析。

上述分析说明，长江干流水体是香溪河库湾水体和营养盐的主要贡献者，香溪河库湾流域对支流库湾的贡献主要体现在每年的汛前泄水期和汛期，但仍然低于长江干流的贡献。

5.3　基于氢氧同位素示踪的营养盐来源分析

5.3.1　氢氧同位素示踪方法

5.3.1.1　稳定同位素比值

目前，因稳定同位素具有不进行放射衰变的特点，被广泛运用于物质源解析以及元素迁移、转化和归趋的环境行为研究，用来辨识出物质的来源、重建体系中生物地球化学循环的主要过程，以及界定水生生态食物网营养盐层次。在天然水体中，氢氧同位素由于分馏作用，在不同物质和不同物相间分布并不均匀，且不同区域不同来源的水体中一般氢氧同位素组成不同，因此氢氧同位素是研究不同水团组合的理想物质。水分子中氢的稳定同位素有两种：氢（H）和氘（D），氧的稳定同位素目前有三种：^{16}O、^{17}O和^{18}O。

同位素采用同位素比值来表示，即样品中重同位素丰度与轻同位素丰度的比值。但现实环境中稳定同位素比值在自然界中是极低的，不同区域的实测稳定同位素比值差异基本在千分位数量级上，以实测稳定同位素比值很难对不同区域的稳定同位素进行有效区别。为更好区别这种差异，国际上通常用实测的同位素比值与某一标准物质同位素比值的千分差来作为稳定同位的度量方法，记为δ。目前，对于水体氢氧同位素，采用标准平均大洋水作为标准物质，即

$$\delta X(\text{‰}) = \left(\frac{R_{sample}}{R_{standard}} - 1\right) \times 1000 \tag{5.7}$$

式中：R_{sample}为样品中重轻同位素丰度之比，例如水体中氢同位素丰度比$(D/H)_{sample}$和$(^{18}O/^{16}O)_{sample}$；$R_{standard}$为国际通用标准物的重轻同位素丰度之比，如$(D/H)_{stsndard}$和$(^{18}O/^{16}O)_{standard}$。

5.3.1.2　二元线性混合模型

与常量离子示踪技术相比，氢氧同位素示踪方法是直接反映出不同水团混合的比例关系，直接用质量守恒原理就可得到氢氧同位素示踪的二源线性混合模型，即

$$\left.\begin{array}{l} \delta D_1 x_1 + \delta D_2 x_2 = \overline{\delta D} \\ x_1 + x_2 = 1 \end{array}\right\} \tag{5.8}$$

或

$$\left.\begin{array}{l} \delta^{18}O_1 x_1 + \delta^{18}O_2 x_2 = \overline{\delta^{18}O} \\ x_1 + x_2 = 1 \end{array}\right\} \tag{5.9}$$

式中：$\overline{\delta D}$为香溪河水体中氢同位素的平均比值；δD_1、δD_2分别为长江干流水体与香溪河上游来流水体中氢同位素的比值；$\overline{\delta^{18}O}$为香溪河水体中氧同位素的平均比值；$\delta^{18}O_1$、$\delta^{18}O_2$分别为长江干流水体与香溪河上游来流水体中氧同位素的比值；x_1、x_2分别为长江干流水体与香溪河上游来流水体对香溪河水的贡献率。

5.3.2　氢氧同位素时空分布特征分析

图 5.4 是 2014 年不同水位运行期氢氧同位素沿香溪河库湾剖面分布等值线图。因 2014 年 1 月的氢氧同位素数据缺失，故以 2014 年 12 月数据代表水库枯水运用期氢氧同位素比值分布规律，分别如图 5.4（a）和图 5.4（b）所示。图 5.5 是与图 5.4 对应的氢氧同位素相关关系空间分布图，其中黑色方点、空心方点及空心小圈分别代表氢氧同位素相关性在香溪河库湾、香溪河上游来流及长江干流中的分布。

从图 5.4（a）可以看出，在枯水运用期，长江干流（距河口 0km 处）的 δD‰ 小于 −88，香溪河河口处 δD‰ 在 −88 左右，从河口开始，距河口越远，δD‰ 越大，水体越深 δD‰ 也越大；有趣的是，在香溪河回水末端有一组非常密集的等值线组，逐渐从回水末端底部延伸到香溪河库湾中下游区域，其最大值大于 −70，与支流上游来流的 −61 更为接近；但是，距河口 24km 以下的香溪河中上层水体中的 δD‰ 却均小于 −81，与长江干流更为接近。图 5.4（b）中 δ^{18}O‰ 的分布规律与图 5.4（a）中的 δD‰ 分布非常相似。对

应分析图 5.5（a）发现，此时在香溪河库湾表层水体的 δD‰ 和 δ¹⁸O‰ 的相关分布更接近于长江干流，而与香溪河库湾上游来流相差较大，这与图 5.3（a）中得到的结果非常一致，进一步说明枯水运用期香溪河库湾水体可能主要来源于长江干流。

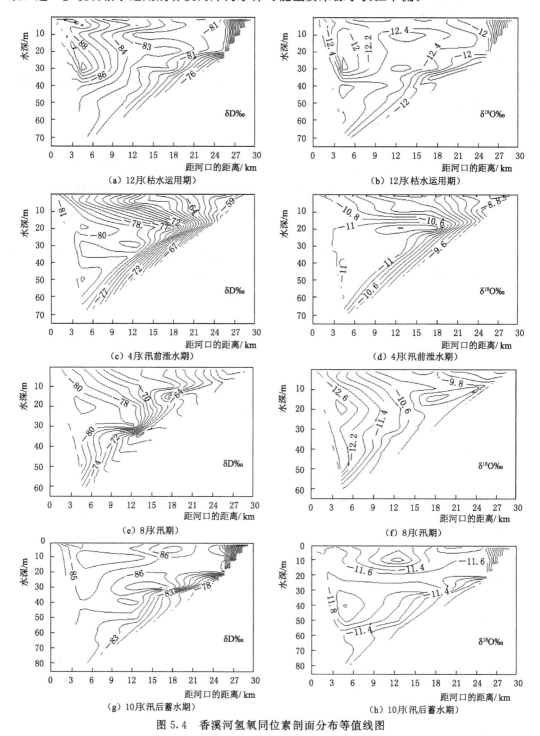

图 5.4　香溪河氢氧同位素剖面分布等值线图

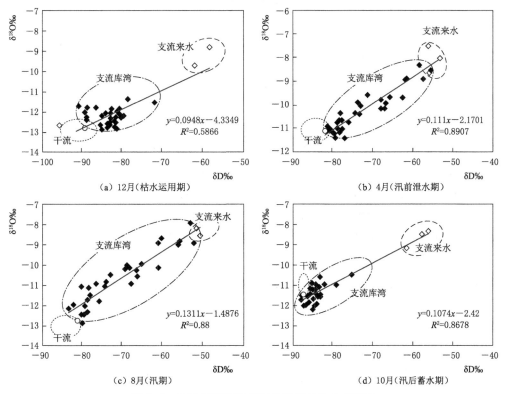

图 5.5　香溪河库湾氢氧同位素相关性分布特征

到汛前泄水期，如图 5.4（c）所示，长江干流 δD‰ 为 −81 左右，香溪河河口的 δD‰ 在 −80 左右，与长江干流水体基本一致；自香溪河河口到回水区末端，δD‰ 也是逐渐减小的，到回水末端在 −59 左右；其与枯水运用期的纵向分布最大的区别有两点，第一就是回水末端密集的等值线消失，第二就是在香溪河库湾中下游的中层与表层、中层与底层之间均出现了密集的等值线，这与此时发生的中层倒灌异重流分布规律（图 3.11）非常一致。对应分析此时的氢氧同位素相关性分布规律，如图 5.5（b）所示，可以发现长江干流与支流来流的氢氧同位素分布具有很大差异，但香溪河库湾的氢氧同位素却相对均匀地分布在二者之间，这说明此时长江干流与香溪河上游来流对香溪河库湾都产生了显著的影响。图 5.4（d）中 δ18O‰ 分布规律与图 5.4（c）非常一致，进一步验证了上述规律的一般性。

到汛期，图 5.4（e）和图 5.4（f）分别展现 δD‰ 和 δ18O‰ 的分布规律也是一致的，此时 δD‰ 和 δ18O‰ 从香溪河河口到香溪河回水末端的递增规律更为明显，等值线分布较汛前泄水期也更为均匀，说明此时长江干流和香溪河库湾上游来流对香溪河库湾的影响基本对等。图 5.5（c）所反映出氢氧同位素在香溪河库湾的均匀分布也说明了上述规律。但到汛后蓄水期的 10 月，如图 5.4（g）和图 5.4（h）所示，δD‰ 和 δ18O‰ 的剖面分布规律又与枯水运用期的 12 月非常相似，此时香溪河库湾中上层水体的 δD‰ 和 δ18O‰ 与长江干流水体基本一致，香溪河库湾底层水体的 δD‰ 和 δ18O‰ 却更接近于上游来流，这与此时长江干流水体从中表层倒灌入香溪河库湾的水流规律（图 3.12）又相互对应；图 5.5

（d）反应的香溪河库湾表层氢氧同位素分布靠近长江干流却远离香溪河上游来流也验证了上述结论。

5.3.3 基于氢氧同位素示踪的营养盐来源分析

根据氢氧同位素示踪方法，结合 δD‰ 与 δ¹⁸O‰ 实测值，计算所得长江干流及香溪河上游来流对香溪河库湾水体贡献率见表 5.7。其中以 $\delta D‰$ 示踪所得枯水运用期长江干流对香溪河库湾水体贡献率为 78.63％，以 $\delta^{18}O‰$ 示踪所得贡献率为 84.00％，二者示踪结果差异很小，而且结果与以 Cl^- 和 Na^+ 作为示踪离子分别所得的 84.98％ 和 83.38％ 都非常接近。在汛前泄水期以 δD‰ 和 δ¹⁸O‰ 为依据计算的长江水体对支流库湾水体的贡献率分别为 63.85％ 和 65.06％，此时以 Cl^- 和 Na^+ 为依据计算的结果分别为 66.82％ 和 57.03％，四种计算结果也非常接近。在汛期计算结果与汛前泄水期相近。与 Cl^- 和 Na^+ 计算结果差别较大的是在汛后蓄水期，以 δD‰ 与 δ¹⁸O‰ 为依据计算的长江干流贡献率分别为 92.76％ 和 94.60％，大于以 Cl^- 和 Na^+ 为依据分别计算得到 85.87％ 和 70.69％ 的结果。

表 5.7　　　　　不同水团对香溪河库湾水体的贡献率（稳定同位素示踪）

时间	地点	δD‰	水体贡献率 δD‰	δ¹⁸O‰	水体贡献率 δ¹⁸O‰
1 月 枯水 运用期	长江干流	−88.175	78.63％	−12.829	84.00％
	上游径流	−60.264	20.37％	−8.276	16.00％
	香溪河库湾	−83.286		−12.261	
4 月 汛前 泄水期	长江干流	−81.98	63.85％	−10.92	65.06％
	上游径流	−57.76	36.15％	−8.02	34.94％
	香溪河库湾	−73.23		−10.35	
8 月 汛期	长江干流	−81.48	64.62％	−12.86	58.85％
	上游径流	−50.97	35.38％	−8.57	40.15％
	香溪河库湾	−70.69		−10.92	
10 月 汛后 蓄水期	长江干流	−86.38	92.76％	−11.55	94.60％
	上游径流	−58.815	7.24％	−8.87	5.40％
	香溪河库湾	−84.46		−11.41	

根据香溪河营养盐来源示踪模型，结合不同水位运行期三峡水库干支流主要营养盐浓度见表 5.4，计算得到以氢氧稳定同位素示踪方法得到的长江干流和香溪河上游来流对香溪河库湾主要营养盐的贡献率见表 5.8 和表 5.9。从表中可以看出，在汛前泄水期和汛期，三峡水库上游来流对香溪河库湾的氮、磷营养盐贡献率略小于长江干流对香溪河库湾的贡献，其他任何时期长江干流对支流库湾营养盐的贡献率都占据绝对优势。但是，氨氮和正磷酸盐因其本身相对不太稳定，故计算结果存在较大的波动。这一结果与上述以 Cl^- 和 Na^+ 计算的结果也基本一致。

表 5.8　　　　　　　　　不同水团对香溪河库湾营养盐的贡献率（δD‰）

时间	地点	TN /(mg/L)	$NO_3^- - N$ /(mg/L)	$NH_4^+ - N$ /(mg/L)	TP /(mg/L)	$PO_4^{3-} - P$ /(mg/L)	$D - SiO_2$ /(mg/L)
12月 枯水 运用期	长江干流	88.29%	92.27%	40.64%	88.99%	93.42%	84.07%
	上游径流	11.71%	7.73%	58.36%	10.01%	6.58%	15.93%
	估算偏差	-14.99%	5.75%	-50.32%	-8.44%	-38.40%	-15.20%
4月 汛前 泄水期	长江干流	81.59%	73.82%	71.00%	47.13%	47.96%	70.37%
	上游径流	18.41%	26.18%	28.00%	52.87%	52.04%	28.63%
	估算偏差	-15.94%	-22.56%	4.98%	7.51%	14.55%	5.01%
8月 汛期	长江干流	68.80%	66.43%	34.77%	62.99%	81.46%	76.32%
	上游径流	30.20%	33.57%	65.23%	37.01%	18.54%	23.68%
	估算偏差	-18.75%	-3.04%	73.80%	-65.28%	-76.06%	-17.45%
10月 汛后 蓄水期	长江干流	93.31%	93.93%	92.91%	91.13%	92.76%	92.89%
	上游径流	6.69%	6.07%	7.09%	8.87%	7.24%	7.11%
	估算偏差	18.11%	12.75%	86.35%	2.44%	-83.60%	4.18%

表 5.9　　　　　　　　　不同水团对香溪河库湾营养盐的贡献率（δ¹⁸O‰）

时间	地点	TN /(mg/L)	$NO_3^- - N$ /(mg/L)	$NH_4^+ - N$ /(mg/L)	TP /(mg/L)	$PO_4^{3-} - P$ /(mg/L)	$D - SiO_2$ /(mg/L)
12月 枯水 运用期	长江干流	91.01%	94.13%	47.90%	92.35%	95.02%	87.64%
	上游径流	8.99%	5.87%	52.10%	7.65%	4.98%	12.36%
	估算偏差	-13.01%	8.35%	-55.54%	-5.89%	-37.14%	-14.19%
4月 汛前 泄水期	长江干流	85.45%	78.88%	76.44%	54.16%	54.98%	75.88%
	上游径流	14.55%	21.12%	23.56%	45.84%	45.02%	24.12%
	估算偏差	-11.93%	-20.48%	7.00%	2.67%	8.65%	6.85%
8月 汛期	长江干流	60.59%	56.83%	26.18%	53.10%	74.51%	68.20%
	上游径流	38.41%	43.17%	73.82%	46.90%	25.49%	31.80%
	估算偏差	-21.53%	-3.79%	95.95%	-65.04%	-77.78%	-21.58%
10月 汛后 蓄水期	长江干流	95.02%	95.49%	94.72%	93.36%	94.60%	94.71%
	上游径流	4.98%	4.51%	5.28%	6.64%	5.40%	5.29%
	估算偏差	18.29%	13.11%	86.42%	1.98%	-83.60%	4.22%

综合上述两类示踪方法和四种示踪元素的计算结果来看，四种估算结果相对比较吻合，计算结果和示踪方法具有可信性。示踪结论说明了香溪河支流库湾营养盐在绝大部分时间内主要来自长江干流水体，而香溪河流域内的污染只可能在汛前泄水期和汛期对香溪河库湾产生一定的影响。

5.4　香溪河库湾营养盐界面交换过程

营养盐超标是富营养化水体的主要特征，其在水体中的迁移转化过程是导致水体生态环境演替的重要因素，因此，明确水体污染物主要来源及其迁移转化过程对研究和控制水体富营养化具有重要意义。在一般没有分层异重流的湖库中，水体中营养盐主要源于如下5个界面过程。

（1）上游来流入库界面：水库上游流域来流一般是湖库中营养盐的主要来源，其接纳了整个上游流域的点源、非点源、流动污染等所有污染物，最终以径流的形式流入湖库水体，同时还带入流域的泥沙、有机物等物质，是水库水体、物质和能量的主要贡献者。

（2）水-沉积物交换界面：这一界面交换过程非常复杂，沉积物是水库有机物沉积、储存和转化的重要载体；同时，微生物在沉积物中对有机物进行分解，使有机物分解为溶解性无机盐又回到水体中。一般湖泊沉积物是湖水营养盐的重要贡献源，有的水库沉积物也可能是营养盐的重要汇。

（3）沿库污染入库界面：这主要是指在水库影响区范围内的工业污染、城市生活污染和农村面源污染产生的营养盐直接排入湖库这一过程。

（4）水-悬沙交换界面：当营养盐进入到水库以后，因泥沙具有吸附作用，其在输运、沉降和再悬浮的过程中能够与水体中的营养盐离子发生吸附或解吸过程，进而与水体发生营养盐交换。

（5）水-藻交换界面：在水体中，藻类生长吸收营养盐，导致水体中营养盐浓度降低，同时死亡后的藻类或有机质又可能被微生物分解为溶解性无机营养盐重新回到水体中。

在三峡水库香溪河库湾均存在上述5个界面交换过程，但与一般水体不同的是，因香溪河库湾存在显著的分层异重流，导致在不同时期长江干流以不同的倒灌形式与库湾水体进行物质交换，这些交换过程必然导致干支流间营养盐的交换，故香溪河库湾还存在一个干支流交换界面过程。因此，在香溪河库湾，营养盐的主要交换界面包含6个界面交换过程（图5.6所示），即：①干支流交换界面；②来流入库界面；③水-藻交换界面；④水-悬沙交换界面；⑤水-沉积物交换界面；⑥面源入库界面（或大气干湿沉降）。

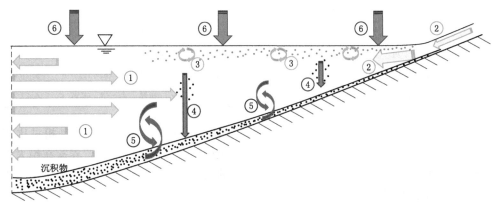

图 5.6　香溪河库湾主要营养盐来源界面交换过程

香溪河库湾生态屏障区属于典型的陡峭峡谷地带，面积不足 $150 km^2$，不足香溪河总流域面积 $3099 km^2$ 的 5%，面源径流污染较上游入库污染微乎其微。生态屏障区内包含峡口镇和昭君镇，人口总数约为 2 万人，加之城镇生活污水和垃圾都进行集中处理并达标排放，故屏障区内生活污水污染相对较小。三峡水库于 2003 年开始蓄水，2010 年才蓄水至 175m 正常水位，属于新生水库生态环境演变的发育阶段，而且水库蓄水前进行了严格的清库工作，沉积物污染物释放风险较小；相关研究表明，香溪河库湾沉积物营养盐释放通量很小，在部分时期还表现为氮、磷营养盐汇的特征[5]，因此，水-沉积物交换界面对水体营养盐的贡献相对上游来流要小得多。而水-藻界面交换和水-悬沙交换都是香溪河内部营养盐界面交换过程，不决定外来源的营养盐贡献。

香溪河库湾最大库容为 8.8 亿 m^3，以 2010 年为例，香溪河库湾水体总氮平均浓度为 1.23g/L，总磷平均浓度为 0.15g/L，则香溪河库湾满库容时总氮含量约为 1052t，总磷含量约为 131.53t。然而，根据李凤清等[10]的计算结果，上游来流中每年有 1623.49t 总氮和 331.85t 总磷汇入香溪河库湾，比香溪河实际容量还大，这说明上游来流的营养盐进入香溪河库湾后并未完全停留在库湾内。而上述常量离子示踪和同位素示踪也表明，每年的长江倒灌导致的三峡水库干支流营养盐交换量比上游来流的还要大。这说明，香溪河库湾干支流交换界面过程和上游来流入库交换过程对支流营养盐影响要远远超过香溪河库湾其他界面交换过程。

因此，决定香溪河库湾营养盐来源的主要界面交换过程是上游来流入库界面过程和干支流交换界面过程。营养盐空间分布规律也展现出上游来流和干流倒灌是营养盐的两个峰值点，越远离这两点相应营养盐浓度越小，这也说明香溪河库湾营养盐更多受上游来流和干流倒灌共同影响。图 5.3 所示 Cl^- 和 Na^+ 在香溪河库湾的分布基本满足稀释线定律[11]；而图 5.5 中水体氢氧同位素相关关系更体现了香溪河库湾水体主要来源于长江干流和香溪河库湾上游来流。根据长江离子示踪和同位素示踪结构来看，以年度作为评价时段，长江干流倒灌贡献要比上游来流贡献更大，超过 75%。因此，香溪河库湾水体营养盐主要源于长江干流。

5.5　香溪河真光层（表层）内营养盐补给过程

一般湖泊及普通水库水体真光层中营养盐来源主要包括点源、面源、内源等，其补给过程主要是水流输移、对流与扩散、内源悬浮以及冬季水体垂向混合（overturn）等，其中湖泊水体如图 5.6 所指的不同水体垂向循环过程对表层营养盐的补给具有重要作用[12]。但三峡水库支流库湾与此有显著区别，分层异重流背景使得真光层中营养盐更多受长江干流倒灌和支流上游来流的影响，尤其是在香溪河这样典型的支流，其上游流域磷矿丰富，来水富磷，而长江干流含氮较高，二者对库湾真光层营养盐的贡献非常显著。图 5.7 总结了香溪河库湾真光层内营养盐的主要补给模式，包括水平输移、中层补给、掺混补给、藻类分解和点面源输入等 5 种类型。根据香溪河库湾分层异重流变化过程、水体层化过程和水流循环模式，可推测香溪河库湾真光层内营养盐补给模式在一年的不同季节具有不同的变化。

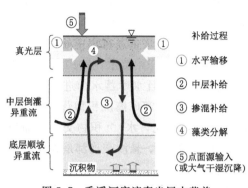

图 5.7　香溪河库湾真光层内营养
盐补给过程示意图

在每年 1 月，虽然香溪河库湾水体无显著倒灌异重流，主要水流循环模式是上游来流经香溪河库湾流向长江干流，但此时上游来流流量只有 $10 m^3/s$ 左右，水体滞留时间超过 800 天，上游来流在 1 月内不能完全替换香溪河库湾水体，故此时香溪河库湾水体主要还是前一年水库蓄水时倒灌进入的长江干流水体。图 5.3（a）表明，在 1 月，香溪河库湾 Cl^- 和 Na^+ 浓度更接近长江干流水体，也证明了上述推论。因此，此时香溪河库湾真光层内营养盐来自上游来流和前一年的长江水体倒灌，并以前一年长江倒灌的营养盐为主。所以，在每年 1 月，香溪河库湾表层氮、硅营养盐相对较高，磷营养盐相对较低，且这三类营养盐浓度均与长江干流营养盐浓度相似；空间分布上除上游来流样点以外，其他各点氮、磷、硅营养盐浓度均与长江干流一致。

在每年 2 月，为底部倒灌楔发生时期，在香溪河库湾河口区域，长江干流水体经底部潜入后回旋至表层流出库湾，香溪河库湾上游区域则以垂向掺混为主，则香溪河库湾真光层内营养盐补给模式以垂向掺混为主。此时香溪河上游来流仍然很小，长江干流倒灌只影响香溪河库湾河口区域，二者均不能完全替换香溪河库湾 1 月的水体，故此时香溪河库湾水体及营养盐与 1 月无明显变化。因此，此时香溪河库湾真光层内营养盐仍然以前一年长江倒灌的营养盐为主，上游来流为辅。所以，2 月氮、磷、硅营养盐与 1 月均无明显变化。

到 3 月底，香溪河库湾水流循环模式转变为长江干流水体自底层倒灌入香溪河并逐渐转化为表层流出库湾，而香溪河上游来流则从香溪河库湾表层流向长江干流。此时香溪河上游来流流量开始增大，表层水体高温主要因上游来流高温影响所致。则表层水体中营养盐则主要以上游来流和长江干流底层倒灌回升至表层共同影响，但以上游来流补给为主。因此，导致的结果是上游来流磷营养盐较高、氮营养盐和硅营养盐较低，且磷营养盐显著升高，而氮、硅营养盐却逐渐降低。当然，此时正值春季水华暴发时期，由此导致的氮、硅营养盐消耗也是氮、硅降低的另一原因。图 5.3 和图 5.5 也显示支流库湾常量离子和氢氧同位素较 2 月更接近上游来流，佐证了上述结论。

到 4 月之后，中层倒灌异重流发生，香溪河库湾水流循环模式转化为上游来流自香溪河库湾底部流向长江干流，而长江干流水体则从中层倒灌入香溪河库湾，上部分逐渐转化为表层流向干流，下部分逐渐转化为底层流向干流，中间部分则延伸至香溪河库湾上游区域后逐渐以表层和底层流向干流。那么此时香溪河库湾真光层内的营养盐则以中层倒灌异重流向上转化和水平输移为主，包括上游来流自表层流出部分和中层倒灌逐渐向表层补充部分。此阶段显示出磷营养盐逐渐降低，氮、硅营养盐却逐渐升高，原因是长江干流氮、硅营养盐较高，磷营养相对较低，而上游来流磷营养盐较高，氮、硅相对较低，二者的共同作用正好导致了香溪河库湾真光层内氮、磷、硅营养盐的空间分布。常量离子和同位素示踪结果显示，此时长江干流对香溪河库湾的贡献要略大于上游来流的贡献。但是在 5 月底至 8 月底，此阶段属于三峡水库主汛期，突发事件及水华频繁波动，尤其是水位的波动和突降暴雨很容易打破水体层化结构导致真光层营养盐补给模式的不断转换，因此在此阶段三种营养盐均呈现复杂的波动状态。

每年 9 月至 10 月，当表层异重流发生时，香溪河库湾水流循环模式主要是长江干流从表层倒灌入香溪河库湾，而香溪河上游来流则从库湾底层流向长江干流。那么此时香溪河库湾真光层内的营养显然主要由长江干流水平输移补给。10—12 月，整个三峡水库上游来流减小，以流域补给的营养盐随之减小，硅营养盐逐渐降低；但此时整个水体滞留时间增大，受蓄水淹没和流域生活污水排放的影响，氮、磷营养盐逐渐上升。

因此，香溪河库湾真光层内营养盐除在 3 月主要由上游来流补给以外，其他时期均主要来自长江干流。

5.6 本 章 小 结

本章分析了三峡水库香溪河库湾总氮、总磷及溶解性硅酸盐的时空分布规律；通过研究香溪河库湾溶解离子，认为 Cl^- 和 Na^+ 能够作为香溪河水团混合示踪离子；同时分析了香溪河库湾氢氧同位素在长江干流、库湾和香溪河上游来流的差异并开展了水团混合示踪。主要结论包括以下几个方面。

(1) 香溪河库湾总氮在一年内可分为下降、上升、波动、下降和上升等五个阶段；总磷在一年内可分为上升、下降、波动、上升等四个阶段；硅营养盐在一年内可分为下降、上升、波动和稳定等四个阶段。香溪河库湾上游来流磷营养盐相对较高，氮、硅营养盐相对较低；长江干流氮和硅营养盐相对较高，磷营养盐相对略低。

(2) Na^+ 和 Cl^- 具有较好的相关性，且在长江干流、香溪河库湾和香溪河上游来流中差异较大，能够作为水团混合示踪离子。通过常量离子示踪计算长江干流对香溪河库湾氮营养盐的贡献总体超过香溪河上游来流。

(3) 氢氧同位素在长江干流、香溪河库湾和香溪河上游来流三者间的差异显著，通过氢同位素示踪计算，得到长江干流对香溪河库湾的水体贡献在春季、夏季、秋季和冬季分别为 78.63%、63.85%、64.62% 和 92.76%，氧同位素计算所得长江水体贡献率分别为 84.00%、65.06%、58.85% 和 94.60%。

(4) 干支流交换界面和上游入库界面是香溪河库湾营养盐来源的主要界面；真光层内营养盐补给模式主要包括水平输移、中层补给、掺混补给、藻类分解和点面源输入等五种类型。但在香溪河库湾，除每年 3 月真光层内营养盐更受上游来流影响外，其他时期均由长江干流通过倒灌异重流进行补给。

参 考 文 献

[1] 杨正健，刘德富，纪道斌，等 . 三峡水库 172.5m 蓄水过程对香溪河库湾水体富营养化的影响 [J] . 中国科学：技术科学，2010，40 (4)：358 - 369.

［2］ 杨正健．分层异重流背景下三峡水库典型支流水华生消机理及其调控［D］．武汉：武汉大学，2014.

［3］ 纪道斌，刘德富，杨正健，等．汛末蓄水期香溪河库湾倒灌异重流现象及其对水华的影响［J］．水利学报，2010，41（6）：691-696，702.

［4］ 纪道斌，刘德富，杨正健，等．三峡水库香溪河库湾水动力特性分析［J］．中国科学：物理学 力学 天文学，2010，40（1）：101-112.

［5］ 牛凤霞，肖尚斌，王雨春，等．三峡库区沉积物秋末冬初的磷释放通量估算［J］．环境科学，2013，34（4）：1308-1314.

［6］ 冉祥滨．三峡水库营养盐分布特征与滞留效应研究［D］．青岛：中国海洋大学，2009.

［7］ 钱宁，范家骅．异重流［M］．北京：水利水电出版社，1958.

［8］ 罗专溪，朱波，郑丙辉，等．三峡水库支流回水河段氮磷负荷与干流的逆向影响［J］．中国环境科学，2007，27（2）：208-212.

［9］ 顾慰祖，陆家驹，赵霞，等．无机水化学离子在实验流域降雨径流过程中的响应及其示踪意义［J］．水科学进展，2007，18（1）：1-7.

［10］ 李凤清，叶麟，刘瑞秋，等．三峡水库香溪河库湾主要营养盐的入库动态［J］．生态学报，2008，28（5）：2073-2079.

［11］ 陈敏．化学海洋学［M］．北京：海洋出版社，2009.

［12］ BOEHRER B, SCHULTZE M. Stratification of lakes［J］. Reviews of Geophysics, 2008, 46（2）: RG 2005.

第6章　不同水动力条件对水华藻类生长的影响

6.1　概　述

三峡水库水华只在蓄水后的支流库湾发生而干流并无水华，暴发时间主要集中在春夏秋三季，温度较低的冬季水华很少见[1]。三峡水库蓄水前后营养盐及气候条件均未发生本质改变[2]，水动力变化普遍被认为是藻类水华的主要影响因素[3-4]。因此，水库建设引起的水动力改变如何诱发藻类水华是水库水华生消机理研究的核心科学问题，其解决与否对于水库藻类水华的防控至关重要。目前研究多认为三峡大坝建设导致的支流流速缓慢是支流水华暴发的主要诱因[5-6]，且许多学者都试图构建流速大小与藻类生长的关系曲线，并以此得到决定水华的"临界流速"并应用于水华防控[7-8]。然而，大量控制实验[9]发现流速大小本身不仅不能抑制藻类生长，反而还有利于藻类繁殖，即决定水华生消的"临界流速"在三峡水库允许流速范围内可能并不存在，三峡水库相关泄水调度实验并未有效缓解支流水华也证实了此结论[10]。因此，水流减缓导致支流水华可能只是一种表观现象，而不是直接原因。因此，究竟水动力过程与藻类水华之间有关系用何种指标进行表征并量化目前仍不够明确。

本章将水动力内涵扩展为流速大小、水体滞留时间、水体垂向分层等三个指标，分别开展三个指标与水华藻类生长关系的室内外控制实验，并结合三峡水库支流库湾水华生消过程分析了水动力参数影响藻类水华生消的作用机制及阈值，以期为解释水库藻类水华机理、提出水库水华防控措施提供支撑。

6.2　不同流速对水华藻类生长的影响

6.2.1　实验装置与运行条件

模型装置为 $7m \times 38cm \times 70cm$（长×宽×高）的双道环行生态水槽，以可调式减速电动机提供动力，电机带动转桨式水车推动水体流动，整个装置如图6.1所示。装置底面积 $5.926m^2$，以放置2天的自来水代替水库原水作为供试水体，水深35cm，总体积 $2.74m^3$，投入扩大培养好的梅尼小环藻 $15 \sim 20L$。

模型运行条件如下：

(1) pH 值：投入氢氧化钠（NaOH）约15g，调节水体初始 pH 值到8.6左右。

(2) 营养条件：用自来水配制试验用水，保证氮、磷、硅营养盐达到水体富营养化水平，放置2天后加入营养盐。氮：向供试水体中加入硝酸钾溶液（KNO_3），使初始氮浓度为 5.0mg/L。磷：向供试水体中加入磷酸二氢钾溶液（$KH_2PO_4 \cdot 2H_2O$），使初始磷浓度为 0.5mg/L。硅：向供试水体中加入硅酸钠溶液（$Na_2SiO_3 \cdot 9H_2O$），使初始硅酸盐浓

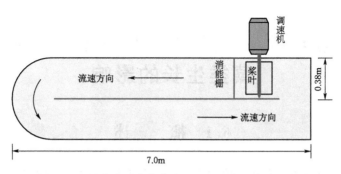

图 6.1　流速大小对水华藻类生长影响实验水槽平面图

度为 5.0mg/L。

（3）环境条件：模型放置于相对封闭的室内，室温：22～24℃，湿度：60％～70％。光源为日光灯管，光照强度 2500～2700lx，一天的光照时间为 24h。水温采用可调式电绝缘电热棒，控制水温（20±1）℃。流速采用转桨式水车控制，经测定发现除拨水器附近与拐角处等局部流速明显偏大外，其余地方水平与垂直方向流速均变化不大，因此可以近似认为水槽内流速均匀。设置 5 个水流流速，分别为 30cm/s、50cm/s、70cm/s、90cm/s、110cm/s，编号依次为 1 号～5 号。

6.2.2　不同流速下 Chl－a、光密度（OD）的变化规律

不同流速下梅尼小环藻生长过程的 Chl－a、OD 随时间变化见图 6.2 及图 6.3。

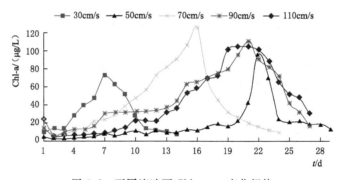

图 6.2　不同流速下 Chl－a－t 变化规律

（1）由于初始投加量及初始藻体处于的生长阶段有所不同，导致不同流速下 Chl－a 浓度的变化比较大。从藻类的增长幅度来看，流速为 30cm/s 的水体藻类增长幅度最大，其次是流速为 70cm/s 的水体；再次是流速 90cm/s、110cm/s 的水体；流速为 50cm/s 的水体藻类增长较小。

从藻类的生长周期来看，1 号～5 号生长周期各不相同。流速 30cm/s 的试验组硅藻迅速进入指数阶段生长，试验第 7 天后达到峰值（峰值浓度却是所设流速梯度中最小的），之后硅藻开始死亡，水体发浑，试验第 14 天由于营养盐的完全消耗，藻体 Chl－a 浓度回到初始投加水平。整个生消过程持续时间 14 天。

流速 70cm/s 的试验组藻类生长平缓，试验第 14 天达到峰值（峰值浓度是所设流速

梯度中最大的），之后硅藻开始死亡，试验第 21 天由于营养盐的完全消耗，藻体 Chl－a 浓度回到初始投加水平。试验整个生消过程持续时间 24 天。

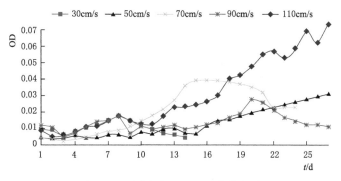

图 6.3　不同流速下 OD－t 变化规律

　　流速 90cm/s、110cm/s 的试验组水体藻类生长更加平缓，试验第 20 天达到峰值（峰值浓度是所设流速梯度中中等的），之后硅藻开始死亡，试验第 27 天由于营养盐的完全消耗，藻体 Chl－a 浓度回到初始投加水平。试验整个生消过程持续时间 27 天。

　　流速 50cm/s 的试验组水体藻类有很长的迟缓期，试验 16 天后才进入对数生长期，在第 22 天藻类 Chl－a 浓度达到峰值。之后快速死亡，试验维持 29 天。

　　（2）不同流速下 OD 的变化规律差异很大，但总体呈上升趋势。流速 30cm/s 的试验组变化规律与 Chl－a 浓度线性相关，出现峰值后又缓慢下降。流速 70cm/s 的试验组在试验第 14 天（Chl－a 浓度最大）时出现峰值 OD，之后下降，但比较平缓。流速 90cm/s 的试验组在试验第 20 天（Chl－a 浓度最大）时也出现峰值 OD，之后也在缓慢下降。流速 50cm/s 和 110cm/s 的试验组在试验过程中 OD 一直增加，没有表现出与 Chl－a 有很好的相关性。

6.2.3　不同流速与藻类生长关系分析

　　（1）从藻类数量的最高值来看，五个流速水平 30cm/s、50cm/s、70cm/s、90cm/s、110cm/s 下水体藻类的最大现存量分别为 72.547μg/L、96.44μg/L、125.67μg/L、110.86μg/L、104.898μg/L。可以看出，在这个流速的区间里，梅尼小环藻的最大现存量随流速的增大先增大后减小，各组流速下的最大藻类现存量相差比较大，说明不同流速对藻类数量高峰值有一定影响，在一定流速区间中存在某一流速状态使藻类数量最大。但是高流速下藻类生物量却比较大，特别是流速 70～110cm/s 的情况下藻类 Chl－a 浓度峰值超过 100μg/L，远大于水华的暴发值（国际标准是 10μg/L）。这与野外观测的"流速与 Chl－a 浓度之间的关系"存在较大的差异。

　　（2）金相灿等[10]在研究扰动对铜绿微囊藻的生长影响时发现，扰动对铜绿微囊藻的生长影响，不论从生物最大现存量还是从最大比增长率量值上来看，并无显著的差异，扰动对铜绿微囊藻的生长唯一的表现为生长滞后。按照此思路分析，将图 6.2 中硅藻滞后生长的部分平移，使 Chl－a 峰值在同一天出现。如图 6.4 所示，硅藻生长规律分为两种，流速 30cm/s、50cm/s 时，藻类生长迅速，峰值 Chl－a 不大，但藻类同样消亡较快，表现出生长周期短促。70cm/s、90cm/s、120cm/s 时藻类在较高浓度 Chl-a 下维持时间较长，整个生消过程缓慢，此结论符合相关研究结果。特别是 110cm/s 时硅藻生长与消亡曲线平缓。因此认为在营养盐初始条件相同的封闭循环水体内，流速对硅藻的生长没有直接影响，而仅仅表现为生长滞后，水华暴发并不因流速的增大而消失，只是在时间上有所推后。初步假设流速的增大对藻类的生长及水华暴发影响表现为藻类生长滞后。

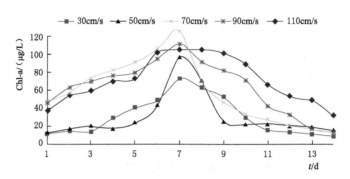

图 6.4　平移峰值、不同流速下 Chl-a-t 变化规律

（3）计算 5 个流速水平下的藻类的比增长率 μ、相对生长常数 K、平均倍增时间 G，结果见表 6.1。

表 6.1　　　　　比增长率 μ、相对生长常数 K、平均倍增时间 G 计算结果

水　样	流速/（cm/s）	比增长率/d^{-1}	相对生长常数	平均倍增时间/d
1 号	30	0.315	0.199	1.520
2 号	50	0.188	0.119	2.537
3 号	70	0.213	0.208	1.454
4 号	90	0.152	0.170	1.781
5 号	110	0.197	0.113	2.662

从表 6.1 的数据来看，在 5 个流速水平下，相对生常数 K 变化幅度为 0.113~0.208，比增长率 μ 变化幅度为 0.152~0.315，各水平组的 K 与 μ 相关性不大。为了方便直观，对 5 个流速下的 μ 与 K 作图，见图 6.5。从图 6.5 可以看到流速在 30cm/s 时生长常数较大，其他藻类比增长率 μ 与相对生长常数 K 波动不大，波动幅度均小于 0.1。由此可见不同流速下比增长率、相对生长常数的比较不能很好地反映流速与藻类生长之间的关系。廖平安等[11] 在研究不同流速对藻类生长影响时，发现增加流速可以抑制藻类生长，控制水华的发生；本试验的结论与之不同，在营养盐初始条件相同的封闭循环水体内，不同流速下水体中的最大生物量均达到了水华暴发的临界值，依靠增加流速控制水华的措施缺乏科学依据。

以上得到了与以往观测和认识上相矛盾的结果，认为流速并不直接对藻类的生长产生影响，而仅仅是生长的滞后。为了论证试验结论，进行了流速梯度变化以及其他水动力条件对硅藻水华生消的影响试验。

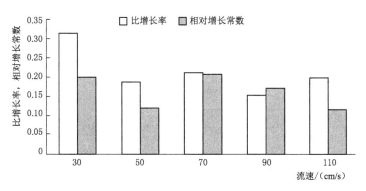

图 6.5　不同流速下比增长率、相对生长常数的变化

6.3　流速梯度对水华藻类生长的影响

6.3.1　实验装置与运行条件

取香溪河 2008 年 3 月 15 日野外观测站点的水样，当时暴发的水华优势种为硅藻门的脆杆藻属。按照硅藻的培养基进行扩大培养。

模型装置为生态水工学实验室的双道环行水槽，以可调式减速电动机提供动力，电机带动转桨式水车推动水体流动，整个装置如图 6.1 所示。装置底面积 5.926m²，为了增加糙率，装置底部均匀放置 5～8cm 厚度的碎卵石（粒径约 3cm），以放置 2 天的自来水代替水库原水作为供试水体，水深 50cm，总体积 2.97m³，投入扩大培养好的硅藻混合藻液 15～20L。

型在每个试验流速下均运行 6 天，一共设置 3 个流速，表层平均流速分别是 30cm/s、60cm/s 和 90cm/s。试验设计 4 个断面，分别是 A、B、C、D 断面，按照水深表层、水深 30cm，底层分为 3 层。

变流速情况下水体不同深度的流速梯度分布见图 6.6，流速越大，表层流速与底层流速的差距越大。生态环行水槽底面铺设了一层碎卵石，所以底部摩擦力较大，流速梯度差异性也比较大。水深 50cm，表层流速 90cm/s 时底层流速只有 11cm/s，流速随水深出现明显的梯度分布。

当液体流动时，液体质点之间存在着相对运动，这时质点之间会产生内摩擦力反抗它们之间的相对运动，液体的这种性质称为黏滞性，这种质点之间的内摩擦力也称为黏滞力，理论梯度变化见图 6.7。相邻液层之间内摩擦力的大小 F 由牛顿内摩擦力定律给出，即

$$F = \mu A \frac{\mathrm{d}u}{\mathrm{d}y} \tag{6.1}$$

单位面积上的内摩擦力（切应力）为

$$\tau = \mu \frac{\mathrm{d}u}{\mathrm{d}y} \tag{6.2}$$

式中：μ 为表征液体黏滞性大小的动力黏滞系数，$N \cdot s/m^2$；u 为流速，m/s；y 为层间距离，m。

黏滞系数受温度影响较大，20℃时水的 $\mu = 1.002 \times 10^{-3} N \cdot s/m^2$。

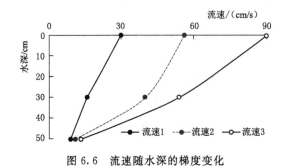

图 6.6　流速随水深的梯度变化

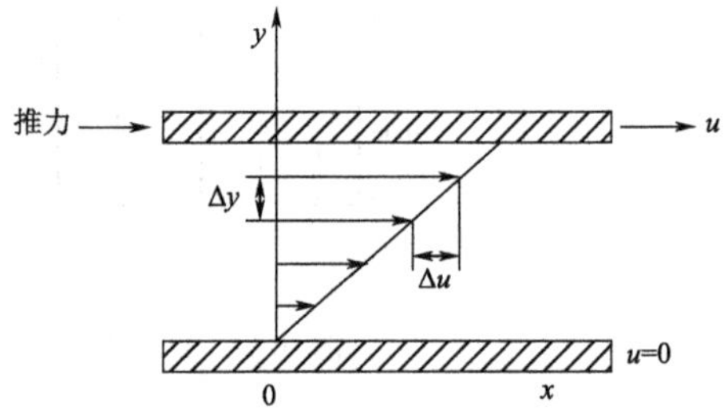

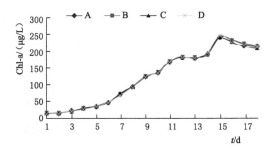

图 6.7　内摩擦力随水深的理论梯度变化

6.3.2　不同内摩擦力时 Chl - a、OD 的变化规律

（1）不同内摩擦力时脆杆藻生长过程中 Chl - a 随时间的变化规律见图 6.8 及图 6.9。从藻类的生长周期来看，试验过程中藻类大部分时间处于稳定生长阶段，在试验第 13 天变换流速到 110cm/s 时，藻类的生长受到一定抑制，在增长 3 天之后藻类生物量出现减小，但试验结束时 Chl - a 浓度仍然大于试验 110cm/s 的初始水平。在变换流速当天藻类生物量出现一定的减小，但适应流速后的硅藻生长仍然迅速。无论从不同水深还是断面来看，硅藻的生长都是均匀分布在生态水槽内，增加内摩擦力没有对藻类生长产生直观的影响。本试验过程同样没有产生野外观测到的水体 Chl - a 分层现象，这主要是因为流速产生的扰动使水体完全混合，藻类均匀分布在水体内。从试验观测记录得知，试验第 5 天后水体出现明显褐色，水体开始浑浊，此时 Chl - a 浓度为 35.044μg/L。由于试验水体完全模拟野外硅藻混合藻种水华，因此这一浓度可以作为硅藻水华暴发的临界值。此值大于富营养水平的国际标准（10μg/L）。

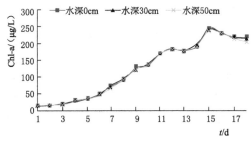

图 6.8　不同水深处 Chl - a - t 变化规律

图 6.9　不同断面处 Chl - a - t 变化规律

（2）变流速下梅尼小环藻生长过程的 OD 随时间变化如图 6.10 及图 6.11 所示。不同流速下 OD 的变化规律十分明显，总体呈上升趋势，与 Chl - a 浓度的变化成线性相关，将 OD 和 Chl - a 浓度进行线性回归，得到关系式 Chl - a = 5146.5OD - 22.604，

相关系数达到了 94.15%。这说明 OD 与 Chl-a 有很好的相关性。同样，无论从不同水深还是不同断面来看，OD 的变化都很细微，在 5% 误差范围内认为水体为均一溶液。

同时在试验第 12 天后，藻类的 OD 增长缓慢，甚至有所下降。这是由于营养盐消耗率比较大，水槽内的营养盐投加量低于初始浓度水平，所以藻类生长受到一定程度的抑制，同时 OD 也在高水平上维持。

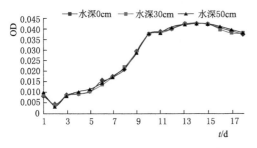

图 6.10　不同水深处 OD-t 变化规律

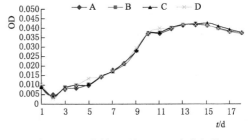

图 6.11　不同断面处 OD-t 变化规律

6.3.3　流速梯度与藻类生长关系分析

（1）计算 3 个流速水平及其平均水平下的藻类的比增长率 μ、相对生长常数 K、平均倍增时间 G，结果见表 6.2。从表 6.2 的数据来看，在 3 个流速水平阶段，相对生常数 K 和比增长率 μ 都随流速增大而一直下降，3 个流速阶段下的 K 与 μ 相关性显著。流速增大时平均内摩擦力也在增加。水层之间的内摩擦力影响了藻类的生长。虽然试验阶段水体 Chl-a 不断增大，之后在达到环境容量后逐渐消减，但是增加糙率来增加水层之间的内摩擦力的确使相对生常数 K 和比增长率 μ 直线下降。

由于各阶段藻类初始生物量不同，藻类自身所处的生长阶段也不同，所以仅从比增长率和相对生长常数还不足以说明内摩擦力对藻类生长有直接影响。Chl-a 浓度是水华暴发最直接的评价参数，所以不同内摩擦力与 Chl-a 浓度的变化率之间的关系相当重要。由表 6.2 的数据分析，内摩擦力增大后 Chl-a 浓度变化率也在减小。由此认为内摩擦力对水华生消有一定影响。分析可能是较大的内摩擦力破坏了藻类细胞，使部分藻类死亡，从而抑制水华藻类的暴发性生长。

表 6.2　　比增长率 μ、相对生长常数 K、平均倍增时间 G 计算结果

流速/(cm/s)	比增长率 /d^{-1}	相对生长常数	平均倍增时间 /d	Chl-a 变化率 /[μg/(L·d)]	平均内摩擦力 /N
30 段	0.252	0.266	1.132	6.737	0.048
70 段	0.187	0.168	1.796	22.060	0.092
110 段	0.149	0.035	8.588	20.749	0.158
全过程	0.207	0.128	2.345	16.304	0.099

（2）本试验为营养盐非消耗型试验，营养盐的日消耗呈现逐日增大趋势，后期营养盐的投加不及时也在一定程度上影响了藻类的生长，特别是比增长率的变化。试验水增加了

底部糙率，流速梯度与水力学上的理想状态接近。流速在垂直剖面上变化较大，水层间内摩擦力较大，直接对藻类生长产生影响。

6.4 水流扰动对水华藻类生长的影响

6.4.1 实验装置与运行条件

模型装置为容量 1L 的大烧杯，用数字显示 JJ-4 六联电动搅拌器调节转速达到试验设置水平，齿轮搅拌器在大烧杯内使水体扰动旋转。

模型运行条件：模型放置于相对封闭的室内，室温 16～18℃，相比湿度 60%～70%。光源为日光灯管，光照强度 2500～2700lx，一天的光照时间为 24h。水温为自然温度，不调节。每个扰动条件下设 6 个平行样，试验设定扰动转速 10r/min、100r/min、400r/min，每天采样时适当调节转速，保证试验过程中设定的转速变化不大。

6.4.2 不同扰动下 Chl-a、OD 的变化规律

不同扰动下梅尼小环藻的 Chl-a、OD 随时间变化见图 6.12 及图 6.13。

（1）试验设计仅设置 3 个扰动水平，水体初始藻类生物量虽然有所不同，但从图 6.13 来看，扰动转速 10r/min、100r/min 两组设置藻类消减规律相同，在营养盐消耗情况下藻类死亡缓慢，说明适宜的扰动对藻类生长没有直接影响，而且适当的扰动使水体充分混合，有利于营养盐的吸收利用。扰动 400r/min 的设置组，水体搅拌形成巨大旋涡，藻类外溢量也比较多，但是可以明显看到藻液在试验后期发黄，说明硅藻在大的扰动下出现大面积死亡，仅 9 天时间 Chl-a 浓度就从 700μg/L 降到了 100μg/L 以下，说明高速扰动对藻类的生长起到了明显的抑制作用。

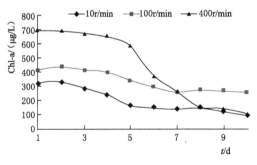
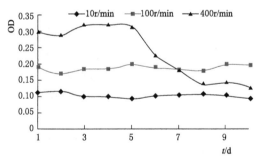

图 6.12 不同扰动下 Chl-a-t 变化规律　　图 6.13 不同流速下 OD-t 变化规律

（2）不同扰动下 OD 的变化规律与 Chl-a 的变化规律一致，表现出与 Chl-a 很好的相关性，Chl-a = 4709.9OD − 506.35，相关系数达到 93.81%。扰动转速 10r/min、100r/min 两组设置藻类 OD 的变化规律相同，试验过程中藻类 OD 变化不大。高速扰动的试验组 OD 前 5 天变化不大，之后由于藻类死亡，水体 Chl-a 下降而明显减小。

6.4.3 扰动强度与藻类生长关系分析

（1）通过对本试验的分析发现，扰动对藻类的生长有直接影响，轻微的扰动有助于藻类的生长，较大强度的扰动则制约藻类的生长。因而，轻微扰动有利于水华的形成，强度

较大的扰动则抑制藻类的聚集，这能解释大型浅水湖泊在持续较小的风力条件下能产生大面积水华。有研究认为，适宜的扰动条件既能使铜绿微囊藻有较高的生长速率，又能防止其沉降，从而使水体中铜绿微囊藻的数量保持高浓度；一定强度的风浪搅动可以有效抑制藻类的增长和聚集，有效削弱水华的功效。

（2）高速扰动杀藻的机制是破坏藻细胞，直接杀死藻类。此方法抑制水华藻类暴发效果明显，除藻效率较高。国内学者在研究扰动对藻类竞争的影响试验时得到：纯微囊藻和纯栅藻在 60r/min 和 90r/min 时无论最大生物量还是藻的比增长率均较大，但随着扰动强度的逐步加大，两种藻的比增长率均呈下降趋势，主要因为轻微扰动破坏了细胞周围的浓度场，有助于细胞对水分和营养物质的吸收，从而促进藻类的生长；而强烈扰动则使细胞因受到机械损伤而被破坏，因而加快了藻类的衰亡。这与本研究结论相同。现在抑制水华暴发的机械搅拌法与高速扰动杀藻机制相同，但杀藻范围比较狭窄，在围隔直径 3m 的范围内效果明显，仅能作为试验研究，不适用于大型湖泊水库水华的防治。

6.5 水体滞留时间对藻类水华生长的影响

6.5.1 实验装置与运行条件

水体滞留时间对藻类水华生长影响实验装置示意图如图 6.14 所示。本实验均在室内完成，室内温度通过空调调节并保持稳定，并用窗帘遮挡外界光源的干扰，以便进行室内光照的调控。

本实验采用点滴方式控制水体滞留时间大小，塑料长管为藻类生长区，点滴瓶为营养液持续补给区，塑料长管的体积为 1.5L，并在体积为 1.2L 处开溢流口，控制塑料管中液面稳定不变。

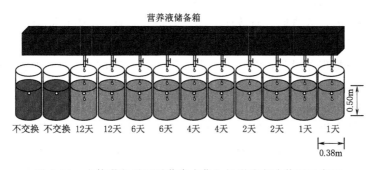

图 6.14　水体滞留时间对藻类水华生长影响实验装置示意图

本实验共设置 6 组，设置的水体滞留时间分别为无穷大（∞）、12 天、6 天、4 天、2 天、1 天。初始 Chl-a 浓度为 30μg/L，光暗比为 12h∶12h。

本实验共设置 6 组，设置的水体滞留时间分别为 ∞、12 天、6 天、4 天、2 天、1 天。初始 Chl-a 浓度为 3600μg/L，光暗比为 12h∶12h。不同水体滞留时间下藻类生长实验设置参数见表 6.3，藻类稀释实验参数见表 6.4。

表 6.3　　　　　　　　　不同水体滞留时间下藻类生长实验设置参数表

组号	滞留时间	初始 Chl-a 浓度	光照	营养盐
1 号	∞			
2 号	12 天			
3 号	6 天	30μg/L	光暗比 12h : 12h	BG-11 培养液
4 号	4 天			
5 号	2 天			
6 号	1 天			

表 6.4　　　　　　　　　不同水体滞留时间下藻类稀释实验参数表

组号	滞留时间	初始 Chl-a 浓度	光照	营养盐
1 号	∞			
2 号	12 天			
3 号	6 天	3600μg/L	光暗比 12h : 12h	BG-11 培养液
4 号	4 天			
5 号	2 天			
6 号	1 天			

6.5.2　不同水体滞留时间藻类生长情况

（1）不同水体滞留时间下 Chl-a 浓度的变化。不同水体滞留时间下藻类生长过程中 Chl-a 浓度随时间变化如图 6.15 所示。从图 6.15 可见，表征藻类生长的重要评价指标 Chl-a 浓度值变化最大的为水体滞留时间为无穷大和 12 天的实验组，且藻类生长后期颜色最深呈墨绿色；水体滞留时间为 6 天和 4 天的实验组 Chl-a 浓度略有变化，藻类颜色表现为翠绿色；水体滞留时间为 2 天和 1 天的实验组其浓度基本没有变化。小球藻液的颜色变化表现为浓度越小，颜色越浅，依次为浅绿微黄—浅绿—翠绿—深绿—墨绿色[13]。藻类生长分为四期即：迟滞期、对数期、稳定期和衰退期。从生长周期上来看，各实验组都在实验第 6 天开始进入对数生长期，水体滞留时间为无穷大的实验组在第 12 天时对数期结束，藻类颜色呈现深绿色，然后进入稳定期。水体滞留时间为 6 天、4 天的实验组基本上都在第 11 天达到生长稳定期，后逐步进入衰亡期。藻类生长的最大值以水体滞留时间为无穷大最高为 589μg/L，远超过其他水平，水体滞留时间为 12 天、6 天的实验组 Chl-a 浓度生长最大值居中，且这三组 Chl-a 浓度生长中后期均保持在较高水平，并高于水华暴发阈值。但水体滞留时间为 4 天的实验组在生长过程中，Chl-a 浓度除部分时段，其余浓度值均小于 30μg/L。而水体滞留时间为 1 天和 2 天的实验组 Chl-a 浓度最大值仅为 8μg/L。说明水体滞留时间小于 4 天时，在一定程度上可以抑制藻类生长，使藻类 Chl-a 浓度保持在较低水平[14]。

（2）不同水体滞留时间下藻类 OD 的变化。不同水体滞留时间下藻类生长过程中 OD 随时间变化如图 6.16 所示。OD 是表征水体透光性的重要指标，当藻类植物生物量过高时，因藻类的遮挡作用，水体透光度明显下降，可从侧面反映藻类的生物量的多少。OD 变化的规律与 Chl-a 基本相同，这里不再赘述。

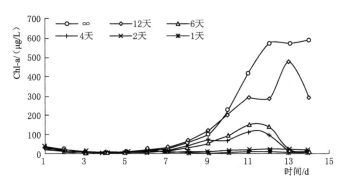

图 6.15 不同水体滞留时间下 Chl-a 浓度随时间变化

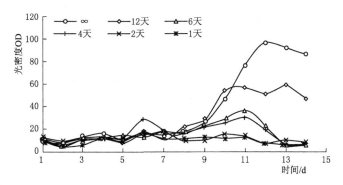

图 6.16 不同水体滞留时间下藻类 OD 随时间变化

对 6 个水体滞留时间水平下 Chl-a 浓度与 OD 进行单因素方差分析，其结果见表 6.5。从方差分析的结果来看，F（Chl-a 浓度）$=5.501$、F（OD）$=5.447$ 均大于临界值 $F_{0.05}=2.342$，说明在不同水体滞留时间下，藻类生长有显著差异。

表 6.5 不同水体滞留时间的单因素方差分析（Chl-a 浓度，$\alpha=0.05$）

	平方和	自由度	均方	F	显著性
组间	328060960.167	5	65612192.033	132.081	.000
组内	47688578.487	96	496756.026		
总数	375749538.654	101			

表 6.6 不同水体滞留时间的单因素方差分析（OD，$\alpha=0.05$）

	平方和	自由度	均方	F	显著性
组间	39217080.971	5	7843416.194	83.743	.000
组内	8991380.284	96	93660.211		
总数	48208461.255	101			

6.5.3　不同滞留时间稀释下藻类生长情况

（1）不同水体滞留时间下藻类 Chl-a 浓度变化情况。不同水体滞留时间下藻类生长过程中 Chl-a 浓度随时间变化如图 6.17 所示。由图 6.17 可见，水体滞留时间为无穷大、12 天的实验组，Chl-a 浓度呈上升趋势，并在第 7 天后进入稳定期，说明在此水体滞留时间不能降低水体中 Chl-a 的浓度；水体滞留时间为 6 天的实验组，藻类生长前期，藻类 Chl-a 浓度保持不变，后期 Chl-a 浓度有所上升；水体滞留时间为 4 天的实验组 Chl-a 浓度略有变化，前期呈小幅波动状态，后期 Chl-a 浓度有所降低，滞留时间对其生长影响不大；水体滞留时间为 2 天和 1 天的实验组，Chl-a 浓度明显下降，此段水体滞留时间下，水体滞留时间越短，其对降低水体藻浓度作用越明显。

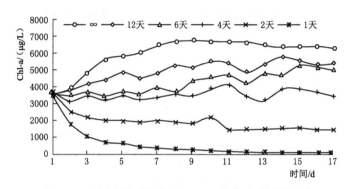

图 6.17　不同水体滞留时间下 Chl-a 浓度随时间变化

（2）不同水体滞留时间下藻类 OD 变化情况。不同水体滞留时间下藻类生长过程中 OD 随时间变化如图 6.18 所示。由图 6.17 与图 6.18 中曲线的变化趋势可知，OD 反映的规律与 Chl-a 基本相同，其变化这里不再赘述。

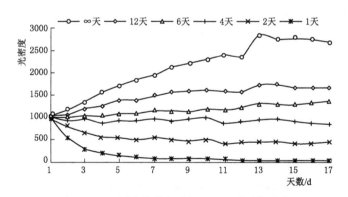

图 6.18　不同水体滞留时间下 OD 随时间变化

对 6 个水体滞留时间水平下 Chl-a 浓度与 OD 进行单因素方差分析，其分析结果见表 6.7 和表 6.8。从方差分析的结果来看，F（Chl-a 浓度）＝132.081、F（OD）＝83.743 均大于临界值 $F_{0.05}$＝2.342，说明在不同水体滞留时间下，藻类生长存在显著差异。

表 6.7　　　　　　　不同水体滞留时间的单因素方差分析（Chl-a 浓度，$\alpha = 0.05$）

	平方和	自由度	均方	F	显著性
组间	328060960.167	5	65612192.033	132.081	.000
组内	47688578.487	96	496756.026		
总数	375749538.654	101			

表 6.8　　　　　　　不同水体滞留时间的单因素方差分析（OD，$\alpha = 0.05$）

	平方和	自由度	均方	F	显著性
组间	39217080.971	5	7843416.194	83.743	.000
组内	8991380.284	96	93660.211		
总数	48208461.255	101			

6.5.4　水体滞留时间与藻类生长的关系

藻类的生物量在其生长过程中一直处于动态变化状态，其在某一时刻的生物量是藻类在一定时间间隔内增加的生物量和减少的生物量（包括藻类的沉降和死亡等）的代数和用藻类数量的净增长率 r 来表示。

$$r = \frac{\ln N_1 - \ln N_0}{t_1 - t_0} \tag{6.3}$$

式中：r 为藻类数量单位时间内的净增长率，d^{-1}；N_1 为单位时间末的藻类数量，cells/L；N_0 为单位时间初的藻类数量，cells/L；t_1 为单位时间末的时间，d；t_0 为单位时间初的时间，d。

计算 6 个水体滞留时间下藻类比增长率，其值见表 6.9。

表 6.9　　　　　　　　　水体滞留时间与藻类比增长率关系

项目	水体滞留时间与藻类比增长率关系					
水体滞留时间	∞	12 天	6 天	4 天	2 天	1 天
藻类比增长率	0.615	0.601	0.545	0.511	0.282	0.085

从表 6.7 中可以看出藻类的最大比增长率为 0.615，最小值为 0.085。且从图 6.19 中可知随着水体滞留时间的减小，藻类的比增长率逐渐减小，在水体滞留时间大于 4 天时藻类比增长率均大于 0.5，藻类生长较好。水体滞留时间小于 2 天时，藻类比增长率小于 0.1，藻类生长缓慢，生长受到抑制。

6.5.5　水体滞留时间对藻类的冲淡机制

6 个水体滞留时间下藻类比增长率的值见表 6.10。

表 6.10　　　　　　　　　水体滞留时间与藻类比增长率关系

水体滞留时间	∞	12 天	6 天	4 天	2 天	1 天
藻类比增长率	0.0770	0.0478	0.0306	0.0097	−0.0831	−0.3457

从表 6.8 中可以看出，藻类的最大比增长率为 0.0770，最小值为 -0.3457。从图 6.20 中可知，随着水体滞留时间的减小，藻类的比增长率逐渐减小，在水体滞留时间大于 4 天时，比增长率为 0~0.1，生长较为迟缓，水体滞留时间小于或等于 2 天时藻类比增率小于 0，生长受到抑制。

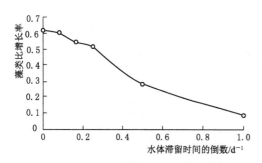

图 6.19　水体滞留时间的倒数与藻类比
增长率关系

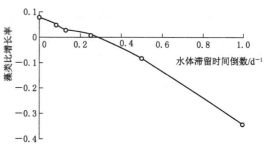

图 6.20　水体滞留时间的倒数与藻类比
增长率关系

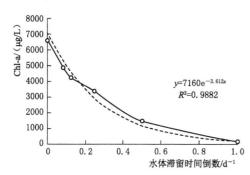

图 6.21　Chl-a 浓度稳定值与水体滞留时间
倒数的关系曲线

　　图 6.21 为水体滞留时间与藻类生长稳定时 Chl-a 浓度的关系。由图 6.21 可知，藻类初始浓度较高（初始浓度为 3600μg/L）时，其规律与藻类初始浓度较低（初始浓度为 30μg/L）时结论较为一致，但藻类生长达到稳定期时的 Chl-a 浓度明显高于低初始浓度实验组，这可能与起始浓度的大小相关。藻类生长达到稳定状态时，Chl-a 浓度最高时约为 6700μg/L，最低约为 170μg/L。由其模拟曲线 $y = 7160e^{-3.612x}$，$R^2 = 0.9882$，可知水体滞留时间倒数趋于 0，即水体滞留时间最大时，Chl-a 浓度稳定值最大，相反水体滞留时间倒数趋于 1，即水体滞留时间接近 1，Chl-a 浓度稳定值越小。

　　图 6.22 为藻类生长稳定值 Z_d 与藻类生长最大值 Z_{max} 的比值与水体滞留时间倒数之间的关系图。由图可知，Chl-a 浓度降低 50%，水体滞留时间阈值为 4 天；Chl-a 浓度降低 70%，水体滞留时间阈值为 2.5 天；Chl-a 浓度降低 90%，水体滞留时间阈值为 1.25 天。

　　由表 6.11 所知，初始浓度为 30μg/L 和 3600μg/L 的实验组，在相同的水体滞留时间下，藻类生长稳定时，Chl-a 的浓度值存在较大差异。初始浓度为 30μg/L 时，藻类生长最大稳定值为 565.94μg/L，最小稳定值为 6.14μg/L，其水体滞留时间分别为无穷大和 1 天，最大值与最小值与初始浓度为 3600μg/L 对应的水体滞留时间相同，且分别为 6618.25μg/L 和 4852.37μg/L。但其生长到稳定值时，其与初始浓度的比值存在较大差异。水体滞留时间为无穷大时，两组实验 Chl-a 浓度稳定值与 Chl-a 浓度的初始值的比值分别为 18.9 和 1.84，初始浓度越大，其倍数越小，说明水体滞留时间对降低初始 Chl-a 浓度越大的水体影响越显著。

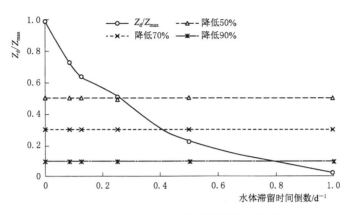

图 6.22 Z_d/Z_{max} 与水体滞留时间倒数的关系曲线

表 6.11	两组实验结果 Chl - a 稳定浓度对比					
水体滞留时间		∞	12 天	6 天	4 天	2 天	1 天
初始浓度 30μg/L	稳定浓度/(μg/L)	565.94	288.38	198.22	114.30	19.7	6.14
	稳定值/初始值	18.9	9.6	6.61	3.81	0.66	0.20
	比增长率	0.615	0.601	0.545	0.511	0.282	0.085
初始浓度 3600μg/L	稳定浓度/(μg/L)	6618.35	4852.37	4234.88	3375.02	1467.17	169.376
	稳定值/初始值	1.84	1.35	1.17	0.94	0.41	0.0001
	比增长率	0.0770	0.0478	0.0306	0.0097	−0.0831	−0.3475

对比两组实验的藻类比增长率，初始浓度为 30μg/L 的实验组，藻类比增长率较大，最大值为 0.615，最小值为 0.20；而初始浓度较高的实验组（3600μg/L），藻类比增长率最大仅为 0.077，水体滞留时间小于 4 天，藻类出现负增长现象，藻类生长受水体滞留时间的影响更为显著。

6.6 本 章 小 结

本章分析了流速大小、流速垂向梯度、水体扰动强度和水体滞留时间等水动力参数对水华藻类生长的影响，主要结论包括以下几个方面。

（1）在 30～110cm/s 的流速实验表明，不同流速下水体中的最大生物量均达到了水华暴发的临界值，但流速的增大对藻类的生长及水华暴发的影响表现为藻类生长滞后。流速梯度试验也表明藻类生物量达到一定浓度后，增大流速对藻类生长没有直接影响，藻类生物量的变化率反而增加。因此，流速作为水动力学参数来表征水华生消的影响因子不合适。

（2）增加糙率来增加水层之间的内摩擦力使藻类相对生常数 K 和比增长率 μ 直线下降，可能是较大的内摩擦力破坏了藻类细胞，使部分藻类死亡，从而抑制水华藻类的暴发性生长。

（3）轻微的扰动有助于藻类的生长，较大强度的扰动则制约藻类的生长。因而，轻微扰动有利于水华的形成，强度较大的扰动则抑制藻类的聚集，这就解释了大型浅水湖泊在持续较小的风力条件下能产生大面积水华。

（4）水体滞留时间实验表明藻类生长过程中 Chl－a 浓度稳定时的值与水体滞留时间的倒数成指数函数关系。水体滞留时间在一定程度上可以抑制藻类生长，且抑制藻类生长的水体滞留时间的阈值为 4.5 天。水体滞留时间某种程度上可降低水华暴发时的 Chl－a 浓度的峰值。当 Chl－a 浓度降低 50%，水体滞留时间阈值 4 天；Chl－a 浓度降低 70%，水体滞留时间阈值为 2.5 天；Chl－a 浓度降低 90%，水体滞留时间阈值为 1.25 天。

参 考 文 献

［1］　中国环境监测总站．长江三峡工程生态与环境监测公报［EB/OL］．http：//www.cnemc.cn/zzjj/jgsz/sts/gzdt_sts/．北京：中华人民共和国环境保护部，2004—2011.

［2］　娄保锋，印士勇，穆宏强，等．三峡水库蓄水前后干流总磷浓度比较［J］．湖泊科学，2011，23（6）：863－867.

［3］　梁陪瑜，王烜，马芳冰．水动力条件对水体富营养化的影响［J］．湖泊科学，2013，25（4）：455－462.

［4］　刘德富，杨正健，纪道斌，等．三峡水库支流水华机理及其调控技术研究进展［J］．水利学报，2016，47（3）：442－453.

［5］　蔡庆华，胡征宇．三峡水库富营养化问题与对策研究［J］．水生生物学报，2006，30（1）：7－11.

［6］　李锦秀，廖文根．三峡库区富营养化主要诱发因子分析［J］．科技导报，2003（9）：49－52.

［7］　李锦秀，杜斌，孙以三．水动力条件对富营养化影响规律探讨［J］．水利水电技术，200536（5）：15－18.

［8］　黄钰铃，刘德富，陈明曦．不同流速下水华生消的模拟［J］．应用生态学报，2008，19（10）：2293－2298.

［9］　王玲玲，戴会超，蔡庆华．香溪河生态调度方案的数值模拟［J］．华中科技大学学报：自然科学版，2009，37（4）：111－114.

［10］　金相灿，李兆春，郑朔方，等．铜绿微囊藻生长特性研究［J］．环境科学研究，2004，17（增1）：52－54，61.

［11］　廖平安，胡秀琳．流速对藻类生长影响的试验研究［J］．北京水利，2005（2）：12－14.

［12］　武嘉文，赵荣伟．小球藻培养技术要点［J］．科学养鱼，2017（8）：26－28.

［13］　汪婷婷．基于水体滞留时间的三峡水库支流水华应急调控方案研究［D］．宜昌：三峡大学，2018.

第 7 章　基于临界层理论的三峡水库支流水华生消机理

7.1　概　　述

用于解释水华生消的经典临界层理论（critical depth theory），是 Sverdrup[1] 于 1953 年在 Gran 和 Braarud 提出的水体混合影响浮游植物生物量的观点的基础上建立起来的。该理论揭示了浮游植物初级生产力与水体垂向层化稳定度的关系：当混合层深度浅于临界深度时，有助于浮游植物迅速生长，反之则浮游植物生长受到抑制。该理论综合考虑了营养因子、环境因子及水动力条件等因素对浮游植物生长的影响，能较好地解释水华暴发的机理，成为生态学科 20 世纪最重大的理论发现之一，在很多研究区域得到了广泛的应用。三峡水库支流分层异重流的存在，一方面使支流水体强迫分层，而且呈现靠近河口的深水分层较弱、远离河口的浅水分层反而较强的特殊分层状态，水体混合层沿河口向上游逐渐变小；另一方面，倒灌异重流持续携带干流营养盐对支流水体进行补给，丰富了支流水体中藻类可利用营养盐；同时，缓慢水流使得泥沙迅速沉降导致水体透明度增大，真光层变深。这种条件下能否用临界层理论对三峡水库支流水华生消机理进行解释，对升华三峡水库支流水华理论研究具有重要意义。

本章将系统分析三峡水库香溪河库湾浮游植物及水华变化规律；拓展临界层理论分析不同水体层化结构与藻类水华的关系，并通过构建控制实验来验证临界层理论在三峡水库水华研究中的适用性，并以临界层理论为根据解释香溪河库湾水华典型生消过程和浮游植物群落结构演替规律；最后构建了三峡水库支流水华生消机理概念模型并解释了三峡水库支流水华生消过程及空间分布规律，凝练了香溪河库湾水华生消模式，讨论了浮游植物群落结构演替的主要过程。

7.2　临界层理论及水华生消判定模式

7.2.1　临界层理论及模型

7.2.1.1　临界层理论基本原理

1935 年 Gran 和 Braarud 提出了"临界层假设（critical depth hypothesis）"，Sverdrup 在 1953 年完善了这一假设，提出了"临界层理论（critical depth theory）"。临界层理论的前提假设条件主要有以下几个方面。

（1）水体中营养盐始终是充足的，水温是适宜浮游植物生长的，水体初级生产力与光照呈线性关系。

（2）光照沿水下分布呈经典的指数分布。

（3）忽略浮游植物的光合呼吸作用，浮游植物代谢呼吸作用与浮游植物生物量无关，其沿水深方向为常量。

（4）导致浮游植物生物量降低的主要有呼吸作用、浮游动物捕食、细菌（病毒）感染、细胞程序死亡等，被称为广义呼吸作用，且广义呼吸作用沿水深方向也为定值。

（5）浮游植物密度与水体密度基本一致，混合层内浮游植物生物量分布均匀。

在这种假设成立的条件下，临界层理论基本原理可如图 7.1 进行描述：浮游植物初级生产力沿水深方向分布满足指数衰减函数 $P(h)$，而广义呼吸作用（呼吸率）沿水深的分布曲线 $R(h)$ 为一定值 R。那么，存在一个水深 Z_c，使 $P(h)=R$；当水深小于 Z_c 时，净生产力大于 0；当水深大于 Z_c 时，净生产力小于 0。此水深被称为光补偿深度（Z_c）。在光补偿深度以下，一定存在某一水深 Z_{cr}，使得此水深以上水体的累计净生产力为 0，即为使得图 7.5（a）中图形 bcd 的面积与图形 dfe 的面积相等的水深，称为临界层水深 Z_{cr}。那么，理论上来说，有：

1）当 $Z_{mix} > Z_{cr}$ 时，水柱中浮游植物因缺乏充足的光照而使累计生产力小于 0，水体中藻类生物量将降低。

2）当 $Z_{mix} > Z_{cr}$ 时，水柱中浮游植物累计生产力大于 0，水体中藻类生物量将升高。

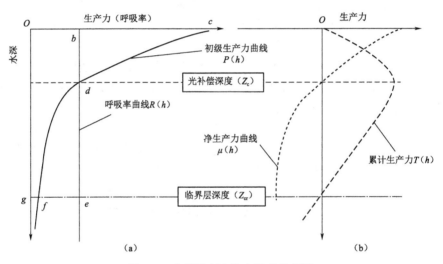

图 7.1　临界层理论基本原理示意图

7.2.1.2　经典临界层理论模型

水下光强（水下光合有效辐射）分布规律满足指数衰减规律，则水下光照分布规律可表示为

$$I(Z) = I_0 e^{-kZ} \tag{7.1}$$

式中：Z 为水深；$I(Z)$ 为水深 Z 处的水下光强；I_0 为表层水体光强；k 为水下光衰减系数。

根据临界层假设（1），浮游植物水下初级生产力垂向分布曲线可以表示为

$$P(Z) = mI_z = mI_0 e^{-kZ} \tag{7.2}$$

式中：m 为初级生产力与光照的相关系数。

根据临界层假设（4），水下广义呼吸作用分布曲线可以表示为

$$R(Z) = n \qquad (7.3)$$

式中：n 为一常量。

根据光补偿深度的定义，则在光补偿深度 Z_c 有

$$P(Z_c) = n，即 P(Z_c) = m I_c = n$$

所以有

$$I_c = n/m \qquad (7.4)$$

那么，净生产力曲线可表示为

$$\mu(Z) = P(Z) - R(Z)$$

将式（7.2）、式（7.3）代入后可得

$$\mu(Z) = m I_0 e^{-kZ} - n \qquad (7.5)$$

对式（7.5）等式两边同时对水深 Z 和时间 t 积分，即得到水深 Z 内水体在 t 时间内的累计生产力，即

$$T(Z,t) = \iint m I_0 \, e^{-kZ} \, \mathrm{d}Z\mathrm{d}t - \iint n\mathrm{d}Z\mathrm{d}t$$

求解上式可得到

$$T(Z,t) = \frac{m}{k}(1 - e^{-kZ}) \int I_0 \mathrm{d}t - nZt \qquad (7.6)$$

引入式

$$\overline{I_0}t = \int I_0 \mathrm{d}t$$

则式（7.6）可转化为

$$T(Z,t) = \frac{m}{k}(1 - e^{-kZ}) \overline{I_0}t - nZt \qquad (7.7)$$

式中：$\overline{I_0}$ 为时间 t 内表层光照的平均值。

根据临界层理论基本原理，浮游植物生物量持续增长的条件是：$T(Z,t) > 0$，即

$$\frac{m}{k}(1 - e^{-kZ}) \overline{I_0}t - nZt > 0 \qquad (7.8)$$

将式（7.4）代入式（7.8）并化简，得到浮游植物增长的条件为

$$\frac{1 - e^{-kZ}}{Z} > \frac{I_c}{I_0}k \qquad (7.9)$$

显然式（7.9）的右边是个单调递减函数，那么必然存在一个唯一的深度 Z_{cr}，使得 Z_{cr} 满足式（7.10），即

$$\frac{1 - e^{-kZ_{cr}}}{Z_{cr}} = \frac{I_c}{I_0}k \qquad (7.10)$$

且当 $Z < Z_{cr}$ 时，$T(Z,t) > 0$；则满足式（7.10）的深度 Z_{cr} 即为临界层深度。

7.2.2 经典临界层理论模型的延伸

7.2.2.1 累计生产力变化规律

式（7.7）是水体中累计净生产力随水深变化的函数曲线，进步变化可将水体中累计净生产力转化为与呼吸率、光补偿深度相关的函数曲线，即

$$T(Z,t) = \left(\frac{1}{k} \frac{\overline{I_0}}{I_c} \frac{1 - e^{-kZ}}{Z} - 1 \right)nZt \qquad (7.11)$$

一般而言，在某一特定时间内，光补偿深度光照 I_c、表层光照均值 $\overline{I_0}$ 及呼吸率 n 都是容易获得或预测的，而水体中的光衰减系数 k 决定了水下光照分布，进而能够决定了水体中临界层 Z_{cr} 和光补偿深度 Z_c，那么临界层 Z_{cr} 和光补偿深度 Z_c 应该能表示为光衰减系数 k 的函数。

为分析不同 $\overline{I_0}/I_c$ 条件下，光衰减系数 k 与临界层 Z_{cr} 和光补偿深度 Z_c 的关系，根据三峡水库的实际情况和相关文献对光补偿深度光照 I_c、表层光照均值 $\overline{I_0}$ 及呼吸率 n 给予赋值，见表 7.1，以一天 24h 作为时间单位，浮游植物生产力和呼吸率均以单位水体单位时间内的氧（O）生成或消耗计算。

表 7.1　　　　　　　　　　临界层理论数值实验相关参数值一览表

工况	$n/$ [mg/(m²·h)]	$\overline{I_0}/lx$	I_c/lx	$\overline{I_0}/I_c$	t/h
工况 1	45.833	1000	400	2.50	24
工况 2	45.833	1500	400	3.75	24
工况 3	45.833	2000	400	5.00	24
工况 4	45.833	2500	400	6.25	24
工况 5	45.833	3500	400	7.75	24
工况 6	45.833	5000	400	12.50	24
工况 7	45.833	7000	400	17.50	24
工况 8	45.833	10000	400	25.00	24

根据表 7.1 计算所得累计净生产力 $T(Z,t)$ 在不同 $\overline{I_0}/I_c$，不同光衰减系数 k 情况下沿深度方向的分布（部分）如图 7.2 所示。显然，$T(Z,t)$ 首先随深度的增加而增加，达到最大值后又逐渐降低并在某一深度变为零点，这种沿水深方向的变化规律与临界层理论的累计生产力曲线趋势一致，如图 7.2（b）所示。从光衰减系数 k 的变化来看，如果 $\overline{I_0}/I_c$ 不变，k 越小，$T(Z,t)$ 取得最大值的水深越深，其零值对应的水深也越深，同时 $T(Z,t)$ 最大值也越大；从 $\overline{I_0}/I_c$ 的变化来看，如果 k 不变，$\overline{I_0}/I_c$ 越大，$T(Z,t)$ 取得最大值和取零值的水深都越大，$T(Z,t)$ 最大值变化也随 $\overline{I_0}/I_c$ 的增大而迅速增大。

实际上，特定时期浮游植物呼吸率是确定的，因此光补偿深度的光照强度 I_c 也是确定，因此，理论上决定 $T(Z,t)$ 的因素主要是表层光照均值 $\overline{I_0}$ 和水下光衰减系数 k，即水下光照分布规律。图 7.2（a）对应于现实的冬季，说明在冬季，即使 $\overline{I_0}$ 较小，只要保证足够小的 k，水体中浮游植物累计生产力也会达到一定的水平；相反，即使 $\overline{I_0}$ 较高的夏季，如果 k 足够大，水体中浮游植物累计生产力也能保持较低水平，对应图 7.2（c）中 k 取 $2.5\mathrm{m}^{-1}$ 的情形。

7.2.2.2　光衰减系数与临界层、光补偿深度的关系

根据临界层理论，累计净生产力 $T(Z,t)$ 为零的水深即为临界层水深 Z_{cr}，而累计净生产力 $T(Z,t)$ 最大值的水深则为光补偿深度 Z_c。得到在不同表层光照均值 $\overline{I_0}$ 下光衰减系数 k 与临界层 Z_{cr}、光补偿深度 Z_c 之间的关系如图 7.3 所示。从图 7.3 中可以看出，在三峡水库可能的 $\overline{I_0}/I_c$ 范围内，临界层 Z_{cr} 和光补偿深度 Z_c 与光衰减系数 k 之间均满足幂

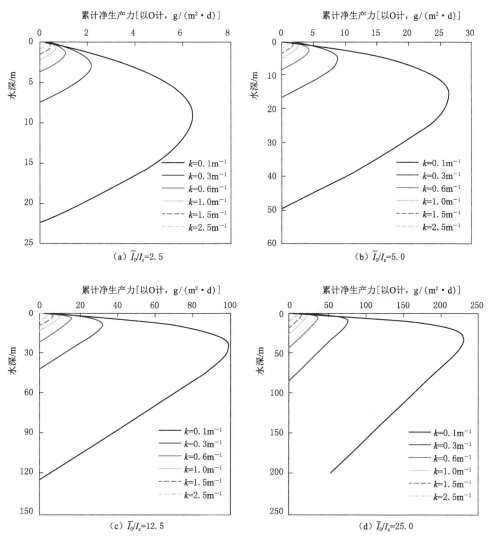

图 7.2 不同光衰减系数下累计净生产力变化规律

函数关系曲线，即

$$Z = A k^{-B} \tag{7.12}$$

而光补偿深度 Z_c 与临界层 Z_{cr} 之间满足线性相关曲线，即

$$Z_c = C Z_{cr} + D \tag{7.13}$$

不同 $\overline{I}_0 / I_c$ 下式（7.12）和式（7.13）中的参数率定值见表 7.2，相关统计结果见表 7.3。根据统计结果，在三峡水库 $\overline{I}_0 / I_c$ 的可能范围内，除参数 A 以外，B、C、D 均不存在显著差异，在实际应用的过程中，可以用平均值代替作为经验值。但考虑到实际操作方便性且不影响参数估算的精度，将不同 $\overline{I}_0 / I_c$ 值与参数 A、C 进行拟合分析，发现 $\overline{I}_0 / I_c$ 与参数 A、C 也存在显著的线性关系，结果如图 7.4 所示，即

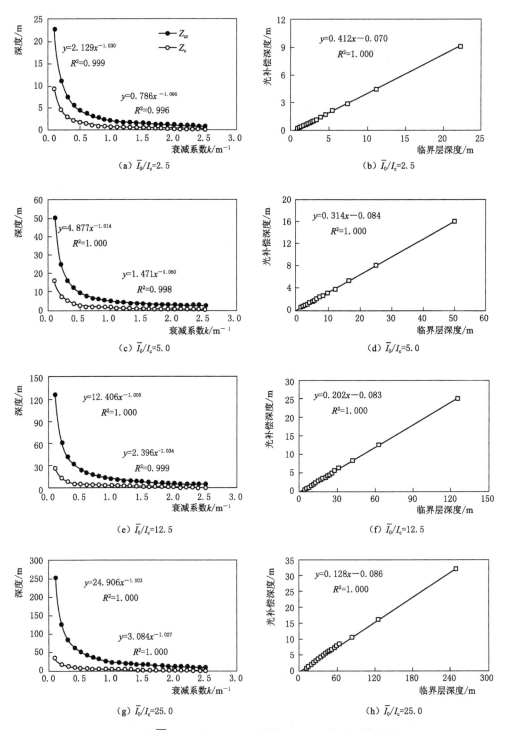

图 7.3　不同 $\overline{I}_0/I_c$ 下临界层、光补偿深度及光衰减系数的关系图

$$A = 1.007\frac{\overline{I_0}}{I_c} - 0.220 \quad （近似简化为 A = \frac{\overline{I_0}}{I_c}） \tag{7.14}$$

$$C = 0.525 - 0.126\ln\frac{\overline{I_0}}{I_c} \tag{7.15}$$

将式（7.14）、式（7.15）分别代入式（7.12）、式（7.13）并近似简化，可得到临界层 Z_{cr} 与光衰减系数 k 的近似关系为

$$Z_{cr} = \frac{1}{k}\frac{\overline{I_0}}{I_c} \tag{7.16}$$

光补偿深度 Z_c 与光衰减系数 k 的关系为

$$Z_c = CZ_{cr} = \left(0.525 - 0.126\ln\frac{\overline{I_0}}{I_c}\right)Z_{cr} \tag{7.17}$$

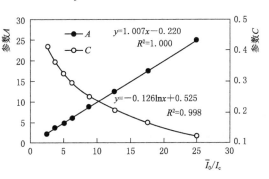

图 7.4 参数 A、C 与 $\overline{I_0}/I_c$ 的回归曲线图

表 7.2 不同 $\overline{I_0}/I_c$ 下相关参数率定结果表

$\overline{I_0}/I_c$	A_{cr}	B_{cr}	C	D
2.50	2.129	-1.030	0.412	-0.070
3.75	3.568	-1.016	0.361	-0.075
5.00	4.877	-1.014	0.324	-0.084
6.25	6.118	-1.012	0.294	-0.075
7.75	7.647	-1.007	0.248	-0.086
12.50	12.406	-1.005	0.202	-0.083
17.50	17.392	-1.003	0.164	-0.087
25.00	24.906	-1.003	0.128	-0.086

表 7.3 相关参数率定值统计分析结果

$\overline{I_0}/I_c$	A_{cr}	B_{cr}	C	D
均值	10.005	-1.011	0.267	-0.081
最小值	2.129	-1.030	0.128	-0.070
最大值	24.906	-1.004	0.412	-0.086
标准方差	7.829	0.009	0.099	0.006
T 检验	0.023	0.000	0.000	0.000

一般而言，在藻类水华暴发的春季，一天内 $\overline{I_0}/I_c$ 取值为 $4.0\sim5.0$，则此时临界层与光衰减系数的关系为

$$Z_{cr} = \frac{4.0}{k} \sim \frac{5.0}{k}$$

光补偿深度 Z_c 与临界层 Z_{cr} 之间的关系为

$$Z_c = 0.32\, Z_{cr} \sim 0.35\, Z_{cr}$$

目前经验性把水下光照为表层光照的 1% 以上的水层定义为真光层（Euphotic zone），那么真光层深度计算式为

$$Z_{eu} = \frac{1}{k}\ln\frac{100}{1} = \frac{4.6}{k} \tag{7.18}$$

显然，根据临界层理论推导的临界层深度 Z_{cr} 与经验性真光层深度 Z_{eu} 非常吻合，真光层底部边界即可等同为临界层深度。

7.2.3　基于临界层理论的水华生消判定模式

根据式（7.7），可以得到在混合层内的浮游植物累计生产力为

$$T(Z_{mix}, t) = \frac{m}{k}(1 - e^{-kZ_{mix}})\,\overline{I_0}\,t - n Z_{mix} t \tag{7.19}$$

根据临界层理论假设，混合层内浮游植物生物量分布均匀，即在混合层内浮游植物接受光照的概率基本一致，那么混合层内单位水深上的初级生产力可以表示为混合层内累计生产力在混合层内的平均值，称为平均生产力 $\overline{P}$，即

$$\overline{P} = \frac{T(Z_{mix}, t)}{Z_{mix}} = \left(\frac{1}{k}\frac{\overline{I_0}}{I_c}\frac{1 - e^{-kZ_{mix}}}{Z_{mix}} - 1\right)nt \tag{7.20}$$

根据表 7.1 设置的工况计算所得不同光衰减系数下不同混合层内水体平均生产力垂向分布如图 7.5 所示。从图 7.5 中可以看出，在 $\overline{I_0}/I_c$ 一定，光衰减系数 k 改变的情况下，表层（0m）水体平均生产力基本相近；随着混合层的增加，水体平均生产力有一个拐点，越靠近拐点，不同光衰减系数 k 导致的平均生产力差异越大，在拐点水深以下，这种差异又逐渐减小；而且光衰减系数越大，平均生产力垂向递减越慢，反之，平均生产力递减越快；这说明水体光衰减系数是决定混合层内平均生产力垂向分布规律的主要因素。在不同 $\overline{I_0}/I_c$ 条件下，相同光衰减系数水体平均生产力大小具有很大差异，例如图 7.5（a）中表层水体平均生产力为 $1.7\,\mathrm{g/(m^3 \cdot d)}$，但在图 7.5（d）中表层水体平均生产力超过 $26\,\mathrm{g/(m^3 \cdot d)}$。这说明混合层内生产力水平主要决定于表层光照强度和光衰减系数。光照强度越大，光衰减系数小，水体混合层内生产力水平越高，反之越低。

在较低的光照环境下，只要光衰减系数足够小，混合层即使较大，平均生产力水平也能够大于 0，水体仍然处于高生产力状态，仍然具有水华暴发风险，例如在图 7.5（a）中光衰减系数 $k = 0.1\,\mathrm{m^{-1}}$ 的情况，混合层要超过 25m，水体平均生产力才会小于零。这说明，即使在光照相对较弱的冬季，只要光衰减系数较低，即使混合层深度较大，水体水华风险仍然存在。相反，在光照条件非常充足的条件下，只要水体中光衰减系数足够的大，能够适合藻类生长的水层也非常的有限，此时即使混合层相对较小，水体中平均生产力也会低于 0，不会暴发藻类水华，例如图 7.5（d）中 $k = 2.5\,\mathrm{m^{-1}}$ 的情况，虽然 $\overline{I_0}/I_c$ 为 25，但只要混合层超过 5m，水体中平均生产力就能够小于 0。

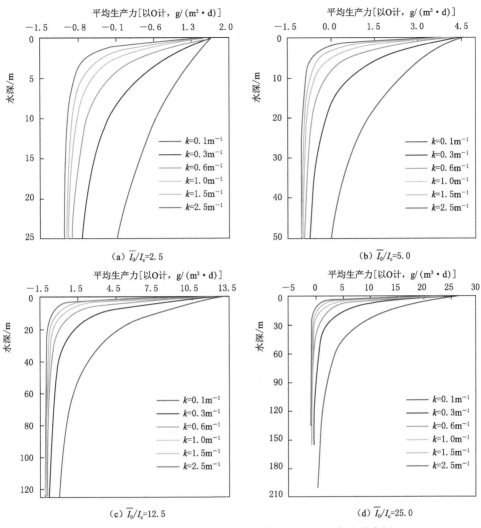

图 7.5 不同光衰减系数下不同混合深度平均生产力分布图

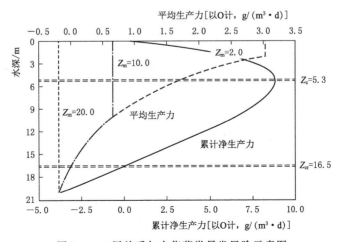

图 7.6 三层关系与水华藻类暴发风险示意图

为明确在不同条件下水华暴发风险和发展趋势，现对与香溪河库湾实际情况类似的图 7.5（b）中 $k=0.3 \text{m}^{-1}$ 的情形进行分析，以确定混合层 Z_m，临界层 Z_{cr} 及光补偿深度 Z_c 三层关系（以下简称"层化结构"）对水华生消机理的影响，如图 7.6 所示。从图 7.6 中可以看出，当 $Z_m=2.0\text{m}$ 时，混合层小于光补偿深度，即 $Z_m < Z_c$，此时混合层内平均生产力超过 $3.0\text{g}/(\text{m}^3 \cdot \text{d})$，水华暴发风险较大；当 $Z_m=10.0\text{m}$ 时，混合层处于光补偿深度与临界层深度之间，即 $Z_c < Z_m < Z_{cr}$，此时混合层内平均生产力约为 $0.6\text{g}/(\text{m}^3 \cdot \text{d})$，藻类仍然处于增殖阶段，但增殖速率较小，水华处于发展阶段；当 $Z_m=20.0\text{m}$ 时，混合层大于临界层深度，即 $Z_m > Z_{cr}$，此时混合层内平均生产力约为 $-0.2\text{g}/(\text{m}^3 \cdot \text{d})$，说明混合层内藻类开始负增长，无水华风险。

根据上述分析，可以将临界层理论进行简化，得到能够在现实中简单应用的水华生消判定关系式（图 7.7）：

（1）模式 Ⅰ：$Z_m \geqslant Z_{cr}$，藻类负增殖，水华不会暴发，或暴发风险很小。

（2）模式 Ⅱ：$Z_c < Z_m < Z_{cr}$，藻类开始增殖，水华开始发展，水华风险产生。

（3）模式 Ⅲ：$Z_m \leqslant Z_c$，藻类迅速繁殖，水华暴发，水华风险很大。

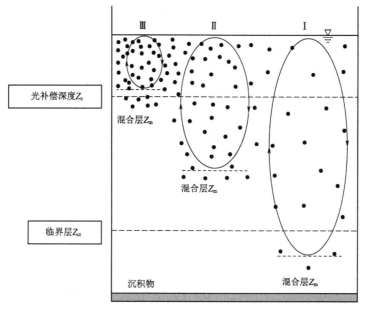

图 7.7 临界层理论简化模式及其与水华生消的关系

7.3 临界层理论在三峡水库的适用性实验

7.3.1 实验方案设计

在三峡水库香溪河库湾 XX06 监测点水域设置围隔，开展临界层理论在三峡水库的适用性的验证实验（以下简称"验证实验"），实验设置示意图如图 7.8 所示。实验时间为 2012 年 1—2 月，此时香溪河库湾水体均处于完全混合状态，水体混合层为整个水深。围隔采用透明聚乙烯薄膜制成，底部封闭，采用不同深度围隔代表不同混合层深度；监测指标包括：水温（Temp.）、电导率（Cond.）、pH 值、溶解氧（DO）、Chl-a、水下光照、营养盐等指标，监测频率为每两天 1 次。具体设计方案见表 7.4。

实验过程中混合层计算方法按与表层水温相差 0.5℃水深计算，为简化临界层计算方法，根据三峡水库香溪河库湾的实际情况，在后文中所有临界层深度 Z_{cr} 均用真光层深度 Z_{eu} 代表，取表层光合有效辐射强度 PRA 的 1% 对应水深以上区域。其计算方法按照下式计算，即

$$Z_{eu} = \frac{1}{k_d} \ln \frac{100}{1} \tag{7.21}$$

式中：k_d 为水下光衰减系数，m^{-1}。

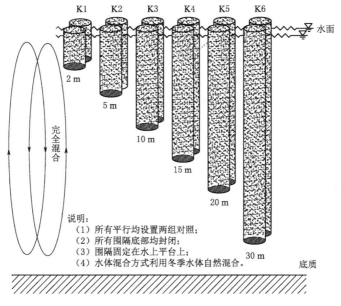

图 7.8 "验证实验"围隔设计示意图

表 7.4   "验证实验"围隔设计一览表

编号	直径/m	材料	深度/m	混合层深度（等效）/m	说明
K1 (a)	0.8	透明聚乙烯	2	2	平行 1
K1 (b)	0.8	透明聚乙烯	2	2	
K2 (a)	0.8	透明聚乙烯	5	5	平行 2
K2 (b)	0.8	透明聚乙烯	5	5	
K3 (a)	0.8	透明聚乙烯	10	10	平行 3
K3 (b)	0.8	透明聚乙烯	10	10	
K4 (a)	0.8	透明聚乙烯	15	15	平行 4
K4 (b)	0.8	透明聚乙烯	15	15	
K5 (a)	0.8	透明聚乙烯	20	20	平行 5
K5 (b)	0.8	透明聚乙烯	20	20	

续表

编号	直径/m	材料	深度/m	混合层深度（等效）/m	说明
K6（a）	0.8	透明聚乙烯	30	30	平行 6
K6（b）	0.8	透明聚乙烯	30	30	
H	河道		45	35	平行 7

7.3.2　验证实验相关指标变化规律

7.3.2.1　实验点温度及水体混合层变化

实验点水温垂向分布变化及混合层变化规律分别如图 7.9 和图 7.10 所示。从图 7.9（a）可以看出，在实验初期的 2 月 6 日，实验点的表层水温在 13.10℃ 左右，自表层向下至 30m 左右的水深范围内，水温基本没有较大变化，始终维持在 13.00℃ 以上，但在 30m 以下，水温开始逐渐降低，在底层 39m 左右降低至 11.70℃ 左右。这种垂向分布规律与第 4 章的图 4.7 基本一致，是因上游低温来流导致。因此，此时水体混合层（图中灰色水层）深度在 35m 左右。如图 7.9（b）所示，从 2 月 6 日到实验结束的 2 月 28 日，实验点表层水温呈逐渐降低的趋势，到 2 月 28 日表层水温接近 11.5℃，并呈现出微弱的逆温分层。但整个实验过程中，实验点水温垂向分布规律与 2 月 6 日基本一致，没有明显的改变。

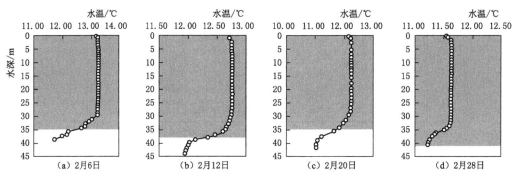

图 7.9　实验点水域水温垂向分布变化图

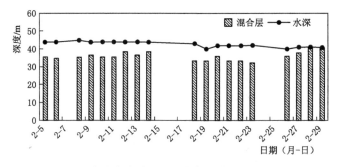

图 7.10　实验点水域水深和水体混合层深度变化图

从图7.10也可以看出，2月5—29日，三峡水库处于枯水运用期，开始为下游生态补水，虽然实验点水深从43m逐渐下降至41m，但整体均深于最长围隔的30m深度，故对所有实验围隔深度不会造成影响。从水体混合层深度来看，2月5日混合层深度为36m；在2月23日为33m，是整个实验过程中最小值；到实验结束的2月28—29日，水体混合层深度即为整个水深深度，接近41m；因此，整个实验过程中实验点混合层深度均未低于30m。而聚乙烯薄膜具有很好的导热性能，在实验过程中围隔内外温度基本一致。所以，整个实验过程中能够保证围隔温度的一致性，以及每个围隔深度范围内的水体完全混合。

7.3.2.2 实验点光照及真光层变化

因聚乙烯膜具有很好的透光性，除平行1外，整个实验过程中其他围隔的浮游植物生物量都相对较低，因此围隔内对应水下光照特性与实验点水下光照特征基本是基本一致的。所以，本实验以实验点水域不同水深的光照代表每个围隔对应水深的光照特征。实验点水下光照分布规律及真光层变化规律分别如图7.11和图7.12所示。

从图7.15可以看出，在实验初期的2月6日，表层光照在4000lx左右，自表层向下逐渐衰减，衰减过程满足指数衰减规律（图中水深与光照呈显著的对数关系，$R^2=1$），光衰减系数为0.3m^{-1}；2月6—28日，表层光照逐渐升高，但均在10000lx以下，水下光照分布规律基本一致，均呈显著的指数衰减分布；光衰减系数为0.3~0.5m^{-1}。这说明在整个实验过程中，水下光分布基本处于稳定状态。

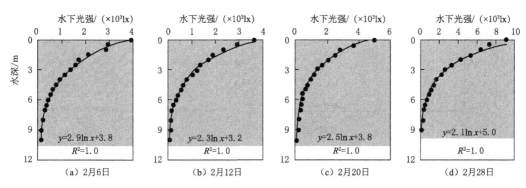

图7.11 实验点水域水下光照分布变化图

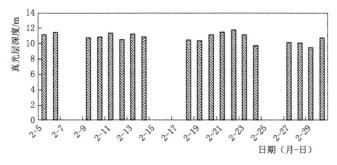

图7.12 实验点水域真光层变化规律图

从图 7.12 可以看出，真光层深度在实验初期的 2 月 5 日为 11.5m，到实验结束的 2 月 29 日为 11.6m。期间最低值出现在 2 月 28 日，为 10.3m；最大值出现在 2 月 22 日，为 12m，相差不超过 2m。整个实验过程中真光层波动不大，且均未超过最大围隔水深。这说明实验设置包含了混合层小于光补偿深度、小于真光层和大于真光层的三种层化模式，能够代表临界层理论所涉及的所有的层化结构。

7.3.2.3　不同围隔 Chl－a 浓度变化

整个实验过程中优势藻种均为硅藻中的美丽星杆藻，因此可以用 Chl－a 浓度作为指标来代表浮游植物生物量大小。验证实验不同平行围隔 Chl－a 浓度变化规律如图 7.13 所示。

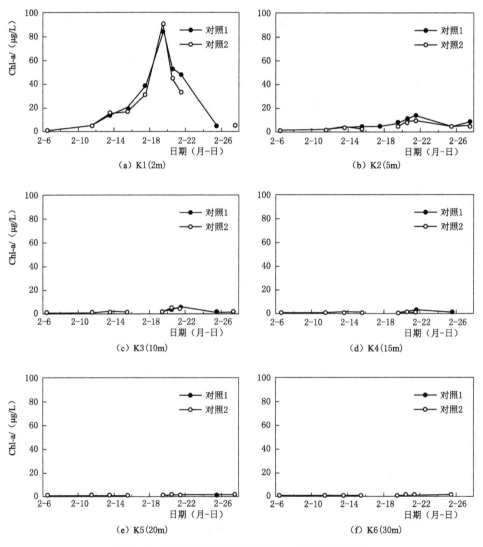

图 7.13　验证实验不同围隔 Chl－a 浓度变化规律

如图 7.13（a）所示，在平行 1 中两组对照变化规律基本一致。从对照 1 来看，Chl－a 浓度在 2 月 6 日基本在 1.0μg/L 左右，藻类生物量处于较低的水平，从 2 月 12 日开始，

Chl-a 浓度开始升高，到 2 月 19 日达到最大，接近 $90.0\mu g/L$，之后又迅速降低，到 2 月 22 日降低到 $50\mu g/L$ 左右，到实验结束的 2 月 25 日，Chl-a 浓度降至 $3.0\mu g/L$，基本与初始浓度一致，之后一致处于较低水平。对照 2 变化规律与对照 1 变化规律相同，说明此平行实验是有效的。

相对于平行 1，平行 2 的 Chl-a 浓度具有显著差异，虽然自 2 月 12 日 Chl-a 浓度开始升高，但最大值不超过 $20\mu g/L$。对于平行 3，整个实验过程中 Chl-a 浓度只有略微的上升，且最大值出现在 2 月 21 日，后期变化不大。整个实验过程中，平行 4、平行 5 和平行 6 的 Chl-a 浓度基本没有变化，均维持在实验前的 $1.0\mu g/L$ 水平。所有平行中两组对照变化规律基本一致，数据具有可靠性。

7.3.3 水体层化结构与藻类增殖的关系

为分析围隔内 Chl-a 浓度变化的影响因素，将不同因子与 Chl-a 浓度进行相关分析，分析结果见表 7.5。从表 7.5 中可以看出，Chl-a 浓度与 Z_{eu}/Z_{mix}、pH 值、Cond.、DO 呈显著的正相关，与 $D-SiO_2$、TN、TP 等营养盐呈显著的负相关，与 Temp. 不具有统计关系。在这些指标中，pH 值、DO 是水体光合作用的结果，所以与 Chl-a 浓度正相关；硅藻进行繁殖要消耗水体中的营养盐，因此在无营养盐补给情况下，$D-SiO_2$、TN、TP 等与 Chl-a 浓度呈负相关也是光合作用的结果；Cond. 与水体中的盐度有关，理论上与藻类繁殖无直接关系。因此，决定围隔中浮游植物生长的最直接的因子就只有 Z_{eu}/Z_{mix}。即由不同的 Z_{eu}/Z_{mix} 决定了不同围隔内不同的 Chl-a 浓度水平。

表 7.5 验证实验中 Chl-a 浓度与相关因子的相关关系

项目		Z_{eu}/Z_{mix}	Temp.	pH 值	Cond.	DO	$D-SiO_2$	TN	TP
Chl-a	相关系数	0.965*	0.122	0.983*	0.995*	0.914*	−0.968*	−0.877*	−0.699*
	检验系数	0.000	0.794	0.000	0.000	0.004	0.000	0.010	0.081

* 表示在检验系数 $P<0.01$ 水平时的显著性相关。

验证实验中水华发生阶段（2 月 6—19 日）不同水平的 Chl-a 浓度与真光层和混合层的比值（Z_{eu}/Z_{mix}）的相互关系如图 7.14 所示。从图 7.14 中可以看出，在实验初期的 2 月 6 日，Chl-a 浓度均处于较低水平；到 2 月 13 日，Chl-a 浓度开始有所变化；到 2 月 19 日，Chl-a 浓度在各个水平上发生了较大差异。其中 $Z_{eu}/Z_{mix}=5.6$ 的平行 Chl-a 浓度值最大；$Z_{eu}/Z_{mix}=2.2$ 的平行 2Chl-a 浓度明显比平行 1 要小；$Z_{eu}/Z_{mix}=1.1$ 的平行 Chl-a 浓度略有升高。在 $Z_{eu}/Z_{mix}<1.1$ 的平行 4、平行 5、平行 6 中 Chl-a 浓度基本没有显著变化。所有平行中，Chl-a 浓度与 Z_{eu}/Z_{mix} 之间呈现显著的指数函数关系。

若以 $400lx$ 作为光补偿深度 Z_c 的光照强度，根据图 7.11，在整个实验过程中各个围隔光补偿深度均在 $4.3\sim4.5m$ 左右，那么平行 1 混合层深度为 $2m$，表示混合层小于光补偿深度，即 $Z_{mix}<Z_c$，此时 Chl-a 浓度最高，水华风险最大；平行 2 的混合层深度为 $5m$，表示混合层处于光补偿深度与临界层深度之间，即 $Z_c<Z_{mix}<Z_{eu}$，此时 Chl-a 浓度处于中等水平，水华处于发展阶段；平行 4、平行 5、平行 6 的混合层深度分别为 $15m$、$20m$ 和 $30m$，表示混合层大于临界层深度，即 $Z_{mix}>Z_{eu}$，此时 Chl-a 浓度基本没有变化，始终处于较低水平，水华风险最小，这一规律与本章中 7.3.3 节理论分析结论完全一致。

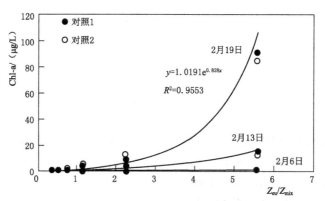

图 7.14　不同层化结构与藻类水华的相互关系

7.4　香溪河水体层化结构对藻类水华生消的影响

7.4.1　三峡水库香溪河库湾水华生消过程

2010 年和 2011 年香溪河库湾 XX06 监测点每年 2 月至 3 月初水华发生过程及 9—10 月水华消失过程如图 7.15 所示。从图 7.15（a）中可以看出，2010 年 3 月 9—11 日，香溪河库湾混合深度均在 25m 以上，而真光层深度却在 5m 左右，混合层约为真光层的 3 倍，此时 Chl-a 浓度处于 2.0μg/L 以下水平；到 3 月 12 日，混合层深度降至 10m 左右，此时 Chl-a 浓度开始增加；到 3 月 20 日，混合层深度与真光层深度均处于 5m 左右，Chl-a 浓度达到 70μg/L，超过水华暴发的阈值。此过程为 2010 年春季水华的发生过程，显然水华伴随混合层的减小（即水温分层的发育）而产生。2010 年 9 月 17 日以后，是藻类水华整体消退的过程，如图 7.15（b）所示。在 9 月 17 日，Chl-a 浓度接近 60μg/L，此时混合层深度约为 2.5m，而真光层深度约为 5.0m，显然混合层低于真光层，此时水华仍然存在；9 月 21 日开始，混合层开始超过真光层，Chl-a 浓度开始下降；到 9 月 27 日，混合层深度超过 25m，达到真光层深度的 5 倍，此时 Chl-a 浓度为 5.0μg/L，水华基本消失，之后混合层深度始终超过真光层深度的 5 倍，Chl-a 浓度也始终处于较低水平。2010 年 9 月水华显然也是伴随水体混合层增大（即水温分层的消失）而消失的。2011 年 3 月水华发生过程和 10 月水华消失过程与 2010 年的两个过程基本一致，在此不再重复分析。

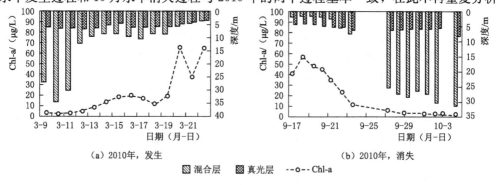

(a) 2010 年, 发生　　　　　　　(b) 2010 年, 消失

混合层　　真光层　--o-- Chl-a

图 7.15（一）　香溪河库湾水华发生及消失过程（2010—2011 年）

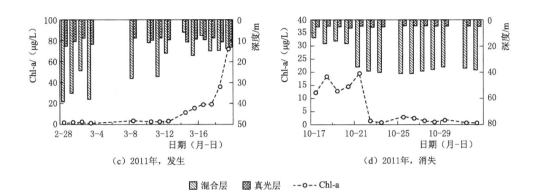

（c）2011年，发生　　　　　　　（d）2011年，消失

◹ 混合层　◪ 真光层　--○-- Chl-a

图 7.15（二）　香溪河库湾水华发生及消失过程（2010—2011 年）

7.4.2　水体层化结构与藻类生物量的关系

7.4.2.1　真光层深度与光衰减系数的关系

三峡水库香溪河库湾 XX06 采样点 2009—2011 年真光层深度与光衰减系数的相关关系如图 7.16 所示。显然，二者关系满足幂函数关系，这种关系与图 7.3 中临界层与光衰减系数的关系是一致的，且率定的参数值与图 7.3（c）中的值非常接近。理论与实测都验证了临界层理论中临界层（真光层）与光衰减系数的关系，即在香溪河库湾真光层与光衰减系数的关系式为

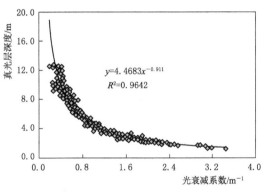

图 7.16　真光层深度与光衰减系数的
关系图（2009—2011 年）

$$Z_{eu} = \frac{4.47}{k} \qquad (7.22)$$

式（7.21）与式（7.18）也是一致的，更说明了上述结论的正确性。

7.4.2.2　层化结构与水华情势的相关关系

三峡水库香溪河库湾 XX06 采样点 2008—2009 年真光层深度（Z_{eu}）、混合层深度（Z_{mix}）的分布与对应的 Chl-a 浓度变化规律如图 7.17 所示。从图 7.17 中可以看出，在每年的 10 月至次年的 2 月，水体的混合层深度均远大于真光层深度，此时 Chl-a 浓度很小，无水华现象；每年的 3—9 月，监测点 Chl-a 浓度呈现显著的波动变化，水华周期性暴发，此时水体混合层深度相对较小，但存在一个明显的规律，所有 Chl-a 浓度较大值均出现在混合层小于真光层的时候，所有混合层大于真光层时都对应于一次 Chl-a 浓度的降低（图中紫色箭头对应部分）。这说明混合层与真光层的相互关系与藻类水华生消关系非常密切，这与临界层理论基本一致。

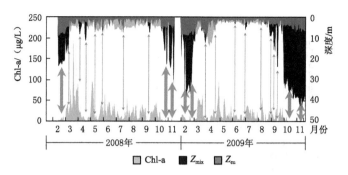

图 7.17　层化结构与 Chl－a 对应关系图（2008—2009 年）

7.5　三峡水库典型支流库湾水华生消机理分析

7.5.1　分层异重流背景下香溪河库湾水华生消机理

三峡水库水华只在蓄水后的支流库湾发生而干流并无水华，暴发时间主要集中在春夏秋三季[2]。而三峡水库蓄水前后营养盐及气候条件均未发生本质改变[3]，但蓄水后干流断面平均流速由原来的 2m/s 下降到 0.17m/s，支流流速由蓄水前的 1～3m/s 下降到 0.05m/s[4]。因此，早期研究认为三峡工程建设导致的支流流速变缓是水华暴发的主要诱因[5-6]，而水温的季节性变化则被认为是决定藻类季节差异的重要原因[7]。鉴于此，许多学者都试图构建出流速大小与藻类生长的关系曲线，以求对支流水华进行模拟预测，得到决定水华生消的"临界流速"并应用于水华防控[8-9]。然而，大量控制实验[10]发现流速大小本身不仅不能抑制藻类生长，反而还有利于藻类繁殖，即决定水华生消的"临界流速"在三峡水库允许流速范围内可能并不存在；后来三峡水库相关泄水调度实验并未有效缓解支流水华也证实了此结论[11]。因此，水流减缓导致支流水华可能只是一种表观现象，而非直接原因。

事实上，三峡水库蓄水除了直接降低水库流速外，更多的则是改变了原来的水文循环而使生境条件发生变化。可能影响藻类水华的变化之一就是营养盐来源及迁移转化过程的改变。部分学者认为，三峡水库支流营养盐主要源于支流流域内的污染物，而干流水体顶托导致的支流营养盐不易消散是水体富营养化的主要原因[12]。其中有人研究了香溪河上游来流营养盐入库过程，认为香溪河上游来流对香溪河库湾氮贡献达 68.50%，磷达 91.74%[13]。但通过质量守恒方法估算却发现长江干流逆向影响对支流营养盐补给作用更大[14]。支流库湾分层异重流的发现进一步证实了三峡水库干流营养盐是支流真光层内营养盐的主要来源[15-16]，而支流上游来流大部分营养盐随水流从底层流出库湾而不参与藻类光合作用，相关研究工作也证实了上述推论。与自然河流相比，支流库湾另一个主要生境条件的改变就是产生了显著的水温分层。研究表明，三峡水库支流库湾存在显著的水温分层并且与藻类水华有很大的关系。这种水温分层开始被认为是一般性热分层而主要受控于气温的季节变化[17]，支流经典数值模拟也得到了这种结论[18]。然而，相关研究发现香溪河库湾水温分层呈现"水越深分层越弱、水越浅分层反而越强"的有悖于经典热分层原理的现象，这种现象是受分层异重流影响造成的，其不但能影响水华藻类的生消过程，更能影响浮游植物的季节演替过程，可能还能决定真光层内营养盐的补给模式。当然，水流减缓引起的泥沙迅速沉降导致水体透光性增大也是影响水华的重要因素。

通过研究，可以将三峡水库支流水华生消机理归纳为图 7.18 所示的过程，即：三峡水库因干支流的水温差等导致支流库湾存在明显的分层异重流，包括倒灌异重流及顺坡异重流。分层异重流的存在，一方面使支流水体强迫分层，而且呈现靠近河口的深水分层较弱、远离河口的浅水分层反而较强的特殊分层状态，导致水体混合层沿库湾向上游逐渐变小；另一方面，倒灌异重流持续携带干流营养盐对支流水体进行补给，丰富了支流水体中藻类可利用营养盐；同时，缓慢水流使得泥沙迅速沉降导致水体透明度增大，真光层变深。这样，根据"临界层理论"，一旦支流水体混合层深度小于真光层深度，藻类就能大量接受光照而繁殖并逐渐形成水华；若遇特殊事件（如暴雨、温度骤降、水位突变等）使得混合层深度大于真光层，则藻类生长会因缺少光照而受到抑制和稀释，进而水华消失。对于三峡水库干流，因泥沙含量相对较高导致真光层深度一般不超过 1m；同时水体始终处于混合状态，混合层长期大于 50m，故而不会暴发藻类水华。

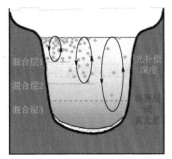

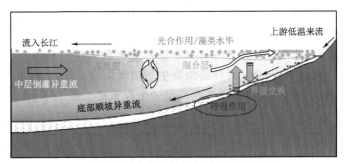

| (a) 基于临界层理论的层化结构对藻类垂向分布的影响示意图 | (b) 分层异重流背景下支流水华生消机理示意图 |

图 7.18　三峡水库支流库湾水华生消机制示意图

因此，由长江干流底层倒灌异重流和中层倒灌异重流所导致的水温分层是香溪河库湾水华暴发的主要诱因。

7.5.2　香溪河库湾浮游植物群落结构演替机制分析

7.5.2.1　浮游植物演替影响因素及经典演替模式

三峡水库地属亚热带大陆季风气候，在水库调蓄和光热条件季节协同作用下，藻类群落栖息环境频繁改变，从而迫使藻类群落结构格局改变，不同环境要素的变化迫使藻种生长受到刺激或抑制，进而造成了不同种群结构的演替[19]。

控制浮游植物群落结构和物种演替有两个重要因素：一是水体混合、光、温度、浊度和盐度等物理过程，二是营养物质浓度。通过研究发现，水温和水体层化结构是决定浮游生长和营养循环的重要环境因子。同时，根据 Huisman 等的光限制理论[20]，藻类悬浮生长及随流输移的特性使得水体紊动能够改变藻类的生长位置，使其生境要素频繁变化，进而影响其生长速率。而水温和水体紊动条件是决定水体分层状况的主要变量。因此，水动力条件下的扰动通过改变水体分层状态进而影响藻类获取光照和营养条件成为诱使藻类群落演替和水华发生的关键[20-21]。

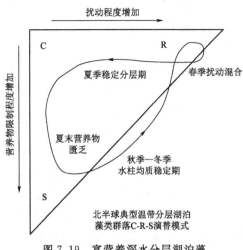

图 7.19 富营养深水分层湖泊藻
类群落经典演替模式

为系统分析浮游植物群落结构演替与生境之间的相互关系，Reynolds 在综合 Marglef、Grime 等早期研究的基础上，系统完善了藻类生长策略及其环境适应机制，形成了藻类生态学的 C－R－S 概念。从藻种生理生态特征的角度，C－R－S 概念对不同藻种生长特性及其环境适应机制进行了筛分，根据浮游植物的生存策略，Reynolds 进一步完善了不同浮游植物的不同生存环境，提出了经典的生态功能组原理，并对淡水中常见的浮游植物进行了生态功能组划分，提出了 31 组浮游植物生态功能组。之后，Reynolds 总结了水体分层与浮游植物群落结构演替的规律，提出了富营养深水分层湖泊藻类群落经典演替模式（图 7.19）[22]。

7.5.2.2 香溪河库湾浮游植物群落结构演替模式

根据 Reynolds 对浮游植物生态功能组的划分（表 1.1），结合香溪河库湾浮游植物鉴定结果得到香溪河库湾不同藻类的生存策略（表 7.6）。

表 7.6   香溪河库湾浮游植物按生存策略分类表

序号	生存策略	主 要 藻 种
1	C	绿藻：栅藻 *Scenedesmu*，十字藻 *Crucigenia*，小球藻 *Chlorella*，盘藻 *Gonium*，弓形藻 *Schroeder*，纤维藻 *Ankistrodes*，衣藻 *Chlamydomo*； 隐藻：蓝隐藻 *Chroomonas*，隐藻 *Cryptomonas*
2	S	蓝藻：鱼腥藻 *Anabaena*，团藻 *Volvox*，束丝藻 *Aphanizome*，色球藻 *Chroococcus*，平裂藻 *Merismopedi*，微囊藻 *Microcystis*； 绿藻：实球藻 *Pandorina*，空球藻 *Pandorina*； 甲藻：拟多甲藻 *Peridiniopsis*，多甲藻 *Peridinium*，角甲藻 *Ceratium*
3	R	硅藻：小环藻 *Cyclotella*，冠盘藻 *Stephanopyxis*，针杆藻 *Synedra*，美丽星杆藻 *Asterionella*，菱形藻 *Nitzschia*，鼓藻 *Cosmarium*，脆杆藻 *Fragilaria*，直链藻 *Melosira*，等片藻 *Diatoma*，舟形藻 *Navicula*，异极藻 *Gomphonem*，辐节藻 *Stauroneis*，桥弯藻 *Cymbellas*； 绿藻：卵囊藻 *Oocystis*，浮球藻 *Planktosphae*，肾形藻 *Nephrocytiu*，盘星藻 *Pediastrum*，集星藻 *Actinastrum*，空星藻 *Coelastrum*； 蓝藻：席藻 *Phormidium*； 黄藻：黄丝藻 *Xanthophyta*； 裸藻：裸藻 *Euglena*

冬季时期，三峡处于枯水季节、水库处于高水位运行，尽管水体中营养物浓度较高，但由于水温及光照强度较低，水体混合较为均匀，混合层深度较大，水体分层状态不显著，导致浮游植物生产力维持在较低水平，群落结构呈现以 S 策略为主的群落组成特点，优势种为一些耐寒种，拟多甲藻是典型的耐寒藻类，也是 S 型藻类，此时即在水体中占优，如图 7.4 所示。期间水体分层较弱，水温及光照等光热条件变化不大，该时期生境的相对稳定使得群落结构保持在相对稳定的状态，且丰度维持在相对较低的水平。

初春时期，由于短期内太阳辐射增强，水温逐渐回升，水体开始出现水温分层趋势，但仍处于混合状态，加之水库泄水造成垂向水体的扰动，从而促使深水区域藻类在扰动下被卷入上层暖温区域复苏，促进了藻类充分利用水体中营养物质进行繁殖，而浮游动物因生长缓慢还未大量出现，藻类捕食压力较小。较小的细胞个体因其能较快吸收利用营养物质迅速生长，更能适应春季水体光限制条件[23]构成了春季水华的优势种群，群落结构从前期 S 策略占优逐渐演替为以 R 策略为主的群落格局，此时硅藻中的美丽星杆藻和绿藻中的集星藻即为初春的主要优势种类。

春季时期，属水华高发时期，随着太阳辐射强度逐渐增大、水温快速回升，底层倒灌异重流发生，但水体垂向呈弱分层状态，在营养物质充足的条件下，喜好中温、中辐射强度且垂向弱分层条件的 R 策略的小环藻和具有快速吸收营养盐优势的小球藻（C 策略）逐渐占据优势。主要因表层水温逐渐升高刺激小球藻等进行光合作用，增加其生物量，而硅藻由于个体比重较大，水体的扰动作用能够增加其浮力对抗沉降作用，维持其种源在混合层范围内快速悬浮生长，暴发水华。随着水温的继续发育，营养盐相对充分，光照充足，水温适合，此时能够随着水华持续，水体中营养物质被大量消耗，同时因浮游动物的数量增加，这些易被吞食的小型种类捕食压力骤然增大，小环藻、小球藻逐渐消失。作为广泛普遍适应型藻种的隐藻在短期内占优，后快速消退。而耐受营养物质缺乏条件的 S 策略藻类甲藻具有鞭毛有主动运动能力，能够在弱分层的水体中运动，从而获取更多营养盐及最佳的光照条件进行充分生长和防止沉降，在水体中逐渐占据优势；到春末时期，中层倒灌异重流发生，水温分层的出现，较强分层对甲藻迁移进行限制[24]，甲藻水华又逐渐消失。

进入夏季时期，随着汛期到来，频繁的降雨使水体中颗粒物含量增加、真光层深度明显减低，既带来营养盐的脉冲又破坏水体的稳定性进而干扰水体的光体系，由于表层水体混浊，耐受于低光照条件的 R 型硅藻逐渐占据优势。后期水体分层程度逐渐加强，表层水体颗粒物浓度相对较低，光照条件优越，能够耐受高温的 S 策略藻类开始占优，如绿藻中的空球藻、实球藻等，时而变动的环境使之并与前期的 R 型藻类共存。夏末光照达到最大，水温分层显著，混合层深度为年内最低，此时强稳定分层使硅藻易于因沉降作用而消落；因受到营养物质的限制，能够耐受高强光照和高温且适宜在夏季表层生长的 S 策略藻类占优，包括铜绿微量藻和鱼腥藻。此类藻类具有伪空泡[25]，能够在相对稳定的水动力条件下通过自身悬浮机制在真光层中迁移，接受充足光照、营养盐迅速繁殖而形成水华。

秋季时期，水温和太阳辐射强度逐渐降低，加之水库蓄水，表层倒灌发生，水流扰动引起垂向水体混合剧烈，悬浮物浓度增加，混合层深度逐渐增加，鱼腥藻水华逐渐消退，它具有 R 策略的小环藻和小球藻又重新占优。随着蓄水的加剧，垂向扰动程度的持续增加，水温分层程度逐渐减弱，混合层深度显著增加，浮游植物所在的水下光场急速变化，此后水温分层状态彻底被打破，表层浮游植物丰度降至较低水平，浮游植物群落结构呈现多藻种混生状态，期间隐藻作为广谱适应型藻种长期存在于香溪河库湾。

综上分析，由分层异重流影响的水温分层变化所衍生的水下光热条件的改变是决定香溪河库湾浮游植物群落结构演替的主要因素。

7.5.3　诱发三峡水库支流库湾水华的水动力参数及其阈值

7.5.3.1　诱发三峡水库支流水华的水动力参数辨识

三峡水库蓄水后第一年就被发现发生了水华现象，2008 年以前集中在 2—5 月，主要为河道型的硅藻、甲藻等优势种[26]，2008 年 6 月蓝藻水华发生以后，每年 2—9 月均会发生不同程度的水华，优势种季节性演替规律显著[27]，温度较低的冬季水华非常少见[2]。相较于蓄水之前，三峡水库水体营养盐和气候条件并未发生本质改变[3]，干流水质还略有好转[2]，因此，三峡水库蓄水导致的水动力改变是诱发支流库湾水华的必然原因。

研究表明，三峡水库蓄水后干流断面平均流速由 2.00m/s 下降至 0.17m/s，支流断面平均流速由 1～3m/s 下降至 0.05m/s[4]，因此，三峡大坝导致的库区流速减缓被认为是支流库湾水华的主要诱因[5-6]。在此假设的基础上，有研究期望构建决定三峡水库支流水华生消的"临界流速"，并以此指导防控三峡水库支流库湾水华的水库"生态调度"[6,9]。然而，现场监测中并未发现流速大小与藻类水华有显著的相关关系，部分室内控制实验[10]也发现流速大小本身不仅不能抑制藻类生长，反而还有利于藻类繁殖；本研究结果也表明即使在 1.20m/s 的流速下，藻类仍然能够较好地生长，且藻类最大生物量还与流速成正相关关系；同时，以"临界流速"为理论支撑的三峡水库泄水调度并不能有效缓解三峡水库支流库湾水华情势[11]。因此，在三峡水库目前可达到的流速范围内，可以判定基本不存在决定水华消失的"临界流速"。

已有研究表明，三峡水库水体滞留时间与藻类水华发生有一定的关系[28-29]。本研究也发现，水体滞留时间与藻类生物量呈显著的负相关关系，且水体稀释率与比增长率相等的水体滞留时间约为 3 天。但是，根据三峡水库干支流入流和库容比可知，在汛期三峡水库干流最小滞留时间约为 5 天，支流最小滞留时间约为 10 天，枯水期水体滞留时间更长[30]，均大于实验中水华发生的临界水体滞留时间，干流却并未暴发藻类水华；此外，已知藻类在三峡水库枯期 12℃的水体中仍然具备快速生长潜势[31,24]，但此时支流库湾水体滞留时间普遍超过 100 天，也很少暴发藻类水华[2]，这都与控制实验结论相悖。因此，"水体滞留时间"假设也不能完全解释三峡水库支流水华生消过程。由此可见，三峡水库支流水华生消过程与水动力的关系和中国的汉江[32]、澳大利亚的 Darling 河[33]等河流型水体和太湖[34-35]、巢湖[36]等湖泊型水体有很大差别。

三峡水库干流因入流量较大，除在近坝部分区域出现间歇式水温弱分层外，整体属于混合水体[37]；但是，已有监测表明，受三峡水库支流分层异重流影响[38]，支流库湾水体在 3—9 月存在特殊的水体分层[39]，和支流库湾水华发生时间非常一致，与水华生消过程有很大关系[40]。本研究表明，即使在水温低于 12℃ 的 2 月，只要水体混合层足够小（$Z_{mix}/Z_{eu} < 0.2$），原位围隔水体在 10 天内 Chl-a 浓度就能超过水华阈值[41]；相反，只要

混合层足够大（$Z_{mix}/Z_{eu}>1.0$），原位围隔水体 Chl-a 浓度始终维持在较低的水平。三峡水库香溪河库湾实际监测结果表明，每年春季水华的发生和秋季水华的消失过程分别对应混合层的减小和混合层的降低[8]。已有长系列监测[42]和短期监测[40,43]结果表明三峡水库支流库湾水体混合层的增加必然伴随 Chl-a 浓度的降低，也从反面证实了上述实验结果可靠。因此，根据临界层假设，结合实验和现场监测结果，可以确定由分层异重流导致的水体分层是诱发三峡水库支流水华的关键原因，混光比（Z_{mix}/Z_{eu}）可以作为判定支流水华生消过程的水动力参数。虽然已有监测表明三峡水库干流营养盐已远超水华发生条件[44]，但因其属于混合水体，Z_{mix}/Z_{eu} 始终大于 5，不会发生藻类水华，这也与目前干流未发生水华的事实基本一致。

虽然目前部分海洋研究对临界层假设提出了相关质疑，并建议用"冲淡理论"来对其进行修正[45]，但本研究发现藻类比增长率与混光比（Z_{mix}/Z_{eu}）呈显著的负相关关系，说明临界层假设仍然能够解释三峡水库支流库湾水华现象。此外，目前国家正规划"引江补汉"建设，将调取三峡水库水体补充汉江，因目前丹江口水库存在水体分层特征[46]，若补水进入丹江口水库，根据本研究推论，需充分考虑引水后丹江口水库水华风险。

7.5.3.2 基于混光比阈值的三峡水库水华防控措施分析

三峡水库香溪河库湾实测多年 Chl-a 浓度与混光比的关系如图 7.20 所示。可以看出，当 Chl-a 浓度较高时，混光比整体较小；当混光比较大时，Chl-a 浓度始终较低。Chl-a 浓度最大值出现在 $Z_{mix}/Z_{eu}<1$ 的范围内，若以 Chl-a 浓度为 $30.00\mu g/L$ 作为三峡水库水华的阈值，则 Z_{mix}/Z_{eu} 对应值为 2.8。因图 7.20 是包含了香溪河库湾各种优势种水华的一个综合统计结果，故较某一种藻类的控制实验结果而言，图 7.20 中的 Z_{mix}/Z_{eu} 阈值要更为广泛。特别是某些具有迁移特性的鞭毛藻类，能在弱分层的水体中向上运动形成水华[47]，会使得 Z_{mix}/Z_{eu} 值明显变大。为了涵盖三峡水库已出现的各种藻类水华，根据图 7.20 显示，可将控制三峡水库支流库湾水华的水动力参数阈值条件确定为 $Z_{mix}/Z_{eu}>2.8$。

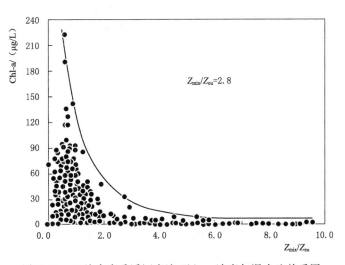

图 7.20　三峡水库香溪河库湾 Chl-a 浓度与混光比关系图

对于三峡水库支流库湾水华的防控，最根本的办法还是削减污染物以降低水体的营养盐浓度，但因三峡及上游流域面积大，污染防治工作很难在短期内产生显著效果[48]。根据本研究结论，若采取措施破坏水华区域的水体分层特征，使 $Z_{mix}/Z_{eu} > 2.8$，则可对藻类水华实现有效防控。对于小于 $1km^2$ 的水华敏感区，可持续利用目前已有的深水扬水造流技术[49]，以增大水体垂向混合层深度已抑制水华；对于大面积的藻类水华，可考虑通过水库（群）调度方法通过改变干支流水动力特性以破坏水华区域稳定分层来抑制水华。

目前，通过水库调度改善水库水流条件进而控制水库水华的措施已经被越来越多学者所接受[11,50]。已有研究提出在水库非汛期水位调节过程中，提高电站日调节幅度，以加大水库水位波动和干支流水体置换量进而加强污染物降解并抑制藻类生长的调度方法[51]；还有研究提出了专门针对支流库湾水华的三峡水库"潮汐式"生态调度方法[52]，即通过水库短时间的水位抬升和下降来增大干支流间的水体交换、破坏库湾水体分层状态、增大支流泥沙含量来抑制藻类水华[53]等。但是，目前已有研究均未量化水库调度防控水华的具体指标，因此，根据本研究结果，如何实现水华区域内 $Z_{mix}/Z_{eu} > 2.8$ 可作为量化水库调度防控水华目标的一个依据。

7.6　本　章　小　结

本章系统分析了三峡水库香溪河库湾浮游植物群落演替及水华生消过程；对经典临界层理论进行了拓展和完善，推导了现实环境中真光层与临界层之间关系以及混合层、临界层、光补偿深度三层关系对水华生消的影响；通过室外实验验证了临界层理论在香溪河库湾的适用性，并解释了香溪河库湾 2010—2011 年水华生消过程；最后结合临界层理论讨论了三峡水库水华生消机理和浮游植物群落演替过程。得到的主要结论包括以下几个方面。

（1）2010—2011 年香溪河库湾均暴发了一定程度的水华，主要包括春季水华和夏季水华。春季水华优势藻种主要以甲藻（拟多甲藻）、硅藻（小环藻）和绿藻（小球藻）为主，夏季水华主要以蓝藻（鱼腥藻）和绿藻（实球藻、空球藻）为主。

（2）临界层可以用式 $Z_{cr} = \overline{I_0}/(kI_c)$ 来计算，在一般环境中其与真光层数值相近，可以用真光层深度来代表临界层深度值。计算发现当混合层深度小于光补偿深度时，浮游植物迅速增殖，水华风险最大；当混合层深度大于临界层深度时，浮游植物生长受到限制，水华消失；当混合层深度处于二者之间时，浮游植物缓慢生长，水华逐渐发育。

（3）香溪河冬季围隔实验发现，当混合层小于光补偿深度时，Chl-a 浓度超过 $100\mu g/L$，水华暴发；当混合层超过真光层深度时，Chl-a 浓度接近 0，无水华；当混合层处于二者之间时，Chl-a 浓度处于 $10 \sim 20\mu g/L$ 之间。2010—2011 年香溪河库湾水华暴发过程和秋季水华消失过程能够用临界层理论很好解释。

（4）根据临界层理论，香溪河库湾底层倒灌异重流和中层倒灌异重流导致的水温特殊分层是香溪河库湾水华暴发的主要诱因。同时水温分层所衍生的光热特征是导致香溪河库湾浮游植物群落演替的主要原因。

参 考 文 献

［1］ SVERDRUP H U. On conditions for the vernal blooming of phytoplankton ［J］. Journal of Marine Science，1953，18（3）：287－295.

［2］ 中国环境监测总站. 长江三峡工程生态与环境监测公报 ［EB］. 北京：中华人民共和国环境保护部，2004—2011. http：//www. cnemc. cn/zzjj/jgsz/sts/gzdt_sts/.

［3］ 娄保锋，印士勇，穆宏强，等. 三峡水库蓄水前后干流总磷浓度比较 ［J］. 湖泊科学，2011 （6）：863－867.

［4］ 张远，郑丙辉，刘鸿亮，等. 三峡水库蓄水后氮、磷营养盐的特征分析 ［J］. 水资源保护，2005 （6）：23－26.

［5］ 刘德富，杨正健，纪道斌，等. 三峡水库支流水华机理及其调控技术研究进展 ［J］. 水利学报，2016，47（3）：443－454.

［6］ 李锦秀，廖文根. 三峡库区富营养化主要诱发因子分析 ［J］. 科技导报，2003，21（9）：49－52.

［7］ 方丽娟，刘德富，杨正健，等. 三峡水库香溪河库湾夏季浮游植物演替规律及其原因 ［J］. 生态与农村环境学报，2013，29（2）：234－240.

［8］ 李锦秀，禹雪中，幸治国. 三峡库区支流富营养化模型开发研究 ［J］. 水科学进展，2005，16 （6）：777－783.

［9］ 廖平安，胡秀琳. 流速对藻类生长影响的试验研究 ［J］. 北京水利，2005（2）：12－14，60.

［10］ 黄钰铃，刘德富，陈明曦. 不同流速下水华生消的模拟 ［J］. 应用生态学报，2008（10）：2293－2298.

［11］ 王玲玲，戴会超，蔡庆华. 香溪河生态调度方案的数值模拟 ［J］. 华中科技大学学报（自然科学版），2009，37（4）：111－114.

［12］ YE L，CAI Q，LIU R，CAO M. The influence of topography and land use on water quality of Xiangxi River in Three Gorges Reservoir region ［J］. Environmental Geology，2009，58（5）：937－942.

［13］ 李凤清，叶麟，刘瑞秋，等. 三峡水库香溪河库湾主要营养盐的入库动态 ［J］. 生态学报，2008 （5）：2073－2079.

［14］ 罗专溪，朱波，郑丙辉，等. 三峡水库支流回水河段氮磷负荷与干流的逆向影响 ［J］. 中国环境科学，2007（2）：208－212.

［15］ 陈媛媛，刘德富，杨正健，等. 分层异重流对香溪河库湾主要营养盐补给作用分析 ［J］. 环境科学学报，2013，33（3）：762－770.

［16］ 张宇，刘德富，纪道斌，等. 干流倒灌异重流对香溪河库湾营养盐的补给作用 ［J］. 环境科学，2012，33（8）：2621－2627.

［17］ XU Y，MIN Z，LAN W，et al. Changes in water types under the regulated mode of water level in Three Gorges Reservoir，China ［J］. Quaternary International，2011，244（2）：0－279.

［18］ 余真真，王玲玲，戴会超，等. 三峡水库香溪河库湾水温分布特性研究 ［J］. 长江流域资源与环境，2011，20（1）：84－89.

［19］ 张金屯. 数量生态学 ［M］. 北京：科学出版社，2004.

［20］ HUISMAN J，Van O P，WEISSING F J. Species Dynamics in Phytoplankton Blooms：Incomplete Mixing and Competition for Light ［J］. American Naturalist，1999，154（1）：46－68.

［21］ HUISMAN J，THI N N P，KARL D M，et al. Reduced mixing generates oscillations and chaos in the oceanic deep chlorophyll maximum ［J］. Nature，2006，439（7074）：322－325.

［22］ REYNOLDS C S. The Ecology of Phytoplankton ［M］. Cambridge University Press，2006.

［23］ PADISAK J. The influence of different disturbance frequencies on the species richness，diversity and equitability of phytoplankton in shallow lakes ［J］. Hydrobiologia，1993，249（1）：135－156.

[24]　姚绪姣，刘德富，杨正健，等．三峡水库香溪河库湾冬季甲藻水华生消机理初探 [J]．环境科学研究，2012，25 (6)：645 - 651.

[25]　KROMKAMP J, KONOPKA A, MUR L R. Buoyancy regulation in light - limited continuous cultures of Microcystis aeruginosa [J]. Journal of Plankton Research, 1988, 10 (2)：171 - 183.

[26]　蔡庆华，胡征宇．三峡水库富营养化问题与对策研究 [J]．水生生物学报，2006，30 (1)：7 - 11.

[27]　田泽斌，刘德富，姚绪姣，等．水温分层对香溪河库湾浮游植物功能群季节演替的影响 [J]．长江流域资源与环境，2014，23 (5)：700 - 707.

[28]　REID N J, HAMILTON S K. Controls on algal abundance in a eutrophic river with varying degrees of impoundment (Kalamazoo River, Michigan, USA) [J]. Lake and Reservoir Management, 2007, 23 (3)：219 - 230.

[29]　BAKKEER E S, HILT S. Impact of water - level fluctuations on cyanobacterial blooms：options for management [J]. Aquatic Ecology, 2016, 50 (3)：485 - 498.

[30]　杨正健．分层异重流背景下三峡水库典型支流水华生消机理及其调控 [D]．武汉：武汉大学，2014.

[31]　曹承进，郑丙辉，张佳磊，等．三峡水库支流大宁河冬、春季水华调查研究 [J]．环境科学，2009，30 (12)：3471 - 3480.

[32]　王红萍，夏军，谢平，等．汉江水华水文因素作用机理——基于藻类生长动力学的研究 [J]．长江流域资源与环境，2004，13 (3)：282 - 285.

[33]　MITROVIC S M, HARDWICK L, DORANI F. Use of flow management to mitigate cyanobacterial blooms in the Lower Darling River, Australia [J]. Journal of Plankton Research, 2011, 33 (2)：229 - 241.

[34]　杨柳燕，杨欣妍，任丽曼，等．太湖蓝藻水华暴发机制与控制对策 [J]．湖泊科学，2019，31 (1)：18 - 27.

[35]　秦伯强，高光，朱广伟，等．湖泊富营养化及其生态系统响应 [J]．科学通报，2013，58 (10)：855 - 864.

[36]　吴晓东，孔繁翔，张晓峰，等．太湖与巢湖水华蓝藻越冬和春季复苏的比较研究 [J]．环境科学，2008，29 (5)：1313 - 1318.

[37]　任华堂，陈永灿，刘昭伟．三峡水库水温预测研究 [J]．水动力学研究与进展：A 辑，2008，23 (2)：141 - 148.

[38]　纪道斌，刘德富，杨正健，等．三峡水库香溪河库湾水动力特性分析 [J]．中国科学：G 辑，2010，40 (1)：101 - 112.

[39]　杨正健，刘德富，马骏，等．三峡水库香溪河库湾特殊水温分层对水华的影响 [J]．武汉大学学报 (工学版)，2012，45 (1)：1 - 9，15.

[40]　LIU L, LIU D, JOHNSON D M, et al. Effects of vertical mixing on phytoplankton blooms in Xiangxi Bay of Three Gorges Reservoir：Implications for management [J]. Water Research, 2012, 46 (7)：2121 - 2130.

[41]　郑丙辉，张远，富国，等．三峡水库营养状态评价标准研究 [J]．环境科学学报，2006，26 (6)：1022 - 1030.

[42]　YANG Z, XU P, LIU D, et al. Hydrodynamic mechanisms underlying periodic algal blooms in the tributary bay of a subtropical reservoir [J]. Ecological Engineering, 2018, 120：6 - 13.

[43]　田泽斌，刘德富，杨正健，等．三峡水库香溪河库湾夏季蓝藻水华成因研究 [J]．中国环境科学，2012，32 (11)：2083 - 2089.

[44]　YANG Z, CHENG B, XU Y, et al. Stable isotopes in water indicate sources of nutrients that drive

algal blooms in the tributary bay of a subtropical reservoir [J] . Science of the Total Environment, 2018, 634: 205 - 213.

[45] BEHRENFELD M J. Abandoning Sverdrup's Critical Depth Hypothesis on phytoplankton blooms [J] . Ecology, 2010, 91 (4): 977 - 989.

[46] 戚琪, 彭虹, 张万顺, 等. 丹江口水库垂向水温模型研究 [J] . 人民长江, 2007, 38 (2): 51 - 53, 154.

[47] JEPHSON T, CARLSSON P. Species - and stratification - dependent diel vertical migration behaviour of three dinoflagellate species in a laboratory study [J] . Journal of Plankton Research, 2009, 31 (11): 1353 - 1362.

[48] FU B, WU B, LU Y, et al. Three gorges project: efforts and challenges for the environment [J] . Progress in Physical Geography, 2010, 34 (6): 741 - 754.

[49] 张小璐, 何圣兵, 陈雪初, 等. 扬水造流技术控藻机制研究 [J] . 中国环境科学, 2011, 31 (12): 2058 - 2064.

[50] 李崇明, 黄真理, 张晟, 等. 三峡水库藻类"水华"预测 [J] . 长江流域资源与环境, 2007, 16 (1): 1 - 6.

[51] 周建军. 关于三峡电厂日调节调度改善库区支流水质的探讨 [J] . 科技导报, 2005, 23 (10): 8 - 12.

[52] YANG Z, LIU D, JI D, et al. An eco - environmental friendly operation: An effective method to mitigate the harmful blooms in the tributary bays of Three Gorges Reservoir [J] . Science China: Technological Sciences, 2013, 56 (6): 1458 - 1470.

[53] 杨正健, 刘德富, 易仲强, 等. 三峡水库香溪河库湾拟多甲藻的昼夜垂直迁移特性 [J] . 环境科学研究, 2010, 23 (1): 26 - 32.

第8章 三峡水库干支流水流−水温耦合数值模拟

8.1 概　　述

根据项目组多年的研究经验，一般仅以一条支流库湾作为计算区域构建水华预测预报模型，因不能确定逐时变化的水温、水位等边界条件（特别是支流库湾出口处的干流边界）而无法准确模拟出支流库湾的分层异重流变化规律及其伴生过程；同时，前期研究表明支流存在明显的分层特征，水流、水温、藻类等均呈现显著的垂向差异，因此，至少要构建立面二维模型才能表征各个参数垂向上的差异变化[1]。因此，本章及第9章将构建干、支流耦合立面二维"水流−水质−水华动态仿真模型"来解决上述问题。因三峡水库干、支流系统复杂，水流−水质−水华模型参数近300个，以目前的计算水平无法实现干流与所有支流的同步计算，为此，将只选取干流及典型支流香溪河进行模拟，其中干流计算范围为自寸滩至坝前库段，且干流只进行水流−水质数值模拟，而香溪河库湾同时进行水流−水质−水华的模拟。

香溪河库湾为狭长型深水库湾，175m水位时河口处水深在100m以上，库湾平均深度在50m左右，并且水温沿纵、垂向差异显著，横向变化则很微弱，具有明显的立面二维特性。同时，香溪河库湾长期存在的分层异重流沿垂向上所引起的环流、漩涡等混合行为更是需要关注。因此，可以借助假定水体横向平均（即忽略水体沿河宽的紊动和扩散），建立立面二维水动力−水温耦合模型。本章选用CE−QUAL−W2水温水质模型，其为横向平均的立面二维水动力与水质模型，由美国陆军工程兵团和波特兰州立大学共同开发，其中水动力模拟考虑了水温对密度的影响，目前已在河流、湖泊、水库和近海河口等不同类型水域有较多的应用。

8.2 CE−QUAL−W2模型介绍

8.2.1 模型简介

CE−QUAL−W2模型是由美国陆军工程兵团和波特兰州立大学联合开发的立面二维水动力−水质模型。该模型忽略其在横向宽度上水体的差异性，而重点关注各生境因子在水体垂向和纵向上差异性，在立面二维特性明显的河流、水库和近海河口等[2-8]水域获得广泛地应用。

CE−QUAL−W2水动力水质相关的功能[9]主要包括以下几个方面。

（1）基于水动力模块，模型能较好地模拟水位、纵向及垂向水温、流速分布，水体密度由温度、溶解性有机物及悬浮物共同决定，其中水温对于水体密度的作用不可忽略。

（2）模型可模拟水质水生态指标超过百种，除水体中氨氮、硝氮、亚硝氮、生物可利用磷、碱度、溶解氧等常规物质，可自由模拟包括任意数量的以零阶或一阶速率降解的通用物质，如保守物质、水体滞留时间、浮游细菌等；任意数量的无机悬浮物，如不同粒径的泥沙颗粒；任意数量的浮游动物、浮游植物、附着藻类、大型植物；不同类型的水体有机物，如难溶性有机物、可溶性颗粒有机物和难溶性颗粒有机物；沉积物中的硝氮、氨氮、正磷酸盐、甲烷、硫化氢、水温、pH、碱度、总有机碳等，种类接近50种；同时基于状态变量可自由模拟输出60余种衍生变量，如pH、总有机碳氮磷、总溶解性有机碳氮、总溶解性有机碳氮磷、总氮、总磷等。

（3）模型可以通过waterbody将水体以任意方式连接组合，其branch功能使得模型可应用于复杂水体，如树状河流和江心小岛等，并可指定上下游水头边界条件（流量边界或水位边界），使其广泛应用于库湾、河流、港口等不同水体。

（4）水质模块和水动力模块耦合计算相对独立，使得水质计算迭代次数可少于水动力计算，从而提高模型运行效率。

（5）模型运行过程中可以自动更新计算步长，以保证数值方程计算的稳定性和收敛性。重启功能的设定，可使其以指定时间输出文件作为下次模型输入文件，减少模型运行时间，在长时间序列模拟工作中可大大提高工作效率。

（6）该模型考虑了上游入流、支流汇入、分布式入流等出入流效果，不同类型入流水体均包括入流量、营养盐及水温三部分构成，综合考虑其对水质、水动力及水生态各方面影响，其降雨输入包括雨强、雨温及雨水营养盐浓度，充分考虑其从水-气界面对水体形成的掺混。

（7）可模拟闸门、泄洪道、大坝等不同类型水工构筑物影响下的水动力学过程。

8.2.2　模型控制方程

CE－QUAL－W2模型的控制方程以流体力学为基础，建立忽略横向 y 轴差异的连续性方程、动量方程。方程基于以下假定：①流体为不可压缩流体；②满足布西内斯克假定。

（1）连续方程：

$$\frac{\partial UB}{\partial x}+\frac{\partial WB}{\partial z}=qB \tag{8.1}$$

式中：U 为 x 向流速，m/s；W 为 z 向流速，m/s；q 为侧向单位体积入流或出流，L/s；B 为水面宽，m。

（2）动量方程[10]：

x 向：

$$\begin{aligned}&\frac{\partial UB}{\partial t}+\frac{\partial UUB}{\partial x}+\frac{\partial WUB}{\partial z}=gB\sin\alpha+g(\cos\alpha)B\frac{\partial\eta}{\partial x}\\&-\frac{g(\cos\alpha)B}{\rho}\int_{\eta}^{z}\frac{\partial\rho}{\partial x}\mathrm{d}z+\frac{1}{\rho}\frac{\partial B\tau_{xx}}{\partial x}+\frac{1}{\rho}\frac{\partial B\tau_{xx}}{\partial z}+qBU_x\end{aligned} \tag{8.2}$$

z 向：

$$\frac{\partial W}{\partial t}+U\frac{\partial W}{\partial x}+W\frac{\partial W}{\partial z}=g\cos\alpha-\frac{1}{\rho}\frac{\partial\rho}{\partial z}+\frac{1}{\rho}\left(\frac{\partial\tau_{xx}}{\partial x}+\frac{\partial\tau_{xx}}{\partial z}\right) \tag{8.3}$$

式中：U 为 x 向流速，m/s；W 为 z 向流速，m/s；B 为水面宽，m；g 为重力加速度，m/s²；α 为河底与水平线夹角，rad；η 为水位，m；τ_{xx} 为控制体在 x 面 x 向的湍流剪应

力，N/m²；τ_{zx} 为控制体在 z 面 x 向的湍流剪应力，N/m²。

由于忽略水体横向差异，z 方向动量方程简化为

$$0 = g\cos\alpha - \frac{1}{\rho}\frac{\partial P}{\partial z} \tag{8.4}$$

（3）状态方程。水体密度受水体温度 T_w、水体总溶解性有机物 TDS、水体总悬浮物 TSS 等因素共同影响。状态方程为描述水体密度随水体中温度和溶解质含量变化而变化的方程，其关系式为

$$\rho = f(T_w, \Phi_{TDS}, \Phi_{TSS}) = \rho_T + \Delta\rho_s \tag{8.5}$$

式中：ρ 为水体密度，kg/m³；ρ_T 为考虑水温影响的水体密度，kg/m³；$\Delta\rho_s$ 为考虑水体内溶解性有机物及悬浮物对的水体密度产生的增量，kg/m³。当不考虑这些带来的密度差异时，$\Delta\rho_s$ 项忽略。

水温 T 与水体密度 ρ_T 的关系式为

$$\rho_T = 999.85 + 6.79\times10^{-2}T - 9.10\times10^{-3}T^2 \\ + 1.00\times10^{-4}T^3 - 1.12\times10^{-6}T^4 + 6.54\times10^{-9}T^5 \tag{8.6}$$

（4）对流-扩散方程[10]：

$$\frac{\partial B\Phi}{\partial t} + \frac{\partial UB\Phi}{\partial x} + \frac{\partial WB\Phi}{\partial z} - \frac{\partial\left(BD_x\dfrac{\partial\Phi}{\partial x}\right)}{\partial x} - \frac{\partial\left(BD_z\dfrac{\partial\Phi}{\partial z}\right)}{\partial z} = q_\Phi B + S_\Phi B \tag{8.7}$$

式中：Φ 为横向平均组分浓度，g/m³；U 为 x 向流速，m/s；W 为 z 向流速，m/s；B 为水面宽，m；D_x 为温度和组分纵向扩散系数，m²/s；D_z 为温度和组分垂向扩散系数，m²/s；q_Φ 为单位体积内物质横向流入或流出的量，g/(m³·s)；S_Φ 为横向平均的源汇项，g/(m³·s)。

（5）自由水面方程：

$$B_\eta\frac{\partial\eta}{\partial t} = \frac{\partial}{\partial x}\int_\eta^h Bu\,dz - \int_\eta^h qB\,dz \tag{8.8}$$

（6）湍流模型。模型提供了多种垂向涡流黏滞系数计算方法，对于模拟水库水温时，模型推荐采用 W2 公式[11]。W2 形式为

$$A_z = \kappa\left(\frac{l_m}{2}\right)^2\sqrt{\left(\frac{\partial u}{\partial z}\right)^2 + \left(\frac{\tau_{wy}\,e^{-2kz} + \tau_{y,\text{tributary}}}{\rho Az}\right)^2}\,e^{-CR_i} \tag{8.9}$$

$$l_m = \Delta z_{max} \tag{8.10}$$

式中：A_z 为垂向涡流黏滞系数，m²/s；κ 为范卡门常数，无量纲；l_m 为混合长度，m；u 为垂向流速，m/s；z 为垂向坐标，m；τ_{wy} 为因风力而产生的横向剪应力，N/m²；k 为波数；$\tau_{y,\text{tributary}}$ 为因支流汇入而产生的横向剪应力，N/m²；R_i 为理查德数；Δz_{max} 为垂向网格间距的最大值，m；$C = 0.15$。

8.3　三峡水库-香溪河立面二维水温水动力模型构建

8.3.1　计算区域与网格划分

CE-QUAL-W2 为立面二维模型，计算网格通常采用矩形网格，纵向上划分为

若干单元段（segment），垂向上划分为若干层（layer），每层的宽度采用断面平均宽度（width）。三峡水库-香溪河模型干流关键点与 seg 编号对应表见表 8.1。计算网格由纵向间距 DLX、垂向间距 H、单元宽度 B、水面坡度 $SLOPE$ 确定。为了能够准确模拟水流微动力过程，需要对水体网格的大小以合理的划分，纵向间距 DLX 尽量长度相等。网格单元纵向间距 DLX 一般为 0.1～10km，垂向间距 H 一般为 0.2～5m。为了表征水体支流间的连接方式，连接处通常各设一个虚拟网格，但不参与实际计算。

表 8.1　　　　　三峡水库-香溪河模型干流关键站点与 Segment 编号对应表

站点	Segment 编号	站点	Segment 编号	站点	Segment 编号
寸滩	2	忠县	124	大宁河	251
长寿	40	万州	166	巫山	252
乌江	68	小江	185	巴东	276
清溪场	72	云阳	187	长江香溪	300
龙河	94	磨刀溪	201	坝前	315
丰都	102	奉节	226		

模拟区域为三峡水库干流至香溪河，上边界为重庆市寸滩水文站，下边界至三峡大坝坝前处，全长约 604km。干流自上游至坝前划分为寸滩、长寿、万州、云阳、奉节、巫山、巴东 7 个计算区域，共 316 个断面，其中 14 个虚拟断面，302 个实际断面；香溪河全长 32km，共 66 个断面，其中 2 个虚拟断面，64 个实际断面。干支流计算网格垂向间距 H 均为 1m；干流各网格单元 DLX 为 2km，底部高程为 -27.3m；支流各网格单元 DLX 为 500m，底部高程为 75m。模型顶部高程以三峡大坝顶部高程一致设为 185m。干支流大部分河段为库区模式，即水面坡度为 0，只在回水末端（寸滩—长寿）为更为接近自然河道模式，该段水面坡度为 0.0001。三峡水库-香溪河模型地形控制参数见表 8.2。模型干支流网格平面图、纵剖面图、横剖面图分别如图 8.1～图 8.3 所示。

表 8.2　　　　　　　三峡水库-香溪河模型地形控制参数表

河　段	上边界网格	下边界网格	断　面　数
BR_1	2	40	39
BR_2	43	166	124
BR_3	169	187	19
BR_4	190	226	37
BR_5	229	252	24
BR_6	255	276	22
BR_7	279	315	37
BR_8	318	381	64

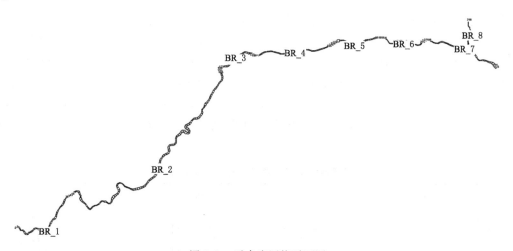

图 8.1　干支流网格平面图

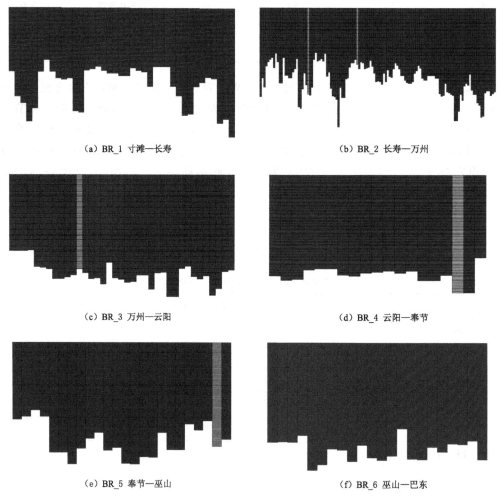

（a）BR_1 寸滩—长寿

（b）BR_2 长寿—万州

（c）BR_3 万州—云阳

（d）BR_4 云阳—奉节

（e）BR_5 奉节—巫山

（f）BR_6 巫山—巴东

图 8.2（一）　干支流网格纵剖面图

（g）BR_7 巴东—坝前　　　　　　　　　　（h）BR_8 香溪河

图 8.2（二）　干支流网格纵剖面图

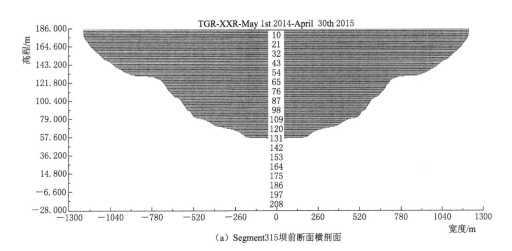

（a）Segment315坝前断面横剖面

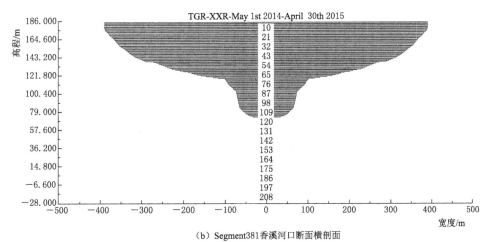

（b）Segment381香溪河口断面横剖面

图 8.3　干支流网格横剖面图

8.3.2　初始条件与边界条件

8.3.2.1　初始条件

模型主要的初始条件包括模拟的开始时间和结束时间、水温、出流和入流、水体类型、水量、重新启动等。其中，入流主要为上游来流及来流水温；水量采用水位表征；水体类型为淡水；模型初始流速均设为零。假设初始时刻为全库同温。

8.3.2.2　边界条件

（1）流量边界。流量边界主要包括自 2014 年 5 月 1 日至 2015 年 4 月 30 日 7 个入流流量过程和 1 个出流流量过程。入流流量包括最上游寸滩水文站的实测流量过程以及乌江、龙河、小江、磨刀溪、大宁河、香溪河等 6 条支流的入流流量，其中，香溪河以上游兴山水文站实测流量过程作为边界如图 8.4 所示。出流流量采用坝前流量，如图 8.5 所示。

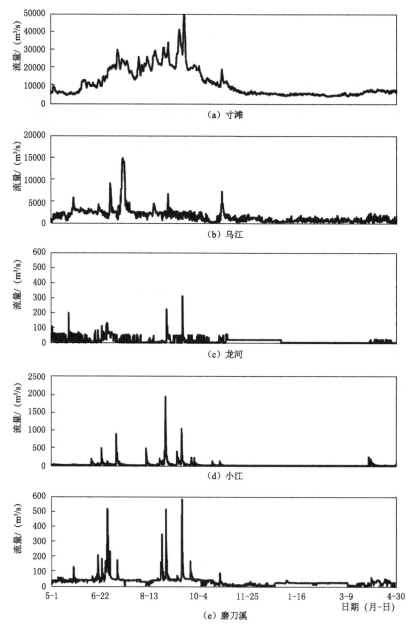

图 8.4（一）　入流流量过程线（2014-05-01 至 2015-04-30）

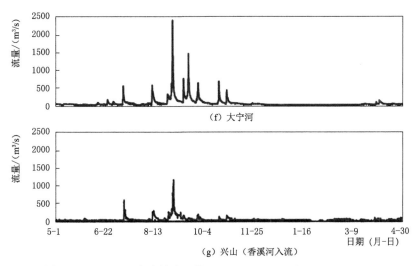

图8.4（二）　入流流量过程线（2014-05-01至2015-04-30）

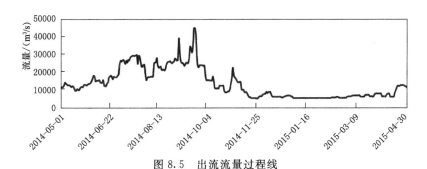

图8.5　出流流量过程线

（2）气象边界。气象边界条件包括影响水-气界面交换的气温、露点温度、风速、风向、太阳辐射和云量。短波辐射（shortwave radiation）是波长短于$3\mu m$的电磁辐射，由于太阳辐射在可见光线（$0.40\sim0.76\mu m$）、红外线（$>0.76\mu m$）和紫外线（$<0.40\mu m$）分别占50%、43%和7%，以短波辐射为主，故采用其代替太阳总辐射。气温、风速和风向、太阳辐射2014年5月1日至2015年4月30日逐时数据资料来源于长寿、丰都、万州、奉节、巴东、兴山6个气象站（图8.6、图8.7）。云量设定为$0\sim10$，表征云遮盖程度，为无量纲参数。相对湿度由露点温度表征，露点温度的计算公式[9]为

$$\gamma(T,RH) = \ln(RH) + \frac{bT}{c+T}$$

$$T_{dp} = \frac{c\gamma(T,RH)}{b - \gamma(T,RH)}$$

（8.11）

式中：T为气温，℃；T_{dp}为露点温度，℃；RH为相对湿度，%；$\gamma(T,RH)$为中间函数；b、c为常数，分别取值为$b=17.271$，$c=237.7$℃。

（3）底部边界。水动力方面采用无滑移边界，假定水库底部切向速度为零。

8.3.2.3　模型模拟时间段

根据获取的资料的时间跨度，文中模型模拟的时间段为2014年5月1日至2015年4

月 30 日模拟的时间段为 2010 年 1 月 1 日至 2011 年 12 月 30 日。

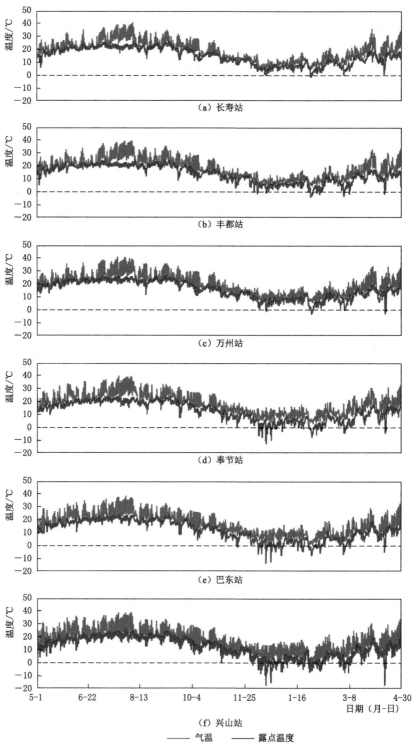

图 8.6　气温和露点温度过程线

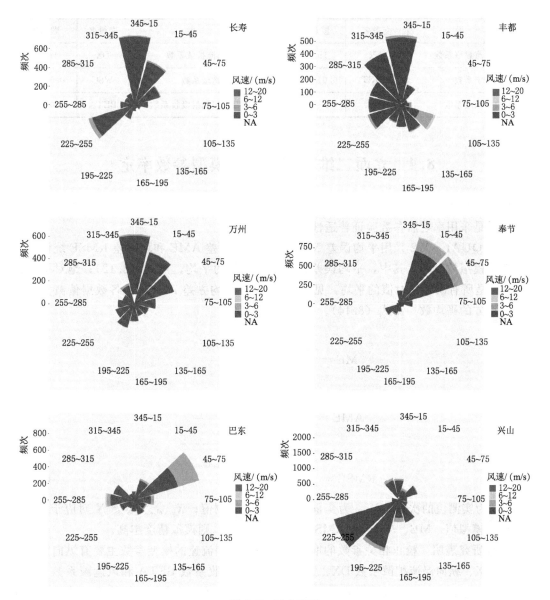

图 8.7 风玫瑰图

8.3.3 水温水动力关键参数

W2 模型的基本控制参数可分为确定选择参数和待率定参数。其中，确定选择参数主要包括[12]：①水量平衡计算中，考虑体积、能量、物质平衡，不考虑蒸发与降水平衡。来流分配方式选择密度流方式分配，即来流自动流入与其密度值最相近的水体；②水表面热交换采用 Term - by - Term 计算公式，计算考虑对流与风速的影响，气象数据自动插值；③输移方程方法求解选择 ULTIMATE；④垂向紊流闭合方程选择 W2 方程。

待率定参数包括纵向涡流黏滞系数、纵向涡流扩散系数、曼宁系数、风遮蔽系数、动力遮蔽系数、水表面太阳辐射吸收系数等，具体取值见表 8.3。

表 8.3　　　　　　　　　　　　　　　模型率定主要控制参数表

参　　数	变量名	默认值	参　　数	变量名	默认值
纵向涡流黏滞系数	AX	1m²/s	纵向涡流扩散系数	DX	1m²/s
曼宁系数	FRICT	0.01～0.1	风遮蔽系数	WSC	0.5～0.9
动力遮蔽系数	Shade	0～1.0	水表面太阳辐射吸收系数	BETA	0.45

8.4　立面二维干支流耦合模型参数率定

模型参数率定过程即通过模型参数调整缩小模型模拟结果与实测结果误差的过程。模型的验证是采用率定后参数验证普适性。

CE-QUAL-W2 采用平均误差 ME、绝对平均误差 AME 和均方差 RMSE 统计量来评价模型模拟的好坏，其中，平均误差是所有误差值的平均，见式（8.12）；绝对平均误差 AME 是所有误差绝对值的平均，见式（8.13）；而均方差 RMSE 是各数据偏离真实值的距离平方的平均数，见式（8.14）。

$$\text{ME} = \frac{\sum_{i=1}^{n}(X_{\text{obs},i} - X_{\text{model},i})}{n} \qquad (8.12)$$

$$\text{AME} = \frac{\sum_{i=1}^{n}|X_{\text{obs},i} - X_{\text{model},i}|}{n} \qquad (8.13)$$

$$\text{RMSE} = \sqrt{\frac{\sum_{i=1}^{n}(X_{\text{obs},i} - X_{\text{model},i})^2}{n}} \qquad (8.14)$$

式中：n 为实测值的次数；$X_{\text{obs},i}$ 为变量 X 的第 i 个实测值；$X_{\text{model},i}$ 为变量 X 对应于第 i 个实测值的模拟值。ME、AME 和 RMSE 的值越接近 0，则模拟精度越高。

已有研究表明，校正相关参数的取值，影响水温和流速的模型参数主要有纵向涡流黏滞系数 AX、纵向涡流扩散系数 DX、太阳辐射表层吸收系数 BETA 和风遮蔽系数 WSC，其中水流和水温对 AX 和 DX 的取值不敏感，对 BETA 和 WSC 的取值较为敏感。经过反复计算得出干流 WSC 的最佳取值为 2，支流 WSC 的最佳取值为 0.8，BETA 最佳取值为 0.45m。曼宁系数 FRICT 干流取值为 0.04，支流取值为 0.025。本次率定主要针对水流分布和水温分布，模型采用儒略日时间计时，即设定相应年份的 1 月 1 日为儒略日 1，以此类推；如本模型计算时设定 2014 年 1 月 1 日为儒略日 1。

8.4.1　干流参数率定

8.4.1.1　沿程水位率定

选取沿程各典型断面进行水位率定评价。率定选取 2014 年 5 月 1 日至 2015 年 4 月 30 日的实测结果与模拟结果进行对比研究，如图 8.8 所示。各断面误差分析结果见图 8.8 和表 8.4。结果表明，模型能较好地反映干流各典型断面不同时期水位变化。

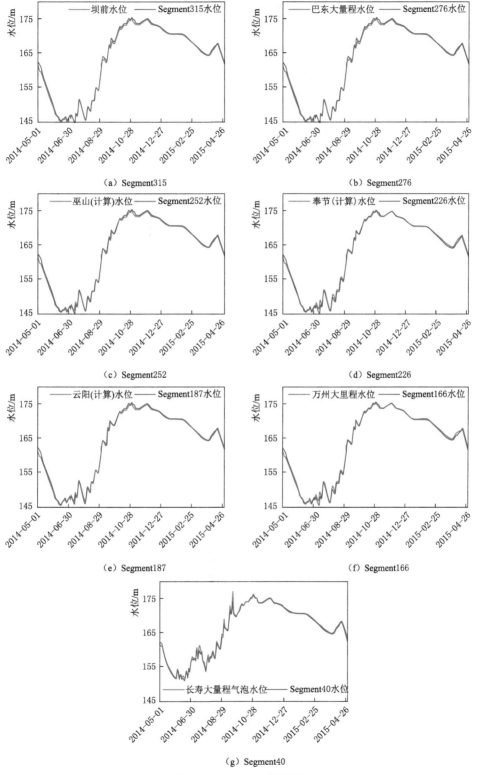

（a）Segment315　　　　　　　　　　　　　　（b）Segment276

（c）Segment252　　　　　　　　　　　　　　（d）Segment226

（e）Segment187　　　　　　　　　　　　　　（f）Segment166

（g）Segment40

图 8.8　水位率定结果图

表 8.4　　　　　　　　　　　　水位率定误差分析结果

站点	大坝	巴东	巫山	奉节	云阳	万县	长寿
ME	−0.091	−0.001	0.059	0.129	0.150	0.143	0.192
AME	0.288	0.283	0.297	0.308	0.319	0.312	0.363

8.4.1.2　水温率定

（1）表层水温。限于实测资料有限和本文研究需要，选取长江干流与香溪河交汇区干流上的监测断面 CJXX 进行表层水温率定评价。率定选取 2014 年 5 月 1 日至 2015 年 4 月 30 日的实测结果与模拟结果进行对比研究，如图 8.9 所示。

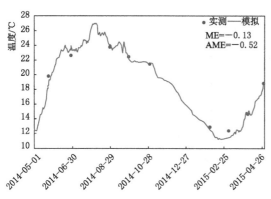

图 8.9　长江香溪河河口（CJXX）表层水温率定结果

由图 8.9 可知，模型模拟结果与实测结果相比，能够较好地反映干流不同时期表层水温变化过程，率定效果较好。

（2）水温垂向分布。选取长江干流与香溪河交汇区干流上的监测断面 CJXX 进行水温垂向分布率定评价。率定选取 2014 年 5 月 1 日至 2015 年 4 月 30 日期间 9 天的实测结果与模拟结果进行对比研究，如图 8.10 所示。由于长江干流为重要的通航河道，实测垂向水温时，监测船只禁止在河道中泓线上停留，仅允许在非航道上作业，故实测水深较模拟水深浅，且可能无法捕捉到水温弱分层现象。

由图 8.10 可知，模型模拟结果与实测结果相比，能够较好地反映干流不同时期垂向水温分布特性，率定效果较好。

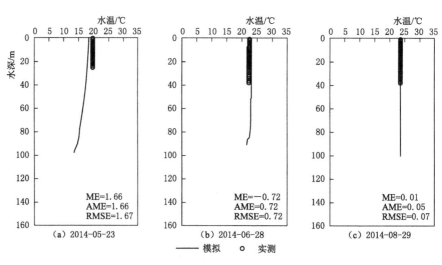

图 8.10（一）　长江香溪河（CJXX）垂向分布率定结果

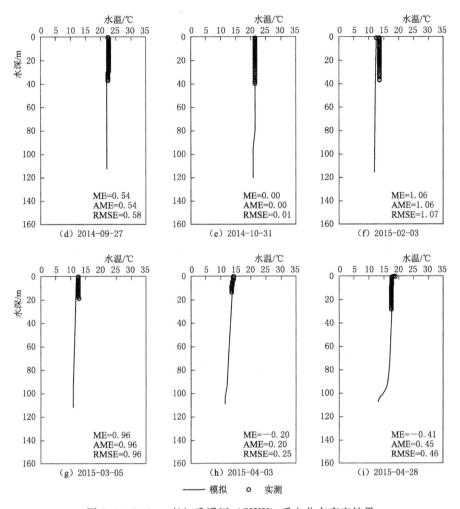

图 8.10（二） 长江香溪河（CJXX）垂向分布率定结果

8.4.2 支流参数率定

8.4.2.1 水温率定

选取香溪河库湾河口（XX01）、中部（XX06）以及上游（XX09）三个代表监测断面进行库湾水温率定评价。率定选取 2014 年 5 月 1 日至 2015 年 4 月 30 日期间 10 天的实测结果与模拟结果进行对比研究，如图 8.11 所示。

由图 8.11 可知，模型模拟结果与实测结果相比，能够较好地反映香溪河库湾不同时期不同区域水温垂向分布特性，率定效果较好。整体上看，靠近河口的 XX01 和库湾中游 XX06 模拟效果较好，水温垂向分布均匀。库湾上游 XX09 模拟效果与实测水温存在一定差异，但二者变化趋势较为一致。XX09 率定与实测结果误差较大，可能与上游入流水温受古洞口梯级水库调水，日均变化较大有关。

8.4.2.2 流场率定

2014 年和 2015 年模拟流场与实测流场分层异向流动特征分别如图 8.12 所示，不同时间模拟流速与实测环流模式差异较小。其中实测结果由于受外界干扰较多，空间分布连续性略低于模拟结果。受上游来流低温水影响，不同时间支流上游均表现为顺坡潜入式异重流，并沿河床底部进入干流。

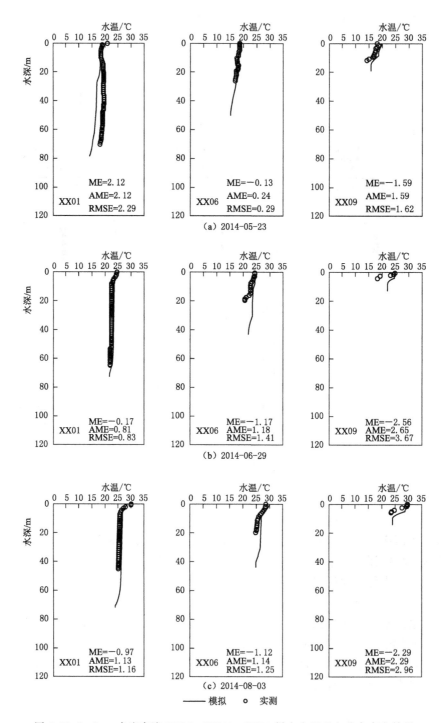

图 8.11（一）　支流库湾 XX01、XX06、XX09 样点水温垂向分布率定结果

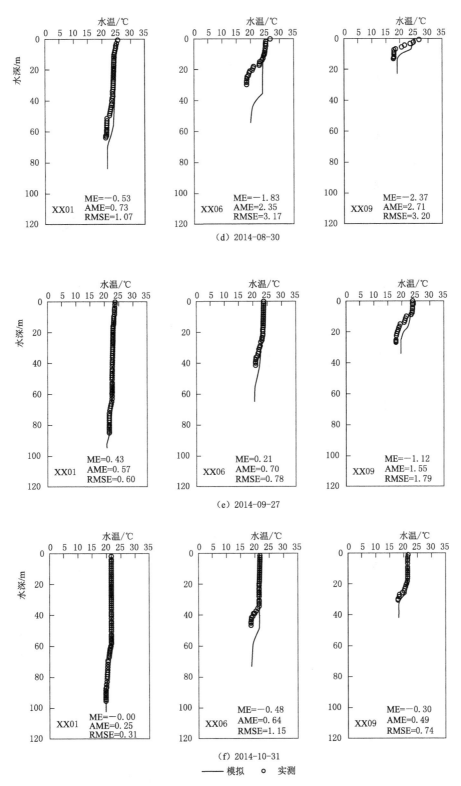

图 8.11（二） 支流库湾 XX01、XX06、XX09 样点水温垂向分布率定结果

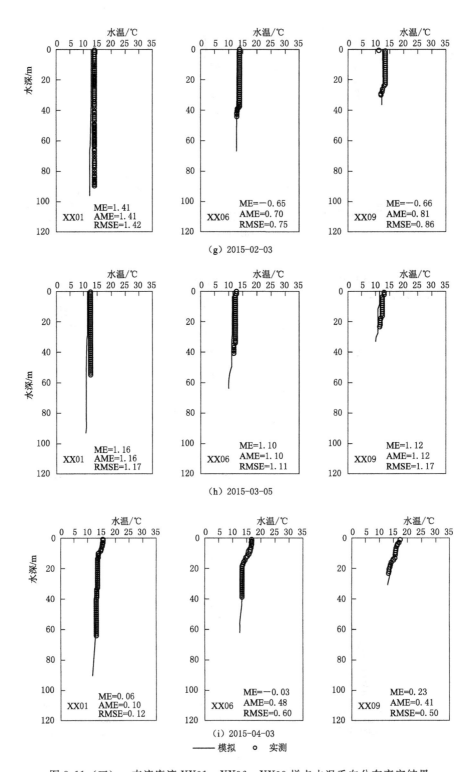

图 8.11（三）　支流库湾 XX01、XX06、XX09 样点水温垂向分布率定结果

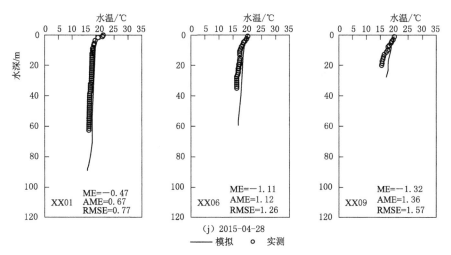

(j) 2015-04-28

——— 模拟　　○ 实测

图 8.11（四）　支流库湾 XX01、XX06、XX09 样点水温垂向分布率定结果

由图 8.12 可知，2014 年 5 月 23 日、6 月 28 日、8 月 3 日模拟流场均表现为长江干流水体从表层倒灌进入香溪河库湾，而实测流场虽然空间连续性略低，但分层异向流动特征基本与模拟流场一致，均为表层倒灌。9 月 27 日模拟流场结果与实测流场均表现为长江干流水体从中层倒灌进入香溪河库湾，而 12 月 29 日模拟流场结果与实测流场均表现为长江干流水体从中表层倒灌进入香溪河库湾。整体上看，模拟流场与实测流场拟合效果较好，模拟结果基本能反映香溪河库湾不同时期分层异向流动特征。

由图 8.12 可知，2015 年 3 月 5 日、4 月 3 日模拟流场均表现为长江干流水体从表层倒灌进入香溪河库湾，而 3 月 5 日实测流场连续性较差，难以辨别倒灌形式，4 月 3 日实测流场表现为中层倒灌，模拟流场与实测流场存在一定差距。4 月 29 日模拟流场与实测流场均表现为长江干流水体从表层倒灌进入香溪河库湾。

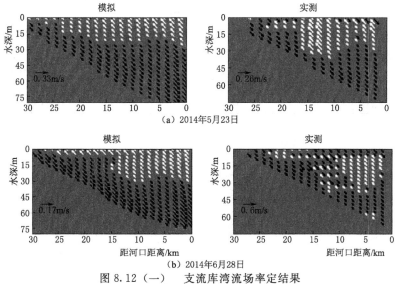

图 8.12（一）　支流库湾流场率定结果

（白色矢量表示由河口流向支流，黑色矢量表示由支流流向河口）

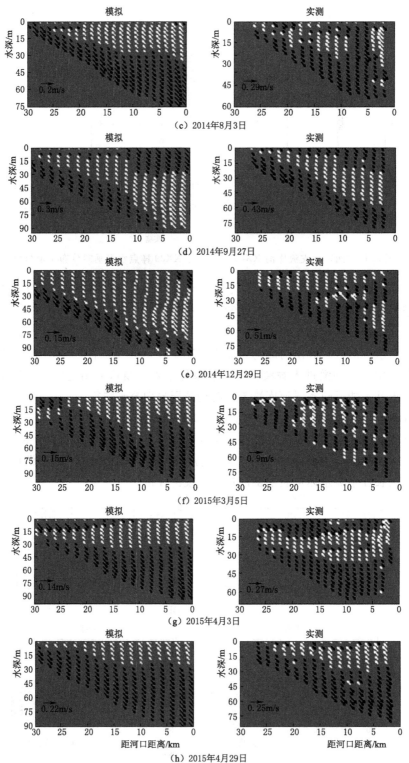

（c）2014年8月3日

（d）2014年9月27日

（e）2014年12月29日

（f）2015年3月5日

（g）2015年4月3日

（h）2015年4月29日

图 8.12（二） 支流库湾流场率定结果

（白色矢量表示由河口流向支流，黑色矢量表示由支流流向河口）

8.5 本 章 小 结

本章利用 CE－QUAL－W2 模型，构建了三峡库区立面二维干支流（长江干流＋香溪河支流库湾）耦合水温水动力模型，并基于实测数据确定模型所需的初始条件及边界条件，模拟了2014 年 5 月 1 日至 2015 年 4 月 30 日，对干支流水温水动力的进行了率定，主要结论如下：

（1）干流率定结果表明，干支流耦合模型能较准确地模拟干流不同时期的主要水位站点的沿程水位变化及典型断面水温分布特征，干流主要水位站点中，绝对平均误差最大为0.363m（长寿站），最小为 0.283m（巴东站）。

（2）长江干流与香溪河交汇区干流上的监测断面 CJXX 的表层水温，与实测值比较，平均误差为－0.13℃，绝对平均误差为 0.52℃；CJXX 垂向水温除模拟初始阶段（2014年 5 月 23 日）误差较大外，其余时间段的绝对平均误差均在 1℃以内。

（3）支流率定结果表明，模拟结果能较好地反映香溪河库湾不同时期不同区域水温垂向分布特性，率定效果较好。

（4）模拟结果表明越靠近支流库湾上游，水温分层越明显。不同时期模拟流场与实测流场倒灌潜入方式、潜入位置及距离均拟合度较高。受上游低温来流的影响，不同时期支流上游均表现为顺坡潜入式异重流，并沿河床底部进入干流。率定期春季、夏季、冬季干流水体均以表层倒灌形式进入支流库湾，而秋季干流水体主要表现为中下层倒灌。

参 考 文 献

［1］ 杨正健，刘德富，纪道斌，等．三峡水库 172.5m 蓄水过程对香溪河库湾水体富营养化的影响［J］．中国科学：技术科学，2010，40（4）：358－369.

［2］ 杨正健．分层异重流背景下三峡水库典型支流水华生消机理及其调控［D］．武汉：武汉大学，2014.

［3］ 纪道斌，刘德富，杨正健，等．汛末蓄水期香溪河库湾倒灌异重流现象及其对水华的影响［J］．水利学报，2010，41（6）：691－696，702.

［4］ 纪道斌，刘德富，杨正健，等．三峡水库香溪河库湾水动力特性分析［J］．中国科学：物理学 力学 天文学，2010，40（1）：101－112.

［5］ 牛凤霞，肖尚斌，王雨春，等．三峡库区沉积物秋末冬初的磷释放通量估算［J］．环境科学，2013，34（4）：1308－1314.

［6］ 冉祥滨．三峡水库营养盐分布特征与滞留效应研究［D］．青岛：中国海洋大学，2009.

［7］ 钱宁，范家骅．异重流［M］．北京：水利水电出版社，1958.

［8］ 罗专溪，朱波，郑丙辉，等．三峡水库支流回水河段氮磷负荷与干流的逆向影响［J］．中国环境科学，2007，27（2）：208－212.

［9］ 顾慰祖，陆家驹，赵霞，等．无机水化学离子在实验流域降雨径流过程中的响应及其示踪意义［J］．水科学进展，2007，18（1）：1－7.

［10］ 李凤清，叶麟，刘瑞秋，等．三峡水库香溪河库湾主要营养盐的入库动态［J］．生态学报，2008，28（5）：2073－2079.

［11］ 陈敏．化学海洋学［M］．北京：海洋出版社，2009.

［12］ BOEHRER B, SCHULTZE M. Stratification of lakes［J］. Reviews of Geophysics, 2008, 46（2）：RG2005.

第9章 香溪河库湾水动力演变过程
及水动力参数模拟

9.1 概　　述

前文基于监测数据对香溪河库湾分层异重流特性及其背景下的水环境特征进行了分析，发现库湾特殊水温分层模式、营养物质输移转化以及水体富营养化和水华情势均受库湾分层异重流的影响显著，三峡水库典型支流库湾长期普遍存在的分层异重流成为库湾水环境及水生态演化最主要最活跃的驱动因素。鉴于监测周期及监测点位的有限性，要更加全面准确地了解香溪河库湾水动力特性及其变化规律，有必要借助数值模拟建立香溪河库湾水动力、水温数值模拟模型进一步系统分析。

本章在模拟分析的基础上，对上游底部顺坡异重流和干流多种倒灌异重流在库湾运动过程中形成的复杂的水动力环流模式进行归类和概化，对应分析每一种模式的发生条件、主要水动力特性及环境效应，归纳不同年份各个时期水动力循环模式演变规律，为揭示香溪河等典型河道型库湾水华暴发的水动力机制、探索防控措施提供理论指导。

9.2 模 拟 工 况 设 计

香溪河库湾分层异重流主要包括干流水体潜入支流库湾的倒灌异重流以及支流上游来流形成的顺坡异重流，本节将单独对不同因素对干流倒灌异重流运动的影响规律进行研究。根据已有研究可知，影响异重流的主要因素是干支流温差、库湾上游来流量以及水库水位日变幅等。考虑到影响因子较多，本研究借助正交实验设计方法拟定不同的数值模拟实验，应用 CE－QUAL－W2 水流水温模型，计算不同因素组合对香溪河库湾发生分层异重流的影响规律。

正交实验是广泛应用于工业优化设计中的一种方法[1-5]，它提供了一种简单有效且具有系统性的途径去优化设计，可以大大减少优化设计的时间成本。正交实验设计一般采用正交实验表格来安排影响因子，从统计学意义上讲，正交实验表格包含的信息与全尺寸的实验设计相同，但正交实验的次数更少。举例来说，一个需要做 27 次单因子实验的全尺寸实验，用正交实验表格，只需要 9 次实验就能遍历所有 27 次工况。本章借助该方法，对异重流的主要影响因子，即干流与支流表层水体温差、支流上游入流量、水位日变幅进行了探讨。

为了尽可能真实反映香溪河库湾不同形态倒灌异重流受各种因素的影响规律，本数值实验初始条件分别选择真实发生了表层、中层和底部倒灌异重流的 2008 年 9 月 30 日、8 月 9 日和 11 月 25 日，同时为避免库湾当天流场及温度场的不稳定对模拟实验的影响，本研究把当天库湾河口 XX01 断面的水温分布作为模型固定下边界，上游流量和水温、气象边界均用当天实际值，计算 30 天，将库湾形成的稳定流场和温度场作为数值实验的初始场，再改变库湾上游来流量、干流倒灌水温、水位日升幅三个影响因素值，正交实验的因子及各因子水平见表 9.1。

表 9.1 正交实验影响因子水平表

符号	控 制 因 子	因 子 水 平		
		1	2	3
A	香溪河上游入流量/（m³/s）	10	40.37	400
B-1	干流与支流表层水体温差（表层倒灌异重流）/℃	0.6	1.6	3.1
B-2	干流与支流表层水体温差（中层倒灌异重流）/℃	0.6	1.1	1.6
B-3	干流与支流表层水体温差（底层倒灌异重流）/℃	0.6	1.6	3.1
C	水位日变幅/（m/d）	0.5	1.5	3

正交实验表格常命名为 $L_{实验次数}(水平数^{因子数})$，本研究中有 3 水平 3 因子，查正交实验表，应采用 $L_9(3^4)$ 正交实验表，因本研究只有 3 个控制因子，故第四列略去，详见表 9.2。

表 9.2 正 交 实 验 表

实验序号	因子 1	因子 2	因子 3	因子 4
1	1	1	1	1
2	1	2	2	2
3	1	3	3	3
4	2	1	2	3
5	2	2	3	1
6	2	3	1	2
7	3	1	3	2
8	3	2	1	3
9	3	3	2	1
	A	B	C	

分析不同因素组合对香溪河库湾倒灌异重流主要水力学要素的影响规律。本数值模拟实验选取的水力学要素为规定时间内分层异重流的运行距离和潜入点厚度，其中运行距离指异重流从河口倒灌潜入后在经一段时间（本研究取潜入后第 2.5 天）向上游运动行进的距离，潜入点厚度是指干支流交汇处潜入支流的那部分干流水体的厚度，如图 9.1 所示。图 9.1 为中层倒灌异重流的示意图，其他从不同层倒灌进入支流库湾的异重流形式与此大同小异。异重流还存在其他要素，本文仅考虑异重流的运行距离和潜入点厚度，后续研究将考虑其他要素，如异重流头部厚度和锋速等因素。

由于支流库湾的分层异重流受支流上游来水、支流库湾回水区、干流水温及泥沙含量的综合影响，其中水温为主要影响因素。由于库湾回水末端水深较浅，上游入流水温可能会高于也有可能低于库湾回水末端水温，相应上游入流将从表层或底部潜入库湾从而形成表层和底部顺坡异重流；三峡水库干流水体由于流量较大，掺混较强，沿深度温度梯度较小，而支流水温沿垂向存在温度梯度，那么干流水体潜入库湾相应会出现表层、中上层、中层、中下层、底部倒灌异重流。由上游来水引起的两种顺坡异重流和干流五种倒灌异重

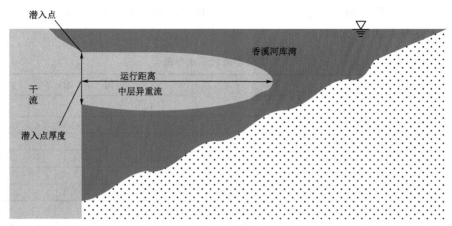

图 9.1　中层倒灌异重流示意图

流在库湾运动过程中形成复杂多样的环流模式。为便于分析，从香溪河库湾 2008—2011 年四年的水流水温纵剖面模拟结果中遴选具有代表性的环流模式并进行归纳和概化，以下为其中主要的 10 种模式。

9.3　三峡水库香溪河库湾水流交换模式

9.3.1　上游表层顺坡异重流，下游表层倒灌异重流

图 9.2 （a）、（b） 概化了当库湾上游入流水温高于库湾环境水体，干流水温高于库湾表层水温时上游入流、干流倒灌水流进入库湾后形成的环流过程及最终形成的稳态过程，其中：①为上游入流；②为库湾上游回水区形成的表层与上游表层顺坡异重流方向一致的逆时针环流；③为上游入流与干流倒灌水体中间的库湾原水；④为上游入流与干流倒灌水体中间的库湾原水受到挤压向下流动方向；⑤为库湾上游回水区的逆时针环流被携带流出库湾方向；⑥为干流倒灌水流；⑦为受干流倒灌水流影响，库湾原有中下层回水流出库湾的顺时针环流；⑧为上游入流、库湾回水、干流入流最终沿底部流出库湾的方向。

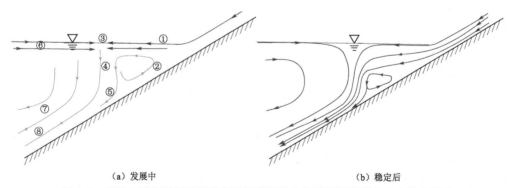

（a）发展中　　　　　　　　　　　　　　　　（b）稳定后

图 9.2　基于上游表层顺坡干流表层倒灌异重流的香溪河库湾水动力概化模式

如图 9.3 （a）、（b）、（c） 所示，水库干流水体从表层潜入库湾，库湾上游来水也从库湾表层流入库湾。由于动量守恒，位于倒灌水体下面的库湾水体形成补偿流流向河口，

与倒灌水流在库湾下游形成大的顺时针环流。而在库湾上游靠近回水末端，同样出于动量守恒，会发生小尺度的逆时针环流。因此，表层倒灌异重流和表层顺坡异重流将会提高表层水体流速，从而缩短表层有效水体滞留时间，同时增强表层水体内紊动强度如图 9.3 (d)、(e)、(f) 所示。而在库湾中游，干流倒灌异重流和上游表层顺坡异重流未相遇的区域往往形成滞留区域，水体滞留时间较长且水体掺混较弱，如图 9.3 所示。此种环流模式下，库湾底层水体往往滞留时间较长，最长的达到 40.8d，发生在 2011 年 4 月 13 日，同时最小的掺混强度达到 $1 \times 10^{-6} \mathrm{m}^2/\mathrm{s}$。在库湾下游顺时针环流区域，由于上游潜入的顺坡异重流的进一步汇入，该区域掺混强度得到一定的增强，例如 2009 年 4 月 6 日，库湾 0~22km 范围内的水体。

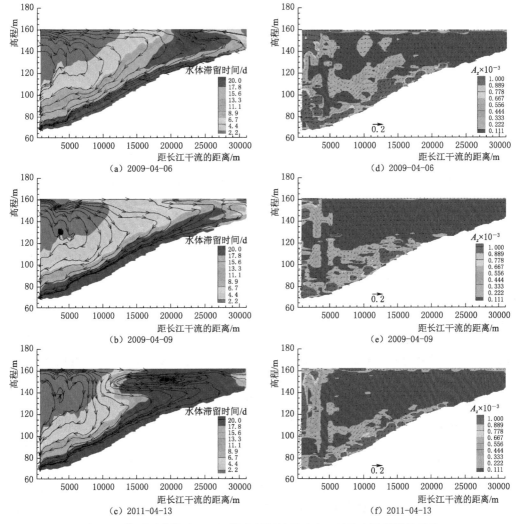

图 9.3　典型环流模式——上游表层顺坡异重流、干流表层倒灌异重流

[其中 (a)、(b)、(c) 为流线表征的环流特征以及水体滞留时间纵剖面，(d)、(e)、(f) 为库湾流场（m/s）及垂向掺混强度 A_z（m^2/s）纵剖面。红色表征更短的滞留时间和更强的掺混强度，蓝色表征更长的滞留时间和更弱的掺混强度。]

9.3.2 上游表层顺坡异重流，下游中上层倒灌异重流

图 9.4 (a)、(b) 概化了该模式中上游入流、干流倒灌水流进入库湾后形成的环流过程及最终形成的稳态过程，其中①为上游入流；②为库湾上游回水区形成的表层与上游表层顺坡异重流方向一致的逆时针环流；③为上游入流与干流倒灌水体中间的库湾原水；④为上游入流与干流倒灌水体中间的库湾原水受到挤压向下流动方向；⑤为库湾上游回水区的逆时针环流被携带流出库湾方向；⑥为受干流倒灌水流影响，库湾表层水体流出库湾的逆时针环流以及上游入流最终流出库湾的方向；⑦为干流倒灌水流；⑧为受干流倒灌水流影响，库湾下层水体流出库湾的顺时针环流。

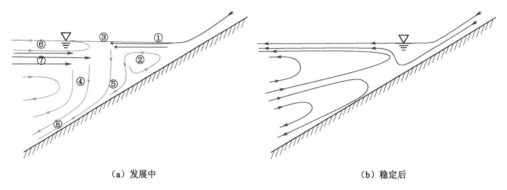

(a) 发展中　　　　　　　　　　　　　　　　(b) 稳定后

图 9.4 基于上游表层顺坡、干流中上层倒灌异重流的香溪河库湾水动力概化模式

如图 9.5 (a)、(b)、(c) 所示，干流水体分别从香溪河库湾河口 3.04～30.04m，8.07～41.07m 和 9.0～38.0m 潜入库湾。库湾上游来水依然从表层流入库湾形成表层顺坡异重流。由于动量守恒，倒灌异重流下面的库湾回水流向库湾河口，与倒灌异重流形成较大的顺时针环流。同时位于倒灌异重流之上的库湾水体也会由于动量守恒流向河口并与倒灌异重流形成逆时针环流。同时，出于与上游来水表层顺坡异重流动量守恒，在库湾上游靠近回水末端也将会形成小规模的逆时针环流，但在所遴选的图 9.5 (a)、(b)、(c) 中并不明显。当上游来水流量足够大，流向库湾下游时能与库湾中下游表层逆时针环流相接时，库湾表层流速将整体增大，并在表层形成众多紊动漩涡从而增强表层水体掺混强度。

在该环流模式中，库湾中下游的中上层水体、表层水体（尤其是靠近最上游的表层水体），由于相应异重流的存在，水体滞留时间相对较短，最短的小于 0.1d，如图 9.5 (a)、(b)、(c) 所示；水体掺混强度较大，最强的达到 253724×10⁻⁶ m²/s，发生在 2008 年 3 月 31 日，如图 9.5 (d)、(e)、(f) 所示。接近库湾底部发生顺时针环流的区域以及库湾表层，水体滞留时间稍短且掺混强度相对稍强，如图 9.5 (b)、(d)、(e)、(f) 所示。例如 2009 年 3 月 29 日，靠近河口的底部，平均滞留时间为 16.5d，平均垂向掺混强度为 77396×10⁻⁶ m²/s。但库湾其他区域平均滞留时间达到 30.5d，掺混强度小于 100×10⁻⁶ m²/s，如图 9.5 (b) 所示。而 2010 年 4 月 12 日，在未受异重流影响的区域，水体滞留时间更长，最长的达到 33.2d，最小的水体掺混强度仅为 1×10⁻⁶ m²/s，如图 9.5 (a)、(c)、(d)、(f) 所示。

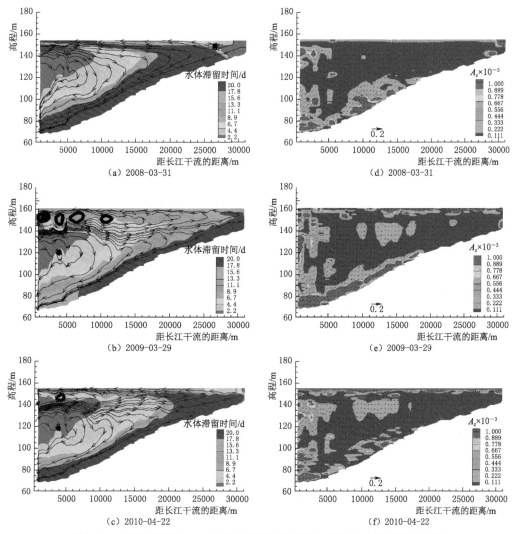

图 9.5 典型环流模式——上游表层顺坡异重流、干流中上层倒灌异重流

[其中，分图（a）、（b）、（c）为流线表征的环流特征以及水体滞留时间纵剖面；分图（d）、（e）、（f）为库湾流场（m/s）及垂向掺混强度 A_z（m²/s）纵剖面。红色和蓝色表征的意义同图 9.3。]

9.3.3 上游表层顺坡异重流，下游中层倒灌异重流

图 9.6 概化了该模式中上游入流、干流倒灌水流进入库湾后形成的环流过程及最终形成的稳态过程，其中：①为上游入流；②为库湾上游回水区形成的表层与上游表层顺坡异重流方向一致的逆时针环流；③为上游入流前端的库湾原水；④为干流倒灌水体前端的库湾原水受到挤压向上流动方向；⑤为干流倒灌水体前端的库湾原水受到挤压向下流动方向；⑥为受干流倒灌水流影响，库湾表层水体流出库湾的逆时针环流以及上游入流最终流出库湾的方向；⑦为干流倒灌水流；⑧为受干流倒灌水流影响，库湾下层水体流出库湾的顺时针环流；⑨为上游入流前端的库湾原水受挤压向下流动方向；⑩为库湾上游回水区的逆时针环流被携带流出库湾方向。

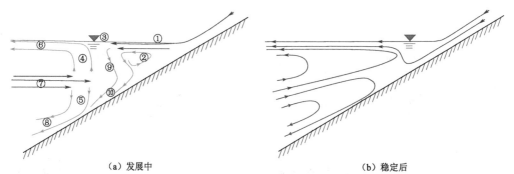

（a）发展中　　　　　　　　　　　　　　（b）稳定后

图 9.6　基于上游表层顺坡、干流中层倒灌异重流的香溪河库湾水动力概化模式

　　由图 9.7 可见，库湾上游来水依然以表层顺坡异重流流出库湾。水库干流水体分别从库湾河口中层 14.34～53.34m 和 9.36～46.36m 流入库湾如图 9.7（a）、（b）所示。类似于图 9.7（a）、（b）、（c），倒灌异重流下面的库湾回水出于对倒灌异重流的动量守恒流向河口，与倒灌异重流形成顺时针环流，位于倒灌异重流上层的水体流向河口与倒灌异重流形成逆时针环流，如图 9.7（a）、（b）所示。在该模式中，在异重流影响到的区域，水体滞留时间较短，均短于 10d。而其他区域，水体滞留时间相对较长，大多长于 20d。相对于前两种环流模式，该种环流模式影响下的库湾大多数区域内，水体掺混强度较低。只是在靠近河口的局部区域，水体掺混强度呈现一定的增强，如图 9.7（c）、（d）所示。

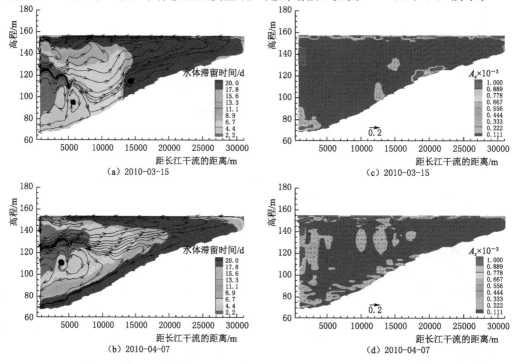

图 9.7　典型环流模式——上游表层顺坡异重流、干流中层倒灌异重流

　　[其中，分图（a）、（b）为流线表征的环流特征以及水体滞留时间纵剖面，分图（c）、（d）为库湾流场（m/s）及垂向掺混强度 A_z（m²/s）纵剖面。红色和蓝色表征的意义同图 9.3。]

9.3.4 上游表层顺坡异重流，下游中下层倒灌异重流

图 9.8（a）、（b）概化了该模式中上游入流、干流倒灌水流进入库湾后形成的环流过程及最终形成的稳态过程，其中：①为上游入流；②为库湾上游回水区形成的表层与上游表层顺坡异重流方向一致的逆时针环流；③为上游入流前端的库湾原水；④为干流倒灌水体前端的库湾原水受到挤压向上流动方向；⑤为上游入流前端的库湾原水受挤压向下流动方向；⑥为受干流倒灌水流影响，库湾中上层水体流出库湾的逆时针环流以及上游入流最终流出库湾的方向；⑦为干流倒灌水流；⑧为受上游入流挤压向下流动库湾原水受中下层倒灌的干流水体顶托向上流动的方向；⑨为受干流倒灌水流影响，库湾底部形成的较弱的顺时针环流。

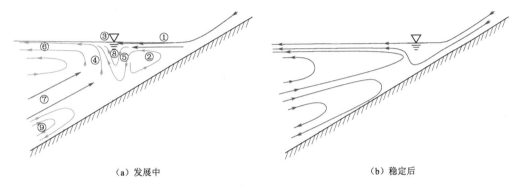

（a）发展中 　　　　　　　　　　　　　　　（b）稳定后

图 9.8　基于上游表层顺坡、干流中下层倒灌异重流的香溪河库湾水动力概化模式

如图 9.9 所示，库湾上游来水依然以表层顺坡异重流的形式流入库湾并向下游延伸，然而流量很小，仅为 23.1m³/s 和 20.7m³/s。水库干流水体从河口中下层 27.43～76.43m 和 38.09～83.09m 潜入库湾。受倒灌水体影响，靠近中下游的中上层水体趋于流向河口与倒灌异重流形成逆时针环流如图 9.9（a）、（b）所示。该逆时针环流也可能与上游表层顺坡异重流汇合，如图 9.9（a）所示。另外，在 2009 年 2 月 3 日，一个很大的顺时针环流源于河口并不断上升至中上游的水表面，然后沿河底流回河口，如图 9.9（b）所示。

在该模式中，库湾中形成的逆时针环流将缩短相应区域的水体滞留时间，如图 9.9（a）、（b）所示。库湾上游流过表层顺坡异重流的区域水体滞留时间也相对较短，如 2008 年 3 月 14 日，上游表层水体滞留时间短于 6d，如图 9.9（a）所示。然而在没有受到异重流影响的区域，水体滞留时间均长于 20d。2008 年 3 月 14 日和 2009 年 2 月 3 日最长的分别达到 25.1d 和 49.3d 如图 9.9（b）所示。水库干流倒灌异重流能否增强其影响到的区域内的水体掺混强度，如图 9.9（c）、（d）中靠近河口区域，最大掺混强度达到 $11535 \times 10^{-6} m^2/s$。图 9.9（b）中大的顺时针环流也引起了一定程度的水体掺混，如图 9.9（d）中靠近中上游的表层区域以及底部零星的红色斑点所示。

9.3.5 上游表层顺坡异重流，下游底层倒灌异重流

图 9.10（a）、（b）概化了该模式中上游入流、干流倒灌水流进入库湾后形成的环流过程及最终形成的稳态过程，其中：①为上游入流；②为库湾上游回水区形成的表层与上游表层顺坡异重流方向一致的逆时针环流；③为上游入流与干流倒灌水体中间的库湾原

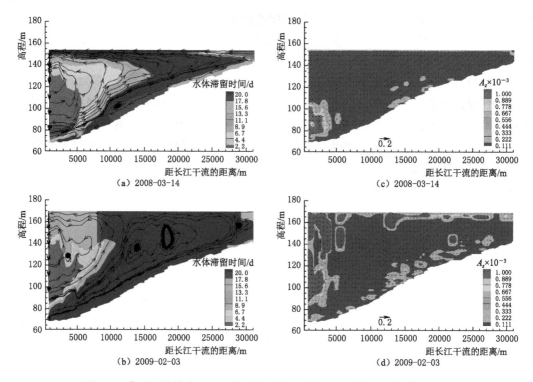

图 9.9 典型环流模式——上游表层顺坡异重流、干流中下层倒灌异重流

[其中，分图 (a)、(b) 为流线表征的环流特征以及水体滞留时间纵剖面，分图 (c)、(d) 为库湾流场 (m/s) 及垂向掺混强度 A_z (m²/s) 纵剖面。红色和蓝色表征的意义同图 9.3。]

水；④为上游入流与干流倒灌水体中间的库湾原水受到挤压上升方向；⑤为库湾上游入流发展过程中对库湾水体进行挤压向下流动的方向；⑥为上游入流、库湾回水、干流入流最终沿底部流出库湾的方向；⑦为受干流倒灌水流影响，库湾原有中下层回水流出库湾的逆时针环流；⑧为干流倒灌水流。

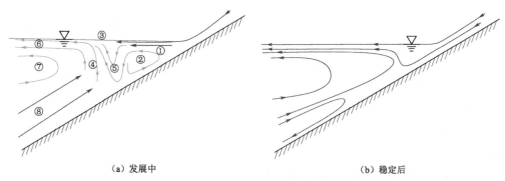

图 9.10 基于上游表层顺坡干流底部倒灌异重流的香溪河库湾水动力概化模式

如图 9.11 (a)、(b)、(c) 所示，库湾上游来水依然以表层顺坡异重流的形式流入库湾并向下游延伸。干流水体从河口底部潜入库湾。位于倒灌水体之上的库湾回水受倒灌水流的影响从而流向河口，在库湾下游河段 [图 9.11 (a)、(b)] 甚至全河段 [图 9.11

(c)]与倒灌异重流形成巨大的逆时针环流。同时在干流水体倒灌潜入过程中，会推动前端水体形成较大的漩涡，库湾最上游受表层顺坡异重流的影响也可能会形成小的环流，如图 9.11（b）所示。

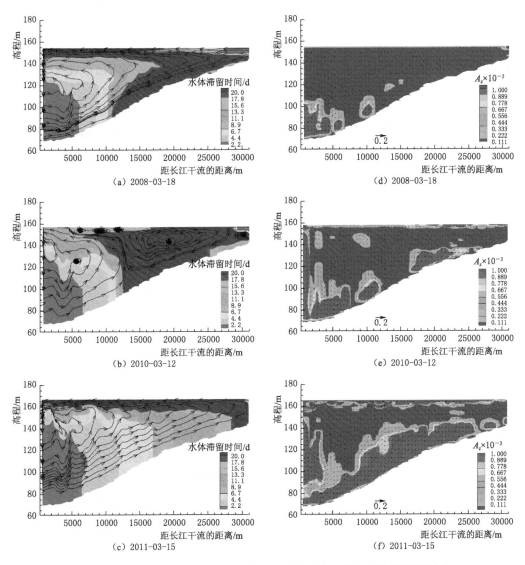

图 9.11　典型环流模式——上游表层顺坡异重流、干流底部倒灌异重流

［其中，分图（a）、（b）、（c）为流线表征的环流特征以及水体滞留时间纵剖面，分图（d）、（e）、（f）为库湾流场（m/s）及垂向掺混强度 A_z（m^2/s）纵剖面。红色和蓝色表征的意义同图 9.3。］

在该模式中，干流倒灌异重流和上游表层顺坡异重流均会相应增大水体流速并缩短水体滞留时间［图 9.11（a）、（b）、（c）］，增强水体掺混强度［图 9.11（d）、（e）、（f）］。最短的水体滞留时间仅为 0.2d，最强的水体掺混强度达到 $115453 \times 10^{-6} m^2/s$。然而在没有受到异重流影响的区域，水体滞留时间相对较长。如果倒灌异重流和上游顺坡异重流均较弱，运行距离较短，如图 9.11 (a) 所示，库湾大多数区域除了个别区域，如图 9.11 (d) 红色斑点区域，水体掺混强度都基本在 $1 \times 10^{-6} \mathrm{m}^2/\mathrm{s}$。如果干流倒灌水体流量较大，如图 9.11 (c) 所示，库湾靠近底部的水体和整个表层将会经历较强的水体掺混强度，而库湾中层区域则掺混强度较弱，如图 9.11 (f) 所示。

9.3.6　上游底层顺坡异重流，下游表层倒灌异重流

图 9.12 (a)、(b) 概化了该模式中上游入流、干流倒灌水流进入库湾后形成的环流过程及最终形成的稳态过程，其中：①为上游入流；②为库湾上游回水区形成的底部与上游底部顺坡异重流方向一致的顺时针环流；③为上游入流与干流倒灌水体中间的库湾原水；④为受上游底部异重流顶托挤压而向上流动的水体受干流倒灌水流的挤压再次向下流动的方向；⑤为干流倒灌水流；⑥为干流倒灌水体前端库湾原水受挤压而向下流动的方向；⑦为受干流倒灌水流影响，库湾原有中下层回水流出库湾的顺时针环流也是上游入流、库湾回水、干流入流最终沿底部流出库湾的方向。

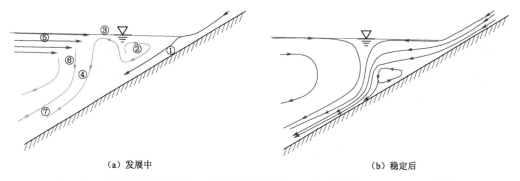

(a) 发展中　　　　　　　　　　　　　　　　　　(b) 稳定后

图 9.12　基于上游底部顺坡、干流表层倒灌异重流的香溪河库湾水动力概化模式

图 9.13 (a) ~ (d) 中，库湾上游来流从回水末端潜入并从底部流出库湾。水库干流水体从河口表层倒灌潜入库湾。位于倒灌异重流下端的水体由于动量平衡原理，流向河口，在库湾中下游与倒灌异重流形成较大的顺时针环流。在库湾上游靠近回水末端受上游底部顺坡异重流的影响，也有可能形成顺时针环流。随着干流倒灌异重流的发展，库湾下游的顺时针环流将与上游的顺时针环流汇合，从而形成贯穿整个库湾的大规模顺时针环流。

在该模式中，干流表层倒灌异重流和上游底部顺坡异重流均会有利于增大库湾表层流速并缩短其水体滞留时间（平均只有 2.2d），如图 9.13 (a) ~ (d) 所示，同时增强水体掺混强度（平均为 $13451 \times 10^{-6} \mathrm{m}^2/\mathrm{s}$），如图 9.13 (e) ~ (h) 所示。而在没有受到干流倒灌异重流影响到的区域，水体滞留时间往往较长，平均达到 16.6d，如图 9.13 (a)、(c) 所示。

贯穿整个库湾的顺时针环流在干流表层倒灌异重流和上游底部顺坡异重流的协同作用下得到加强，并加强两种异重流之间水体的掺混强度，如图 9.13 (e) ~ (h) 所示。大多数区域的水体掺混强度均较强，最强的分别达到 $1000000 \times 10^{-6} \mathrm{m}^2/\mathrm{s}$、$500428 \times 10^{-6} \mathrm{m}^2/\mathrm{s}$、$836897 \times 10^{-6} \mathrm{m}^2/\mathrm{s}$、$1000000 \times 10^{-6} \mathrm{m}^2/\mathrm{s}$，如图 9.13 (e) ~ (h) 所示。同时可见，该模式下的水体掺混强度明显大于其他环流模式。

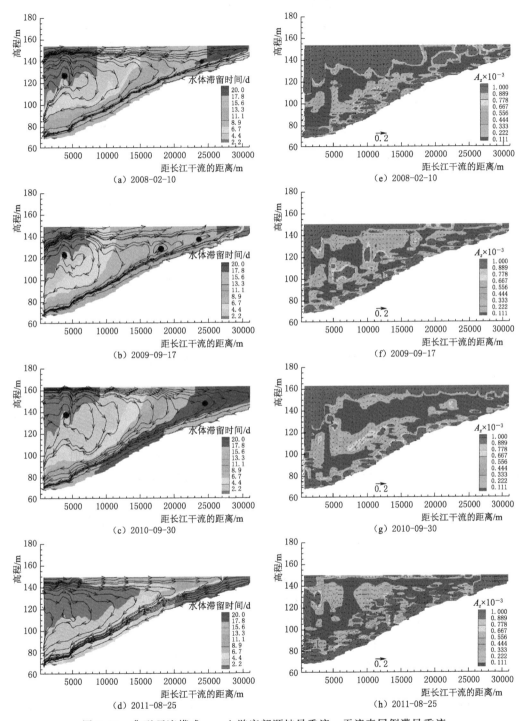

图 9.13 典型环流模式——上游底部顺坡异重流、干流表层倒灌异重流

[其中，分图（a）、（b）、（c）、（d）为流线表征的环流特征以及水体滞留时间纵剖面；分图（e）、（f）、（g）、（h）为库湾流场（m/s）及垂向掺混强度 A_z（m²/s）纵剖面。红色和蓝色表征的意义同图 9.3。]

9.3.7　上游底层顺坡异重流，下游中上层倒灌异重流

图 9.14（a）、（b）概化了该模式中上游入流、干流倒灌水流进入库湾后形成的环流过程及最终形成的一种稳态过程，其中：①为上游入流；②为库湾上游回水区形成的底部与上游底部顺坡异重流方向一致的顺时针环流；③为上游入流与干流倒灌水体中间的库湾原水；⑤为上游底部异重流前端库湾原水受挤压而向上流动的方向；⑦为干流倒灌水流；④为干流倒灌水流前端库湾原水受挤压向下流动的方向；⑥为库湾表层原水受干流倒灌水流影响，形成逆时针环流流出库湾的方向；⑧为受干流中上层倒灌异重流影响，库湾中下层形成的顺时针环流也是上游入流沿库湾底部流出库湾的方向。

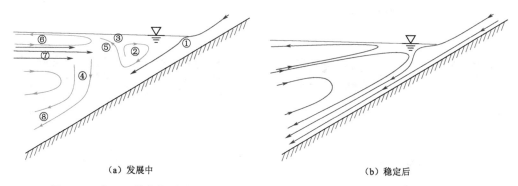

（a）发展中　　　　　　　　　　　　　　（b）稳定后

图 9.14　基于上游底部顺坡、干流中上层倒灌异重流的香溪河库湾水动力概化模式

如图 9.15（a）、（b）、（c）、（d）所示，上游来水从库湾底部流出库湾形成底部顺坡异重流。水库干流水体从库湾河口中上层倒灌潜入库湾，潜入深度分别为 $3.75 \sim 29.75\text{m}$、$5.98 \sim 34.98\text{m}$、$2.82 \sim 27.82\text{m}$ 和 $2.98 \sim 27.98\text{m}$，形成中上层倒灌异重流。位于倒灌异重流下面的库湾回水由于动量守恒将流向河口，与倒灌异重流形成较大的顺时针环流。而位于倒灌异重流上部的库湾回水出于同样原因也会流向河口，与倒灌异重流形成很薄的逆时针环流如图 9.15（a）～（d）所示。库湾上游靠近回水末端也会形成较小的顺时针环流，如图 9.15（c）所示，而在图 9.15（a）、（b）、（d）中并不明显。库湾上游底部顺坡异重流将与下游的顺时针环流汇合，增大库湾下游底部水体的流速，如图 9.15（a）、（d）所示。

在该环流模式中，库湾表层 5m 水体往往拥有较长的滞留时间，从而形成滞留效应，如图 9.15（a）～（d）所示。水体滞留时间往往超过 11d，2010 年 7 月 10 日达到 31.5d。同时，垂向掺混强度一般也较弱，如图 9.15（e）～（h）所示。A_z 往往小于 $3 \times 10^{-6}\text{m}^2/\text{s}$。受两种异重流影响到的库湾其他区域水体滞留时间较短，掺混更强。例如，靠近河口 6km 的河段由于干流倒灌异重流的影响，水体掺混强度如图 9.15（e）～（h）所示。最大的 A_z 达到 $217139 \times 10^{-6}\text{m}^2/\text{s}$。同时，在库湾下游河段底部两种异重流汇合的区域［图 9.15（a）～（d）］以及上游靠近回水末端底部顺坡异重流流过的区域［图 9.15（e）、（f）、（h）］往往水体掺混较为强烈。最大的 A_z 达到 $13933 \times 10^{-6}\text{m}^2/\text{s}$。其他区域，水体掺混强度相对较小，平均值往往小于 $3 \times 10^{-6}\text{m}^2/\text{s}$，最大的 A_z 也只有 $200 \times 10^{-6}\text{m}^2/\text{s}$。

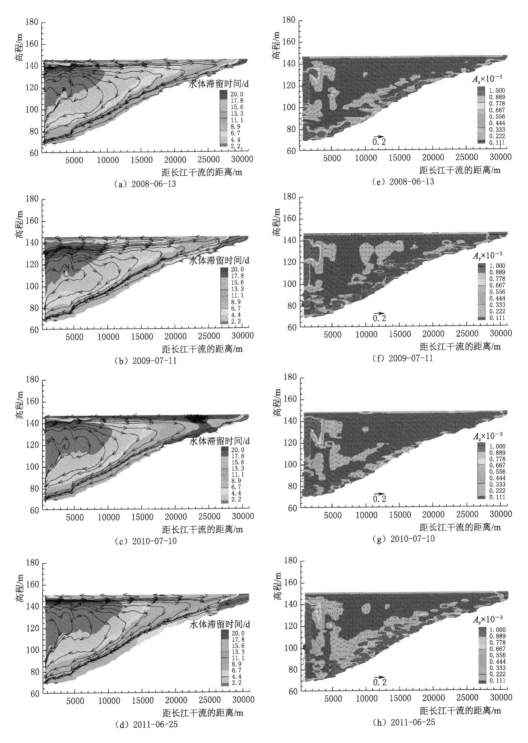

图 9.15 典型环流模式——上游底部顺坡异重流、干流中上层倒灌异重流

[其中，分图（a）、（b）、（c）、（d）为流线表征的环流特征以及水体滞留时间纵剖面；分图（e）、（f）、（g）、（h）为库湾流场（m/s）及垂向掺混强度 A_z（m²/s）纵剖面。红色和蓝色表征的意义同图 9.3。]

9.3.8　上游底层顺坡异重流，下游中层倒灌异重流

图 9.16（a）、（b）概化了该模式中上游入流、干流倒灌水流进入库湾后形成的环流过程及最终形成的一种稳态过程，其中：①为上游入流；②为库湾上游回水区形成的底部与上游底部顺坡异重流方向一致的顺时针环流；③为上游入流与干流倒灌水体中间的库湾原水；④为干流倒灌水体前端的库湾原水受到挤压向上流动方向；⑤为干流倒灌水体前端的库湾原水受到挤压向下流动方向；⑥为受干流倒灌水流影响，库湾表层形成的逆时针环流；⑦为干流倒灌水流；⑧为受干流倒灌水流影响，库湾下层水体流出库湾的顺时针环流以及上游底坡异重流流出库湾方向；⑨为上游底部异重流前端库湾原水受挤压而向上流动的方向。

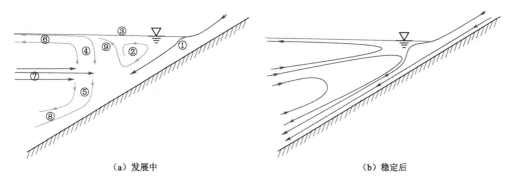

（a）发展中　　　　　　　　　　　　（b）稳定后

图 9.16　基于上游底部顺坡、干流中层倒灌异重流的香溪河库湾水动力概化模式

如图 9.17 所示，库湾上游来水依然从库湾底部流出河口。水库干流水体从河口中层倒灌进入库湾，潜入深度依次为 21.09～55.09m、26.14～59.14m、21.73～58.73m 和 20.92～54.92m，如图 9.17（a）～（d）所示。位于倒灌异重流上部的库湾原水体受倒灌异重流影响流向河口与倒灌异重流形成逆时针环流，如图 9.17（a）～（d）所示。倒灌异重流的动量更倾向于与底部流动的顺坡异重流形成平衡，因此在库湾形成大规模的顺时针环流，该环流发源自河口倒灌异重流底部，逐渐上升至库湾中上游表层，并最终与上游底部顺坡异重流闭合，如图 9.17（a）～（c）所示。当倒灌异重流和底部顺坡异重流比较接近时，在两种异重流之间还会形成众多剧烈的漩涡，如图 9.17（d）所示。

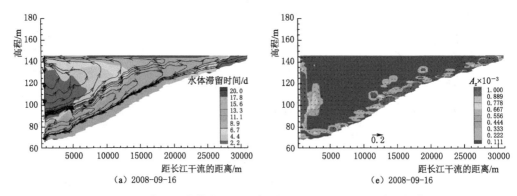

（a）2008-09-16　　　　　　　　　　（e）2008-09-16

图 9.17（一）　典型环流模式——上游底部顺坡异重流、干流中层倒灌异重流

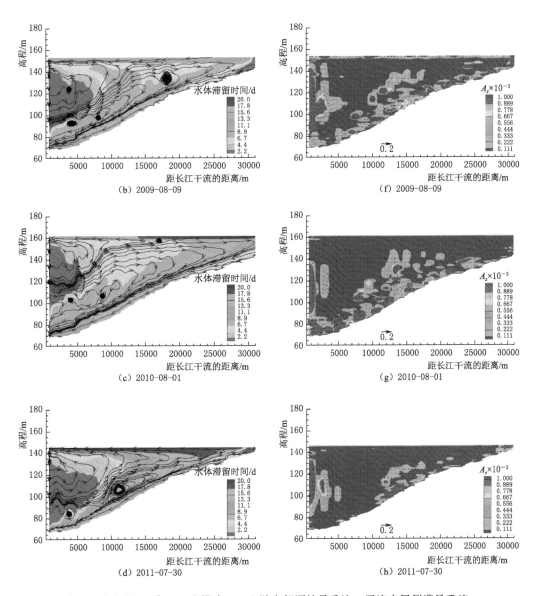

图 9.17 (二) 典型环流模式——上游底部顺坡异重流、干流中层倒灌异重流

[其中，分图（a）、（b）、（c）、（d）为流线表征的环流特征以及水体滞留时间纵剖面；分图（e）、（f）、（g）、（h）为库湾流场（m/s）及垂向掺混强度 A_z（m²/s）纵剖面。红色和蓝色表征的意义同图 9.3。]

与第 7 种环流模式类似，库湾表面 5m 水体流速较小，滞留时间较长，形成滞留效应 [图 9.17 (a) ～ (d)]，同时水体掺混强度较弱 [图 9.17 (e) ～ (h)]，水体滞留时间一般大于 15d [图 9.17 (a)、(c)、(d)]，掺混强度 A_z 小于 3×10^{-6} m²/s。其他区域，尤其是两种异重流流过的区域水体滞留时间较短 [图 9.17 (a) ～ (d)]。库湾水体垂向紊动强度剖面特征整体与模式 7 类似，但是靠近河口的区域水体紊动强度相对模式 7 更弱。同时可见在库湾较大的顺时针环流影响区域，水体紊动强度相对较强，最大值达到 5591×10^{-6} m²/s，如图 9.17（e）～（h）所示。而在其他区域，水体平均紊动强度小于 $3×10^{-6}\,\mathrm{m^2/s}$，最大值不超过 $200×10^{-6}\,\mathrm{m^2/s}$。

9.3.9 上游底层顺坡异重流，下游中下层倒灌异重流

图 9.18（a）、（b）概化了该模式中上游入流、干流倒灌水流进入库湾后形成的环流过程及最终形成的一种稳态过程，其中：①为上游入流；②为库湾上游回水区形成的顺时针环流；③为上游入流与干流倒灌水体中间的库湾原水；④为干流倒灌水体前端的库湾原水受到挤压向上流动方向；⑤为上游底部异重流前端库湾原水受挤压而向上流动的方向；⑥为受干流倒灌水流影响，库湾中上层形成的逆时针环流；⑦为干流倒灌水流；⑧为受干流倒灌水流影响，库湾下层形成的较弱的顺时针环流以及上游底坡异重流最终流出库湾的方向。

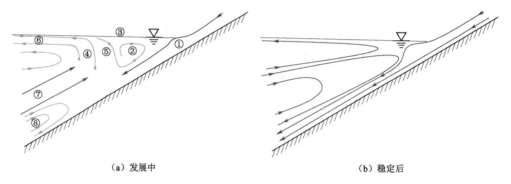

（a）发展中 （b）稳定后

图 9.18 基于上游底部顺坡、干流中下层倒灌异重流的香溪河库湾水动力概化模式

如图 9.19 所示，库湾上游来水依然从回水末端底部潜入并从库湾底部流出。水库干流水体从河口中下层倒灌潜入，潜入深度分别为 20.32～68.32m、20.77～73.77m 和 36.93～85.93m，如图 9.19（a）、（b）、（c）所示。位于倒灌异重流上部的库湾原水体受到倒灌水流的影响流向河口，与倒灌异重流形成逆时针环流，如图 9.19（a）、（b）、（c）所示。如同模式 8，如果干流水体潜入深度不是非常接近底部，在倒灌异重流底部也会形成大型的顺时针环流，该环流源自河口倒灌异重流底部，不断上升至中上游表层，并最终与上游来水形成的底部顺坡异重流闭合，该环流在 2011 年 10 月 7 日尤为明显，如图 9.19（c）所示。2008 年 8 月 15 日，上游来水流量较大，部分加入倒灌异重流引起的逆时针环流流出库湾，更多的则显著增大库湾底部水流，如图 9.19（a）所示。该模式中，干流中层倒灌异重流和上游底部顺坡异重流之间的水体容易出现漩涡，如图 9.19（a）、（b）、（c）所示。

从图 9.19 中可见，该模式下库湾的表层水体滞留时间往往在 10d 左右，最长的不超过 18d，如图 9.19（a）、（b）、（c）所示。与模式 7 和模式 8 类似，在倒灌异重流倒灌潜入的最初影响区域以及上游顺坡异重流流经的底部区域，水体紊动强度较强［图 9.19（d）、（e）］，同时若出现较大的顺时针环流［图 9.19（c）］，环流内部水体紊动强度也相应较强［图 9.19（f）］。特别是在 2008 年 8 月 15 日，上游流量增大，库湾底部最大的 A_z 达到 $534054×10^{-6}\,\mathrm{m^2/s}$［图 9.19（d）］。同时，库湾表层水体紊动强度受逆时针环流影响，会略微增大，如图 9.19（d）、（e）、（f）所示。

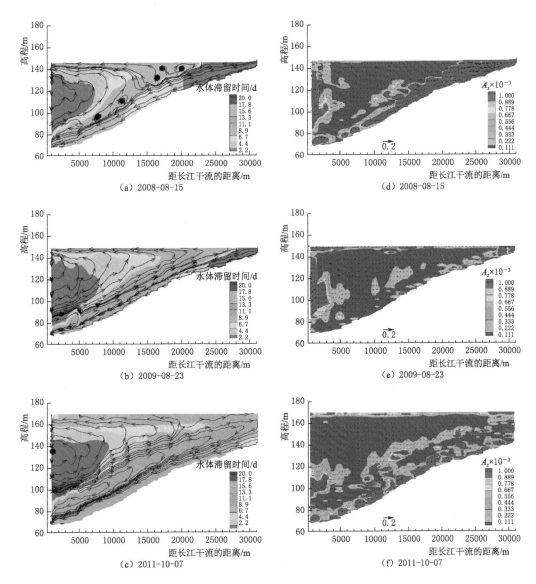

图 9.19 典型环流模式——上游底部顺坡异重流、干流中下层倒灌异重流

[其中，分图（a）、（b）、（c）为流线表征的环流特征以及水体滞留时间纵剖面；分图（d）、（e）、（f）为库湾流场（m/s）及垂向掺混强度 A_z（m^2/s）纵剖面。红色和蓝色表征的意义同 9.3。]

9.3.10 上游底层顺坡异重流，下游底层倒灌异重流

图 9.20（a）、（b）概化了该模式中上游入流、干流倒灌水流进入库湾后形成的环流过程及最终形成的一种稳态过程，其中：①为上游入流；②为库湾上游回水区形成的底部与上游底部顺坡异重流方向一致的顺时针环流；③为上游入流与干流倒灌水体中间的库湾原水；④为干流倒灌水流前端库湾原水受挤压向上流动的方向；⑤为上游底部异重流前端库湾原水受挤压而向上流动的方向；⑥为库湾中上层原水；⑦为受干流倒灌水流影响，形

成逆时针环流流出库湾的方向，也是干流底部倒灌异重流主导时，上游入流、库湾回水、干流倒灌水体最终沿表层流出库湾的方向；⑧为干流倒灌水流。

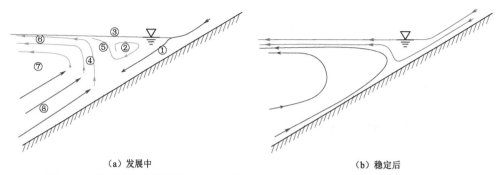

（a）发展中　　　　　　　　　　　　（b）稳定后

图 9.20　基于上游底部顺坡、干流底部倒灌异重流的香溪河库湾水动力概化模式

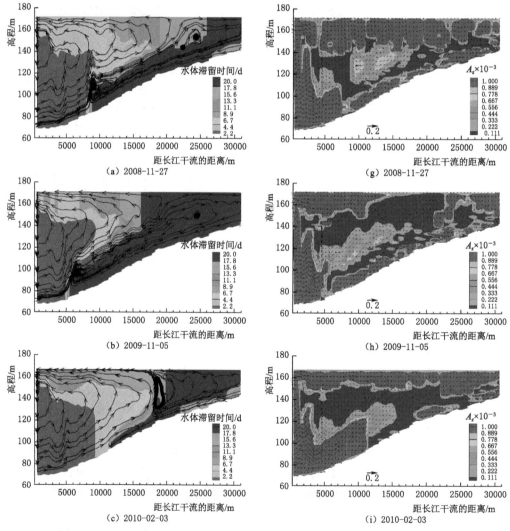

图 9.21（一）　典型环流模式——上游底部顺坡异重流、干流底部倒灌异重流

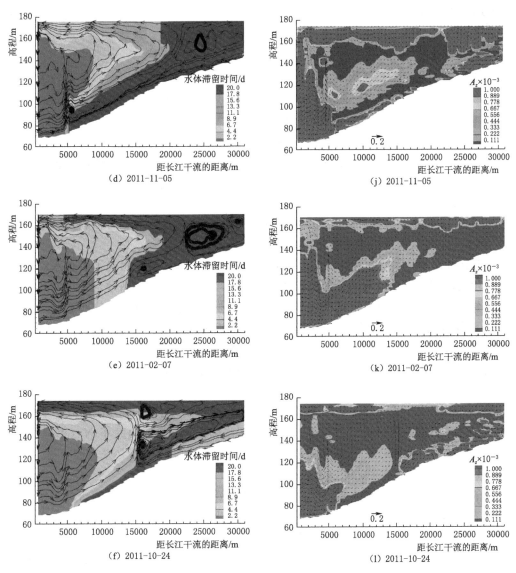

图 9.21（二）　典型环流模式——上游底部顺坡异重流、干流底部倒灌异重流

［其中，分图（a）～（d）为流线表征的环流特征以及水体滞留时间纵剖面；分图（e）～（l）为库湾流场（m/s）及垂向掺混强度 A_z（m²/s）纵/剖面。红色和蓝色表征的意义同图 9.3。］

由图 9.21 可见，库湾上游来流依旧从底部潜入并从底部流出库湾，但流量很小。水库干流从河口底部倒灌潜入库湾。该模式可分为两种，一种是水库干流水体先从底部倒灌，在库湾中下游形成较大的逆时针环流，然而，随着异重流倒灌潜入，遇到库湾的水体水温更低，如 2008 年 11 月 27 日、2009 年 11 月 5 日、2010 年 2 月 3 日和 2010 年 11 月 5 日，如图 9.21（a）～（d）所示。此时，干流倒灌异重流会被迫上升并继续倒灌运行，这种情况下，倒灌异重流底部的库湾水体以及倒灌异重流前端的水体均将被驱动形成顺时针环流。另一种模式是，干流倒灌水体水温进一步降低，此时倒灌异重流将顶托库湾回水继续发展，如 2011 年 2 月 7 日及 2011 年 10 月 24 日，如图 9.21 （e）、（f）所示。这两种情形，干流倒灌似乎都是主要驱动力，倒灌水体影响到的区域，水体滞留时间较短，而其他区域则相对较长。

如图 9.21 （e）～（l）所示，库湾水体除中间水层之外，水体紊动强度都较大，表层水体紊动强度跟模式 6 一样强烈。最大的紊动强度 A_z 达到 $22346 \times 10^{-6} \mathrm{m^2/s}$，出现在 2008 年 11 月 27 日库湾 26.35m 深度，如图 9.21 （a）所示。

9.4　不同水流模式下香溪河库湾水温水动力参数特征

9.4.1　水温

本节从 10 种水动力循环模式出发，分析了其对香溪河库湾水温的影响，这十种模式是从 2008—2011 年模拟结果中遴选出来的。

9.3 节对香溪河库湾主要的水动力环流模式进行了分类讨论，明确了各种水动力循环模式发生的时间与影响的范围，提出弄清楚水动力循环模式是探讨香溪河库湾水华生消机理的重要前提条件，本节将根据 9.3 节划分的 10 种水动力循环模式，分别选取了发生这 10 种环流模式的全过程及 XX01 （香溪河下游，靠近香溪河河口）、XX06 （香溪河中游）、XX09 （香溪河上游，回水末端）样点为分析对象，即包含了环流模式发生前、发生、稳定、消失四个阶段，着重探讨不同水动力循环模式对香溪河库湾水华敏感动力参数的影响。

基于 9.3 节关于香溪河水体环流模式的讨论，本节探讨了 10 种环流模式下香溪河库湾水华敏感动力参数的影响。主要选取了水温 T （单位：℃）、浮力频率 N （单位：$\mathrm{s^{-1}}$）、混合层深度 Z_{mix} （单位：m）、水体滞留时间 t （单位：d）等四个指标来表述。

9.4.1.1　上游表层顺坡异重流，下游表层倒灌异重流

当香溪河库湾上游入流水温高于库湾环境水体，干流水温（干流为混合均匀水体）高于库湾表层水温时，上游发生表层异重流，下游发生表层倒灌异重流。

此处选取了发生此种水动力循环模式的时间段（2009 年 4 月 1—10 日）来分析。

发生此种环流模式前，即在 2009 年 4 月 1 日，香溪河库湾存在微弱的水温分层现象，XX01、XX06、XX09 表层水温分别为 12.4℃、12.9℃、12.6℃，XX01、XX06、XX09 表底温差分别仅为 0.9℃、1.6℃、1.2℃，如图 9.22 所示。

发生后，香溪河上游及下游表层高温水分别进入库湾，XX01、XX06、XX09 表层水温逐渐升高，而底部水温由于没有明显受到异重流影响，在整个过程中，趋于稳定，在 11.5℃左右。

2009 年 4 月 10 日，整个环流模式结束后，香溪河库湾出现了更加明显的水温分层现象（图 9.22），XX01、XX06、XX09 表层与底层温差分别达到了 3.8℃、4.7℃、4.2℃（图 9.22）。由此可见此种环流模式对水温结构产生了明显的影响，会增加库湾的水温分层现象的发生。XX01、XX06、XX09 样点水温垂向分布如图 9.23 所示。

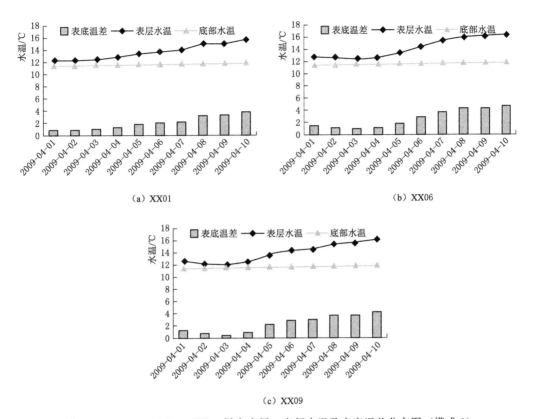

（a）XX01 （b）XX06

（c）XX09

图 9.22 XX01、XX06、XX09 样点表层、底部水温及表底温差分布图（模式 1）

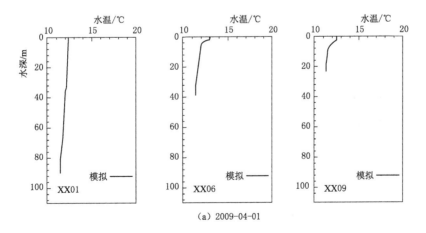

（a）2009-04-01

图 9.23（一） XX01、XX06、XX09 样点水温垂向分布图（模式 1）

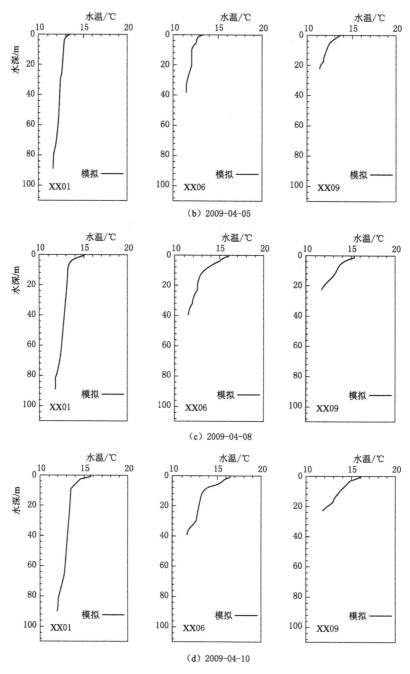

图 9.23（二）　XX01、XX06、XX09 样点水温垂向分布图（模式 1）

　　以上分析表明此种模式由于干流高温水的表层倒灌，若香溪河库湾之前未出现温度分层，则此种模式发生后，会引起香溪河库湾水温分层加剧，此种模式持续时间越长，影响范围越广；若香溪河库湾之前存在温度分层，则此种模式发生后，会打破香溪河库湾表层的水温分层，持续时间越长，温度分层被削弱地越厉害。

9.4.1.2 上游表层顺坡异重流，下游中上层倒灌异重流

当香溪河库湾上游入流水温高于库湾环境水体，干流水温接近库湾中上层水温时，上游发生表层异重流，下游发生中上层倒灌异重流。

此处选取了发生该种水动力循环模式的时间段（2008 年 3 月 19—29 日）来分析。

在整个阶段，XX01、XX06、XX09 底部水温保持平稳，没有明显变化，维持在 10℃左右（图 9.24），表明此种环流模式对香溪河库湾底部水温影响很小；表层水温波动幅度较底部大，XX01、XX06、XX09 表层水温变化范围分别为 11.7～13.0℃、12.0～13.0℃、11.4～13.8℃；XX01、XX06、XX09 表底温差变化范围分别为 1.9～3.2℃、2.0～3.0℃、1.2～3.7℃。

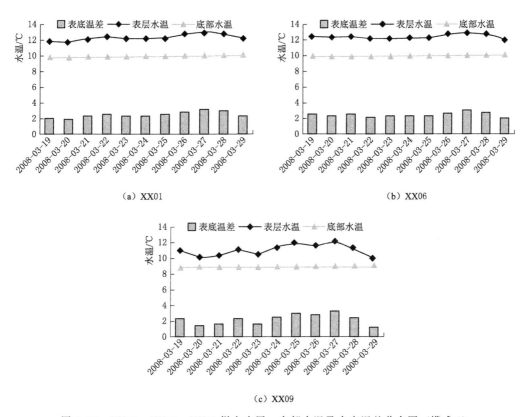

（a）XX01　　　　　　　　　　　（b）XX06

（c）XX09

图 9.24　XX01、XX06、XX09 样点表层、底部水温及表底温差分布图（模式 2）

由图 9.24 可以看出，发生此种环流模式前后，XX01 表底温差变化不大，初始时为 2.0℃（2008 年 3 月 19 日），中间略有升高，最大温差为 3.2℃（2008 年 3 月 27 日），环流模式结束后，又下降到 2.2℃（2008 年 3 月 29 日），表底温差较环流模式发生前略有升高（0.2℃）。XX06 具有与 XX01 类似规律，初始时刻表底温差为 2.5℃（2008 年 3 月 19 日），最大值也出现在 2008 年 3 月 27 日，为 3.0℃，环流模式结束后，表底温差减小到 2.0℃（2008 年 3 月 29 日），表底温差在环流模式前后变化不大，略有降低（−0.5℃）。XX09 呈现的规律与 XX01、XX06 有所不同，主要体现在：一是表层水温呈现波动式变化，从而引起表底温差出现同样规律；二是环流模式结束时，表底温差降低为 1.2℃（2008 年 3 月 29 日），降幅最大（1.2℃）。

图 9.25 反映了环流模式对香溪河库湾水温结构的影响，以 XX06 为例，受香溪河下游中上层倒灌异重流的影响，中上层水体水温为同温层，与表层水体存在明显的温差，斜温层明显，XX01 与 XX09 也表现出同样的趋势。

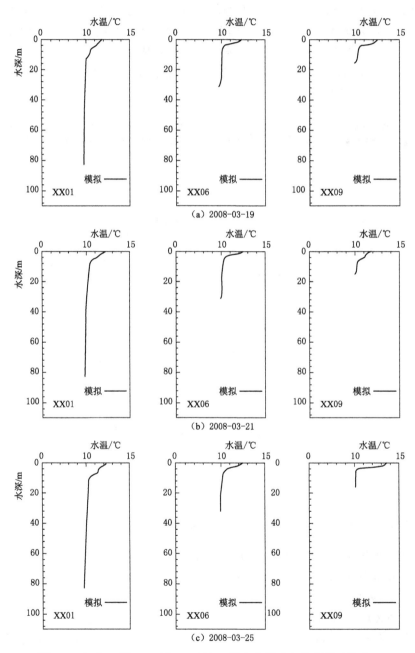

图 9.25（一）　XX01、XX06、XX09 样点水温垂向分布图（模式 2）

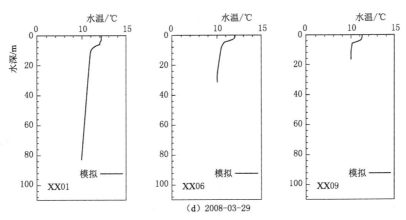

图 9.25（二）　XX01、XX06、XX09 样点水温垂向分布图（模式 2）

　　以上分析表明此种模式对香溪河库湾表层水温的影响有限，主要对中上层、中层、中下层的水温有影响，但香溪河库湾上游 XX09 表层水温受上游异重流影响比较显著，若上游入流流量增大，则会打破上游部分河段的水温分层现象。

9.4.1.3　上游表层顺坡异重流，下游中层倒灌异重流

　　当香溪河库湾上游入流水温高于库湾环境水体，干流水温接近库湾中层水温时，上游发生表层异重流，下游发生中层倒灌异重流。此处选取了发生该种水动力循环模式的时间段（2010 年 3 月 13—16 日）来分析，如图 9.26 所示。

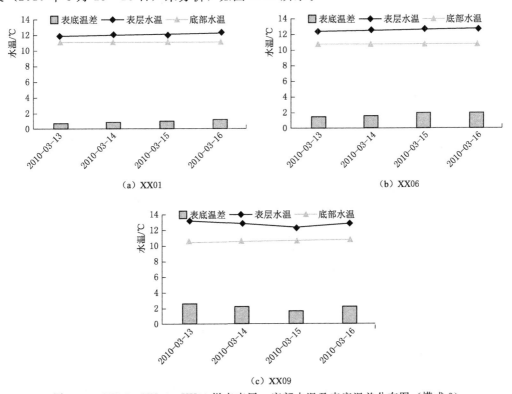

图 9.26　XX01、XX06、XX09 样点表层、底部水温及表底温差分布图（模式 3）

在整个阶段，XX01、XX06、XX09 底部水温保持平稳，没有明显变化，维持在 11℃ 左右（图 9.26），表明此种环流模式对香溪河库湾底部水温影响很小；XX01 与 XX06 的表层水温表现出微弱的上升趋势，分别升高了 0.4℃、0.6℃，而 XX09 表层水温则出现了先降低后升高的趋势，先下降了 1℃后升高了 0.7℃；由于底部温度变化微弱，表底温差呈现出与表层水温相同的趋势，表底温差从大到小排列分别为 XX09、XX06、XX01，温差最大值分别为 2.7℃、2.1℃、1.1℃。

从图 9.27 可以看出，香溪河库湾下游发生中层倒灌异重流以后，靠近香溪河河口的 XX01 中层水温趋于同一温度，为干流水体倒灌所致，影响范围至少上溯到了 XX06，可以明显看到 XX06 中层水体的水温处于同温状态。

以上分析表明此种模式对香溪河库湾表层水温的影响也比较有限，主要对中层水温有影响，香溪河库湾上游入流较小时，对香溪河库湾表层水温的影响也很有限，若增大上游入流流量，则可能会缓解上游部分河段的水温分层现象。

9.4.1.4　上游表层顺坡异重流，下游中下层倒灌异重流

当香溪河库湾上游入流水温高于库湾环境水体，干流水温接近库湾中下层水温时，上游发生表层异重流，下游发生中下层倒灌异重流。

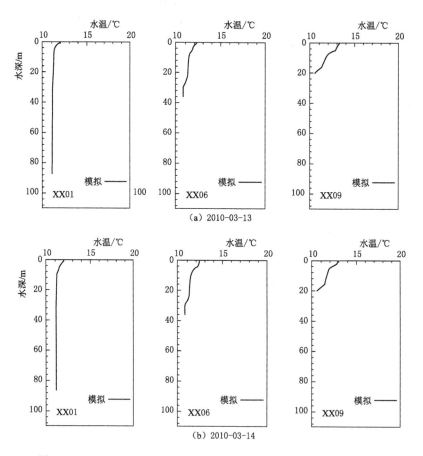

图 9.27（一）　XX01、XX06、XX09 样点水温垂向分布图（模式 3）

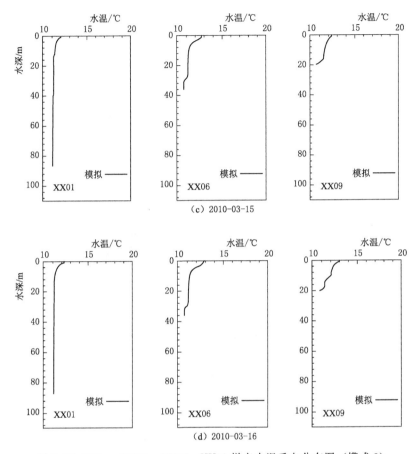

图 9.27（二） XX01、XX06、XX09 样点水温垂向分布图（模式 3）

此处选取了发生该种水动力循环模式的时间段（2008 年 3 月 9—16 日）来分析。

由图 9.28 可以看出，XX01、XX06 底部水温在整个过程中未发生明显变化，保持在 9.5℃左右，而 XX09 底部水温呈现出微弱的升高趋势，从 9.3℃上升到 10.0℃；三个样点表层水温在整个过程中略微波动，XX01、XX06、XX09 表层水温变化范围分别为 11.1～12.0℃、11.2～12.3℃、10.9～12.6℃；XX01、XX06 的表底温差与表层水温的变化趋势一致，变化范围分别为 1.6～2.3℃、1.6～2.6℃，XX09 的表底温差变化范围为 1.7～2.9℃。

三个样点的水温垂向分布见图 9.29。由图 9.29 可以看出，下游发生中下层倒灌异重流时，受干流倒灌影响，香溪河库湾中下层水体被干流水体置换，呈现均温层状态，XX01 水深 15～70m 范围水体为同一温度（10℃左右），XX06 水深 6～20m 范围水体为同温层（10℃左右），XX09 水深 5～10m 范围内水体为同温层（10℃左右），说明此次倒灌影响范围较广，一直延伸到上游 XX09 样点。

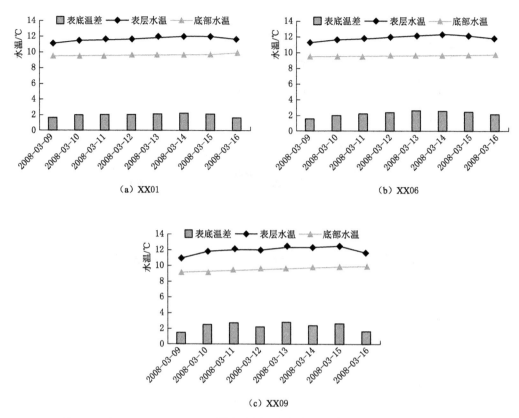

图 9.28 XX01、XX06、XX09 样点表层、底部水温及表底温差分布图（模式 4）

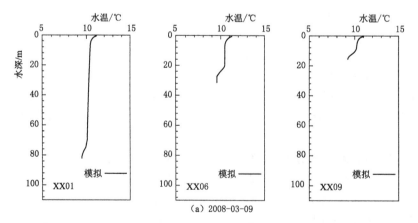

（a）2008-03-09

图 9.29（一） XX01、XX06、XX09 样点水温垂向分布图（模式 4）

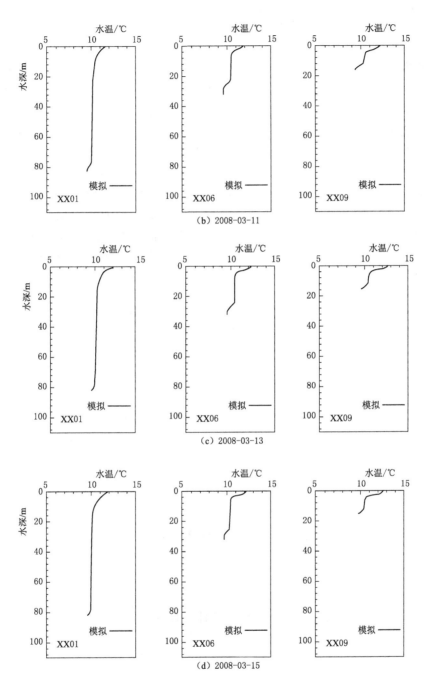

图 9.29 （二）　XX01、XX06、XX09 样点水温垂向分布图（模式 4）

　　从以上分析可知，此种水动力循环模式对香溪河库湾水温分层打破程度有限，甚至有加剧温度分层的趋势。

9.4.1.5　上游表层顺坡异重流，下游底层倒灌异重流

当香溪河库湾上游入流水温高于库湾环境水体，干流水温低于库湾底层水温时，上游发生表层异重流，下游发生底层倒灌异重流。

此处选取了发生该种水动力循环模式的时间段（2011 年 3 月 6—20 日）来分析。

由图 9.30 可知，发生此种水动力模式时，三个样点的底部水温表现平稳，其中 XX01 与 XX06 底部水温有微弱下降趋势，分别下降了 0.4℃、0.5℃，而 XX09 底部水温在整个过程中一直保持在 11℃左右；三个样点的表层水温有升高趋势，XX01、XX06、XX09 的表层水温变化范围分别为 11.4～12.1℃、11.6～12.7℃、11.6～13.5℃，表层水温最大值均出现在 3 月 18 日，查看气象边界条件，在 3 月 6—20 日这个时间段内，气温一直处于回暖状态，在 3 月 18 日达到顶峰，随后又开始降温，这正好解释了这一天表层水温达到最大的原因。底部水温的相对稳定，导致表底温差主要取决于表层水温，由图 9.30 可知，表底温差同样在 3 月 18 日达到最大，三个样点的最大温差分别为 1.5℃、1.9℃、2.5℃，相应变化范围分别为 0.5～1.5℃、0.4～1.9℃、0.6～2.5℃。

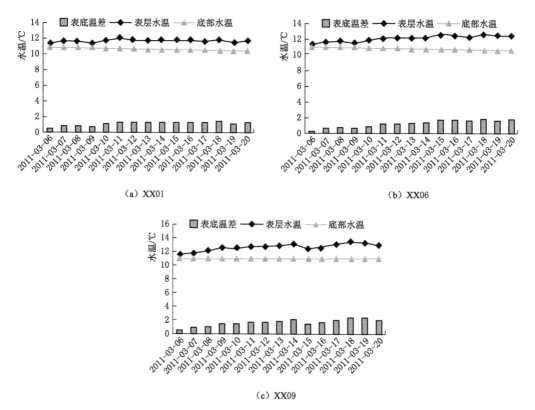

图 9.30　XX01、XX06、XX09 样点表层、底部水温及表底温差分布图（模式 5）

图 9.31 清晰展示了此种水动力循环模式对香溪河库湾水温的影响，可以看到，受长江干流倒灌的影响，香溪河库湾中层-底层水体为均一温度，与表层水体形成了一定的温差。

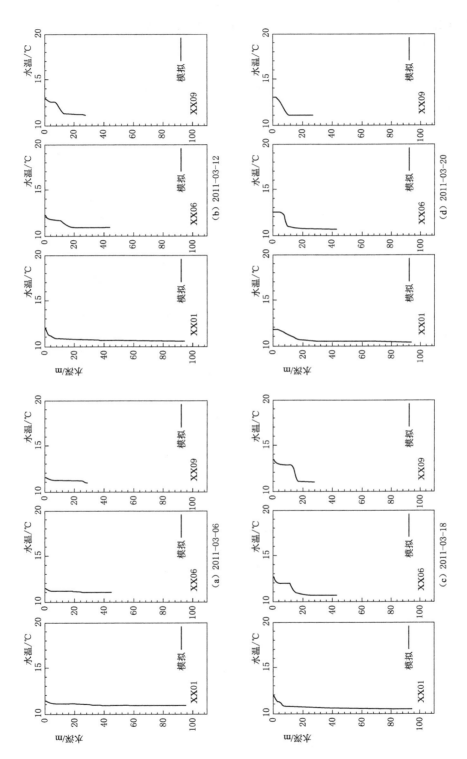

图 9.31 XX01，XX06，XX09 样点水温垂向分布图（模式 5）

由以上分析可知，此种水动力循环模式对香溪河库湾中层～底层水体有很强的置换作用，若此时上游入流流量加大，上游表层异重流与下游底层倒灌在表层形成的环流衔接，将迅速打破香溪河库湾的水温分层。

9.4.1.6　上游底层顺坡异重流，下游表层倒灌异重流

当香溪河库湾上游入流水温低于库湾环境水体，干流水温高于库湾表层水温时，上游发生底层顺坡异重流，下游发生表层倒灌异重流。

此处选取了发生该种水动力循环模式的时间段（2011 年 9 月 4—12 日）来分析。

由图 9.32 可以看出，在该时间段内，表层水温经历了先降后升的过程，XX01、XX06、XX09 的表层水温降升过程分别为 27.9℃～26.5℃～27.1℃、28.7℃～26.3℃～26.8℃、29.0℃～26.1℃～26.6℃，与表层水温的过程相反，XX01 底层水温经历了先升后降的过程，XX01 的升降过程为 24.8℃～25.5℃～24.8℃，而 XX06 底层水温经历了先升后降再升的过程，即 23.8℃～24.6℃～22.4℃～24.3℃，XX09 则经历了如"坐过山车"似的先降后升过程，具体过程为 23.0℃～18.2℃～22.9℃。由上述表层、底层水温的变化过程可知，表底温差的变化也会呈现类似规律。其中，XX01 表底温差变化过程为

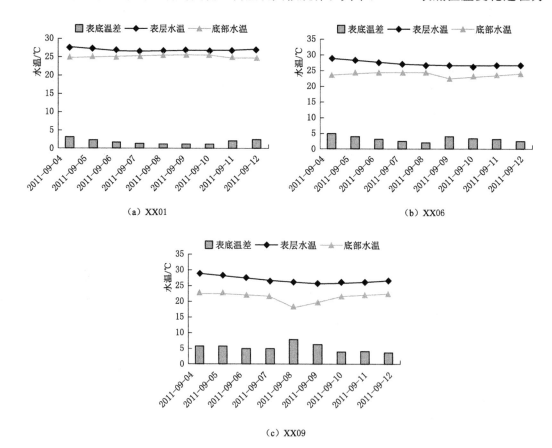

（a）XX01　　　　　　　　　　（b）XX06

（c）XX09

图 9.32　XX01、XX06、XX09 样点表层、底部水温
及表底温差分布图（模式 6）

先降后升，即 3.1℃～1.2℃～2.3℃，XX06 表底温差变化过程为降—升—降，即 4.9℃～2.1℃～4.1℃～2.5℃，XX09 表底温差变化过程为降—升—降，即 6.0℃～5.1℃～8.0℃～3.8℃，在整个过程中，XX09 表底温差最大，XX06 次之，XX01 最小。

图 9.33 表明，此种水动力循环模式发生后，由于长江干流表层倒灌进入香溪河库湾，香溪河库湾中下游表层水体温度呈现均一状态，这一均一状态的水层厚度随着表层倒灌异重流厚度的增加而增加。从图 9.33 明显看出，9 月 9 日 XX06 表层同温层深度明显增加，约为 20m。

由以上分析可知，此种水动力循环模式发生后，若表层倒灌异重流的强度较大，倒灌厚度增加，则香溪河库湾上层水体的水温分层会迅速消失。

9.4.1.7　上游底层顺坡异重流，下游中上层倒灌异重流

当香溪河库湾上游入流水温低于库湾环境水体，干流水温接近库湾中上层水温时，上游发生底层顺坡异重流，下游发生中上层倒灌异重流。

此处选取了发生该种水动力循环模式的时间段（2008 年 5 月 6 日至 6 月 24 日）来分析。

从图 9.34 可以看出，此种水动力循环模式持续较长，达 50d 之久。XX01 与 XX06 表层水温呈现出波动上升的过程，二者相应的变化范围分别为 21.3～27.1℃、20.4～27.0℃，温度升高了 6℃左右。XX01 与 XX06 底层水温则经历了一个缓慢持续上升的过程，温度分别从 17.1℃、16.0℃升高到 22.6℃、22.4℃。XX09 位于回水末端，受上游来流影响较大，表层水温与底层水温经历了升—降—升—降的过程，其中两次急剧降温过程分别发生在 5 月 23 日及 6 月 16 日，表层及底层水温降幅分别为 5.3℃、2℃及 6.3℃、2.4℃，而表底温差最大达到 7.3℃。

由图 9.35 可以看出，香溪河库湾中下游水体受干流倒灌影响明显。对于 XX01，水深 10～50m 为同温层；对于 XX06，水深 5～15m 为同温层。XX09 受上游入流影响明显，特别是由于底部顺坡异重流的影响，XX09 表底温差巨大，温度梯度非常明显，为上游入流的融雪低温水下潜进入香溪河库湾导致。

由以上分析可以发现，此种水动力循环模式对香溪河库湾表层水体影响不够明显，表层水温主要受气温变化影响，分层较明显，尤其是中上游河段；中下层水温受干流倒灌异重流影响显著，受干流影响的区域形成明显的同温层；上游低温入流侵入香溪河库湾底部，表底形成强制分层现象。

9.4.1.8　上游底层顺坡异重流，下游中层倒灌异重流

当香溪河库湾上游入流水温低于库湾环境水体，干流水温接近库湾中层水温时，上游发生底层顺坡异重流，下游发生中层倒灌异重流。

此处选取了发生该种水动力循环模式的时间段（2010 年 7 月 29 日至 8 月 10 日）来分析。

由图 9.36 可知，三个样点在整个过程中，表层水温与底层水温相对平稳，XX01、XX06、XX09 的表层平均水温分别为 28.8℃、30.3℃、30.3℃，底层平均水温分别为 24.1℃、23.8℃、23.1℃，平均表底温差分别为 4.7℃、6.4℃、7.2℃。

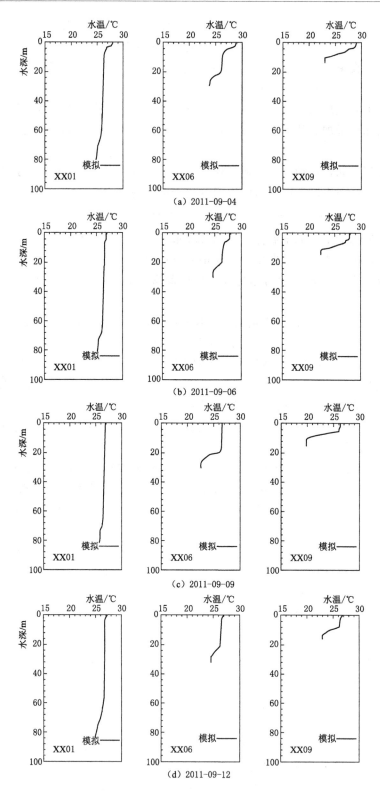

图 9.33　XX01、XX06、XX09 样点水温垂向分布图（模式 6）

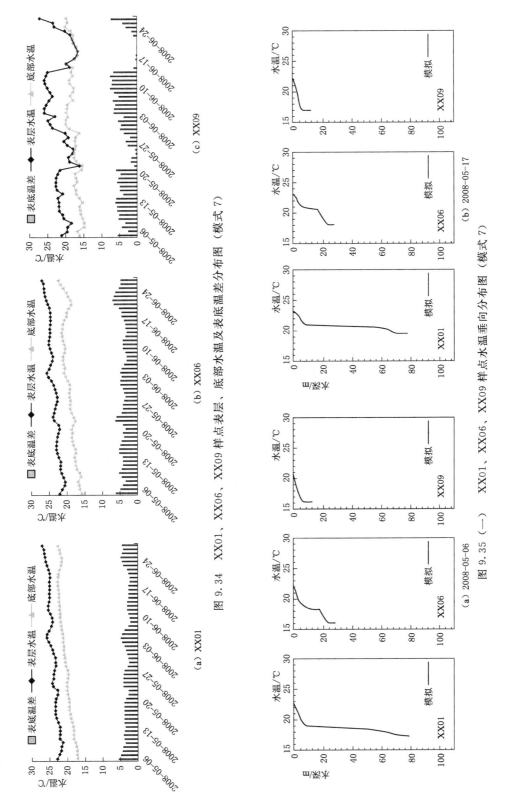

图 9.34 XX01、XX06、XX09 样点表层、底部水温及表底温差分布图（模式 7）

图 9.35（一） XX01、XX06、XX09 样点水温垂向分布图（模式 7）

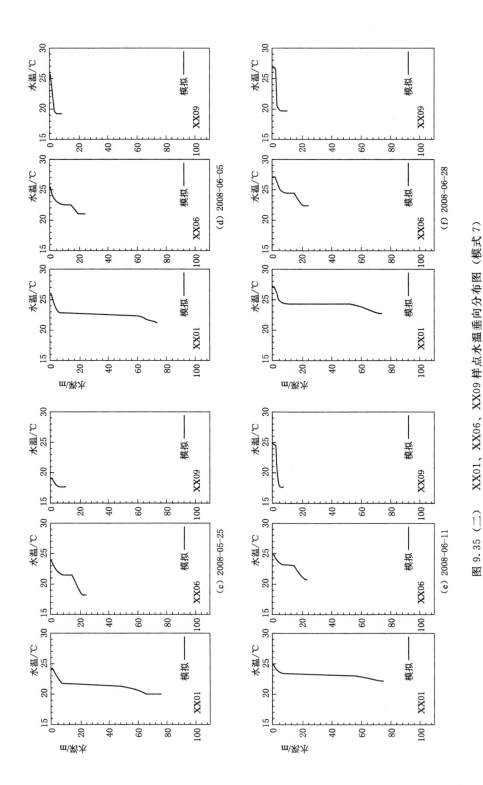

图 9.35 （二）　XX01、XX06、XX09 样点水温垂向分布图（模式 7）

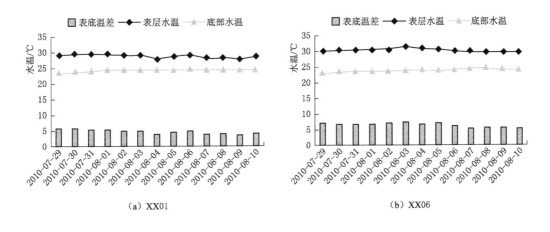

（a）XX01　　　　　　　　　　　　　（b）XX06

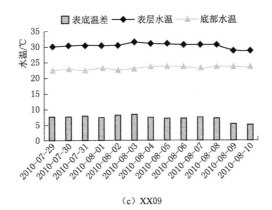

（c）XX09

图 9.36　XX01、XX06、XX09 样点表层、底部水温
及表底温差分布图（模式 8）

　　XX09 在这个阶段水深相对较小，表层升温较快，受上游入流低温水影响也最大，故表层水温最高，底层水温最低，因而表底温差也最大；XX01 和 XX06 表层水温升温相对较慢。

　　从图 9.37 可以看出，受干流中层倒灌异重流影响，香溪河库湾中层水体呈现出明显的同温状态，而 XX09 受低温入流影响，底部水温与表层水温的温差巨大，表底之间形成强制水温分层。

　　由以上分析可知，此种水动力循环模式，干流倒灌从中层进入库湾，对香溪河库湾表层水温影响有限，整个过程中水温分层现象仍然存在，而香溪河库湾上游低温水入流并没有影响到表层水体，故此种模式对打破水温分层效果不明显。

9.4.1.9　上游底层顺坡异重流，下游中下层倒灌异重流

　　当香溪河库湾上游入流水温低于库湾环境水体，干流水温接近库湾中下层水温时，上游发生底层顺坡异重流，下游发生中下层倒灌异重流。

　　此处选取了发生该种水动力循环模式的时间段（2009 年 8 月 19—23 日）来分析。

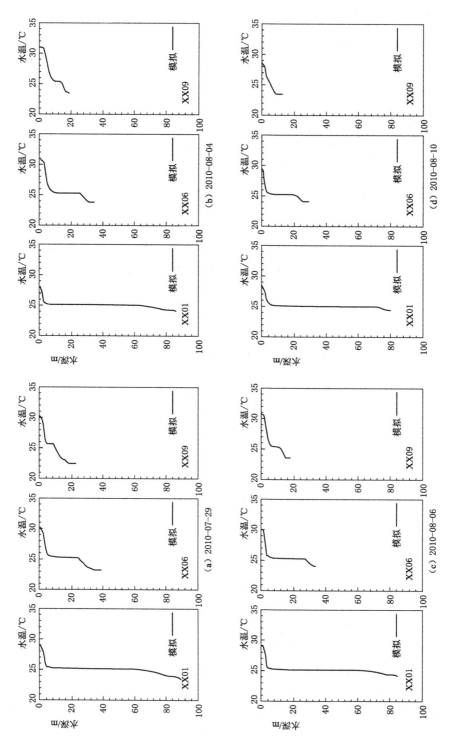

图 9.37　XX01，XX06，XX09 样点水温垂向分布图（模式 8）

由图 9.38 可以看出，在整个过程中，XX01、XX06 的底层水温比较稳定，均为 24℃ 左右，XX09 的底层水温有一个缓慢下降的过程，变化过程为 23.8～22.3℃，下降了 1.5℃。XX01 表层水温变化不大，除了 8 月 20 日小幅升高了 0.5℃之外，其他时间维持 在 26.7℃左右，XX06 同样如此，除了 8 月 20 日略有升高，其他时间维持在 26.7℃左右， XX09 的表层水温有一个缓慢下降的过程，变化过程为 25.0～23.8℃，下降了 1.2℃。三 个样点在这次水动力循环模式中的表底温差平均值分别为 2.7℃、2.8℃、1.1℃，三者表 底温差最大发生在 8 月 20 日，分别为 3.3℃、3.5℃、1.4℃，而表底温差最小发生在 8 月 22 日，分别为 2.3℃、2.2℃、0.6℃。

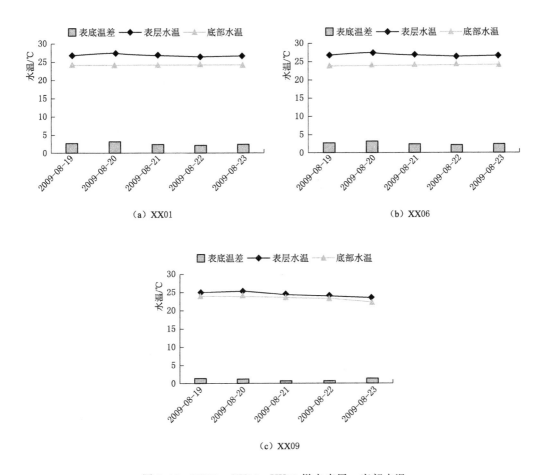

图 9.38　XX01、XX06、XX09 样点表层、底部水温
及表底温差分布图（模式 9）

从图 9.39 可以看出，此种水动力循环模式发生后，干流水体从香溪河库湾中下层倒 灌进入支流，中下层水体被干流水体置换，整体处于同温层状态，而上游低温水下潜进入 香溪河库湾，与表层高温水形成温度分层。

由以上分析可知，此种水动力循环模式类似于第 8 种，对表层水温分层影响有限，难 以打破温度分层。

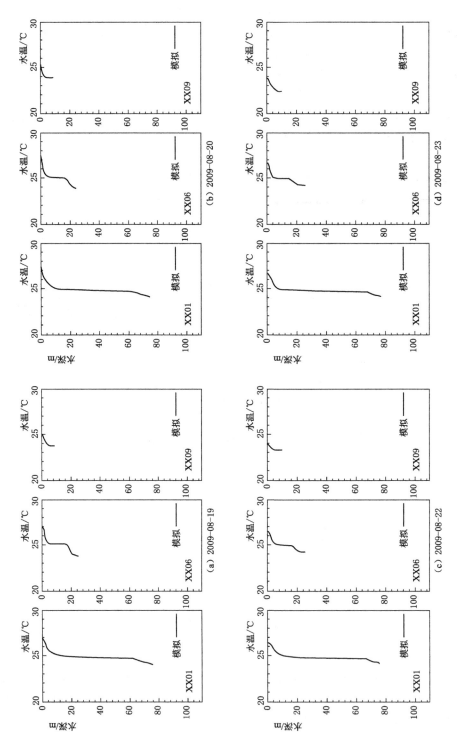

图 9.39　XX01、XX06、XX09 样点水温垂向分布图（模式 9）

9.4.1.10 上游底层顺坡异重流，下游底层倒灌异重流

当香溪河库湾上游入流水温低于库湾环境水体，干流水温低于库湾底层水温时，上游发生底层顺坡异重流，下游发生底层倒灌异重流。

此处选取了发生该种水动力循环模式的时间段（2009年10月31日至12月15日）来分析，如图9.40所示。

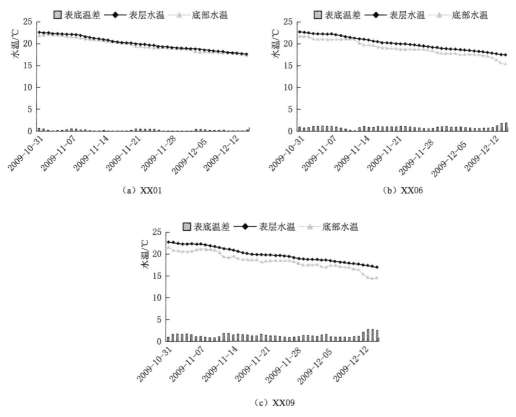

图 9.40　XX01、XX06、XX09 样点表层、底部水温及表底温差分布图（模式 10）

从图 9.40 可以看出，此模式持续时间长，前后历时 43d，发生在蓄水期结束后，此时随着气温下降，干支流水温也在下降，XX01 表层与底部水温趋于一致，温差极小，表底最大温差仅为 0.75℃，表底水温逐步下降，表层水温从 22.6℃ 下降到 17.6℃，下降了 5.0℃，底部水温从 21.9℃ 下降到 17.3℃，下降了 4.6℃。XX06 表底温差较 XX01 大，最大值为 2.1℃，最小值为 0.3℃，表层水温从 22.7℃ 下降到 17.5℃，下降了 5.2℃，底部水温从 21.7℃ 下降到 15.4℃，下降了 6.3℃。XX09 表底温差最大，最大值为 2.8℃，最小值为 0.9℃，表层水温从 22.7℃ 下降到 17.1℃，底部水温从 21.6℃ 下降到 14.6℃。

由图 9.41 可以看出，此种水动力循环模式对 XX01 影响最大，XX01 水温分层基本消失，XX06、XX09 表层～中层的水温也处于均一状态，底部受上游低温水入流形成的底部异重流影响，处于较低温度状态。

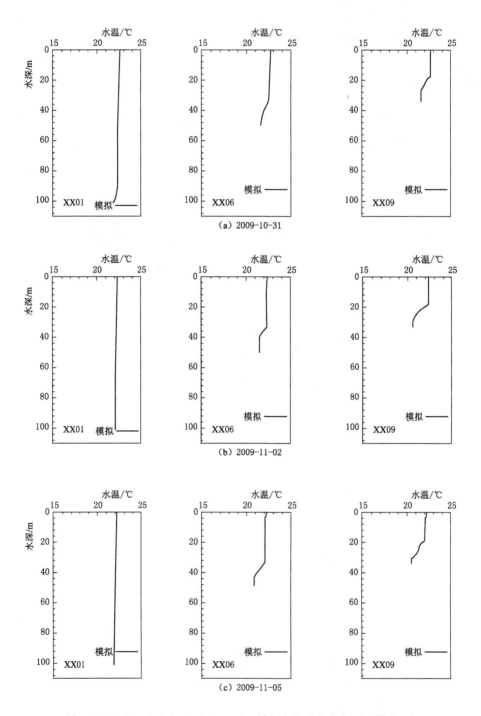

图 9.41 （一）　XX01、XX06、XX09 样点水温垂向分布图（模式 10）

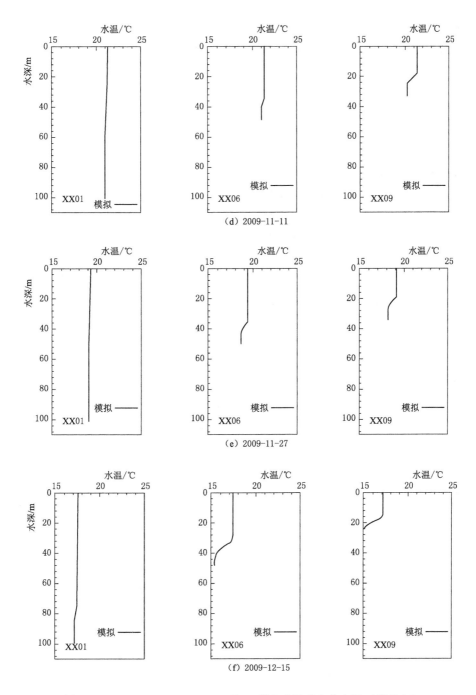

图 9.41（二） XX01、XX06、XX09 样点水温垂向分布图（模式 10）

由以上分析可知，此种模式发生后，香溪河库湾水温分层减弱，一方面受气温下降影响，表层水温逐渐下降，会部分发生水体翻转现象（overturn）；另一方面受异重流影响。

9.4.2　浮力频率

浮力频率计算方法及水体分层状态判断依据参见式（9.1），可以用来表征水体稳定度，其值越大，水体越稳定，分层越明显；反之，水体越不稳定，分层越弱。

$$N^2 = -\frac{g}{\rho_0} g \frac{\mathrm{d}\rho}{\mathrm{d}z} \qquad (9.1)$$

本节所选时间与上节相同，在此不再赘述，挑选了该时间段内 4～5d 时间作图，涵盖了异重流始末及发展中各阶段，具有一定代表性。

9.4.2.1　上游表层顺坡异重流，下游表层倒灌异重流

分析 XX01 浮力频率变化图 [图 9.42（a）]，可以看出，4 月 1 日从表层至底部浮力频率值极小，接近于 0，此时水温分层现象不明显，可视为混合均匀水体。随着香溪河库湾上游表层异重流、下游表层倒灌异重流的发生，干流高温水从香溪河库湾表层流入，温度梯度增加，浮力频率值（N^2）逐渐增加，XX01 表层水体于 4 月 10 日达到最大值 $12.3 \times 10^{-4} \mathrm{s}^{-2}$，$N^2 > 5 \times 10^{-4} \mathrm{s}^{-2}$，表明此时出现了稳定的水体分层现象。由 XX06 浮力频率变化图 [图 9.42（b）] 可知，在环流模式发生期间，$N^2 > 5 \times 10^{-4} \mathrm{s}^{-2}$，表明此时出现了稳定分层。由 XX09 浮力频率变化图 [图 9.42（c）] 可以看出，$N^2 > 5 \times 10^{-4} \mathrm{s}^{-2}$，同样为分层水体。

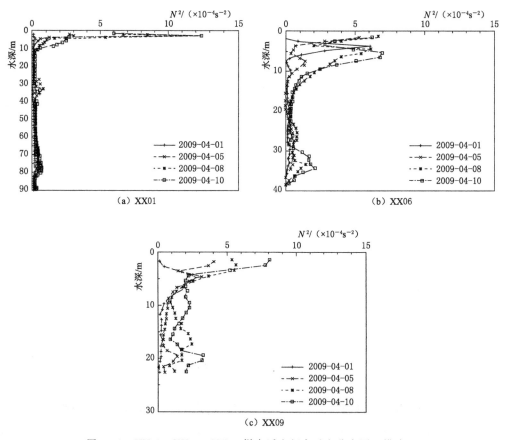

图 9.42　XX01、XX06、XX09 样点浮力频率垂向分布图（模式 1）

综合以上分析可知，无论是下游表层倒灌异重流还是上游表层异重流，都会对异重流运行所能影响到的水体的水温产生明显影响，具体表现为水温分层现象的出现。

9.4.2.2　上游表层顺坡异重流，下游中上层倒灌异重流

　　分析 XX01 浮力频率变化图 [图 9.43（a）]，可以看出，XX01 表层至 15m 水深水体的浮力频率值介于 $0.5\times10^{-4}s^{-2}$ 与 $5\times10^{-4}s^{-2}$ 之间，属于弱分层水体，15m 以下水体小于 $0.5\times10^{-4}s^{-2}$，水温分层现象不明显，属于混合均匀水体。由 XX06 浮力频率变化图 [图 9.43（b）] 可知，在该种循环模式发生时，XX06 表层水体浮力频率值最大超过了 $10\times10^{-4}s^{-2}$，处于稳定分层状态，水温分层明显。该模式发生后，水温分层减弱，表层水体的浮力频率值介于 $0.5\times10^{-4}s^{-2}$ 与 $5\times10^{-4}s^{-2}$ 之间，说明此时水体处于弱分层状态，而 XX06 在 10m 以下的水体中，$N^2<0.5\times10^{-4}s^{-2}$，属于混合均匀状态，水温分层消失。由 XX09 浮力频率变化图 [图 9.43（c）] 可以看出，表层 0～10m 水体范围内，除了水深在 2～3m 内的水体 $N^2>5\times10^{-4}s^{-2}$，其他水深的水体 N^2 介于 $0.5\times10^{-4}s^{-2}$ 与 $5\times10^{-4}s^{-2}$ 之间，属于弱分层水体，而 10m 以下水体 $N^2<0.5\times10^{-4}s^{-2}$，属于混合均匀状态，没有水温分层现象。

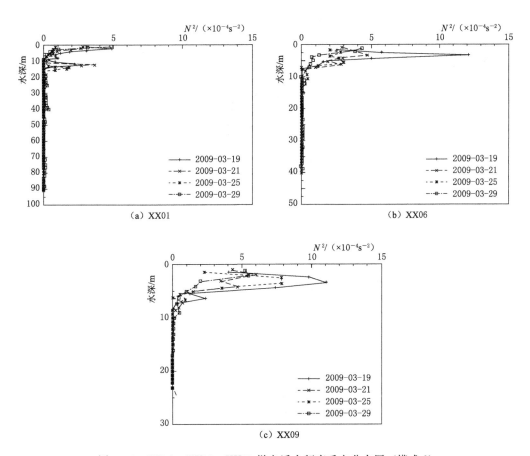

图 9.43　XX01、XX06、XX09 样点浮力频率垂向分布图（模式 2）

综合以上分析可知，无论是下游中上层倒灌异重流还是上游表层异重流，表层水体是温度梯度最大的水体，处于弱分层或稳定分层状态，而中层以下水体处于混合状态，没有出现显著温度分层现象。

9.4.2.3 上游表层顺坡异重流，下游中层倒灌异重流

由图 9.44 可以看出，该种循环模式发生前后，三个样点的浮力频率值没有出现大于 $5 \times 10^{-4} s^{-2}$ 的情况，即温度没有出现稳定分层的现象。XX01 在 $0 \sim 10m$ 水层内的 N^2 介于 $0.5 \times 10^{-4} s^{-2}$ 与 $5 \times 10^{-4} s^{-2}$ 之间，属于弱分层水体，10m 以下水体除了个别极少深度出现大于 $0.5 \times 10^{-4} s^{-2}$ 的情况，其他水层均小于 $0.5 \times 10^{-4} s^{-2}$，即属于混合均匀的水体，说明受干流倒灌影响，没有出现温度分层现象。XX06 水体出现了分层现象，即各不同深度的水体 N^2 不同，可划分为 $0 \sim 10m$、$10 \sim 25m$、$25 \sim 30m$、30m 以下水体等四层水体，$0 \sim 10m$ 及 $25 \sim 30m$ 水体 N^2 介于 $0.5 \times 10^{-4} s^{-2}$ 与 $5 \times 10^{-4} s^{-2}$ 之间，属于弱分层水体，$10 \sim 25m$ 及 30m 以下水体 N^2 小于 $0.5 \times 10^{-4} s^{-2}$，属于混合水体，这种分层现象正是异重流的存在引起的。XX09 水体的水温分层更显著，大部分时间 N^2 都介于 $0.5 \times 10^{-4} s^{-2}$ 与 $5 \times 10^{-4} s^{-2}$ 之间，属于弱分层水体。

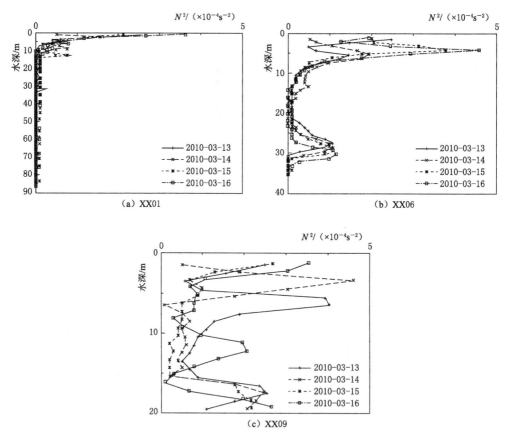

图 9.44 XX01、XX06、XX09 样点浮力频率垂向分布图（模式 3）

综合以上分析可知，该种模式对香溪河库湾表层水体弱分层的形成有一定的影响，对下游如 XX01 中下层水体的水温分层有抑制作用，对中游如 XX06 中层水体的水温分层有抑制作用，对上游如 XX09 的水温影响较小，没有上游入流对 XX09 的水温影响大。

9.4.2.4 上游表层顺坡异重流，下游中下层倒灌异重流

由图 9.45 可知，XX01，在 $0\sim10m$ 及 75m 至底部水体的 N^2 介于 $0.5\times10^{-4}s^{-2}$ 与 $5\times10^{-4}s^{-2}$ 之间，属于弱分层水体，$10\sim75m$ 水层的 $N^2<0.5\times10^{-4}s^{-2}$，属于混合水体，因为这层混合水体受干流倒灌影响，处于混合均匀状态。XX06，在 $0\sim5m$ 水深的水体中，除了位于 5m 左右水深的水体 N^2 大于 $5\times10^{-4}s^{-2}$，属于稳定分层水体，其他水体 N^2 介于 $0.5\times10^{-4}s^{-2}$ 与 $5\times10^{-4}s^{-2}$ 之间，属于弱分层水体，$5\sim20m$ 及底部水体 $N^2<0.5\times10^{-4}s^{-2}$，属于混合水体，在 20m 至底部之间的水体略大于 $0.5\times10^{-4}s^{-2}$，属于弱分层水体。分析 XX09 浮力频率可知，水深在 5m 以内的水体属于弱分层水体或稳定分层水体，说明水温分层主要集中水深在 5m 以内的水体，而水深在 5m 以下的水体属于混合水体或极弱分层水体，说明这部分水体水温梯度小，水温分布均匀。

综合以上分析可知，该种水动力循环模式对于表层水体的水温分层状态没有明显改善，对中下层水体水温分层的出现有抑制作用。

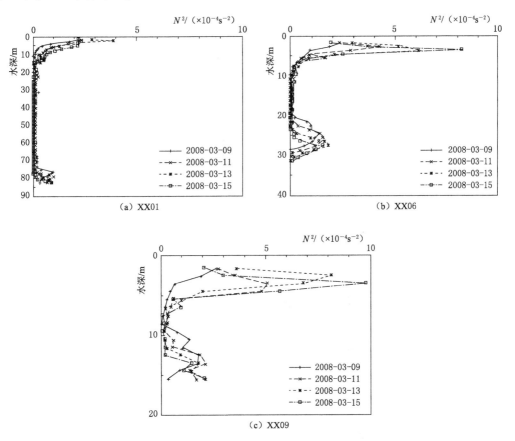

图 9.45 XX01、XX06、XX09 样点浮力频率垂向分布图（模式 4）

9.4.2.5　上游表层顺坡异重流，下游底层倒灌异重流

由图 9.46 可知，XX01，在水深大于 20m 的水体 $N^2 < 0.5 \times 10^{-4} \mathrm{s}^{-2}$，为混合水体，没有温度分层，在水深小于 20m 的水体 N^2 介于 $0.5 \times 10^{-4} \mathrm{s}^{-2}$ 与 $5 \times 10^{-4} \mathrm{s}^{-2}$ 之间，属于弱分层水体。XX06，在水深大于 20m 的水体 $N^2 < 0.5 \times 10^{-4} \mathrm{s}^{-2}$，为混合水体，不存在水温分层状态，在水深小于 20m 的水体 N^2 介于 $0.5 \times 10^{-4} \mathrm{s}^{-2}$ 与 $5 \times 10^{-4} \mathrm{s}^{-2}$ 之间（3 月 20 日 8.7m 水深处 N^2 除外），属于弱分层水体。XX09，3 月 6 日表层、25～28m 水深所在的水体为弱分层状态，3～25m、28m 至底部的水体 N^2 近乎为 0，为混合水体；3 月 12 日，在水深为 4～7m、13m 至底部的水体 $N^2 < 0.5 \times 10^{-4} \mathrm{s}^{-2}$，为混合水体，表层至 4m、7～13m 的水体 N^2 介于 $0.5 \times 10^{-4} \mathrm{s}^{-2}$ 与 $5 \times 10^{-4} \mathrm{s}^{-2}$ 之间，属于弱分层水体；3 月 18 日，在水深为表层至 3m、13m、16m 的水体 N^2 介于 $0.5 \times 10^{-4} \mathrm{s}^{-2}$ 与 $5 \times 10^{-4} \mathrm{s}^{-2}$ 之间，属于弱分层水体，水深为 14～15m 的水体 $N^2 > 5 \times 10^{-4} \mathrm{s}^{-2}$，为稳定分层水体，其余深度的水体 $N^2 < 0.5 \times 10^{-4} \mathrm{s}^{-2}$，为混合水体；3 月 20 日，在水深为 3～10m 水体 N^2 介于 $0.5 \times 10^{-4} \mathrm{s}^{-2}$ 与 $5 \times 10^{-4} \mathrm{s}^{-2}$ 之间，属于弱分层水体，其他水深的水体 $N^2 < 0.5 \times 10^{-4} \mathrm{s}^{-2}$，为混合水体。

综合以上分析可知，干流从底部倒灌进入香溪河库湾，使香溪河库湾底部及中下层水体趋于均一状态，水体为混合状态，但表层仍然会出现水温分层状态。

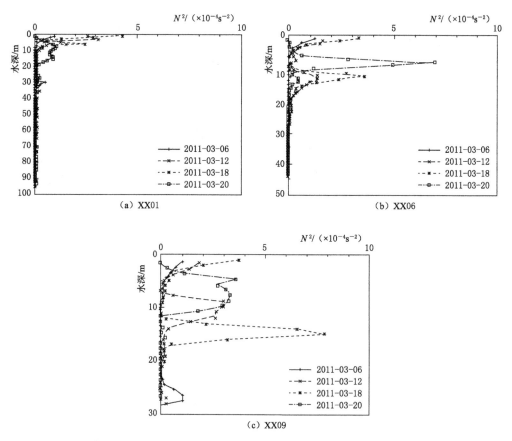

图 9.46　XX01、XX06、XX09 样点浮力频率垂向分布图（模式 5）

9.4.2.6 上游底层顺坡异重流，下游表层倒灌异重流

分析图 9.47 可知，此种模式发生时，即 9 月 4 日，XX01 表层至 10m、58～73m、78m 至底部水体中（除 3m 水深对应的 $N^2 > 5 \times 10^{-4} s^{-2}$ 外）N^2 介于 $0.5 \times 10^{-4} s^{-2}$ 与 $5 \times 10^{-4} s^{-2}$ 之间，属于弱分层水体，10～57m 水体 $N^2 < 0.5 \times 10^{-4} s^{-2}$，为混合水体。此种模式发生后，表层及 65m 以下水深的水体 N^2 介于 $0.5 \times 10^{-4} s^{-2}$ 与 $5 \times 10^{-4} s^{-2}$ 之间，属于弱分层水体，其他深度的水体 $N^2 < 0.5 \times 10^{-4} s^{-2}$，为混合水体。XX06 在 9 月 4 日及 6 日表层至 5m、20～25m 水深范围内 $N^2 > 0.5 \times 10^{-4} s^{-2}$，为稳定分层水体，其他时间、其他水层为弱分层水体或混合水体。XX09 极少出现混合水体，多为弱分层或稳定分层水体，说明该点水温分层现象明显。

由以上分析可知，该种循环模式打破表层水温分层有一定作用，主要取决于倒灌异重流的影响范围，而上游入流下潜的低温水对保持底部水体混合有一定作用。

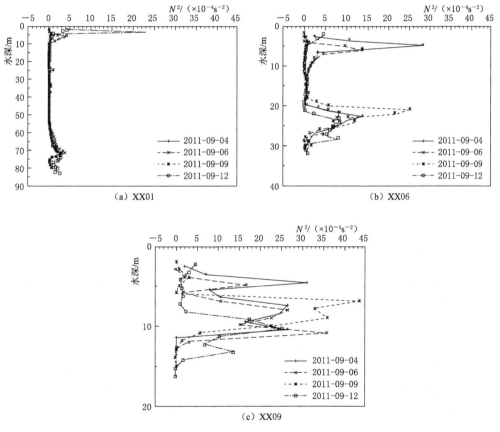

图 9.47 XX01、XX06、XX09 样点浮力频率垂向分布图（模式 6）

9.4.2.7 上游底层顺坡异重流，下游中上层倒灌异重流

由图 9.48 可知，XX01 表层至大约 10m 水深的水体处于稳定分层状态，水温分层明显，大约 10m 至底部水体处于混合状态。XX06 表层至 5m 左右的水体处于稳定分层状态，5～15m 的水体处于混合状态，15～20m 水体又处于稳定分层状态，20m 以下水体处于混合状态或弱分层状态。XX09 表层至 5m 左右的水体处于稳定分层状态，水温分层显著，5m 至底部水体则处于混合状态。

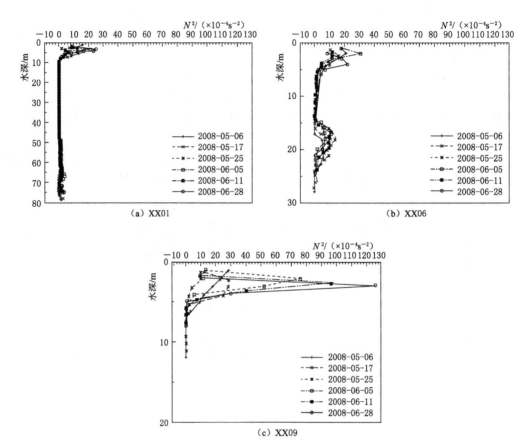

图 9.48　XX01、XX06、XX09 样点浮力频率垂向分布图（模式 7）

由以上分析可知，当发生上游底层异重流，下游中上层倒灌异重流时，对香溪河库湾中下游（XX06、XX01）的中下层水体影响显著，这部分水体成为混合均匀的水体，而对上游（XX09）影响有限。

9.4.2.8　上游底层顺坡异重流，下游中层倒灌异重流

由图 9.49 可以看出，XX01 表层至 5m 水深范围内 $N^2 > 5 \times 10^{-4} s^{-2}$，为稳定分层水体，70m 至底部水体 N^2 介于 $0.5 \times 10^{-4} s^{-2}$ 与 $5 \times 10^{-4} s^{-2}$ 之间，属于弱分层水体，5～70m 水深的水体 $N^2 < 0.5 \times 10^{-4} s^{-2}$，为混合水体。

在异重流发展过程中，XX06 样点 $N^2 > 5 \times 10^{-4} s^{-2}$ 的水体范围有所减少，7 月 29 日、8 月 4 日、8 月 6 日、8 月 10 日 $N^2 > 5 \times 10^{-4} s^{-2}$ 分别对应的水深范围为 0～6m 及 26～29m、0～8m 及 28～31m、1～3m 及 28～30m、1～3m 及 24～25m，而对应于弱分层水体的水深范围，7 月 29 日为 7～10m、24～25m、30～35m，8 月 4 日为 2m、9～12m、27m、32m，8 月 6 日为 4～8m、27m、31～32m，8 月 10 日为 4～7m、21～23m、27～29m，对应于混合水体的水深范围，7 月 29 日为 11～23m、36～39m，8 月 4 日为 13～

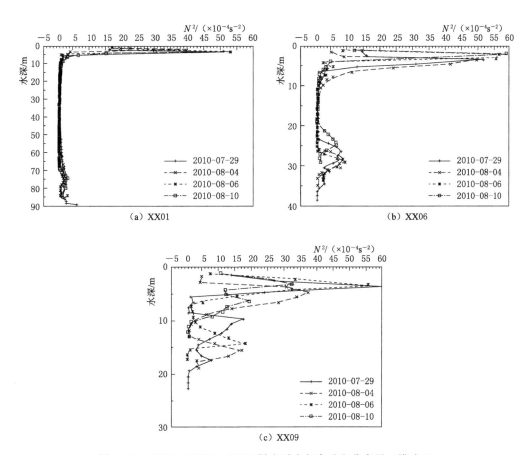

图 9.49　XX01、XX06、XX09 样点浮力频率垂向分布图（模式 8）

26m、33～35m，8 月 6 日为 9～26m，8 月 10 日为 8～20m。XX09 表层至 9m 水深的水体属于稳定分层水体，说明这部分水体温度梯度大，分层明显，底部水体属于弱分层或混合水体。

综合以上分析可知，该种循环模式对靠近香溪河河口的 XX01 中层水体影响显著，导致这部分水体无明显分层，属于混合水体，而上游低温水形成的底部异重流，使 XX09、XX06 底部水温趋于均一化，混合均匀。

9.4.2.9　上游底层顺坡异重流，下游中下层倒灌异重流

分析图 9.50 可知，该种模式的异重流对异重流运行范围内的水体有显著影响。分析 XX01 浮力频率垂向分布图（图 9.50），表层至 10m 水深的水体属于稳定分层水体或弱分层水体，而 10～60m 水深的水体为混合水体，不存在温度梯度，60m 至底部水体又属于弱分层水体或稳定分层水体，表明该层水体又出现了一定的温度梯度。分析 XX06 浮力频率分布图（图 9.50），同样可以发现，表层至水深为 8m 左右的水体属于稳定分层或弱分层水体，说明该层水体温度梯度大，水温分层现象明显，8～16m 水深的水体属于混合水体，基本上没有温度梯度，而 16～22m 水深的水体又出现了一定的温度分层，22m 以下水体温度分层减弱，8 月 23 日完全消失。分析 XX09 浮力频率分布图（图 9.50），可以发

现，XX09 水深小，仅有 10m 左右，除了底部水体为混合水体，其他部分水体为弱分层或稳定分层水体，说明表层至底部水体的温度梯度大，水温分层现象明显。

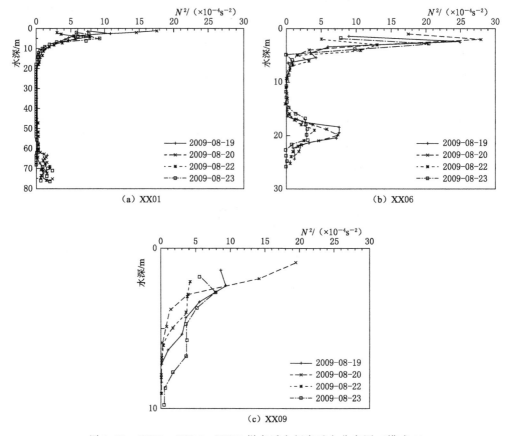

图 9.50　XX01、XX06、XX09 样点浮力频率垂向分布图（模式 9）

由以上分析可知，上游发生底部异重流，下游发生中下层倒灌异重流时，倒灌异重流所到之处的水体均处于混合均匀状态，具体表现为 $N^2 < 0.5 \times 10^{-4} s^{-2}$，而上游的底部异重流也会产生类似效果。

9.4.2.10　上游底层顺坡异重流，下游底层倒灌异重流

分析图 9.51 可知，该时间段处于蓄水期间，XX01 除了极个别水层属于弱分层水体外，其他均为混合均匀水体，这是由于蓄水期干流的大规模倒灌导致的。XX06 表层至 30m 左右水深及底部水体属于混合均匀的水体，不存在水温分层现象，而在 30m 至底部水体之间的水体属于弱分层状态，很可能是由于干流底部倒灌的水体潜入一段距离后上浮所致。XX09 表层至 15m 及底部水体属于混合水体，无显著分层，而位于 15m 至底部之间的这层水体属于弱分层或稳定分层状态，原因和 XX06 类似。

由以上分析可知，该种水动力循环模式，凡是异重流影响范围内，均会引起水体的混合，消除水温分层现象。

9.4.3　混合层深度

不同于浮力频率，混合层深度的大小从另一方面直观地反映了水体混合均匀的程度，

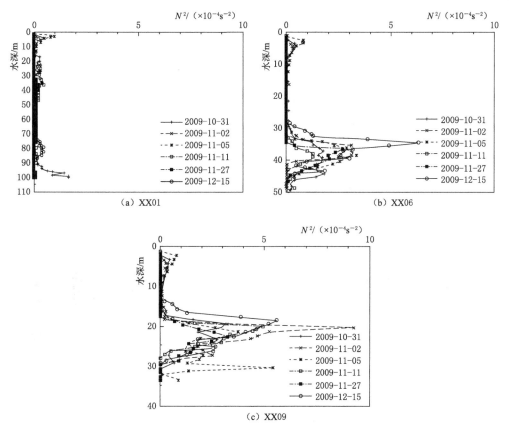

图 9.51　XX01、XX06、XX09 样点浮力频率垂向分布图（模式 10）

混合层深度越大，藻类能够进行光合作用的时间就越少，如果被混合到真光层以下，将无法进行光合作用；反之，混合层深度越小，藻类进行光合作用的时间就越多，如果混合层深度小于真光层深度，那么藻类始终都能进行光合作用，相应地，发生水华的概率就越大。混合层深度以与表层水温梯度为 0.5℃ 时对应的深度为准，即按与表层水温首次相差 0.5℃ 水温对应的水深作为混合层深度。

　　本节分析了不同水动力循环模式对香溪河库湾混合层深度的影响，以此来探讨不同水动力循环模式可能带来的不同的水华风险或防控水华的潜力。此处分析所选的时间，与前文水温、浮力频率的分析一致。

9.4.3.1　上游表层顺坡异重流，下游表层倒灌异重流

　　由图 9.52 可以发现，此种水动力循环模式发生后，香溪河库湾各样点的混合层深度有所减小，其中，XX01 下降幅度最大，从最初的 58.0m 下降到最后的 1.5m，XX06 与 XX09 的混合层深度变化不大，有一定减小。由此可见，该时间段内 XX01 发生水华的风险会明显增加。

9.4.3.2　上游表层顺坡异重流，下游中上层倒灌异重流

　　由图 9.53 可知，发生此种水动力循环模式后，香溪河库湾各样点的混合层深度有一定增加，XX01 的混合层深度由 3.5m 增加到 7.0m，XX06 的混合层深度由 1.9m 增加到 3.5m，XX09 的混合层深度则从 2.7m 增加到 4.7m，这三个样点都经历了先小幅降低后增加的过程，说明此模式对降低水华发生的风险有一定作用。

9.4.3.3 上游表层顺坡异重流，下游中层倒灌异重流

分析图 9.54 可以发现，香溪河库湾三个样点的混合层深度变化趋势均为先增大后减小，此种水动力循环模式结束后的混合层深度相比发生前有所下降，XX01、XX06、XX09 分别下降了 2.2m、1.5m、2.5m。以上分析表明该种水动力循环模式在发展初期，对增大混合层深度、减小水华风险有一定作用，后期对防控水华不利。

9.4.3.4 上游表层顺坡异重流，下游中下层倒灌异重流

由图 9.55 可知，该种水动力循环模式对香溪河库湾混合层深度影响有限，XX01、XX06 的混合层深度在发生前后分别仅减少了 0.6m、0.5m，XX09 的混合层深度没有变化。

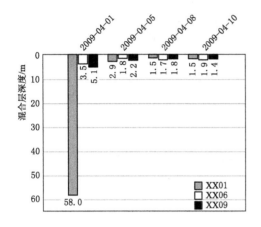

图 9.52 XX01、XX06、XX09 样点混合层
深度变化图（模式 1）

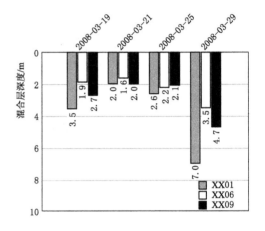

图 9.53 XX01、XX06、XX09 样点混合层
深度变化图（模式 2）

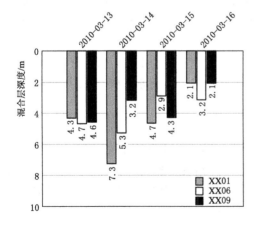

图 9.54 XX01、XX06、XX09 样点混合层
深度变化图（模式 3）

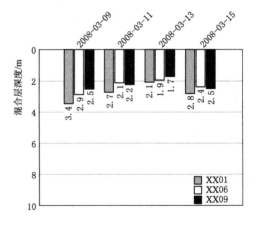

图 9.55 XX01、XX06、XX09 样点混合层
深度变化图（模式 4）

9.4.3.5 上游表层顺坡异重流，下游底层倒灌异重流

由图 9.56 可以看出，此种水动力循环模式发生前后，香溪河库湾混合层深度有明显降低，XX01、XX06、XX09 的混合层深度分别从 54.9m、44.4m、26.4m 下降到 9.3m、7.9m、5.0m，混合层的降低增加了藻类接受光合作用的机会，但也将限制藻类从中下层水体吸收营养盐。

9.4.3.6 上游底层顺坡异重流，下游表层倒灌异重流

由图 9.57 可以看出，此种水动力循环模式发生后，香溪河库湾混合层深度有显著增加，XX01、XX06、XX09 的混合层深度分别从 2.7m、3.4m、3.5m 增加到 28.0m、13.4m、5.6m，其中 9 月 9 日这天增加的幅度最大，混合层深度的明显增加将带来香溪河库湾水体在垂向上的掺混交换，大大降低水华发生的风险。

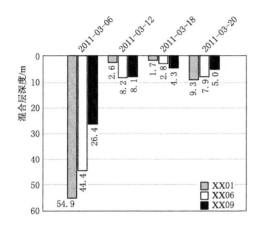

图 9.56 XX01、XX06、XX09 样点混合层
深度变化图（模式 5）

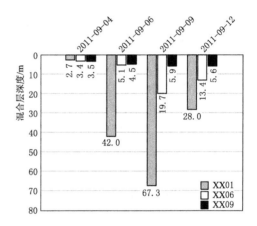

图 9.57 XX01、XX06、XX09 样点混合层
深度变化图（模式 6）

9.4.3.7 上游底层顺坡异重流，下游中上层倒灌异重流

由图 9.58 可知，此种水动力循环模式对香溪河库湾混合层深度有一定增大，XX01、XX06、XX09 的混合层深度分别从 0.9m、0.8m、0.6m 增加到 2.0m、2.1m、1.9m，但从增加混合层深度来看，仍然处于藻类可以接受光照生长的水深范围内，对控制水华作用有限。

9.4.3.8 上游底层顺坡异重流，下游中层倒灌异重流

由图 9.59 可以看出，此种水动力循环模式对香溪河库湾混合层深度影响表现先增大后减小，XX01 的变化过程较为平稳，由 1.4m 降为 1.0m，XX06 的变化过程为 1.6m→2.7m→1.3m，XX09 的变化过程为 1.6m→2.9m→1.7m，由以上分析来看，若要增加混合层深度来抑制水华，此种模式作用不大。

9.4.3.9 上游底层顺坡异重流，下游中下层倒灌异重流

由图 9.60 可知，此种水动力循环模式对香溪河库湾的混合层深度几乎没有影响，此种水动力循环模式发生前后，混合层深度没有明显变化，说明若要增加混合层深度，运用此种水动力循环模式可能收效甚微。

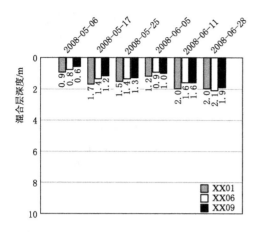

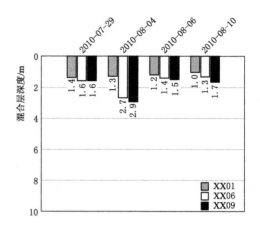

图 9.58 XX01、XX06、XX09 样点混合层
深度变化图（模式 7）

图 9.59 XX01、XX06、XX09 样点混合层
深度变化图（模式 8）

同时，也可以推断出，此种模式对藻类生长所在的水深范围没有显著影响，若此时藻类所处的水深范围内营养盐充足，光照条件良好，可能会存在较大的发生水华的风险，说明此种模式对于防控水华是不利的。但水动力循环模式也不是一成不变的，在一定条件下，会相互转化，此时可借用水库调度的方法，进而转变水动力循环模式。

9.4.3.10 上游底层顺坡异重流，下游底层倒灌异重流

由图 9.61 可以看出，此种水动力循环模式发生阶段，香溪河库湾的混合层深度较大，且该模式发生前后对混合层深度影响较小，各样点均维持在同一深度，变化较小。因此可以知道，此种水动力循环模式对增加香溪河库湾混合层深度作用有限。

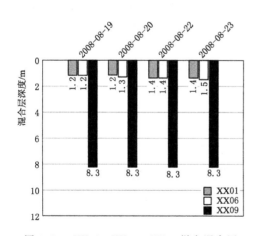

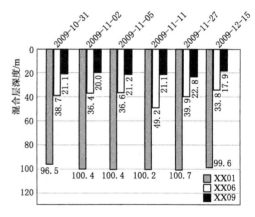

图 9.60 XX01、XX06、XX09 样点混合层
深度变化图（模式 9）

图 9.61 XX01、XX06、XX09 样点混合层
深度变化图（模式 10）

9.4.4 水体滞留时间

水库的水质在很大程度上取决于它的传输时间尺度。这些时间尺度，对于确定排入水

体的污染物在正常水文条件下被输送出系统所需的时间和污染物进入水体后到达特定地点所需的时间尤为关键。例如，LIU 等[6]指出，相对短的停留时间很可能是导致在台湾淡水河口低浮游植物生物量的限制因素之一，Bricelj 等[7]用水体滞留时间来解释有害水华的发生原因。

近年来，随着世界范围内越来越多的水环境和生态环境污染问题日益受到关注，数学模型也越来越多地应用在预测水库[8]、湖泊[9]、河口[10-12]等水体的传输时间尺度上。

俗话说，流水不腐。水体滞留时间的长短直观反映了水体的新旧交替速度，进而增加或降低了水华发生的风险。本节分析了各种水动力循环模式对香溪河库湾水体滞留时间的影响，探讨了各种循环模式对改善或加剧香溪河库湾水华风险的作用。受分层异重流的影响，香溪河库湾的水体滞留时间与传统意义上的水体滞留时间有所不同：传统的水体滞留时间由库容与多年平均径流之比计算所得，而本节分析的水体滞留时间具有明显的分层特性，体现为不同深度具有不同的水体滞留时间。

9.4.4.1 上游表层顺坡异重流，下游表层倒灌异重流

由图 9.62 可以看出，XX01 的水体滞留时间在该模式发生前后变化不大，受干流倒灌影响，表层水体的滞留时间缩短，由最初的 8d 降为 3d 以内，不仅表层水体，水深在

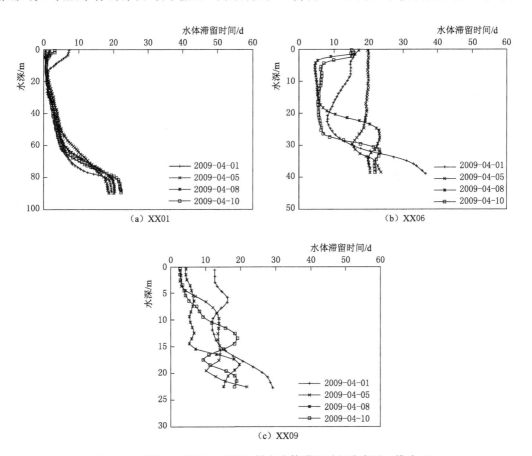

图 9.62 XX01、XX06、XX09 样点水体滞留时间分布图（模式 1）

60m 以内的水体的滞留时间也为 5d 以内，但水深在 70m 以下水体的滞留时间迅速由 10d 左右增大到 20d 左右，可见此种模式对 XX01 底层水体的滞留时间改善有限。从 XX06 的水体滞留时间分布图（图 9.62）可以看出，此种水动力循环模式影响下，XX06 的水体滞留时间先增大后减小，4 月 5 日水体滞留时间达到最大，从表层到 20m 水深的水体的滞留时间约为 20d，20～35m 水深的水体滞留时间先缩小为 15d 后又增大到 20d，35m 水深以下水体的滞留时间略大于 20d，4 月 8 日及 4 月 10 日，XX06 水深 5～20m 水体的滞留时间缩短为 5d 左右，但 20m 水深以下水体的滞留时间又升高到 10～20d。从 XX09 的水体滞留时间分布图（图 9.62）可以看出，XX09 表层到 5m 水深的水体滞留时间有明显降低，从 10d 以上降到 5d 以下，但 5m 以下的水体呈现先减小后增大的趋势，变化范围为 10～20d。

　　从以上分析可以得出，此种水动力循环模式对缩短香溪河库湾表层水体的滞留时间有明显促进作用，在紧急情况下，可以作为应急调度的参考。

9.4.4.2　上游表层顺坡异重流，下游中上层倒灌异重流

　　由图 9.63 可以看出，XX01 在 10～35m 水深范围内的水体在发生此种水动力循环模式后，滞留时间缩短，其中 10m 左右水深的水层滞留时间效果最明显，降低为 1d 左右，

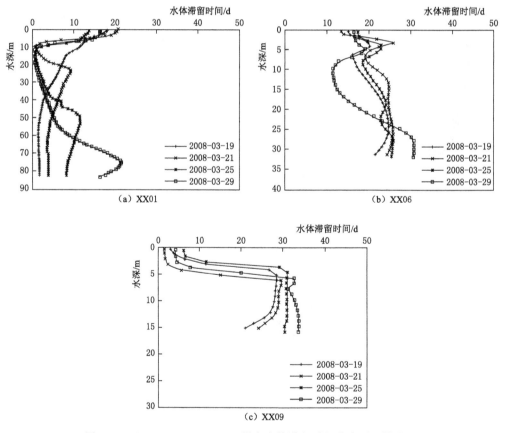

图 9.63　XX01、XX06、XX09 样点水体滞留时间分布图（模式 2）

而 35m 水深以下的水体滞留时间反而增加，增加幅度最大的为 3 月 29 日 75m 水深所在的水层，增加到 20d 以上。分析 XX06 水体滞留时间分布图（图 9.63），XX06 水体滞留时间整体上要比 XX01 长，分布在 10～30d 左右，发生此种水动力循环模式后，3 月 21 日及 3 月 25 日的结果显示，水体滞留时间有增长的趋势，而 3 月 29 日的结果则显示，部分水层的滞留时间增加，部分水层的滞留时间减少，具体为 5～25m 水深的水体滞留时间缩短，25m 至底部的水体滞留时间变长。从 XX09 的水体滞留时间分布图（图 9.63）可知，其水体滞留时间分布趋势较为一致，但部分水层有所差别，具体体现为 6m 至底部水体的滞留时间有所增加，从不足 30d 增加到 30d 以上，而表层至 6m 水深的水体则表现为先减小后增加的趋势。

从以上分析可知，此种水动力循环模式对香溪河库湾的水体滞留时间影响范围比较有限，仅 XX01 中上层水体的滞留时间有一定减小，其他样点其他水层的滞留时间反而有所增加。

9.4.4.3 上游表层顺坡异重流，下游中层倒灌异重流

分析图 9.64 可以发现，在整个水动力循环模式发生前后，XX01 及 XX06 样点的水体滞留时间分布趋势较为一致，其中，XX01 样点表层至 10m 水深的水体滞留时间增加，从 15d 增加到 20d 以上，10～40m 水深的水体滞留时间有小幅减小，40m 以下水体滞留时间

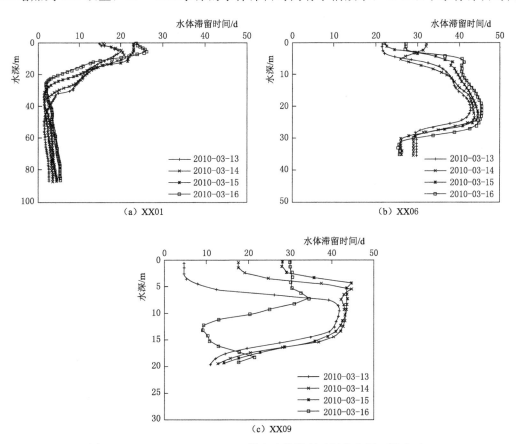

图 9.64 XX01、XX06、XX09 样点水体滞留时间分布图（模式 3）

有微幅增加。XX06 表层至 30m 水深的水体滞留时间有所增加，30m 以下水体滞留时间有所降低。XX09 表层至 7m 左右的水体滞留时间明显增加，其中表层增幅最大，从 3 月 13日的 5d 增加到 3 月 16 日的 30d，7m 以下水体滞留时间除了 3 月 16 日有明显减少外，其他日期并无显著差异。

由以上分析可知，此种水动力循环模式对减小香溪河库湾的水体滞留时间作用有限，有时甚至还具有反作用，例如 XX09 表层水体的滞留时间反而增加了 6 倍。

9.4.4.4　上游表层顺坡异重流，下游中下层倒灌异重流

由图 9.65 可以看出，XX01 的水体滞留时间表现出表底大、中间小的特征，即表层水体滞留时间在 10d 以上，底部水体最大甚至达到了 30d，中层水体滞留时间最小为 2d左右。此种水动力循环模式发生后，XX01 表层水体滞留时间有所增加，60m 以下的水体滞留时间有所减少。XX06 表层至 5m 水深的水体滞留时间减小，从 3 月 9 日的 20d 以上降为 3 月 13 日的 13d，但 5m 水深以下的水体滞留时间增加。发生此种水动力循环模式后，XX09 水体滞留时间增加，尤以 5~10m 水深最为明显，从 3 月 9 日的 5d 左右增加到3 月 11 日的 28d 左右。

由以上分析可见，此种水动力循环模式对香溪河库湾下游 XX01 的中下层水体滞留时间改善效果良好，但对中游（XX06）及上游（XX09）的水体滞留时间反而起到了增加的作用。

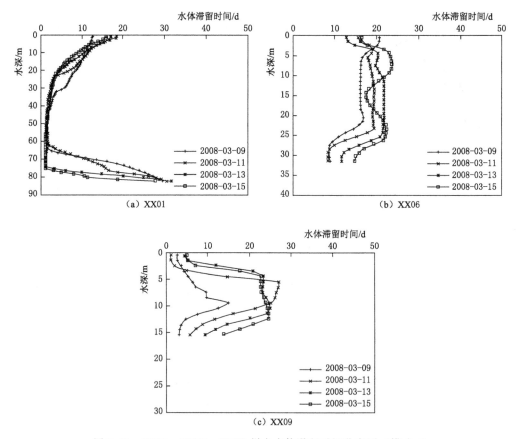

图 9.65　XX01、XX06、XX09 样点水体滞留时间分布图（模式 4）

9.4.4.5　上游表层顺坡异重流，下游底层倒灌异重流

分析图 9.66 可知，XX01 样点的水体滞留时间在此种水动力循环模式发生前后，表层至 20m 水深增加明显，其中表层水体的水体滞留时间从 3 月 6 日的 17d 增加到 3 月 20 日的 22d，20m 以下水体变化不明显；XX06 样点的水体滞留时间在表层至 15m 水深的水体有明显增加，从 3 月 6 日的 15d 增加到 3 月 20 日的 30d，15m 以下的水体滞留时间变化不明显，分布较为一致；XX09 的水体滞留时间在该模式发生后有一定减小，15m 以下水体减小到 16d 左右，表层至 15m 水体减小到 20d 左右。

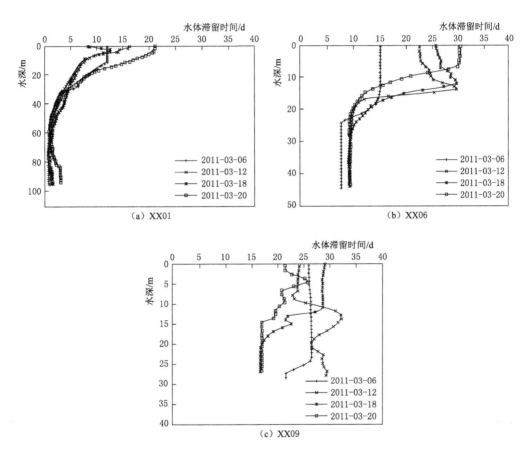

图 9.66　XX01、XX06、XX09 样点水体滞留时间分布图（模式 5）

由以上分析可知，此种模式对香溪河库湾中下游水体的滞留时间有增大的作用，对上游 15m 以下水体有减小的作用。

9.4.4.6　上游底层顺坡异重流，下游表层倒灌异重流

分析图 9.67 中 XX01 的水体滞留时间分布图可知，XX01 表层至 10m 水体的滞留时间有所减小，从 5d 降到 2d 左右，10m 以下水体变化不明显。从 XX06 的水体滞留时间分布 [图 9.67 (b)] 可以看出，表层至 5m 水体的滞留时间限制下降，从 18d 左右降到 10d 以内，水深在 5~18m 的水体滞留时间增加了 3d 左右，18m 以下的水体滞留时间增加了

5d 左右。XX09［图 9.67（c）］表层至 5m 水深的水体滞留时间从 22d 左右降为 15d 左右，5m 至底部的水体滞留时间从 5d 左右增加到 9d 左右。

从以上分析可以看出，此种模式对缩短香溪河库湾表层水体的滞留时间有一定作用，对中上游底部水体的滞留时间反而有一定增加。

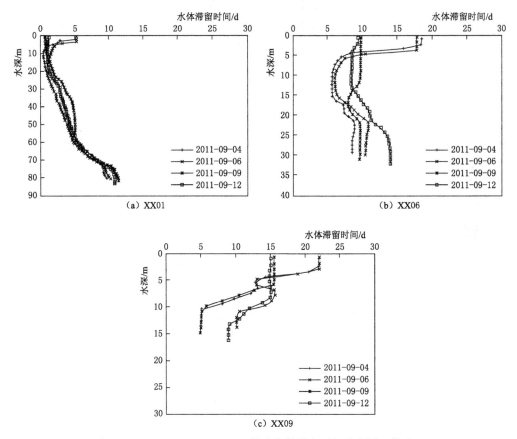

图 9.67　XX01、XX06、XX09 样点水体滞留时间分布图（模式 6）

9.4.4.7　上游底层顺坡异重流，下游中上层倒灌异重流

从图 9.68 可以看出，XX01 表层水体滞留时间有小幅降低，底部水体滞留时间有微弱增加，中层水体滞留时间变化不大，其中 10～20m 左右的水体滞留时间最短，小于 1d；XX06 水体滞留时间分布在 4～15d 之间，中层水体的滞留时间最短，为 5～7d，发生此种模式前后，水体滞留时间变化不大；XX09 水体滞留时间分布在 0～15d 之间，3m 以下水体的滞留时间均在 5d 以内，5 月 25 日水体滞留时间最短，接近于 0，发生此种模式前后，水体滞留时间变化不大。

由以上分析可知，此种水动力循环模式对香溪河库湾中下游的中上层水体的滞留时间有一定改善的效果，可以缩短这部分水体的滞留时间，但对上游的水体影响不够。上游水体受上游底部异重流影响更大，特别是底部水体的滞留时间明显短于表层水体。

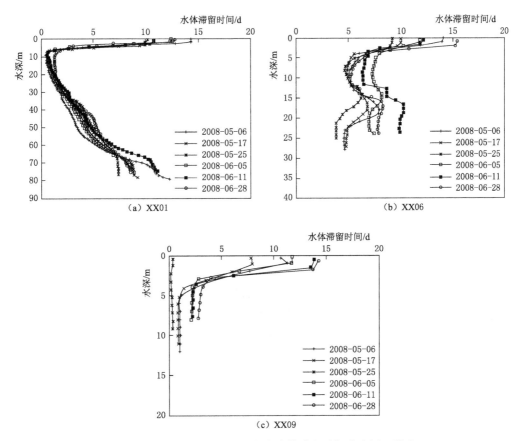

图 9.68 XX01、XX06、XX09 样点水体滞留时间分布图（模式 7）

9.4.4.8 上游底层顺坡异重流，下游中层倒灌异重流

由图 9.69 可以看出，此种水动力循环模式发生后，XX01 表层至 40m 水深的水体滞留时间增大了，表层水体由 6d 左右增大到 16d 左右，40~50m 水体滞留时间则有一定缩短，50m 以下水体的滞留时间又增长，20~50m 深度的中层水体滞留时间保持在 5d 以内，受干流倒灌影响显著；XX06 表层水体的滞留时间在整个过程中稳定在 20d 左右，底部水体的滞留时间最短，分布在 5~10d 之间，中层水体的滞留时间介于表底二者之间，从 5d 到 15d 不等；XX09 表层水体的滞留时间从发生之初的 23d 左右下降到结束后的 17d 左右，而底部水体的滞留时间在发生过程中有所增加，但结束后又恢复到发生前的水平，在 5d 以内，中层水体的滞留时间分布在 10~20d 之间。

综合以上分析可以得出，此种水动力循环模式对香溪河库湾下游（XX01）的中层水体滞留时间可以保持在一个较低的水平（如本例的 5d 以下），而对中游（XX06）及上游（XX09）的影响就不那么显著。上游受底部异重流影响，底部水体保持在相对较低的水平，也在 5d 以内。

9.4.4.9 上游底层顺坡异重流，下游中下层倒灌异重流

由图 9.70 可以看出，此种水动力循环模式对三个样点的水体滞留时间影响很小，发

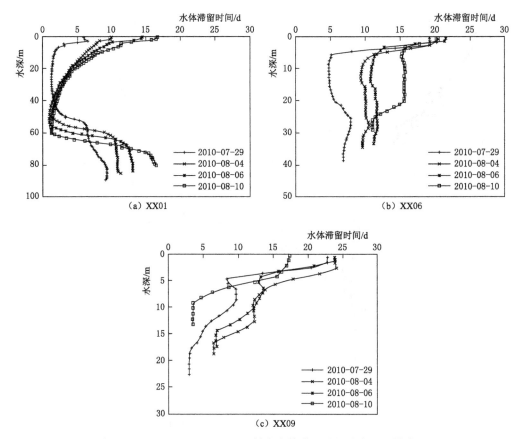

图 9.69　XX01、XX06、XX09 样点水体滞留时间分布图（模式 8）

生前后没有显著变化，基本保持在同一水平。XX01 的水体滞留时间从表层到底部呈现出先降低后升高的特征，先从 8d 左右下降到水深 50m 处的 1d 以内，后又在底部升高到 15d 左右。

XX06 的水体滞留时间从表到底出现了两个拐点，分别位于水深 5m 和 15m 左右，呈现出先减小随后增大最后又减小的特征，其具体变化过程为 13d～10d～12d～5d。XX09 的水体滞留时间从表到底，在整个过程中接近于 0，类似于河流态水体的特性。

由以上分析可知，此种水动力循环模式对香溪河库湾下游（XX01）的中下层水体滞留时间有较大影响，保持在 5d 以内，上游（XX09）整个水层的水体滞留时间均很短，与天然河流状态无异，中游（XX06）的水体滞留时间介于上述两者之间。

9.4.4.10　上游底层顺坡异重流，下游底层倒灌异重流

由图 9.71 可以看出，XX01 表层至水深 30m 的水体滞留时间为 5～10d，水深 30m 以下的水体滞留时间在 5d 以下，10 月 31 日（水动力循环模式发生初始时刻）及 12 月 15 日（水动力循环模式发生结束时刻）除外。

XX06 表层至水深 30m 的水体滞留时间从 21d 增加到 31d，水深在 30m 以下的水体滞

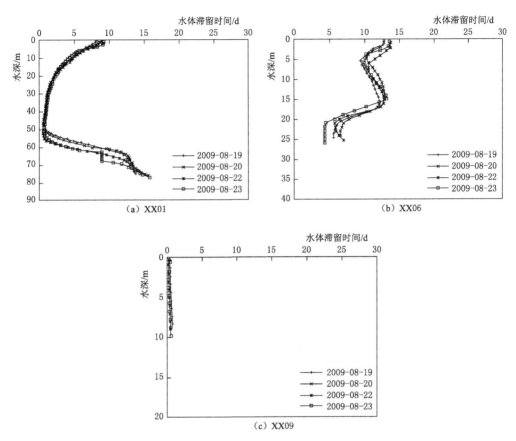

图 9.70 XX01、XX06、XX09 样点水体滞留时间分布图（模式 9）

留时间为 25d 左右。XX09 表层至水深 15m 的水体滞留时间从 22d 增加到 38d，而水深在 20m 以下的水体滞留时间也为 25d 左右。

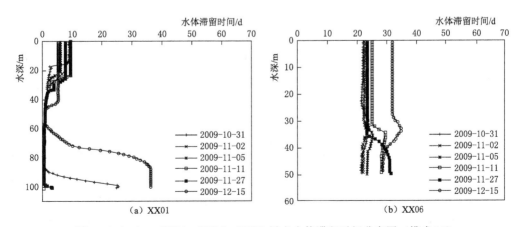

图 9.71（一） XX01、XX06、XX09 样点水体滞留时间分布图（模式 10）

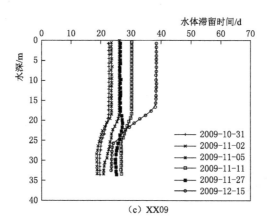

图 9.71（二） XX01、XX06、XX09 样点水体滞留时间分布图（模式 10）

综合以上分析，可以得出，此种水动力循环模式对降低香溪河库湾下游（XX01）下层与底层的水体滞留时间有利，但一旦该模式消失，则水体滞留时间很快又增加到一个高值（本例中为 35d），香溪河库湾中游（XX06）及上游（XX09）的表层及中上层水体滞留时间会有所延长，底部水体受上游入流底部异重流影响，保持在 25d 左右。

9.5 香溪河库湾水流水动力演变过程

9.5.1 水流演变过程

本节基于上述各节对香溪河库湾异重流的影响因子分析和演变规律分析，对各种水动力循环模式的主要水动力特性作了小结，见表 9.3。

表 9.3　　　　　　　　　　　各种水动力循环模式的主要水动力特性

水动力模式	主要发生时间	主要水动力特性
（1）上游表层异重流，下游表层倒灌异重流	1、4 月	在上游和下游中下层水体均能形成环流甚至漩涡，上游和下游表层流速有所增大，但一般上游入流流量较小，干流表层倒灌影响范围更大，入流与倒灌异重流之间形成滞留区域
（2）上游表层异重流，下游中上层倒灌异重流	1、2、3、4、6 月	上游、中下游表层和中下层均可形成环流，其中表层逆时针环流因上游表层顺坡异重流推动而顺势增强，表层水体内部形成众多漩涡进一步增大表层紊动特性
（3）上游表层异重流，下游中层倒灌异重流	2、3、4 月	与（2）类似
（4）上游表层异重流，下游中下层倒灌异重流	3、8 月	与（2）、（3）类似，但该模式出现较少，不够稳定
（5）上游表层异重流，下游底层倒灌异重流	2、3 月	整个库湾形成大的顺时针环流，水体中沿纵向形成众多从表到底的顺时针漩涡，表层流速增大
（6）上游底层异重流，下游表层倒灌异重流	1、4、5、6、7、8、9、10、12 月	整个库湾形成大的逆时针环流，水体中沿纵向形成众多从表到底的逆时针漩涡，表层流速增大

续表

水动力模式	主要发生时间	主要水动力特性
(7) 上游底层异重流,下游中上层倒灌异重流	1、2、3、4、5、6、7、8、9、11、12月	上游、中下游表层和中下层均可形成环流,但上游表层流向上游,易形成回流区域,中下游表层逆时针环流一般强度较弱且易受风生流影响
(8) 上游底层异重流,下游中层倒灌异重流	1、2、4、5、6、7、8、9、10、11、12月	下游中上层形成逆时针环流,并形成从河口贯穿到上游回水末端的大顺时针环流,若顺时针环流未上浮至上游表层,表层水体相对稳定,可能形成回水滞留效应
(9) 上游底层异重流,下游中下层倒灌异重流	2、3、6、7、8、9、10、11、12月	与(8)类似,但该模式出现较少,不够稳定
(10) 上游底层异重流,下游底层倒灌异重流	1、2、3、7、8、9、10、11月	在上游和下游中下层水体均能形成环流甚至漩涡,下游流向河口且有所增大

从表中可见,如果水温较高的上游来流流量较大,与干流倒灌的中上层、中层、中下层和底部异重流均能较大程度地增大库湾表层流速,并在库湾水体中形成顺时针环流甚至众多漩涡,如图9.5(a)、(c)和图9.11(a)所示。

上游底部顺坡对上游表层水体产生推流作用,由于动量守恒,会在上游形成表层逆流向上的逆时针环流,表层水体有向上游累积的效应,如图9.17(a)、(b)、(c)所示。

此时若干流水体从库湾表层倒灌如图9.13、表9.3模式(6)所示,整个库湾形成大的顺时针环流,水体中沿纵向形成众多从表到底的顺时针漩涡,并增大表层流速,如图9.13所示。

若此时干流水体从中上层、中层倒灌,上游底部顺坡异重流与倒灌异重流之间的水体会形成较强的顺时针环流甚至众多剧烈的漩涡,对水体产生较强的混合扰动,缩短水体滞留时间[图9.15(a)~(d)、图9.17(a)~(d)]并增强水体紊动强度[图9.15(e)~(h)、图9.17(e)~(h)]。而库湾中下游表层的流动状态取决于倒灌异重流导致的上层逆时针环流强度的强弱,表层流速总体较小甚至还回流向库湾上游。库湾表层水体滞留时间一般均在20d以上,如图9.15(c)、图9.17(d)所示。水体紊动强度也弱于$100 \times 10^{-6} m^2/s$,如图9.15(e)、(g)、(h)和图9.17(e)、(g)、(h)所示。

若此时干流水体从中下层倒灌,在库湾形成较大的逆时针环流,对水体中上层进行水交换,在与上游底部顺坡异重流之间产生众多漩涡[图9.19(a)]对水体进行剧烈掺混。中下游表层水体流速大小取决于干流倒灌异重流引起的逆时针环流的强弱。中上游表层水体主要受由干流倒灌异重流及上游底部顺坡异重流共同引起的顺时针大环流的影响,如图9.19(c)所示。

若此时干流水体从底部倒灌,也将在库湾形成较大的逆时针环流,对水体中上层进行水交换,相应中上层水体滞留时间将缩短。在与上游底部顺坡异重流之间产生众多漩涡[图9.19(a)]对水体进行剧烈掺混。中下游表层水体流速大小取决于干流倒灌异重流引起的逆时针环流的强弱。中上游表层水体主要受由干流倒灌异重流及上游底部顺坡异重流共同引起的顺时针大环流的影响,如图9.19(c)所示。若上游入流水温高于倒灌水温,上游入流水流也会被顶托至倒灌水体上端,推动库湾中上层水体流出库湾,从而对库湾中上层产生彻底的置换作用，如图 9.21（c）、（f）所示。

9.5.2　水温水动力参数演变过程

本节基于上述各节不同水动力循环模式对水华敏感动力参数的影响分析，对各种水动力循环模式的主要影响作了小结，见表 9.4。

表 9.4　　　　　　　　　各种水动力循环模式对水华敏感动力参数的影响

水动力模式	主要发生时间	可能对水温的影响	可能对混合层深度的影响	可能对水体滞留时间的影响
（1）上游表层异重流，下游表层倒灌异重流	1、4 月	若上游入流流量和下游倒灌流量较大对上游和下游温分层有一定的打破；若较小，温度分层会存在；上游温度分层比下游厉害	发生此种模式后，混合层深度减小	表层水体滞留时间缩短
（2）上游表层异重流，下游中上层倒灌异重流	1、2、3、4、6 月	若上游入流流量较大，库湾表层温度分层将会减弱；若上游入流流量和下游倒灌流量较小，温度分层将会持续存在；上游温度分层比下游厉害	发生此种模式后，混合层深度先减小后增加	下游中上层水体滞留时间减小，中上游水体滞留时间有所增加
（3）上游表层异重流，下游中层倒灌异重流	2、3、4 月	同（2）	混合层深度先增大后减小	中下游水体滞留时间变化不大，上游 XX09 表层水体滞留时间增加
（4）上游表层异重流，下游中下层倒灌异重流	3、8 月	与（2）、（3）类似	混合层深度无明显变化	下游 XX01 中下层水体滞留时间减小，中游 XX06 与上游 XX09 水体滞留时间增加
（5）上游表层异重流，下游底层倒灌异重流	2、3 月	若上游入流流量较大，且上游表层顺坡异重流能与下游逆时针环流汇合，将迅速打破整个库湾水温分层；若上游入流流量和下游倒灌流量较小，温度分层将会持续存在	混合层深度明显降低	中下游水体滞留时间增大，上游 15m 以下水体滞留时间缩短
（6）上游底层异重流，下游表层倒灌异重流	1、4、5、6、7、8、9、10、12 月	迅速打破整个库湾水温分层	混合层深度明显增大	表层水体滞留时间减小中上层底部水体的滞留时间反而有一定增加
（7）上游底层异重流，下游中上层倒灌异重流	1、2、3、4、5、6、7、8、9、11、12 月	库湾表层水体相对稳定，分层明显，尤其在中上游；受到干流和上游两种异重流的影响，库湾形成双温跃层特殊水温分层结构	混合层深度有一定增大	中下游的中上层水体的滞留时间缩短，上游底部水体的滞留时间明显短于表层水体

续表

水动力模式	主要发生时间	可能对水温的影响	可能对混合层深度的影响	可能对水体滞留时间的影响
（8）上游底层异重流，下游中层倒灌异重流	1、2、4、5、6、7、8、9、10、11、12月	下游温度分层更易打破，若上游逆时针环流上浮至表层，温度分层则被打破，若未上浮至表面，则依然存在温度分层	混合层深度先增大后减小	下游（XX01）的中层水体滞留时间明显减小，中游变化不大，上游底部水体滞留时间缩短
（9）上游底层异重流，下游中下层倒灌异重流	2、3、6、7、8、9、10、11、12月	与（8）类似	混合层深度无明显变化	水体滞留时间无明显变化
（10）上游底层异重流，下游底层倒灌异重流	1、2、3、7、8、9、10、11月	受到分层异重流、气温下降等影响整个库湾分层减弱	混合层深度无明显变化	下游（XX01）下层与底层的水体滞留时间有所减小，中游（XX06）及上游（XX09）的表层及中上层水体滞留时间会有所延长

　　水温的变化不仅会影响藻类的生长，还会导致藻类的季节性演替。关于水温对藻类生长的影响，前人已做了大量研究。Eppley[13]建立了藻类生长与水温之间的关系曲线。水温的变化会影响到藻类的光合作用、呼吸作用速率，Raven[14]从温度对藻细胞内催化剂的生化特征、传输、传输障碍、结构的影响，它们性质的变化，以及这些资源分配的变化角度研究了温度变化对藻类生长的影响，同时探讨了光照、营养盐与温度对藻类生长的协同影响。在光照、营养条件满足的前提下，不同藻类生长的最适温度范围不一致[15]。例如，硅藻、甲藻属于狭冷型藻，生长最适温度范围为10～20℃；蓝藻、绿藻生长的最适温度范围为25～35℃。在藻类适宜生长的温度范围内，温度的上升会促使其生长加快；反之，若超过最适生长温度范围，藻类的生长就会受到抑制[16]。正是由于藻类生长对水温变化的这种响应机制，水温的季节性变化就导致了藻类季节性演替。

　　从表9.4可见，模式（1）～（5）中上游入流水温高于或接近库湾回水末端水温的情况主要发生在1—4月，期间上游流量很小，而1—2月水温持续下降基本达到全年最低，与库湾回水末端水温基本持平；3—4月，香溪河上游梯级小水库处于枯水运用期，只有很小的发电流量，所以库湾上游入流量很小，而气温持续升高，很小流量的水流在经过较长距离的太阳辐射升温后到达库湾时略高于回水末端水温是可能的。2009年2—3月、2010年3—4月，2011年3月均出现了此情况（表9.4）。

　　相比之下，一年中大多数时间，由于气温升高库湾回水水温相应升高，而库湾上游入流源自神农架，水温本底较低，同时再受库湾上游梯级水库滞留并经底层下泄，流至库湾时便会低于库湾回水水温［模式（6）～（10）］，流入库湾时形成底部顺坡异重流。

　　若此时（上游底部顺坡异重流，下同）干流水体从库湾表层倒灌，水体温度分层在频繁剧烈的扰动下将被迅速打破。

　　若此时干流水体从中上层、中层倒灌，上游底部顺坡异重流与倒灌异重流之间的水体会形成较强的顺时针环流甚至众多剧烈的漩涡，对水体产生较强的混合扰动，缩短水体滞留时间并增强水体紊动强度，因此库湾中下层的水温分层将被打破或者减弱。而库湾中下游表层的流动状态取决于倒灌异重流导致的上层逆时针环流强度的强弱，表层流速总体较小甚至还回流向库湾上游。库湾表层水体滞留时间一般均在 20d 以上。因此，在模式（7）和模式（8）中，表层水温分层将容易形成，特殊的水温结构如"双混—斜"型在库湾中下游形成，而库湾上游水深较浅的区域出现"半 U"型水温分层结构[17]。

　　若此时干流水体从中下层倒灌，在库湾形成较大的逆时针环流，对水体中上层进行水交换，在与上游底部顺坡异重流之间产生众多漩涡，对水体进行剧烈掺混，打破水温分层。

　　若此时干流水体从底部倒灌，也将在库湾形成较大的逆时针环流，对水体中上层进行水交换，相应中上层水体滞留时间将被缩短。若上游入流水温高于倒灌水温，上游入流水流也会被顶托至倒灌水体上端，推动库湾中上层水体流出库湾，从而对库湾中上层产生彻底的置换作用。在该模式下，库湾大部分区域水体垂向紊动强度较强，水温分层将被减弱。该模式主要发生在汛末蓄水后期，随着气温进一步降低，库湾水温分层被持续减弱。

9.6　本　章　小　结

　　本章主要分析了基于数值模拟的三峡水库香溪河库湾水动力循环模式及演变规律，探讨了不同水动力循环模式对香溪河库湾水华敏感动力参数的影响，分别从水温、浮力频率、混合层深度、水体滞留时间四个方面进行了分析。主要结论如下：

　　（1）香溪河库湾上游以底部顺坡异重流为主，下游以中上、中下层倒灌异重流为主，相互组合形成十种不同的干支流水流交换模式；影响香溪河库湾异重流发生的主要因素是干支流温差、香溪河库湾上游来流量以及三峡水库水位日变幅。

　　（2）三峡水库干流与香溪河库湾水温最低出现在 2 月中旬至 3 月中旬，最高水温出现在 8 月初左右，干流与香溪河库湾分别为 26℃左右、30℃左右。

　　（3）下游干流倒灌对香溪河库湾水温、浮力频率、混合层深度、水体滞留时间的影响大于上游入流的影响，原因在于干流倒灌的水量远远大于上游入流水量。无论是上游表层顺坡异重流还是下游表层倒灌异重流，对打破香溪河库湾表层水温分层、降低浮力频率、增加混合层深度、减小水体滞留时间均有一定作用，作用大小与异重流强度有关。

　　（4）不同水动力循环模式对水华敏感动力参数的影响不是一成不变的，在一定条件下会相互转化。蓄水初期时的倒灌强度最大，会导致香溪河库湾水温分层消失，混合层深度急剧增加，水体滞留时间缩短，对抑制水华有利。

参　考　文　献

［1］　GHANI J A，CHOUDHURY I A，HASSAN H H. Application of Taguchi method in the optimization of end milling parameters ［J］. Journal of Materials Processing Technology，2004，145（1）：

84 - 92.

[2] HEDAYAT A S, SLOANE N J A, STUFKEN J. Orthogonal Arrays: Theory and Applications [M] . New York: Springer - Verlag, 1999.

[3] NALBANT M, GÖKKAYA H, SUR G. Application of Taguchi method in the optimization of cutting parameters for surface roughness in turning [J] . Materials & Design, 2007, 28 (4): 1379 - 1385.

[4] PARK S H. Robust design and analysis for quality engineering [M] . London: Chapman & Hall London, 1996.

[5] PHADKE M S. Quality engineering using robust design [M] . New Jersey: Prentice Hall PTR, 1995.

[6] LIU W C, CHEN W B, KUO J T. Modeling residence time response to freshwater discharge in a mesotidal estuary, Taiwan [J] . Journal of Marine Systems, 2008, 74 (1): 295 - 314.

[7] BRICELJ V M, LONSDALE D J. Aureococcus anophagefferens: Causes and ecological consequences of brown tides in US mid - Atlantic coastal waters [J] . Limnology and Oceanography, 1997, 42 (5, part2): 1023 - 1038.

[8] SHEN Y M, WANG J W, ZHENG B H, et al. Modeling study of residence time and water age in Dahuofang Reservoir in China [J] . Science China Physics, Mechanics and Astronomy, 2011, 54 (1): 127 - 142.

[9] LI Y, ACHARYA K, YU Z. Modeling impacts of Yangtze River water transfer on water ages in Lake Taihu, China [J] . Ecological Engineering, 2011, 37 (2): 325 - 334.

[10] HUANG W R, LIU X H, CHEN X J, et al. Estimating river flow effects on water ages by hydrodynamic modeling in Little Manatee River estuary, Florida, USA [J] . Environmental Fluid Mechanics, 2010, 10 (1 - 2): 197 - 211.

[11] HUANG W R, SPAULDING M. Modelling residence - time response to freshwater input in Apalachicola Bay, Florida, USA [J] . Hydrological Processes, 2002, 16 (15): 3051 - 3064.

[12] SHEN J, HAAS L. Calculating age and residence time in the tidal York River using three - dimensional model experiments [J] . Estuarine, Coastal and Shelf Science, 2004, 61 (3): 449 - 461.

[13] EPPLEY R W. Temperature and phytoplankton growth in the sea [J] . Fishery Bulletin, 1977, 70: 407 - 419.

[14] RAVEN J A, GEIDER R J. Temperature and algal growth [J] . New Phytologist, 1988, 110 (4): 441 - 461.

[15] HICKMAN M. Effects of the discharge of thermal effluent from a power station on Lake Wabamun, Alberta, Canada - The epipelic and epipsamic algal communities [J] . Hydrobiologia, 1974, 45 (2): 199 - 215.

[16] ROBARTS R D, ZOHARY T. Temperature effects on photosynthetic capacity, respiration, and growth rates of bloom - forming cyanobacteria [J] . New Zealand Journal of Marine & Freshwater Research, 1987, 21 (3): 391 - 399.

[17] 杨正健, 俞焰, 陈钊, 等. 三峡水库支流库湾水体富营养化及水华机理研究进展 [J] . 武汉大学学报 (工学版), 2017, 50 (4): 507 - 516.

第 10 章　基于藻类–温度关系改进的香溪河库湾水华数值模拟

10.1　概　　述

水华预测预报是水华防控及预警的关键，而目前湖库微小且复杂的动力学背景下藻类水华模拟因受到诸多因素影响而始终未能很好解决，成为当前我国水体富营养化问题研究的难题。在前面章节中，利用 CE‑QUAL‑W2 模型，实现了分层异重流的数值模拟，很好阐释了复杂水动力条件下三峡水库干支流水流循环模拟及水体交换过程。但因环境条件与水华藻类生长的关系不够准确，利用 CE‑QUAL‑W2 模型尚不能直接准确模拟水华发生过程。

本章将利用香溪河库湾多年水质水生态数据，统计分析不同温度与藻种生物量的关系，利用包络线理论，确定藻种生长率与温度偏态分布曲线关键参数，由此构建改进的三峡水库支流库湾藻类生态动力学模型，进一步耦合了分层异重流模型和藻类生长动力学模型，解决了三峡水库典型支流水流‑水质‑水华的同步耦合求解问题，并实现了支流水华数值模拟。

10.2　环境因子与藻类生长关系模型

藻类生长动力学模型主要包括藻类自身光合作用增殖过程，呼吸作用、死亡分解等消耗过程，藻类自身沉降过程，以及与浮游动物之间的被捕食过程等，如图 10.1 所示，生物量计算见式（10.1）。其中，藻类的增殖过程需要不同生源要素（碳、氮、磷、硅、有机质）、能量要素（光）、环境要素（温度、溶解氧）的协同作用，而死亡藻类经过降解，释放的各种营养物质又将重新回到水体，参加物质循环。浮游植物生长消亡过程对水体溶解氧、无机物、有机物等也会产生影响。

$$\frac{\mathrm{d}\Phi_a}{\mathrm{d}t} = \underbrace{K_{ag}\Phi_a}_{\text{生长}} - \underbrace{K_{ar}\Phi_a}_{\text{光呼吸}} - \underbrace{K_{ae}\Phi_a}_{\text{暗呼吸}} - \underbrace{K_{am}\Phi_a}_{\text{死亡}} - \underbrace{\omega_a\frac{\partial\Phi_a}{\partial z}}_{\text{沉降}}$$

$$- \underbrace{\sum\left(Z_\mu\Phi_{zoo}\frac{\sigma_{alg}\Phi_a}{\sum\sigma_{alg}\Phi_a + \sigma_{lpom}\Phi_{lpom} + \sum\sigma_{zoo}\Phi_{zoo}}\right)}_{\text{被捕食净损失}} \tag{10.1}$$

式中：z 为网格厚度；Z_μ 为浮游动物净生长速率；σ 为浮游动物捕食喜好因子（其中 σ_{alg}、σ_{lpom}、σ_{zoo} 分别为浮游动物捕食藻类、不稳定有机物、浮游动物的喜好因子）；K_{ag} 为藻类生长速率；K_{ar} 为藻类暗呼吸速率；K_{ae} 为藻类代谢速率；K_{am} 为藻类死亡率；ω_a 为藻类下沉速率；Φ_a 为藻类浓度；Φ_{lpom} 为不稳定有机物浓度；Φ_{zoo} 为浮游动物浓度。

由于藻类的生长率与温度、光照、氮、磷、碳、硅营养盐密切相关，因此藻类生长率

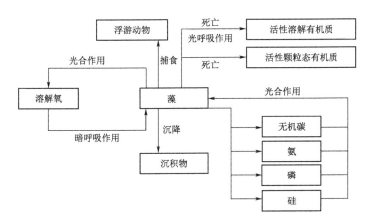

图 10.1　藻类生长消亡与其他因子关系图

可以表示为最大生长速率与受温度、光照及可利用营养盐影响函数之积，其相关的方程式见式（10.2），即

$$K_{ag} = K_{agmax} \cdot f(T) \cdot f_{min}(L, N, P, C, Si) \tag{10.2}$$

式中：K_{agmax} 为藻类最大生长率；$f(T)$ 为藻类生长率对温度的本构关系方程，也称适配曲线；$f(L, N, P, C, Si)$ 为光照、氮、磷、碳、硅营养盐等因子中对藻类生长起控制作用因子的限制函数。

光照对藻类生长的影响函数一般取为[1]

$$\lambda_1 = \frac{I}{I_S} e^{\left(1 - \frac{I}{I_S}\right)} \tag{10.3}$$

式中：λ_1 为光限制因子；I 为藻类可利用光照；I_S 为最大光合作用下光饱和常数。

不同营养盐浓度对藻类生长的影响函数一般采用 Monod 方程[2]，即

$$\lambda_i = \frac{\varphi_i}{P_i + \varphi_i} \tag{10.4}$$

式中：λ_i 为第 i 种营养盐对藻类生长的限制因子；φ_i 为第 i 种营养盐浓度；P_i 为第 i 种营养盐藻类生长的半饱和常数。

10.3　不同藻类生长率与温度本构关系的构建

10.3.1　温度与浮游植物群落变化的相互关系分析

图 10.2 为香溪河库湾 2010—2011 年逐月水温变化图，由图可知，香溪河水温 2010 年、2011 年年际变化趋势基本一致，具有明显的季节性变化特征，冬季 12 月至次年 2 月水温逐渐降低，2010 年、2011 年最低水温均出现在 2 月，分别为 11.27℃、11.67℃；随着气温升高，3—8 月水温逐步升高，并在 8 月达到峰值，2010 年、2011 年最高水温分别为 31.46℃、30.14℃，进入秋季后气温逐步降低，温度在 18.6～29.7℃范围内波动。

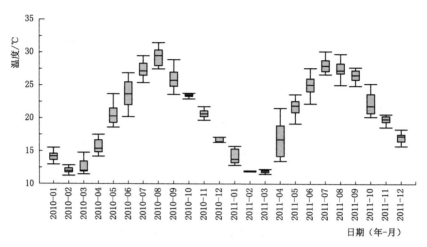

图 10.2　香溪河库湾逐月水温变化图

图 10.3 为香溪河库湾 10 大优势藻种随时间变化图,香溪河库湾不同优势藻种年际变化趋势较为一致,拟多甲藻浓度主要集中于温度较低的冬季 1—2 月,多甲藻在 3 月、8 月浓度较高;小环藻、小球藻、隐藻温度适应范围较广,4—8 月浓度均较高,且波幅较大;席藻、鱼腥藻、微囊藻浓度峰值集中于 7—8 月,秋季 9 月、10 月小球藻、小环藻藻密度较高。香溪河库湾浮游植物群落以硅藻(小环藻、直链藻)、绿藻(小球藻、衣藻)、隐藻为主,甲藻(拟多甲藻、多甲藻)在冬末和夏初出现,并占优势;蓝藻(微囊藻、鱼腥藻、席藻)在夏季及冬季出现,并在夏季大量生长,占较大优势。浮游植物群落结构季节演替特征可概括为:甲藻、硅藻(2—3 月)→硅藻、绿藻(春季 3—5 月)→硅藻、隐藻(春末 5 月底 6 月初)→甲藻、硅藻(夏初 7 月)→蓝藻(夏季 7—8 月)→绿藻、硅藻、隐藻(秋季 9—11 月)→硅藻、绿藻(冬季 11 月至次年 2 月)。

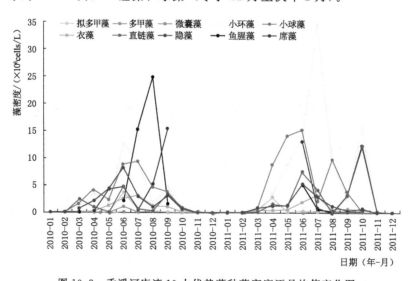

图 10.3　香溪河库湾 10 大优势藻种藻密度逐月均值变化图

10.3.2　优势浮游植物种密度的温度阈值分析

如图 10.4 所示，通过统计不同温度下藻种密度分布可知，不同藻种藻密度与温度阈值差异显著。拟多甲藻藻密度峰值对应温度为 23℃，当温度为 11℃时，藻密度峰值逐步增高，当温度超过 23℃时，监测到拟多甲藻藻密度始终处于较低水平；多甲藻出现频次远低于拟多甲藻，主要适宜温度区间段为 17～26℃；小环藻、小球藻、衣藻、隐藻藻密度与温度的关系均形似偏态方程，藻密度自 15℃逐步升高，在 26.7℃达到峰值，但各类藻密度较高对应温度范围集中于22～27℃；微囊藻藻密度峰值对应温度为 27℃，适宜温度变化范围为 22～30℃；隐藻在温度23℃出现藻密度峰值，且藻密度以该温度为中轴线，左右分布较为均匀，形似正态分布；鱼腥藻生长期主要集中于 29～31℃水体，其他温度下尚未观测到鱼腥藻大量聚集。席藻也为耐高温的藻种，但温度适应范围比鱼腥藻略广，主要在温度 21～30℃时快速增殖。

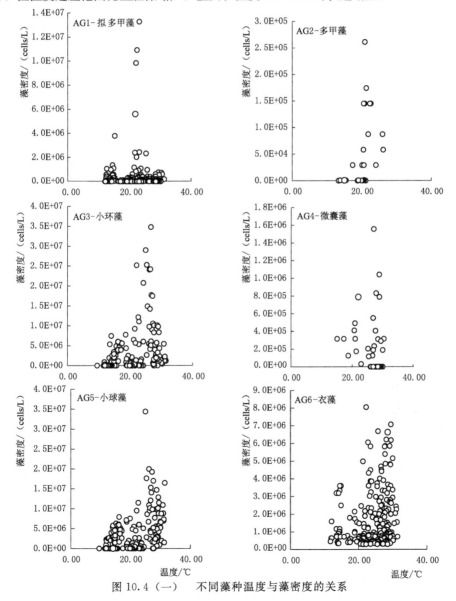

图 10.4（一）　不同藻种温度与藻密度的关系

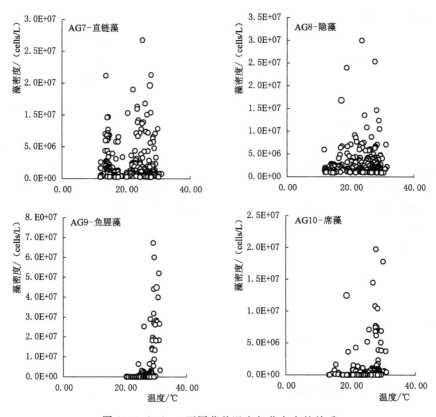

图 10.4（二）　不同藻种温度与藻密度的关系

10.4　不同藻种生长率与温度的本构关系

10.4.1　藻类生长率与温度本构理论关系

藻类生长率与温度的本构关系函数可以分为三种：①Ⅰ型线性方程，即藻类生长率在一定范围内随着温度的升高而呈现线性增加，该方程在早期 WASP 模型[3] 及 EXPLORE–I[4] 中均有应用，改进的分段线性方程也曾被应用于 HSPF 模型中[5]；②Ⅱ型指数型方程，基于 Arrhenius 和 Van't Hoff 方程，Eppley 发现不同藻类生长率与温度关系曲线在一定温度范围内呈现指数型[6]。③Ⅲ型偏态分布曲线，最早由 Thornton 及 Lessem 于 1978 年提出[7]，即在一定温度范围内，藻类生长率随温度升高而逐渐增加，当温度持续升高到藻类最适宜生长温度时，达到藻类最大生长率

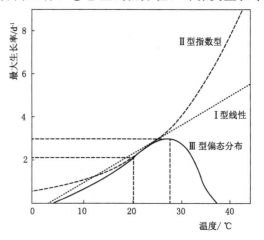

图 10.5　不同类型温度与藻类生长率关系方程

K_{agmax}，之后随着温度升高藻类生长率将持续降低，因藻类生长率上升段与下降段并非左右对称，故可将藻类生长率与温度间的本构关系函数概化为偏态分布曲线，如图 10.5 所示。

由于不同藻种最大生长率 K_{agmax} 差异较大，为构建适应于不同藻种生长率对温度的本构关系曲线，对藻种生长率标准化，将温度 T 下对应的实际生长率除以该藻种的最大生长率，取Ⅲ型曲线标准化后所得方程见式（10.5），方程示意图如图 10.6 所示。

$$f(T) = K_A(T)K_B(T) \qquad (10.5)$$

式中：$f(T)$ 为藻类生长率对温度的本构关系方程，其值范围为 0～1，0 代表完全不适宜藻类生长，1 代表最适宜藻类生长，生长率可以达到该藻种的最大生长率；$K_A(T)$ 为左侧上升段方程；$K_B(T)$ 为右侧下降段方程。

因在给定温度 T 下藻类的实际生长率与本构关系曲线对应点保持倍比变化，即藻类生长率 K_{ag} 与本构关系 $f(T)$ 满足式（10.6）：

$$K_{ag} = K_{agmax}f(T) \qquad (10.6)$$

左侧上升段方程：

$$K_A(T) = \frac{K_1 e^{\gamma_1(T-T_1)}}{1 + K_1\left[e^{\gamma_1(T-T_1)} - 1\right]} \qquad (10.7)$$

$$\gamma_1 = \frac{1}{T_2 - T_1}\left[\ln\frac{K_2(1-K_1)}{K_1(1-K_2)}\right] \qquad (10.8)$$

右侧下降段方程：

$$K_B(T) = \frac{K_4 e^{\gamma_2(T_4-T)}}{1 + K_4\left[e^{\gamma_2(T_4-T)} - 1\right]} \qquad (10.9)$$

$$\gamma_2 = \frac{1}{T_4 - T_3}\left[\ln\frac{K_3(1-K_4)}{K_4(1-K_3)}\right] \qquad (10.10)$$

本构关系方程式（10.6）定义 8 个参数，T_1、T_2、T_3、T_4 为四个特征温度，依次为藻类生长率与温度本构关系对应的最低温度、较低温度、较高温度、最高温度；K_1、K_2、K_3、K_4 分别为四个特征温度对应的藻类生长率的特征值，K_3、K_4 取值一般大于 0.9。

藻类生长率对温度的偏态曲线适配方程在不同模型中得到了广泛的应用，然而由于实测数据的缺乏，目前该本构关系曲线方程

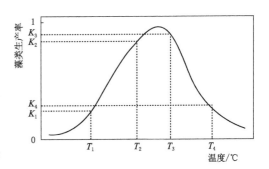

图 10.6　藻类与温度偏态曲线方程示意图

所需要的 8 个参数（T_1、T_2、T_3、T_4、K_1、K_2、K_3、K_4）主要通过参数率定获得。水体中浮游植物群落藻种门属繁多，生境条件差异较大，随着研究藻种的增加，温度关联参数将以 8 倍递增，多藻种数值模拟增加了率定难度，降低模拟精度，同时"异参同效"也给结果增加不确定性，难以反映实际情况。本研究通过香溪河积累的大量野外观测资料，围绕藻类增殖过程，统计获取温度与不同藻种生物量关系曲线，由此曲线推求出不同藻种生长率对温度的本构关系曲线。

假设藻类生长率 $K_{ag}(T)$ 为温度 T 的函数，藻类生物量用浓度 Φ 表示，是时间 t 和温度 T 的函数，即

$$\Phi = \Phi(t, T) \tag{10.11}$$

在忽略其他过程只考虑藻类生长过程时，Φ 应满足方程：

$$\frac{\partial \Phi}{\partial t} = K_{ag}(T)\Phi \tag{10.12}$$

上式方程解为

$$\Phi = \Phi_0 e^{K_{ag}(T)t} \tag{10.13}$$

两边同时对温度 T 求导，可得

$$\frac{\partial \Phi}{\partial T} = \Phi_0 t e^{K_{ag}t} \frac{\partial K_{ag}(T)}{\partial T} \tag{10.14}$$

将式（10.13）代入式（10.14）可得

$$\frac{\partial \Phi}{\partial T} = \Phi t \frac{\partial K_{ag}(T)}{\partial T} \tag{10.15}$$

式（10.15）对于任意时间 t 均满足。

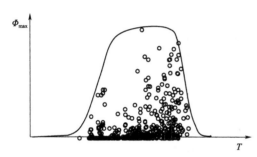

图 10.7　藻类生物量与温度外包线示意图

现假设在给定温度 T 下，藻类实际最大生物量为 $\Phi_{max}(T)$，求不同温度对应的 $\Phi_{max}(T)$ 即得到藻类生物量对温度的外包线，如图 10.7 所示。

设其外包线方程为

$$\Phi = \Phi_{max}(T) \tag{10.16}$$

由式（10.14）可得

$$\Phi_{max} = \Phi_0 e^{K_{ag}(T)t_{max}} \tag{10.17}$$

两边同时求对数可得

$$\ln\left(\frac{\Phi_{max}}{\Phi_0}\right) = K_{ag}(T)t_{max} \tag{10.18}$$

据上式即可求得在给定温度下达到其生物量最大值 Φ_{max} 所需的时间为

$$t_{max} = \frac{1}{K_{ag}(T)}\ln\left(\frac{\Phi_{max}}{\Phi_0}\right) \tag{10.19}$$

将式（10.19）代入式（10.15）可得

$$\frac{1}{\Phi_{max}} \cdot \frac{\partial \Phi_{max}}{\partial T} = \frac{1}{K_{ag}(T)} \cdot \ln\left(\frac{\Phi_{max}}{\Phi_0}\right) \cdot \frac{\partial K_{ag}(T)}{\partial T} \tag{10.20}$$

由上式可知，藻类最大生物量构成的外包线 $\Phi_{max}(T) - T$ 和不同温度下藻类生长率 $K_{ag}(T) - T$ 的形状具有相同的温度取值范围，$\Phi_{max}(T)$ 与 $K_{ag}(T)$ 最大值所对应的温度也相同，某种藻类生长适应温度范围及最适温度应该是藻类生长率对温度本构方程适配曲线确定的关键。如果 $\ln(\Phi_{max}/\Phi_0)$ 近似为常数，则 $\Phi_{max}(T) - T$ 与 $K_{ag}(T) - T$ 关系曲线形状相似，因此可以通过实测资料获取藻类生物量对温度 T 的外包线图，将该图标准化即可近似为藻类生长率对温度的本构关系适配曲线。以此为确定藻类生长率对温度的本构关系适配曲线提供了一种基于野外观测数据的方法，不同温度下不同藻种生物量实测数据越多，这种

方程确定应越符合实际。

10.4.2 香溪河库湾藻类生长率与温度的关系参数

据此，将藻类生物量进行归一化，并用偏态方程进行拟合，即可得到香溪河典型优势藻种生长率对温度的本构关系适配曲线及其偏态曲线方程的参数，不同藻种生长率与温度的本构关系拟合效果如图 10.8 所示。

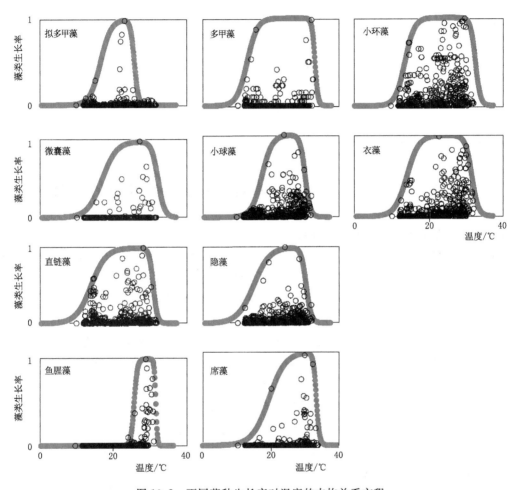

图 10.8　不同藻种生长率对温度的本构关系方程

10 种典型优势藻种对温度关系曲线拟合的参数见表 10.1。由温度 T_1 与 T_4 的差值可知，多甲藻、小环藻、微囊藻、小球藻、衣藻、直链藻、隐藻及席藻温度适应范围超过 20℃，适宜生长温度范围较广，然而鱼腥藻、拟多甲藻、微囊藻最适宜温度范围小于 3℃。同门不同藻种对温度适应性差异较大，如拟多甲藻最适宜温度为 20.5～24℃，然而多甲藻最适温度为 19～30℃，硅藻门小环藻对温度适应范围要远大于直链藻，而蓝藻门微囊藻、鱼腥藻、席藻 AT3 均超过 28℃，为高温藻，但温度适应范围仍存在一定的差异。

表 10.1　　　　　香溪河库湾典型优势藻种对温度关系曲线参数表

藻种	AT1	AT2	AT3	AT4	AK1	AK2	AK3	AK4
拟多甲藻	13	20.5	24	28	0.1	0.95	0.95	0.01
多甲藻	9	19	30	34	0.1	0.99	0.99	0.01
小环藻	10.5	16	30	35	0.1	0.9	0.95	0.01
微囊藻	12	26	28	36	0.1	0.99	0.9	0.01
小球藻	13.5	24	28	33	0.1	0.99	0.9	0.01
衣藻	10	17	29	35	0.1	0.99	0.9	0.01
直链藻	9	23	28	33	0.1	0.99	0.99	0.01
隐藻	9	25	28	33	0.1	0.99	0.99	0.01
鱼腥藻	25	27	31.5	33	0.1	0.9	0.9	0.01
席藻	13	23	30	33	0.1	0.9	0.9	0.01

10.5　温度对藻类生长影响的室内实验及其数值模拟

10.5.1　不同温度下藻类培养实验设计

为了进一步验证基于藻类生物量外包线统计模型所得到的藻类生长率对温度的本构关系的合理性，开展室内不同温度下微囊藻生长的控制实验，借助 CE‐QUAL‐W2 模型，采用表 10.1 所得的微囊藻 8 大温度参数开展藻类生长的数值模拟，对比分析实验和数值模拟结果以检验上述方程的合理性。

供试藻种包括蓝藻中的微囊藻（*Microcystis* sp.）购自中国科学院武汉水生生物研究所。取经扩大培养后的高浓度微囊藻藻液于离心管中，3500r/min 离心 5min 后取底部藻类沉淀，倒入 15mg/L NaHCO₃ 溶液中，再次 3500r/min 离心 5min，去底部藻类沉淀，重复两次，用于去除前期扩大培养后藻类细胞间的高浓度营养盐[8]。结合微囊藻生长过程曲线，实验共设置 5 组不同温度控制实验，温度水平依次 10℃、14℃、24℃、28℃、32℃，记为 10 号、14 号、24 号、28 号、32 号，水温通过可调式绝缘电热棒控制，每日测定水温时调节电热棒对温度进行校正。盛水装置为 70cm×40cm×17cm 的白色塑料水框，注入自来水静止 2d 后开展实验，水框水深 10cm。试验期间，室温为 9～17℃，空气相对湿度 60%～70%，采用日光灯光源模拟光照辐射，其光照强度为 2000～2300lx，光照时间为 24h/d。开始实验前，调节水体初始 pH 值至 8.6，初始水体 TN 浓度为 4.3mg/L，TP 浓度为 0.3mg/L；每日 9：00 定时采集实验水体测定水体 Chl‐a 浓度和水温，测定方法参见 2.2.2 节，因蒸发及采样导致水消耗，在采样结束后补充自来水至初始状态。

图 10.9 为监测期内不同实验水温变化图，虽受外界环境干扰作用，但监测期内水温总体与目标设定水温差异较小，10 号、14 号、24 号、28 号、32 号设定温度最大差异分别为 1.4℃、1.2℃、2.8℃、3.3℃、2.5℃，总体在可控范围内。

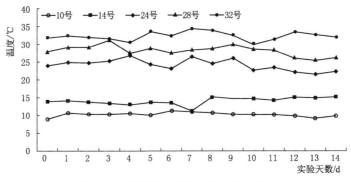

图 10.9　监测期内不同实验水温变化图

10.5.2　数值模拟网格划分及参数设置

根据水框尺寸及网格划分原则，水框默认为 1 个水体，水体划分为 9 段，4 层，包括首尾 2 个虚拟段和顶层底层 2 个虚拟层，如图 10.10 所示，其主要 4 个参数分别为：纵向间距为 0.1m，垂向间距 H 为 0.05m，网格宽度为 0.4m，水面坡度为零。因水框为封闭式水体，不考虑入流、出流，且水框模型宽度方向及垂向上的差异忽略不计[9]。

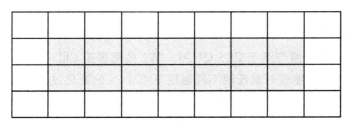

图 10.10　水框计算模型网格

水框模拟初始条件包括每个网格单元初始水位、水温、流速，不考虑流速、出入流等外部条件影响，水位保持为 10cm；初始水温做恒温处理，即整个计算区域设定为目标水温，依次设置为 10℃、14℃、24℃、28℃、32℃；初始水体营养盐浓度依次设置为：TN 4.3mg/L，TP 0.3mg/L。由于水框模拟实验的温度受加热棒人工调节，考虑到监测期光照维持稳定，因此通过调节气温与露点温度边界条件，使得输出的逐日水温与监测水温控制在 ±0.1℃。不考虑藻类沉降的影响，水框主要水动力学及藻类生长参数见表 10.2。

表 10.2　　　　　　　　　　　　水框水动力-水质参数列表

模型参数	参数含义	单位	参数值	模型参数	参数含义	单位	参数值
AX	水平涡流系数	m^2/s	0.001	AM	藻类死亡速度	m/d	0.1
DX	水平扩散系数	m^2/s	0.001	AHSP	磷半饱和常数	g/m	0.0777
CBHE	底部温度扩散系数	$W/(m^2 \cdot s)$	0.3	AHSN	氮半饱和常数	g/m	0.2537
TSED	底部温度	℃	15	ASAT	光半饱和常数	W/m	100
FI	摩擦因子	无	0.01	ALGP	藻类干重磷含量	无	0.0008~0.03

续表

模型参数	参数含义	单位	参数值	模型参数	参数含义	单位	参数值
TSEDF	沉积物吸收再反射进入水体系数	无	1	GLGC	藻类干重量碳含量	无	0.1~0.6
AZMAX	垂向涡流黏度最大值	m²/s	1	ACHLA	藻类干重 Chl-a 含量	无	0.01~0.18
Z0	水表面粗糙高度	m	0.003	ALPOM	藻死亡生物量为磷量	无	0.2~0.9
MANN	曼宁系数	无	0.04	ANEQN	藻类 NH_4^+-N 转化量	无	2
WSC	风遮蔽系数	m	0.9				
BETA	表层吸光率	无	0.25	ANPR	藻类半饱和 NH_4^+-N 转化量	无	0.001
AG	最大藻类生长率	1/d	1.7				
AR	最大藻类呼吸率	1/d	0.04	O2AR	藻类呼吸需氧量	无	0.5~4
AE	最大藻类代谢率	1/d	0.04	O2AG	藻类初级生长需氧量	无	0.4~4
ALGN	藻类干重氮含量	无	0.06~0.16				

10.5.3　模拟结果验证

图 10.11 为室内实测与基于 CE－QUAL－W2 模型模拟 Chl-a 随时间变化图，由图 10.11 可知，模拟结果能较好地反映不同温度下 Chl-a 的变化过程范围，在 10℃左右，由于温度较低，藻细胞胞内酶活性较低，光合反应速率较缓，藻细胞生长不良，监测期内 Chl-a 均维持在较低水平；14℃时温度有所升高，模拟结果与实测结果保持一致，监测期前 11 天的 Chl-a 含量一直低于 10mg/m³，未达到富营养化水平，仅在监测末期略微升高；在 24℃与 28℃下实验结果和模拟结果均显示在第 7 天达到峰值，随后 Chl-a 逐渐降低，但 Chl-a 下降过程模拟结果要快于实测结果，这与后期藻类沉降时所发生的一系列复杂过程被忽略有关，该模型未考虑沉降过程藻类死亡带来的营养盐释放变化。由于水体 32℃水温超出微囊藻最适生长范围，Chl-a 浓度峰值在 32℃较 28℃有所降低。

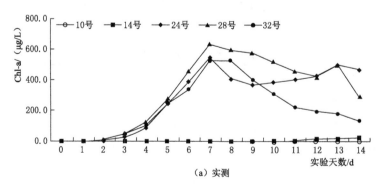

(a) 实测

图 10.11 (一)　实测与模拟 Chl-a 浓度随时间变化图

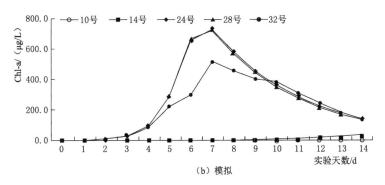

（b）模拟

图 10.11（二）　实测与模拟 Chl-a 浓度随时间变化图

10.6　香溪河库湾典型营养盐模拟验证

10.6.1　参数设置

水质模型涉及众多水化学参数，水化学参数的正确选取是水质模型成功建立的基础，CE-QUAL-W2 模型的主要水化学参数默认值及本文取值见表 10.3[10-15]。

表 10.3　　　　　　　　　　　　香溪河库湾的水化学参数取值

参　数　名　称	变量名	默认值	本文取值
纯水水体消光系数	EXH2O	0.45（0.25）/m	0.25/m
无机固体悬浮物分解系数	EXSS	0.1m³/(m·g)	0.01m³/(m·g)
有机固体悬浮物分解系数	EXOM	0.1m³/(m·g)	0.4m³/(m·g)
太阳辐射吸收系数	BETA	0.45	0.45
藻类消光系数	EXA	0.1～5m³/(m·g)	0.1m³/(m·g)
藻类最大生长速率	AG	0～2.0/d	待率定
藻类最大呼吸速率（所有藻种）	AR	0.04/d	0.04/d
藻类最大排泄速率（所有藻种）	AE	0.04/d	0.04/d
藻类最大死亡速率	AM	0～0.1/d	待率定
最低生长温度下藻类产量	AK1	0.1	0.1
最高生长温度下藻类产量	AK2	0.1	0.1
最适下限温度时藻类产量	AK3	0.99	0.99
最适上限温度时藻类产量	AK4	0.99	0.99
藻类沉降速率（甲藻）	AS	0.1m/d	1.5m/d
藻类沉降速率（硅藻）	AS	0.1m/d	0.2m/d
藻类沉降速率（绿藻）	AS	0.1m/d	0.1m/d
藻类沉降速率（蓝藻）	AS	0.1m/d	0.01m/d
藻类沉降速率（隐藻）	AS	0.1m/d	0.1m/d
磷酸盐半饱和系数（所有藻种）	AHSP	0.003g/m³	0.003g/m³

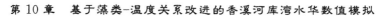

续表

参 数 名 称	变量名	默认值	本文取值
氮半饱和系数（甲藻）	AHSN	0.01g/m³	0.020g/m³
氮半饱和系数（硅藻）	AHSN	0.01g/m³	0.027g/m³
氮半饱和系数（绿藻）	AHSN	0.01g/m³	0.014g/m³
氮半饱和系数（蓝藻）	AHSN	0.01g/m³	0.000g/m³
氮半饱和系数（隐藻）	AHSN	0.01g/m³	0.014g/m³
最大光合作用下的光饱和强度（甲藻）	ASAT	75～500W/m²	40W/m²
最大光合作用下的光饱和强度（硅藻）	ASAT	75～500W/m²	75W/m²
最大光合作用下的光饱和强度（绿藻）	ASAT	75～500W/m²	75W/m²
最大光合作用下的光饱和强度（蓝藻）	ASAT	75～500W/m²	125W/m²
最大光合作用下的光饱和强度（隐藻）	ASAT	75～500W/m²	50W/m²
藻类生长的最低温度	AT1	5℃	待率定
藻类生长的最高温度（甲藻）	AT4	40℃	22℃
藻类生长的最高温度（硅藻）	AT4	40℃	25℃
藻类生长的最高温度（绿藻）	AT4	40℃	32℃
藻类生长的最高温度（蓝藻）	AT4	40℃	35℃
藻类生长的最高温度（隐藻）	AT4	40℃	35℃
最适藻类生长的温度下限	AT2	25℃	待率定
最适藻类生长的温度上限（甲藻）	AT3	35℃	18℃
最适藻类生长的温度上限（硅藻）	AT3	35℃	20℃
最适藻类生长的温度上限（绿藻）	AT3	35℃	30℃
最适藻类生长的温度上限（蓝藻）	AT3	35℃	32℃
最适藻类生长的温度上限（隐藻）	AT3	35℃	30℃
藻类中 P 含量	ALGP	0.005	0.005
藻类中 N 含量	ALGN	0.08	0.08
藻类中 C 含量	ALGC	0.45	0.45
藻类中 Si 含量	ALGSI	0	0
藻类死亡转变有机物的比例	ALPOM	0.8	0.8
易溶解有机质的分解速率	LDOMDK	0.1/d	0.1/d
难溶解有机质的分解速率	RDOMDK	0.001/d	0.001/d
颗粒有机物的分解速率	LPOMDK	0.08/d	0.08/d
难溶解颗粒有机物的分解速率	RPOMDK	0.001/d	0.001/d
含磷有机物沉降速度	POMS	0.01～0.1m/d	0.1m/d
底泥磷酸盐释放速率	PO4R	(0.001～0.005)/d	0.001/d
固体磷所占悬浮物比例	PARTP	0～0.9	0
底泥 NH_4^+-N 释放速率	NH4R	0.001/d	0.001

续表

参 数 名 称	变量名	默认值	本文取值
$NH_4^+ - N$ 分解速率	NH4DK	$(0.001 \sim 0.95)/d$	待率定
$NH_4^+ - N$ 分解的最低温度	NH4T1	$5℃$	$5℃$
适宜 $NH_4^+ - N$ 分解的温度下限	NH4T2	$25℃$	$25℃$
最低可分解温度下 $NH_4^+ - N$ 分解比例	NH4K1	0.1	0.1
最适下限温度时 $NH_4^+ - N$ 分解比例	NH4K2	0.99	0.99
NO_3^- 分解速率	NO3DK	$(0.03 \sim 0.13)/d$	待率定
底泥反硝化速率	NO3S	$(0.001 \sim 0.1)/d$	$0.001/d$
NO_3^- 分解的最低温度	NO3T1	$5℃$	$5℃$
NO_3^- 分解的温度下限	NO3T2	$25℃$	$25℃$
最低可分解温度 NO_3^- 分解比例	NO3K1	0.1	0.1
最适下限温度 NO_3^- 分解比例	NO3K2	0.99	0.99
底泥 CO_2 释放速率	CO2R	$1.2/d$	$1.2/d$
$NH_4^+ - N$ 分解的需氧量	O2NH4	$4.57g/(m^3 \cdot d)$	$4.57g/(m^3 \cdot d)$
沉积物分解的需氧量	O2OM	$1.4g/(m^3 \cdot d)$	$1.4g/(m^3 \cdot d)$
藻类呼吸作用的需氧量	O2AR	$1.1g/(m^3 \cdot d)$	$1.1g/(m^3 \cdot d)$
藻类初级生产力的需氧量	O2AG	$1.4g/(m^3 \cdot d)$	$1.4g/(m^3 \cdot d)$
溶解氧下限	O2LIM	$0.1g/(m^3 \cdot d)$	$0.1g/(m^3 \cdot d)$

10.6.2 香溪河库湾营养盐模拟验证

从图 10.12 可看出，2008 年香溪河库湾从河口到上游（XX01～XX10）10 个监测点位 $NO_3^- - N$ 监测浓度值的变化趋势均呈现波浪式变化，其中，在 3—7 月期间各监测点位 $NO_3^- - N$ 监测浓度值均较其他月份偏低。分析原因在于该时期为水库泄水期，此阶段水流流动较快，水体中 $NO_3^- - N$ 浓度值较低可能是由于水体的稀释作用。从图 10.12 中可看出，10 个监测点位 $NO_3^- - N$ 的模拟浓度值与实测浓度值变化趋势基本一致。模拟结果能基本反映出香溪河库湾表层水体中 $NO_3^- - N$ 浓度的变化情况。

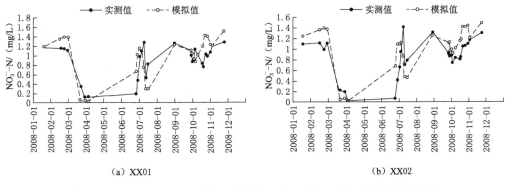

图 10.12（一） 2008 年香溪河库湾各采样点表层 $NO_3^- - N$ 随时间变化图

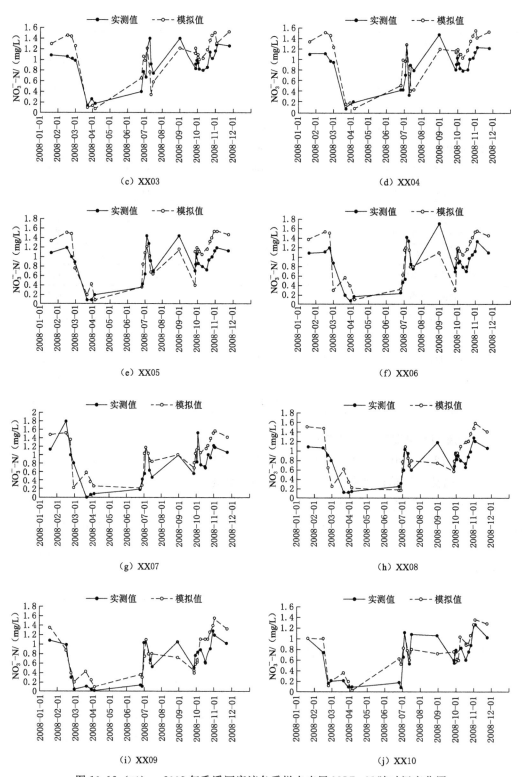

图 10.12（二）　2008 年香溪河库湾各采样点表层 NO$_3^-$-N 随时间变化图

从图 10.13 可看出，2008 年香溪河库湾从河口到上游（XX01～XX10）10 个监测点位表层 PO_4^{3-}-P 监测浓度值的变化趋势基本一致，其中，在 1—5 月期间所有监测点位的 PO_4^{3-}-P 浓度值的变化趋势均较剧烈，变化幅度较大，2008 年下半年，XX01～XX08 监测点位 PO_4^{3-}-P 浓度值均呈小幅波动，XX09 和 XX10 两监测点位的 PO_4^{3-}-P 浓度值变化趋势较平稳。从图 10.13 中可看出，10 个监测点位 PO_4^{3-}-P 的模拟浓度值与实测浓度值变化趋势基本一致，其中，XX09 和 XX10 号监测点位的模拟结果与监测结果基本吻合，能较好地反映香溪河库湾表层 PO_4^{3-}-P 浓度值的变化情况。

　　从图 10.14 可看出，2008 年香溪河库湾从河口到上游（XX01～XX10）10 个监测点位表层可溶性二氧化硅监测浓度值大体上均呈现逐渐上升的变化趋势，其中，在 1—9 月期间可溶性二氧化硅监测浓度值变化较平稳，整体上呈小幅度上升趋势，在 9—11 月期间，所有监测点位的可溶性二氧化硅浓度均出现大幅度上升，至 11 月所有监测点位的可溶性二氧化硅浓度值达到全年的最大值，到 12 月，各监测点位的可溶性二氧化硅浓度值略有下降，整个香溪河库湾水体中表层可溶性二氧化硅浓度值的全年变化趋势基本一致。从图 10.14 中可看出，10 个监测点位可溶性二氧化硅的模拟浓度值与实测浓度值变化趋势基本一致。模拟结果能基本反映出香溪河库湾表层水体中可溶性二氧化硅浓度的变化情况。

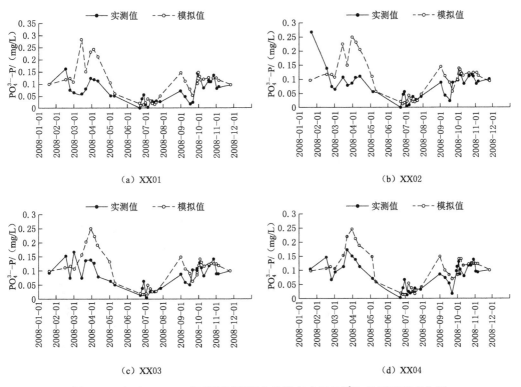

（a）XX01　　　　　　　　　　　　　　　（b）XX02

（c）XX03　　　　　　　　　　　　　　　（d）XX04

图 10.13（一）　2008 年香溪河库湾各采样点表层 PO_4^{3-}-P 随时间变化图

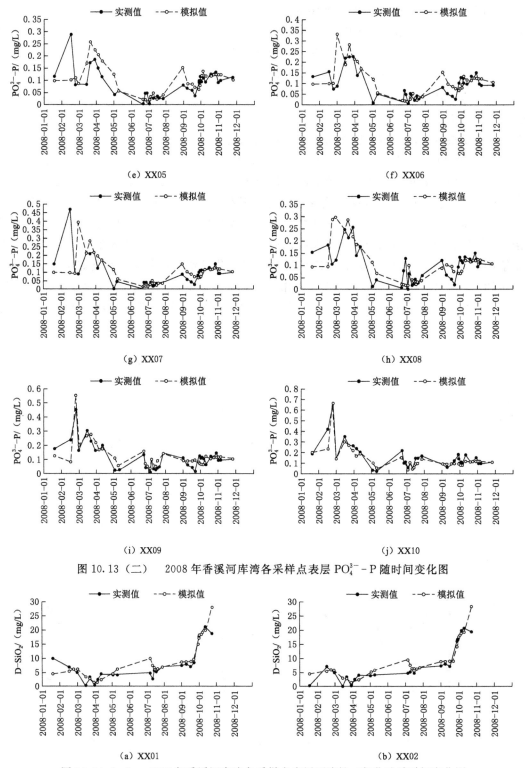

（e）XX05　　　　　　　　　　　　　　　（f）XX06

（g）XX07　　　　　　　　　　　　　　　（h）XX08

（i）XX09　　　　　　　　　　　　　　　（j）XX10

图 10.13（二）　2008 年香溪河库湾各采样点表层 $PO_4^{3-}-P$ 随时间变化图

（a）XX01　　　　　　　　　　　　　　　（b）XX02

图 10.14（一）　2008 年香溪河库湾各采样点表层可溶性二氧化硅随时间变化图

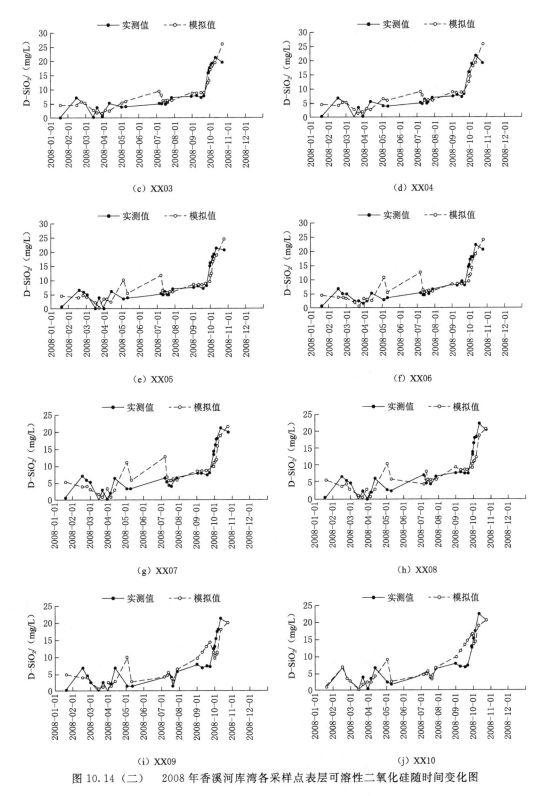

图 10.14（二） 2008 年香溪河库湾各采样点表层可溶性二氧化硅随时间变化图

10.7　香溪河库湾水华模拟结果验证

10.7.1　优势藻种数值模拟结果验证

　　基于三峡水库香溪河库湾水华生消过程模拟方法中敏感性分析及率定，以 2010 年香溪河库湾各典型优势藻种密度及叶绿素实测结果为参照依据进行率定。并通过该时间段结果率定所求的参数，验证 2011 年实测结果与预测结果差异。由于不同藻种干重与藻密度差异较大，故采用双坐标轴展示以反映二者的趋势性。

　　图 10.15 为香溪河库湾不同藻种率定结果及验证结果对比图。图 10.15（a）为拟多甲藻实测与模拟结果图，由温度与藻类本构关系可知，拟多甲藻主要在 2—3 月水温较低时期集中暴发，故率定期与验证期中 3 月均为拟多甲藻快速增殖季节，2010 年实测结果表明 2010 年 3 月拟多甲藻相对于全年浓度较高，2011 年拟多甲藻 3 月峰值与模拟结果较为匹配，但峰值前期略存在差异。图 10.15（b）为多甲藻率定期和验证期模拟与实测结果对比图。同为甲藻门，多甲藻比拟多甲藻更偏好高温，主要集中于 5—6 月暴发。2010 年率定结果能较好地反映多甲藻生物量实测峰值，验证期 2011 年模拟表明 5—6 月本为多甲藻增殖高峰期，而实际监测中 2011 年多甲藻出现频次均较少。故基于 CE - QUAL - W2 模型，甲藻门拟多甲藻模拟效果较好，而多甲藻模拟均存在一定的局限性。这与多甲藻多具有鞭毛有关，在弱流速水体下更具有增殖优势。模型忽略多甲藻特殊生理结构，致使模拟精度降低。现场监测结果也表明：多甲藻水华主要暴发区域位于香溪河库湾回水末端，在库湾中游（XX06）难以形成大规模水华。图 10.15（c）为香溪河库湾小环藻率定结果及验证结果对比，由图可知，率定期小环藻主要暴发时间为 5 月和 7 月，而实测结果 6 月为小环藻浓度最高季节，验证期（2011 年）模拟结果能较好地反映小环藻高风险季节，在 6—7 月小环藻浓度最高。图 10.15（d）为香溪河库湾微囊藻率定结果及验证结果对比，由图可知，率定结果与验证结果能较好地反映实测微囊藻随时间变化特征，5—9 月生境条件较为适宜微囊藻快速增殖，虽然微囊藻水华出现频次较低，但模拟过程能较好地反映微囊藻增殖的敏感时节。图 10.15（e）、（f）为香溪河库湾小球藻、衣藻率定结果及验证结果对比，两者同为香溪河库湾高频藻，是绿藻门主要藻属，2010—2011 年模拟结果均能较好地反映小球藻、衣藻生物量随时间变化规律，与实测结果拟合较好。小球藻和衣藻对温度的适应性较强，均表现为从春季生长率逐渐增加，夏季增殖率维持在较高水平，秋末随水温降低，生物量逐渐减少。图 10.15（g）为直链藻率定及验证期模拟与实测结果对比，直链藻为香溪河库湾出现频次仅低于小环藻的硅藻藻属，其生物量也占总硅藻水平的 0.2。2010 年率定结果能较好地反映直链藻随时间增殖-消退的关键过程，5 月、7 月峰值模拟结果较好。验证期 2011 年模拟结果能大致反映直链藻在 5—7 月的增殖过程，但未能有效反映 9 月后直链藻的增殖过程。图 10.15（h）为香溪河库湾隐藻率定结果及验证结果对比图。隐藻属为香溪河库湾隐藻门绝对优势藻种，优势度超过 0.9。隐藻属在实测结果中总体表现为出现频次高，但单次生物量低，难以形成单藻属单独占优的情况。2010 年率定结果表明：隐藻能适宜较高水温条件的生存，在 2010 年 6 月峰值达到峰值，并迅速降低。2011 年隐藻实测结果与验证结果较为一致，均远低于 2010 年隐藻生物

量。图 10.15（i）为香溪河库湾鱼腥藻率定结果及验证结果对比图。鱼腥藻为蓝藻门常见优势属，且在蓝藻中对高温适应能力强，仅在水温超过 30℃ 以上出现。2010 年实测结果连续性较好，在 7—8 月完整捕捉其生长消退过程，率定结果也能较好地反映这一水华生消过程。验证期内能较好地反映 6 月底鱼腥藻水华增殖过程，但模拟结果反映的鱼腥藻 9 月生物量较大增殖过程实测结果未能监测到。图 10.15（j）为香溪河库湾席藻率定结果及验证结果对比图。席藻为蓝藻门优势属，对高温适应性较强，在香溪河出现频次虽然偏低，但生物量的迅速增殖易导致其成为单一优势藻种，从而暴发水华。率定结果显示，2010 年席藻主要出现在夏季，其高生物量维持时间较长，2011 年整体席藻生物量偏低，仅在 7 月中旬出现较多。

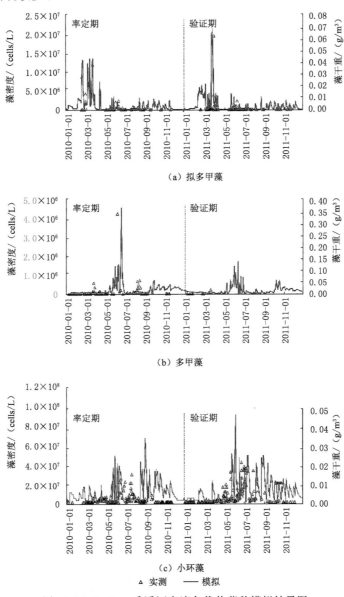

图 10.15（一）　香溪河库湾各优势藻种模拟结果图

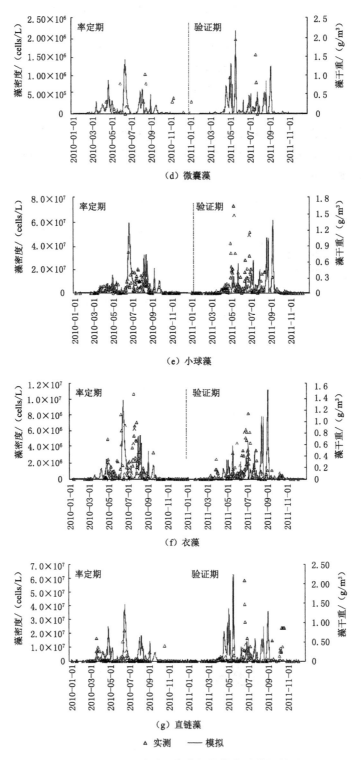

（d）微囊藻

（e）小球藻

（f）衣藻

（g）直链藻

△ 实测 —— 模拟

图 10.15（二） 香溪河库湾各优势藻种模拟结果图

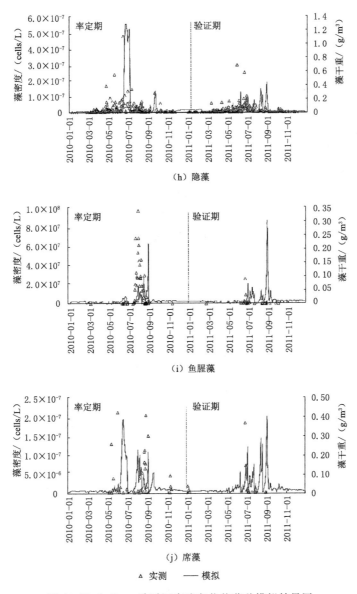

（h）隐藻

（i）鱼腥藻

（j）席藻

△ 实测 —— 模拟

图 10.15（三） 香溪河库湾各优势藻种模拟结果图

通过香溪河库湾模拟结果中各优势藻种干重随时间变化图可知，拟多甲藻 2010—2011 年集中于 2—4 月暴发，多甲藻 2010 年模拟结果远高于 2011 年藻干重含量，主要集中于 6—7 月暴发。小环藻在 5—11 月浓度呈现交替性变化，其中 7—8 月模拟浓度较低；微囊藻 2010 年 5—8 月均为微囊藻高发季节；小球藻、隐藻、衣藻适应范围广，主要集中于 5—8 月；8 月高水温易导致鱼腥藻集中暴发；席藻高浓度时间持续较长，6—9 月波幅较大。

综上可知，温度变化下浮游植物群落结构模拟过程能较好地反映实际监测结果，基于模拟结果，温度的季节性演替下，藻种浮游植物群落结构处于动态变化之中，小球藻、小环藻、隐藻、衣藻常见优势藻种由于温度适应范围广，4—9 月均易成为其敏感季节，而由于种间竞争及其他外界条件影响，该时段生物量波动较大；以拟多甲藻为代表的甲藻类出现季节主要集中于水温较低的冬末春初，而偏好高温的微囊藻、鱼腥藻、席藻则成为夏季优势藻种，但适宜温度范围的广度，使蓝藻门各藻种出现时间略有差异。综上而言，浮游植物群落结构季节性演替特征可概括为：甲藻、硅藻（2—3 月）→硅藻、绿藻（春季3—5 月）→硅藻、隐藻（春末 5 月底 6 月初）→甲藻、硅藻（夏初 7 月）→蓝藻（夏季7—8 月）→绿藻、硅藻、隐藻（秋季 9—11 月）→硅藻、绿藻（冬季 11 月至次年 2 月）。

10.7.2　三峡水库支流水华模拟结果分析

敏感性分析确认了部分重要敏感参数，结合严萌[16]在香溪河库湾所建水质模型及其参数率定验证过程，得到 2012 年、2015 年香溪河库湾 XX06 样点的 Chl-a 实测模拟对比图如图 10.16 和图 10.17 所示，春季 3 月至秋季 10 月，藻类呈现出生长-消落循环生消过程，其余月份 Chl-a 浓度较低，Chl-a 浓度实测值在 7 月 3 日达到最大值为131.73mg/m³，

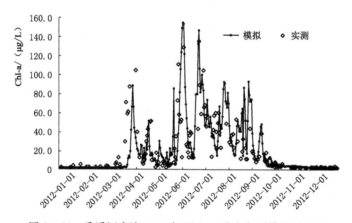

图 10.16　香溪河库湾 2012 年 Chl-a 浓度实测模拟对比图

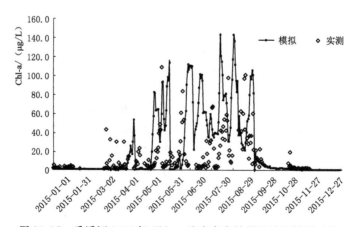

图 10.17　香溪河 2015 年 Chl-a 浓度率定结果及验证结果对比

模拟值在 6 月 12 日达到峰值为 149.37mg/m³，但模拟值与实测值变化趋势类似，大部分时间模拟值与实测值 Chl - a 浓度可以对应，基本可以反映年度水华生消情况。

综上所述，CE - QUAL - W2 模型对于反映香溪河库湾总生物量指标 Chl - a 浓度具有较好的模拟效果，对于小球藻、衣藻、直链藻、隐藻、拟多甲藻常见藻属率定及验证效果较好，其模拟结果能较为连续的反映香溪河常见优势藻属的季节演替特征，同时在一定程度上能模拟小环藻、鱼腥藻、席藻、微囊藻高风险暴发时间。

10.8 本 章 小 结

本章基于 CANOCO 软件，对代表香溪河库湾十大典型优势藻种和其生境条件开展梯度分析，探究影响香溪河库湾浮游植物群落结构演替的关键因素，并基于大量数据的深度挖掘，数学方法的合理推导，室内试验验证，研究温度与香溪河库湾常见优势藻种的本构关系方程，同时利用 CE - QUAL - W2 模型开展了不同藻类水华模拟。主要结论如下：

（1）确定香溪河甲藻门中的多甲藻属，拟多甲藻属，硅藻门的小环藻、直链藻，绿藻门的小球藻，衣藻，蓝藻门鱼腥藻、微囊藻、席藻，隐藻门隐藻属，此十大典型优势藻种，来表征库湾藻类生物量整体水平，能较好代表香溪河浮游植物生物量变化过程。

（2）香溪河库湾不同环境因子均存在明显的季节差异性，温度低时各环境因子相对较为稳定，而 3—8 月水温升高时，环境因子波动剧烈。TN、TP 浓度随时间变化规律较为一致，冬季较为稳定，夏季波动剧烈，$NO_3^- - N$ 是 TN 的主要形态，$PO_4^{3-} - P$ 为 TP 的主要形态，总体上氮磷浓度均超过水华暴发阈值。

（3）通过 CANOCO 对藻种及环境因子梯度分析表明，生境条件对藻种结构构成影响显著，水体水温结构、混合层深度、磷酸盐是影响香溪河库湾浮游植物群落结构构成的关键因素。

（4）利用逻辑斯蒂增长方程构建了水温与不同藻类生长的本构关系曲线，改进了目前传统的藻类生态动力学模型中藻类温度参数获取方法，室内微囊藻不同温度下生长实验证明构建的水温与不同藻类生长的本构关系曲线合理。

（5）CE - QUAL - W2 模型对于反映香溪河库湾总生物量指标 Chl - a 浓度具有较好的模拟效果，对于小球藻、衣藻、直链藻、隐藻、拟多甲藻常见藻属率定及验证效果较好，其模拟结果能较为连续的反映香溪河常见优势藻属的季节演替特征，同时在一定程度上能模拟小环藻、鱼腥藻、席藻、微囊藻高风险暴发时间。

参 考 文 献

［1］ STEELE J H. Environmental control of photosynthesis in the sea ［J］. Limnology & Oceanography, 1962, 7 (2): 137 - 150.

［2］ MERCHUK J C, ASENJO J A. The Monod equation and mass transfer ［J］. Biotechnology & Bioengineering, 2010, 45 (1): 91 - 94.

［3］ DI TORO D M, O'CONNOR D J, THOMANN R V. A dynamic model of the phytoplankton population in the Sacramento - San Joaquin Delta, Advances in chemistry Series ［J］. American chemical

Society，1971，106：131－180.

［4］　BACA R G，WADDEL W W，CDLO C R，et al. Explore I：a river basin water quality model ［Z］. NTIS，1973.

［5］　BIERMAM V J，DOLAN，STOERMER E F，et al. Development and calibration of a spatially simplified multi－class phytoplankton model for Saginaw Bay，Lake Huron ［C］//Meeting of the Working Group Pesticides & Beneficial Organisms. 2008.

［6］　EPPLEY R W. Temperature and Phytoplankton Growth in the Sea ［J］. Fishery Bulletin，1972，70 （4）：1063－1085.

［7］　THORNTON K W，LESSEM A S. A temperature algorithm for modifying biological rates ［J］. Transactions of the American Fisheries Society，1978，107 （2）：284－287.

［8］　易文利，王国栋，金相灿. 不同营养盐对铜绿微囊藻生长的室内模拟研究 ［D］. 咸阳：西北农林科技大学，2005.

［9］　陈明曦. 蓝藻水华生消机制室内模拟试验研究 ［D］. 宜昌：三峡大学，2007.

［10］　AFSHAR A，SHOJAEI N，SAGHARJOOG HIFARAHANI M. Multiobjective Calibration of Reservoir Water Quality Modeling Using Multiobjective Particle Swarm Optimization （MOPSO） ［J］. Water Resources Management，2013，27 （7）：1931－1947.

［11］　BERGER C J，WELLS S A，WELLS V，et al. Modeling of Water Quality and Greenhouse Emissions of Proposed South American Reservoirs ［C］. Proceedings of World Environmental and Water Resources Congress，2012：911－923.

［12］　MA J，LIU D F，WELLS S A，et al. Modeling density currents in a typical tributary of the Three Gorges Reservoir，China ［J］. Ecological Modelling，2015，296：113－125.

［13］　ZHANG Z L，SUN B W，JOHNSON B E. Integration of a benthic sediment diagenesis module into the two dimensional hydrodynamic and water quality model－CE－QUAL－W2 ［J］. Ecological Modelling，2015，297：213－231.

［14］　梁俐，邓云，郑美芳，等. 基于 CE－QUAL－W2 模型的龙川江支库富营养化预测 ［J］. 长江流域资源与环境，2014，23 （增）：103－111.

［15］　马骏. 三峡水库香溪河库湾水动力循环模式及其环境效应研究 ［D］. 南京：河海大学，2015.

［16］　严萌. 水质模型在三峡库区中的应用研究进展概述 ［J］. 科技创新与应用，2016 （6）：215.

第11章　三峡水库调度规程及调度空间分析

11.1　概　　述

三峡水库蓄水后，支流库湾水华频繁暴发[1]。通过水库调度来影响浮游植物演替进而控制水华是一种行之有效的方法[2]。但是三峡水库的第一功能是防洪，其次是发电、通航、下游补水等[3-7]。防控水华的生态调度方法既要保障水库安全和上述水库综合功能的发挥，也要考虑水库可调度的空间范围。因此，如何明确防控支流库湾水华的生态调度与三峡水库常规调度的协调机制，找到兼顾传统水库效益的水库生态调度空间，是实施防控支流库湾水华调度的前提。

基于《三峡（正常运行期）–葛洲坝水利枢纽梯级调度规程（2019 年修订版）》（《调度规程》）和向家坝等上游水库群联合水量调度数据，考虑三峡水库运行要求，兼顾防洪、发电及航运等效益，进行三峡水库现行约束条件和出入库流量分析。根据水量平衡原理，结合三峡水库的水位库容曲线，以旬为时间尺度计算了三峡水库的调度空间，并给出三峡水库各旬推荐调度空间和推荐调度过程线，为进一步研究三峡水库生态调度提出建议。

11.2　三峡水库现行调度规程

三峡水利枢纽汛期水位按防洪限制水位 145.0m 控制运行，实时调度时库水位可在防洪限制水位上下一定范围内变动[8]。

（1）考虑泄水设施启闭时效、水情预报误差和电站日调节需要，实时调度中库水位可在防洪限制水位以下 0.1m 至以上 1.0m 范围内变动。

考虑未来 1～3 天水文气象预报，经长江委同意，在保证防洪安全的前提下，在 6 月11 日至 8 月 20 日期间：

当实时三峡水库入库流量小于 30000m³/s。预报未来 3 天三峡水库入库流量均不大于32000m³/s，且沙市站、城陵矶（莲花塘）站水位分别在 41.0m、30.5m 以下、预报洞庭湖水系未来 3 天无中等强度以上降雨过程时，库水位的变动上限可在 11.2 款（1）的基础上再提高 0.5m，最高不超过 148m。由于过去考虑 1 天预报延长至考虑 3 天预报，三峡水库汛期运行水位浮动上限由 146.5m 提高至 148m，将进一步提高水库的调度灵活性，改善机组出力受阻程度，有利于机组和电网的安全稳定运行。

当实时三峡水库入库流量小于 28000m³/s。预报未来 3 天三峡水库入库流量均不大于30000m³/s，且沙市站、城陵矶（莲花塘）站水位分别在 41.0m、30.5m 以下、预报洞庭湖水系未来 3 天无中等强度以上降雨过程时，库水位的变动上限可在 146.5～148.0m 浮动。

（2）当预报上游或者长江中游河段将发生洪水时，应及时、有效地采取预泄措施，将库水位降低至防洪限制水位。

当沙市站、城陵矶（莲花塘）站水位分别在 41.0m、30.5m 以下且预报洞庭湖水系未来 3 天无中等强度以上降雨过程，但实时三峡水库入库流量达到 28000m³/s 或预报未来 3 天三峡水库入库流量将达到 30000m³/s 时，若三峡水库水位在 146.5m 以上，应根据上下游水情状况，及时将库水位降至 146.5m 以下。

当满足以下条件之一时：①沙市站水位达到 41.0m 且预报继续上涨，②城陵矶水位达到 30.5m 且预报继续上涨，③三峡水库实时入库流量达到 30000m³/s，④预报未来 3 天三峡水库入库流量将达到 32000m³/s，⑤预报洞庭湖水系未来 3 天将发生中等强度以上降雨过程，若三峡水库水位在 146.0m 以上，应根据上下游水情状况，及时将库水位降至 146.0m 以下运行。

当预报城陵矶（莲花塘）站水位将达到 30.8m，或预报未来 3 天三峡入库流量将达到 35000m³/s 时，应根据上下游水情状况，及时将库水位降至防洪限制水位运行。

（3）8 月 21 日至 9 月 10 日，当预报三峡水库入库流量不超过 55000m³/s，且沙市站、城陵矶（莲花塘）站水位分别低于 40.3m、30.4m 时，三峡水库水位可适当上浮，一般情况下不超过 150.0m；结合防洪抗旱形势需要，经水利部和长江委同意，9 月 1 日后可逐渐抬升水位，9 月 10 日可控制在 150.0～155.0m。之后兼顾城陵矶地区防洪补偿控制水位由 155.0m 提高至 158.0m，遇超标准洪水时将减少长江中下游分洪量近 25 亿 m³，进一步提高对城陵矶地区的防洪作用。一般情况下，9 月底控制水位 162.0m，视来水情况可调整至 165.0m，10 月底可蓄至 175.0m。三峡水库蓄水到 175.0m 后至年底，应尽可能维持高水位运行，实时调度中，可考虑周调节、日调峰以及葛洲坝下游航运的需要，在 175.0m 以下留有适当的变幅。1—5 月三峡水库水位在综合考虑航运、发电和水资源、水生态需求的条件下逐步消落。一般情况下，4 月末库水位不低于枯水期消落低水位 155.0m，5 月 25 日不高于 155.0m，如遇特枯水年份，实施水资源应急调度时，可不受以上水位、流量限制。枯水期，考虑地质灾害治理工程安全及库岸稳定对水库水位下降速率的要求，三峡水库库水位日下降幅度一般按 0.6m 控制，5 月 25 日以后至库水位消落到防洪限制水位期间按不超过 1.0m/d 控制。三峡水库汛前应逐步消落库水位，6 月 10 日消落到防洪限制水位。

1—4 月，水位控制在 155～175m，5 月上中旬，水位控制在 145～175m，5 月下旬至 6 月上旬，水位控制在 145～155m，6 月中旬至 8 月中旬，水位控制在 144.9m 至 158m 之间，8 月下旬，水位控制在 144.9m 至 150m 之间，9 月上旬，水位控制在 144.9～155m，9 月中下旬：水位控制在 144.9～165m，10 月：水位控制在 162～175m。

三峡水库蓄水到 175.0m 后至年底，应尽可能维持高水位运行，即 11—12 月水位保持在 175m，见图 11.1。

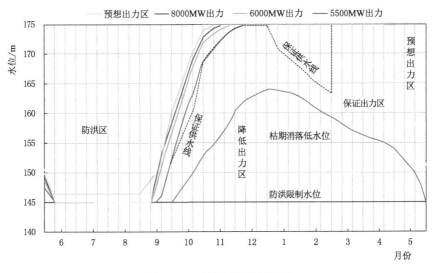

图 11.1 三峡水库调度规程

11.3 三峡水库现行约束条件

11.3.1 水量平衡约束条件

假定一天内的入库流量与出库流量保持不变，入库流量选择全年各旬最大入库流量与最小入库流量，选择最大入库流量与最小下泄流量组合，根据三峡水位库容曲线计算最大日变幅，通过最小的入库流量与最大的下泄流量组合计算最大日降幅，通过最大的入库流量与最小的下泄流量组合计算最大日升幅。三峡水位库容曲线见图 11.2。

11.3.2 防洪约束条件

防洪调度的主要任务是在保证三峡水利枢纽大坝安全和葛洲坝水利枢纽度汛安全的前提下，对长江上游洪水进行调控，使荆江河段防洪标准达到 100 年一遇，遇 100 年一遇以上至 1000 年一遇洪水，包括 1870 年同大洪水时，控制枝城站流量不大于 80000m³/s，配合蓄滞洪区运用，保证荆江河段行洪安全，避免两岸干堤溃决[9]。

根据城陵矶地区防洪要求，考虑长江上游来水情况和水文气象预报，适度调控洪水，减少城陵矶地区分蓄洪量[10]。当发生危及大坝安全事件时，按保枢纽大坝安全进行调度。

11.3.2.1 对荆江河段进行防洪补偿的调度方式

（1）对荆江河段进行防洪补偿调度主要适用于长江上游发生大洪水的情况。

（2）汛期在实施防洪调度时，如三峡库水位低于 171.0m，依据水情预报及分

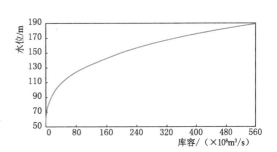

图 11.2 三峡水位库容曲线

析，在洪水调度的控制面临时段内，当坝址上游来水与坝址–沙市区间来水叠加后有以下几种情况。

1）沙市站水位低于 44.5m 时，则在该时段内：

a. 如库水位为防洪限制水位，则按泄量等于来量的方式控制水库下泄流量，原则上保持库水位为防洪限制水位；

b. 如库水位高于防洪限制水位，则按沙市站水位不高于 44.5m 控制水库下泄流量，及时降低库水位以提高调洪能力。

2）沙市站水位达到或超过 44.5m 时，则控制水库下泄流量，与坝址—沙市区间来水叠加后，使沙市站水位不高于 44.5m。

（3）当三峡水库水位为 171.0～175.0m 时，控制补偿枝城站流量不超过 80000m³/s 在配合采取分蓄洪措施条件下控制沙市站水位不高于 45.0m。

（4）按上述方式调度时，如相应的枢纽总泄流能力（含电站过流能力，下同）小于确定的控制泄量，则按枢纽总泄流能力泄流。

11.3.2.2　兼顾对城陵矶地区进行防洪补偿的调度方式

（1）兼顾对城陵矶地区进行防洪补偿调度主要适用于长江上游洪水不大，三峡水库尚不需为荆江河段防洪大量蓄水，而城陵矶水位将超过长江干流堤防设计水位，需要三峡水库拦蓄洪水以减轻该地区分蓄洪压力的情况。

（2）汛期需要三峡水库为城陵矶地区拦蓄洪水时，且水库水位不高于 155.0m，按控制城陵矶水位 34.4m 进行补偿调节，水库当日下泄量为当日荆江河段防洪补偿的允许水库泄量和第三日城陵矶地区防洪补偿的允许水库泄量二者中的较小值[11-12]。

（3）当三峡水库水位高于 155.0m 之后，按对荆江河段进行防洪补偿调度[13]。

当三峡水库已拦洪至 175.0m 水位后，实施保枢纽安全的防洪调度方式。原则上按枢纽全部泄流能力泄洪，但泄量不得超过上游来水流量。

三峡水库调洪蓄水后，在洪水退水过程中，应按相应防洪补偿调度及库岸稳定的控制条件，使水库水位尽快消落至防洪限制水位，以利于防御下次洪水。

在有充分把握保障防洪安全时，三峡水库可以相机进行中小洪水调度[14]。长江防总应不断总结经验，进一步论证中小洪水调度的条件、目标、原则和利弊得失，研究制定中小洪水调度方案，报国家防总审批。

11.3.3　发电约束条件

11.3.3.1　调度任务与原则

（1）根据水库来水、蓄水和下游用水情况，利用兴利库容合理调配水量，充分发挥水库发电效益。

（2）发电调度服从防洪调度、水资源调度，并与航运调度相协调[15]。

（3）三峡电站承担电力系统调峰、调频、事故备用任务[16]；葛洲坝电站在三峡电站调峰时，要配合三峡电站调峰进行反调节，满足航运要求[17]。

11.3.3.2　调度方式

三峡水库发电调度按水库调度图运行，制定水库调度图的主要规则如下。

（1）汛期 6 月中旬至三峡水库兴利蓄水前水库维持防洪限制水位运行。当防洪需要水库预泄时，发电调度单位应配合做好发电计划。

（2）蓄水期，电站按照兼顾下游航运流量和生态、生产用水需求所确定的泄水过程发电放流，拦蓄其余水量，水库平稳上蓄至正常蓄水位。蓄水期设置加大出力区，实际运用中日间出力尽量平稳。

（3）枯水期，电站按不小于保证出力及水资源调度确定的下泄流量发电，并依照水库调度图的规定控制运行水位与出力。若水库已消落至枯期消落低水位，一般情况下，按来水流量发电，若遇来水特枯，下游航运和用水需要加大泄量时，可适当动用 155.0m 以下库容通过加大发电出力进行补偿。

11.3.3.3 三峡电站运行方式

（1）枯期：电站按调峰方式运行，允许调峰幅度根据不同流量级、机组工况和航运安全等因素综合拟定。电站日调峰运行时，要留有相应的航运基荷。

（2）汛期：按来水流量实施不同发电方式。当入库流量大于装机最大过水能力时，机组原则上按预想出力运行。当入库流量小于装机最大过水能力时，在保障通航安全的前提下，可适当承担一定的调峰任务。

实时调度中，三峡梯调中心及时与三峡通航局互通调度相关信息。

11.3.3.4 葛洲坝电站运行方式

葛洲坝电站在三峡电站按调峰方式运行时，利用两坝间库容进行反调节，葛洲坝电站可配合三峡电站联合调峰运用，但葛洲坝电站调峰幅度应小于单独运行时的幅度[17]。

1. 实时调度

三峡梯调中心根据入库流量预报和设备工况，编制三峡电站日发电计划建议上报国调，国调根据电网运行要求编制日运行方式（含各分厂96点上网电力计划和机组启停计划等），下达三峡梯调中心执行。

葛洲坝电站按国调下达的发电计划实施开停机运行。

三峡梯调中心应将三峡和葛洲坝枢纽的日下泄流量及时通报三峡通航局。实时调度中，遇水位和流量大幅变化时，应当提前通报三峡通航局，给船舶避让和港口安全作业留出合理的时间。

2. 水轮发电机组安全运行

三峡电站机组运行的最大水头为 113.0m；左岸电站、右岸电站、电源电站运行最小水头为 61.0m；地下电站运行最小水头为 71.0m[18]。

葛洲坝电站机组运行的设计最小水头为 8.3m，最大水头为 27.0m。在运行水头超过 23.0m 时，宜使用 125MW（150MW）机组，如需运行 170MW 机组，应加强机组运行工况监测，保证机组安全。

机组开停机时应快速通过不稳定区。水轮机的安全、稳定运行范围应根据采购合同确定的运行区间和实际运行情况拟定。若机组运行过程中振动幅度加剧时，应采取减振、避振措施直至达到正常运行状况，否则应立即停机。当发生较多发电机组紧急切机时，为避免大坝上游出现过大的浪涌及下游水位的急剧变化，须立即加大枢纽泄量，并及时通知三峡通航局。三峡电站排漂应以导、排为主，辅以机械清漂；葛洲坝电站排漂应以导为主，导、排、疏、清相结合。三峡、葛洲坝电站拦污栅压差信号器发出信号时应采取的措施，见表 11.1。

表 11.1　三峡、葛洲坝电站拦污栅压差控制措施

拦污栅压差/cm			信号	采取措施
三峡电站	葛洲坝大江电站	葛洲坝二江电站		
100	50	100	一般	加强清污
200	180	200	警报	紧急措施
400		300		停机

11.3.4　通航约束条件

11.3.4.1　通航需求调度任务和原则

（1）保障三峡与葛洲坝枢纽通航设施的正常运用，保障航运安全和畅通。

（2）保障过坝船舶安全、便捷、有序通过。

（3）统筹兼顾三峡水利枢纽上游水域交通管制区至葛洲坝水利枢纽下游中水门锚地航段的航运要求，以及三峡库区干流和葛洲坝下游航道的运用，以利于长江干流上下游航运贯通。

11.3.4.2　运用水位要求

　　1. 三峡水利枢纽通航水位运用要求

三峡水利枢纽上游最高通航水位 175.0m，最低通航水位 144.9m。下游最高通航水位为 73.8m，最低通航水位为 62.0m，一般情况下，下游通航水位不低于 63.0m。

葛洲坝水利枢纽上游最高通航水位为 66.5m，最低通航水位暂定为 63.0m。葛洲坝库水位日变幅最大为 3.0m，小时变幅小于 1.0m。

葛洲坝水利枢纽下游，大江航道及船闸，最高通航水位为 50.6m（资用吴淞，下同）；三江航道及船闸，最高通航水位为 54.5m；下游最低通航水位应满足过坝船舶安全正常航行的要求，按 39.0m（庙嘴水位）控制。

　　2. 下泄流量运用要求

三峡水利枢纽最大通航流量为 $56700\text{m}^3/\text{s}$[19]。三峡通航局可根据三峡入库流量预报或枢纽下泄流量，确定超过最大通航流量的停航时机。

三峡至葛洲坝河段航道水流条件应满足船舶安全航行的要求。三峡电站日调节下泄流量应逐步稳定增加或减少，汛期应限制三峡电站调峰容量，避免恶化两坝间水流条件。实际运行中如日调节产生的非恒定流影响航运安全时，应通过调整三峡和葛洲坝水利枢纽的出流量变化速度解决。汛期当流量大于 $25000\text{m}^3/\text{s}$，且下泄流量日变幅大于 $5000\text{m}^3/\text{s}$，由调度单位通知三峡通航局。

葛洲坝水利枢纽三江上游航道迎向运行最大通航流量为 $45000\text{m}^3/\text{s}$，单向运行最大通航流量为 $60000\text{m}^3/\text{s}$；三江下游航道最大通航流量为 $60000\text{m}^3/\text{s}$。葛洲坝大江航道的最大通航流量为 $35000\text{m}^3/\text{s}$[20]。船舶通航分级流量按交通运输部规定执行。

葛洲坝下泄流量应逐步增加或减少，最小下泄流量应满足葛洲坝下游庙嘴水位不低

于 39.0m。

汛期当三峡-葛洲坝梯级枢纽上下游大量船舶积压时，在保证防洪安全的前提下，根据长江防总的指令可相机控制三峡下泄流量，为集中疏散船舶提供条件。

三峡水库汛后蓄水运用要兼顾三峡库尾和葛洲坝下游的航道畅通，三峡水库下泄流量总体上应逐渐稳步减少。在下泄流量低于 12000m³/s 时，当日降幅大于 1500m³/s，三峡梯调中心应及时通知三峡通航局。

枯水期三峡电站进行日调节，葛洲坝枢纽进行航运反调节运行，此时应充分利用反调节库容，使下泄流量满足葛洲坝下游的航运要求。

三峡水库枯水期以发保证出力运行方式下泄发电流量，以利于葛洲坝枢纽下游航运的流量要求。遇特枯年份，水库要充分合理地使用兴利调节库容，在降低出力时，要兼顾葛洲坝下游最低通航水位的要求。三峡通航局应根据大江、三江航道实际水深，采取相应措施实施葛洲坝船闸优化调度预案，加强引航道的清淤工作和船舶过闸管理，尽可能保证船舶过坝。

11.3.4.3　过闸调度的基本要求与基本原则

（1）在保障工程安全和船舶安全的前提下，保证三峡和葛洲坝船闸正常运行，合理安排通航、泄流冲沙、清淤、检修等各方面的工作，充分发挥通航效益。

（2）进出三峡枢纽水上交通管制区通航水域的过闸船舶须遵从《长江三峡水利枢纽水上交通管制区域通航安全管理办法》的规定，服从三峡通航局的统一调度。

（3）应贯彻交通发展规划，推进船舶标准化，船舶船型应适应闸室尺度的要求，提高过闸效率。

（4）三峡船闸和葛洲坝船闸实行统一调度，缩短过闸时间，减少两坝间船舶滞留，保障船舶安全、便捷、有序通过两坝和两坝间区域。同时，应充分利用闸室有效尺度，提高闸室利用率和用水经济效益。

（5）三峡库水位高于 150.0m 漫上游隔流堤顶后，船闸上游航迹带仍与库水位未漫隔流堤顶时一致。同时应设置通航标志，保障通航安全。

（6）当船闸检修或其他原因造成过坝船舶滞留过多时，应及时启动应急措施，中国三峡集团应保证必要的过坝运输条件。

11.3.4.4　梯级枢纽航道的维护

（1）在三峡、葛洲坝枢纽入库、下泄流量以及水位满足设计条件情况下，应保障三峡和葛洲坝上下游航道尺度，满足过坝船舶（队）的航行要求。

（2）当葛洲坝水库进行反调节运行时，有关单位应根据各自的责任做好两坝之间码头和锚地等设施的各项维护及必要的改造工作，以保障其安全运行。

（3）对引航道的碍航淤积解决措施，三峡引航道以机械清淤为主，动水冲沙为辅。葛洲坝引航道采用静水通航，动水冲沙，对冲沙或航道泄流冲沙效果较低、无效、甚至造成进一步落淤的局部地带，辅以机械清淤措施。葛洲坝大江、三江航道的冲沙应错时进行，汛期最后一次冲沙宜先大江后三江。

（4）葛洲坝水利枢纽大江、三江引航道的冲沙流量见表 11.2。

表 11.2　　　　　　　　　　　　葛洲坝大江、三江引航道冲沙流量

航道	运用情况	入库流量/(m³/s)	冲沙流量/(m³/s)	上游水位/m
三江引航道	汛期冲沙	≥45000	9000～10000	63.0～66.0
	汛末冲沙	≥24000	8000～9000	63.0～66.0
	汛后冲沙	10000～12000	5250～6000	63.0～66.0
大江引航道	汛期冲沙	≥35000	10000～15000	63.0～66.0
		≥45000	15000～20000	63.0～66.0
	汛末冲沙	25000	10000	63.0～66.0

（5）葛洲坝水利枢纽三江引航道的冲沙和大江引航道的汛末冲沙，可根据航道的淤积情况进行。每次冲沙历时三江为 10～12h，大江为 24～48h。三峡-葛洲坝梯级调度协调领导小组根据当年水文泥沙情况联系有关单位讨论决定冲沙方案，由海事管理机构对外发布航行通（警）告。

（6）三峡库水位漫上游隔流堤顶后，漂浮物可能进入上游引航道，当漂浮物影响船闸输水系统进口、闸门正常运行或船舶航行安全时，中国三峡集团应采取措施予以清除。

11.3.4.5　枢纽通航安全规定

（1）三峡和葛洲坝水利枢纽水域的通航安全管理，应遵照相关法律、法规及有关规范性文件进行管理。

（2）三峡通航局按照交通运输部有关规定，对枢纽通航水域实行交通管制，停止船闸运行或禁止航道通航。

（3）特殊情况下，水位或水位日变幅、小时变幅超出正常范围，应立即通知三峡通航局，由三峡通航局通知海事管理机构发布航行通（警）告和实施有关规定。

（4）严格执行《长江三峡水利枢纽安全保卫条例》。除公务执法船舶以及持有中国三峡集团签发的作业任务书和三峡通航局签发的施工作业许可证的船舶外，任何船舶和人员不得进入禁航区。

对因机械故障等原因失去控制有可能进入水域安全保卫区的船舶，三峡通航局应当立即采取措施使其远离。对违反规定进入管制区、通航区的船舶，公安机关、三峡通航局应当立即制止并将其带离。对违反规定进入禁航区的船舶，人民武装警察部队执勤人员应当立即进行拦截并责令驶离；对拒绝驶离的，应当立即依法予以控制并移送公安机关处理。

（5）应加强三峡至葛洲坝河段航运设施的管理与维护，及时进行三峡船闸和葛洲坝船闸引航道的清淤，以利于发挥葛洲坝枢纽的反调节作用，保障航行安全。

（6）在三峡库区、两坝间及葛洲坝以下近坝河段，当船舶发生海损、机损、搁浅、火灾事故，打捞沉船，航道水深严重不足影响通航，以及其他特殊水面、水下作业时，如果枢纽有能力调整流量和水位，由长航局提出需求，有关调度单位商定后，中国三峡集团尽可能予以配合。

11.3.5　下游补水约束条件

11.3.5.1　调度任务与原则

（1）三峡水库的水资源调度，应当首先满足城乡居民生活用水，并兼顾生产、生态用

水以及航运等需要，注意维持三峡库区及下游河段的合理水位和流量。

（2）在有条件时实施有利于水生态环境的调度，合理控制水库蓄泄过程，尽量减少水库泥沙淤积。

（3）汛期，在保证防洪安全的前提下，合理利用水资源。

（4）水库蓄水期间，下泄流量应平稳变化，尽量减少对下游地区供水、航运、水生态与环境等方面的影响。

（5）水库供水期，根据下游地区供水、航运，水生态与环境以及发电等方面的要求调节下泄流量。

11.3.5.2　调度方式

（1）9月蓄水期间，当水库来水流量大于等于10000m³/s时，按不小于10000m³/s下泄；当来水流量大于等于8000m³/s但小于10000m³/s时，按来水流量下泄，水库暂停蓄水；当来水流量小于8000m³/s时，若水库已蓄水，可根据来水情况适当补水至8000m³/s下泄。

（2）10月蓄水期间，一般情况下水库下泄流量按不小8000m³/s控制，当水库来水流量小于8000m³/s时，可按来水流量下泄。11月和12月，水库最小下泄流量按葛洲坝下游庙嘴水位不低于39.0m且三峡电站发电出力不小于保证出力对应的流量控制。

（3）蓄满年份，1—2月水库下泄流量按6000m³/s控制，3—5月的最小下泄流量应满足葛洲坝下游庙嘴水位不低于39.0m。未蓄满年份，根据水库蓄水和来水情况合理调配下泄流量。如遇枯水年份，实施水资源应急调度时，可不受以上流量限制，库水位也可降至155.0m以下进行补偿调度。

（4）5月上旬到6月底"四大家鱼"集中产卵期，在防洪形势和水雨情条件许可的情况下，可有针对性地实施有利于鱼类繁殖的蓄泄调度，为"四大家鱼"的繁殖创造适宜的水流条件。

（5）在协调综合利用效益发挥的前提下，结合水库消落过程，当上游来水利于库尾冲沙时，可进行库尾减淤调度试验，并及时总结经验，编制泥沙调度方案。

11.3.5.3　应急调度

（1）当三峡水库或下游河道发生重大水污染事件和重大水生态事故时，由国家防总或长江防总下达应急水资源调度指令，中国三峡集团执行。

（2）当长江中下游发生较重干旱或出现供水困难，需实施水资源应急调度时，由国家防总或长江防总下达调度指令，中国三峡集团执行。

11.3.6　三峡水库不同时期现行约束条件汇总

根据《三峡（正常运行期）-葛洲坝水利枢纽梯级调度规程（2019年修订版）》，以旬为尺度，三峡水库现行水位约束条件如图11.3所示：6月上旬水位控制在144.9～155m之间；6月中旬至8月中旬：水位控制在144.9～148m；8月下旬水位控制在144.9～150m；9月上旬水位控制在144.9～155m；蓄水期水位开始逐渐抬升，9月中旬至下旬水位控制在144.9～165m；10—12月水位控制在155～175m；次年1月至5月上旬，水位控制在155～175m；三峡水库汛前开始逐步消落库水位，5月中旬水位控制在155～164m；5月下旬水位控制在149～158m，但5月25日必须降至155m以下。

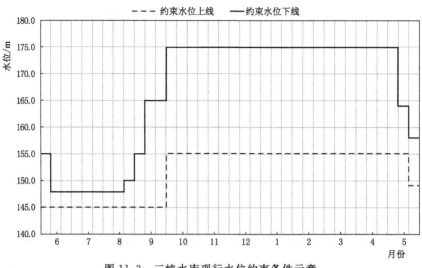

图 11.3　三峡水库现行水位约束条件示意

11.4　三峡水库出入库流量分析

11.4.1　入库流量分析

考虑上游水库群的调蓄影响，根据向家坝等上游水库群联合水量调度，通过调度模型计算得出以旬为尺度的日最小入库流量、日最大入库流量见图 11.4。根据特丰、丰、平、枯、特枯五种水平的旬来水量算出 10%、25%、50%、75%、90% 概率的三峡水库旬日均入库流量，如图 11.5 所示。

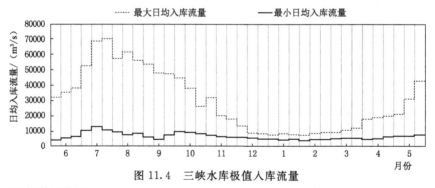

图 11.4　三峡水库极值入库流量

11.4.2　出库流量分析

11.4.2.1　最大下泄流量

最大下泄流量按机组最大发力时取值。三峡大坝左、右岸两侧设坝后式电站各 1 座，此外，右岸设有地下厂房 1 座，共计 32 台单机额定功率为 700MW 的水轮发电机组，其中左岸厂房装机 14 台，右岸厂房装机 12 台，地下厂房装机 6 台。电源电站装机 2 台额定功率为 50MW 的水轮发电机组。三峡水利枢纽电站总装机容量 22500MW，电站保证出力 4990MW。

当机组在额定水头额定出力的工况下平均流量为 968m³/s。由于水头是变动的，发电流量也是可以调控的。在额定出力的情况下，当发电水头大于设计额定水头时，流量调

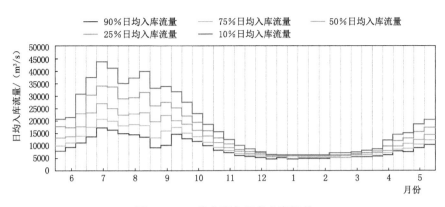

图 11.5　三峡水库各概率入库流量

减；反之调高。对之进行简化：假定三峡大坝下游水位（即葛洲坝枢纽运行水位）固定为66m，可以根据三峡水库上游水位得到相应的水头，再根据水轮机出力公式即式（11.1），求解引水流量 Q，计算公式为式（11.2），根据式（11.2）计算出不同水头时的单机流量以及所有的机组满发时的最大引用流量（图 11.6 和表 11.3）：

$$N=9.81\eta QH \tag{11.1}$$

$$Q=N/(9.81\eta H) \tag{11.2}$$

式中：N 为水轮机出力，MW；Q 为引水流量即下泄流量，m^3/s；η 为额定效率系数，取值为 92.5%；H 为大坝上下游水头差，m。

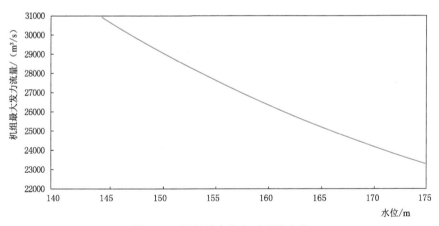

图 11.6　机组最大发力时下泄流量

表 11.3　　　　　　　　　　　　按机组最大发力时下泄流量

初始水位/m	下泄流量/(m^3/s)	初始水位/m	下泄流量/(m^3/s)	初始水位/m	下泄流量/(m^3/s)
175	22748	165	25046	155	27860
174	22959	164	25301	154	28177
173	23173	163	25562	153	28501
172	23392	162	25829	152	28832

续表

初始水位/m	下泄流量/(m³/s)	初始水位/m	下泄流量/(m³/s)	初始水位/m	下泄流量/(m³/s)
171	23615	161	26100	151	29171
170	23842	160	26378	150	29518
169	24073	159	26662	149	29874
168	24309	158	26952	148	30238
167	24550	157	27248	147	30612
166	24795	156	27550	146	30994

11.4.2.2 最小下泄流量

最小下泄流量需要同时满足最小保证出力和下游通航的最小流量，因此取二者的最大值。如图 11.7 所示：1—2 月取 6000m³/s。3—7 月、11—12 月最小下泄流量为庙嘴水位 39m 时对应流量，保证出力对应流量，现状水平年 5700m³/s 左右。8 月，当入库流量大于 18000m³/s 时，最小下泄流量取 18000m³/s，当入库流量不超过 18000m³/s 时，最小下泄流量与入库流量相同；按最大入库流量与最小下泄流量计算时，8 月入库流量大于 18000m³/s，最小下泄流量取 18000m³/s。9 月，当入库流量大于 10000m³/s 时，最小下泄流量取 10000m³/s，当入库流量不超过 10000m³/s 且大于 8000m³/s 时，最小下泄流量与入库流量相同，当入库流量小于 8000m³/s 时，最小下泄流量取 8000m³/s。按最大入库流量与最小下泄流量计算时，9 月入库流量大于 10000m³/s，最小下泄流量取 10000m³/s。10 月，最小下泄流量取 8000m³/s。

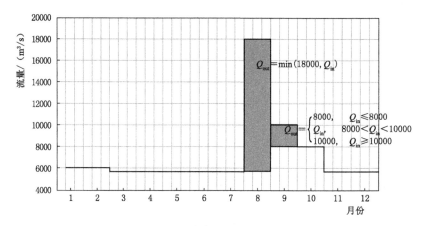

图 11.7　各旬最小下泄流量

11.4.3 三峡水库历史水位特征分析

三峡水库于 2010 年首次蓄水至 175m，收集 2010—2020 年共 11 年的历史日水位进行统计分析得到历史每日最高水位和每日最低水位及日均水位如图 11.8 所示。三峡水库在汛期历史最高日水位可达 167.2m，出现在 8 月下旬，高于调度规程约束的防洪高水位 155.0m；最低日水位为防洪限制水位 145.0m。三峡水库在蓄水期最高日水位变动范围在 160.0～175.0m，最低日水位变动范围在 145.5～173.7m。三峡水库枯水期的 11—12 月最高日水位基本保持在 175m，偏差不超过 0.2m，最低日水位为 171.5m；而 1 月初至 2 月末水位的最高日水位线范围在 174.7～169.0m，最低日水位范围为 169.2～159.3m。三峡水库消落期最高日水位出现在 3 月中旬为 169.9m，5 月末历史最低日水位为 147.8m。基于三峡水库近 11 年的历史日平均水位计算出历史旬平均水位（图 11.9）作为后续具体分析旬调度空间的起调水位依据（11.4 节、11.5 节）。

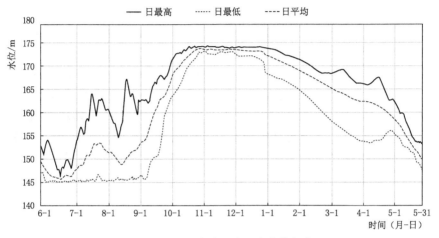

图 11.8　三峡水库历史日水位特征值

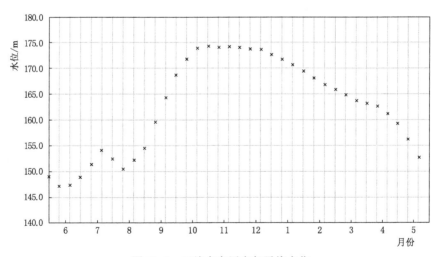

图 11.9　三峡水库历史旬平均水位

11.5　三峡水库调度空间分析

以不同出入库流量组合作为边界条件，考虑现行水位约束和日变幅约束，计算出每一旬的生态调度空间，以旬日变幅空间（包括最大日升幅、最大日降幅）、旬下泄流量空间、旬水位变频空间（包括最大上涨天数、最大下降天数）三个指标分析生态调度空间。

11.5.1 各旬日变幅空间分析

根据最大入库流量、最小入库流量与最小下泄流量、最大下泄流量 4 种组合方案基于水量平衡原理计算出理论最大日升幅和理论最大日降幅。由于三峡水库水位调度运用时应考虑库水位变化对库岸稳定的影响，不宜骤涨骤落。库水位涨落速率，按《三峡库区三期地质灾害防治工程设计技术要求》提出的对水库蓄水最大速率要求不超过 3m/d，一般情况下库水位下降速率要求汛期不超过 2m/d，枯水期为 0.6m/d，5 月 25 日以后至库水位消落到防洪限制水位期间按不超过 1.0m/d 控制。考虑以上约束条件修正后得到实际最大日升幅、实际最大日降幅。计算值如图 11.10 和表 11.4 所示。理论最大日升幅是由最大入库流量与最小下泄流量的组合产生，由图 11.10 可知，5 月中旬至 10 月中旬和 11 月上旬，理论最大日升幅均超出了对应时期的日升幅上限 3m/d，这 12 个旬必须调大其下泄流量。理论最大日降幅由最小入库流量和最大下泄流量组合产生，但全年都超出了对应时期的日降幅最大值，36 个旬必须对应调小其下泄流量。

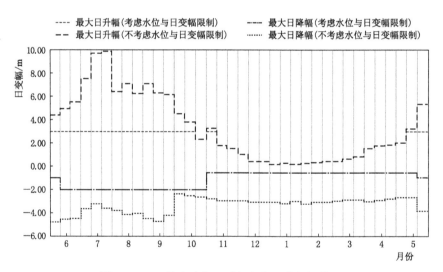

图 11.10 三峡水库旬日升幅与旬日降幅极值图

表 11.4 三峡水库旬日升幅与旬日降幅极值

时间		理论最大日升幅/m	理论最大日降幅/m	实际最大日升幅/m	实际最大日降幅/m
1 月	上旬	0.19	−3.12	0.19	−0.60
	中旬	0.22	−3.15	0.22	−0.60
	下旬	0.19	−3.09	0.19	−0.60
2 月	上旬	0.15	−3.20	0.15	−0.60
	中旬	0.27	−3.08	0.27	−0.60
	下旬	0.32	−3.09	0.32	−0.60

续表

时间		理论最大日升幅/m	理论最大日降幅/m	实际最大日升幅/m	实际最大日降幅/m
3月	上旬	0.32	−3.04	0.32	−0.60
	中旬	0.56	−3.01	0.56	−0.60
	下旬	0.75	−3.00	0.75	−0.60
4月	上旬	1.54	−3.04	1.54	−0.60
	中旬	1.69	−3.01	1.69	−0.60
	下旬	1.77	−2.85	1.77	−0.60
5月	上旬	2.00	−2.81	2.00	−0.60
	中旬	3.21	−2.80	3.00	−0.60
	下旬	5.33	−3.79	3.00	−1.00
6月	上旬	4.42	−4.82	3.00	−1.00
	中旬	4.94	−4.54	3.00	−2.00
	下旬	5.47	−4.52	3.00	−2.00
7月	上旬	7.55	−3.68	3.00	−2.00
	中旬	9.71	−3.23	3.00	−2.00
	下旬	9.85	−3.64	3.00	−2.00
8月	上旬	6.50	−3.82	3.00	−2.00
	中旬	7.09	−4.17	3.00	−2.00
	下旬	6.30	−4.01	3.00	−2.00
9月	上旬	7.12	−4.49	3.00	−2.00
	中旬	6.27	−4.72	3.00	−2.00
	下旬	6.19	−4.19	3.00	−2.00
10月	上旬	4.60	−2.43	3.00	−2.00
	中旬	3.82	−2.48	3.00	−2.00
	下旬	2.34	−2.61	2.34	−2.00
11月	上旬	3.32	−2.77	3.00	−0.60
	中旬	1.75	−2.94	1.75	−0.60
	下旬	1.53	−2.97	1.53	−0.60
12月	上旬	0.93	−2.98	0.93	−0.60
	中旬	0.35	−3.01	0.35	−0.60
	下旬	0.34	−3.12	0.34	−0.60

将 10%、25%、50%、75%、90% 概率下的三峡水库入库流量分别与最大下泄流量和最小下泄流量进行出入库流量组合，计算各旬日变幅，最后根据日变幅限制得出实际可行的各旬日变幅上下限。10 种出入库流量的组合方案计算结果如图 11.11 所示。由图 11.11 可知，不同概率的入库流量在下泄流量范围内有不同的最大日变幅空间。而在特丰

水平（10％概率）的入库流量条件下，7 月上旬至 9 月下旬，即使以最大下泄流量出库，库水位也只能上涨，不能下降；在丰水（25％概率）的入库流量条件下，库水位只能上涨的时期为 7 月中下旬和 8 月下旬。

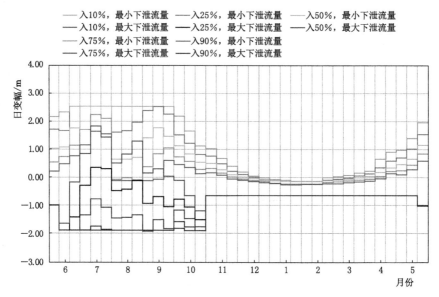

图 11.11 不同出入库流量组合方案下的三峡水库旬最大日变幅

11.5.2 各旬下泄流量空间分析

按照最大机组发力时的下泄流量作为最大下泄流量，在最大下泄流量与最小入库流量组合情况下，当日变幅超过日变幅约束时，调整最大下泄流量，调整后的流量作为流量空间上限，最小下泄流量作为流量空间下限，结果如图 11.12 所示。

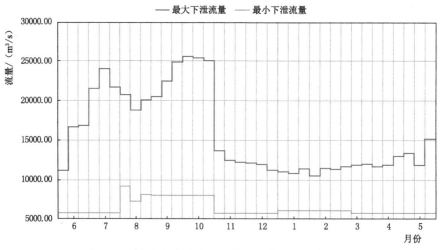

图 11.12 考虑水位约束及日变幅约束的下泄流量空间

11.5.3 各旬水位变频空间分析

根据表 11.5 中考虑水位约束的实际日变幅极值，统计出各旬 10 天内可以持续上升或持续下降的最大天数，将起调水位划分成三段，即"最小变频段""可调变频段""最大变频段"。其中"最小变频段"表示该段起调水位，在当下出入库流量组合下无上升（下降）天数，即变频为 0，代表必须调整下泄流量。"最大变频段"表示该段起调水位，在当下出入库流量组合下可持续上升（下降）的天数为 10 天，无须调整下泄流量。

"可调变频段"表示该段起调水位在当下出入库流量组合下持续上涨（下降）天数范围为 1~9，且持续上涨（下降）的最后一天必须调整下泄流量才能不突破约束水位。假设在水位可以持续上升或下降 n 天，在 n-1 天以内下泄流量保持不变，最后一天需要按照式（11.3）调整下泄流量：

$$Q'_{\text{out}} = Q_{\text{in}} + (n-1)(Q_{\text{out}} - Q_{\text{in}}) - \frac{V_0 - V_1}{86400s} \tag{11.3}$$

式中：Q'_{out} 为调整后的下泄流量，m^3/s；Q_{in} 为入库流量，m^3/s；Q_{out} 为调整前的下泄流量，m^3/s；n 为可持续上升（下降）的最大天数，d；V_0 为起调水位对应的库容，m^3；V_1 为一旬内能达到水位上限（下限）对应的库容，m^3。

11.5.3.1 汛期水位变频空间分析

汛期（6—8 月）水位变频空间分析如表 11.5 和表 11.6 所示。其中汛期没有起调水位可以满足持续上升 10 天，因为汛期入库流量为一年当中最大的时期，在洪水来临前，为满足防洪需求，保障水库安全运行，三峡水库可供调整的水位空间小，不能按照对应水位最大日变幅持续上升 10 天。而仅在 6 月上旬，当起调水位为 154.9~155m 时，在最小入库流量与最大下泄流量的组合情况下可按最大日降幅持续下降 10 天。

11.5.3.2 蓄水期水位变频空间分析

蓄水期（9—10 月）水位变频空间分析如表 11.7 和表 11.8 所示。蓄水期来流量逐渐减小，同时为满足下游生产生活用水需要，最小下泄流量也在增大，库水位逐渐抬升，因此水位可供变化调整的空间从 9 月至 10 月逐渐变大。在蓄水期，仅 10 月下旬起调水位为 155~156.4m 时在最大入库流量与最小下泄流量组合下可以最大日升幅持续上升 10 天。蓄水期的 9 月上旬，在最小入库流量与最大下泄流量组合时，没有符合条件的起调水位满足持续下降 10 天，必须调小下泄流量。

11.5.3.3 枯水期水位变频空间分析

枯水期（11 月至次年 2 月）水位变频空间分析如表 11.9 和表 11.10 所示。这段时期来流量和出库流量小，水位变化幅度小，水位可供变化的空间大，"最大变频段"的空间较其他时期而言最大。枯水期，仅 11 月上旬在最大入库流量与最小下泄流量组合时没有最大变频段，此种工况下必须加大下泄流量。

11.5.3.4 消落期水位变频空间分析

消落期（3—5 月）水位变频空间分析如表 11.11 和表 11.12 所示。消落期为满足防洪需求，及时腾出库容，容纳洪水，保障汛期水库安全运行，库水位应逐渐消落。同时，3—5 月来水量逐渐变大，在不调整下泄流量的情况下，水位可以连续上升或下降 10 天的空间逐渐减小。5 月中旬和下旬，在最大入库流量和最小下泄流量组合时，无起调水位可持续上升 10 天，此种工况必须调大下泄流量。5 月下旬，在最小入库流量与最大下泄流量组合时，无起调水位可持续下降 10 天，此种工况必须调小下泄流量。

表 11.5　汛期水位持续上升天数分段　　　　单位：m

时间	6月			7月			8月		
	上旬	中旬	下旬	上旬	中旬	下旬	上旬	中旬	下旬
最小变频段	152.1~155	145~148	145~148	145~148	145~148	145~148	145~148	145~148	146.7~150
可调变频段	144.9~152	144.9	144.9	144.9	144.9	144.9	144.9	144.9	144.9~146.9
最大变频段	154.9~155								

表 11.6　汛期水位持续下降天数分段　　　　单位：m

时间	6月			7月			8月		
	上旬	中旬	下旬	上旬	中旬	下旬	上旬	中旬	下旬
最小变频段	144.9~145.8	144.9~146.8	144.9~146.8	144.9~146.8	144.9~146.8	144.9~146.8	144.9~146.8	144.9~146.8	144.9~146.8
可调变频段	145.9~154.8	146.9~148	146.9~148	146.9~148	146.9~148	146.9~148	146.9~148	146.9~148	146.9~150
最大变频段	154.9~155								

表 11.7　蓄水期水位持续上升天数分段　　　　单位：m

时间	9月			10月		
	上旬	中旬	下旬	上旬	中旬	下旬
最小变频段	152~155	162.1~165	162.1~165	172.1~175	172.5~175	173.5~175
可调变频段	144.9~151.9	144.9~162	155~162	155~172	165.4~172.4	156.5~173.4
最大变频段						155~156.4

表 11.8　蓄水期水位持续下降天数分段　　　　单位：m

时间	9月			10月		
	上旬	中旬	下旬	上旬	中旬	下旬
最小变频段	144.9~146.8	144.9~146.8	144.9~146.8	155~156.9	155~156.9	155~156.9
可调变频段	146.9~155	146.9~164.8	146.9~164.8	157~171.7	157~171.9	157~172.4
最大变频段	164.9~165	164.9~165	164.9~165	171.8~175	172~175	172.5~175

表 11.9　枯水期水位持续上升天数分段　　　　　　　　　　单位：m

时间	11月			12月			1月			2月		
	上旬	中旬	下旬	上旬	中旬	下旬	上旬	中旬	下旬	上旬	中旬	下旬
最小变频段	172.8~175	173.9~175	174~175	174.4~175	174.8~175	174.9~175	174.9~175	174.9~175	174.9~175	175	174.9~175	174.8~175
可调变频段	155~172.7	162.1~173.9	164~173.9	168.7~174.3	172.7~174.7	172.8~174.7	173.8~174.8	173.6~174.9	173.8~174.8	174.1~174.9	173.3~174.8	172.9~174.7
最大变频段		155~162	155~163.9	155~168.6	155~172.7	155~172.7	173.7~155	155~173.5	173.7~155	155~174	155~173.2	155~172.8

表 11.10　枯水期水位持续下降天数分段　　　　　　　　　单位：m

时间	11月			12月			1月			2月		
	上旬	中旬	下旬	上旬	中旬	下旬	上旬	中旬	下旬	上旬	中旬	下旬
最小变频段	155~155.5	155~155.5	155~155.5	155~155.5	155~155.5	155~155.5	155~155.5	155~155.5	155~155.5	155~155.5	155~155.5	155~155.5
可调变频段	155.6~160.9	155.6~160.9	155.6~160.9	155.6~160.9	155.6~160.9	155.6~160.9	155.6~160.9	155.6~160.9	155.6~160.9	155.6~160.9	155.6~160.9	155.6~160.9
最大变频段	161~175	161~175	161~175	161~175	161~175	161~175	161~175	161~175	161~175	161~175	161~175	161~175

表 11.11　消落期水位持续上升天数分段　　　　　　　　　单位：m

时间	3月			4月			5月		
	上旬	中旬	下旬	上旬	中旬	下旬	上旬	中旬	下旬
最小变频段	174.8~175	174.7~175	174.7~175	174~175	173.9~175	173.9~175	173.7~175	161.2~164	155.1~158
可调变频段	172.9~174.7	171.3~174.6	170~174.5	163.9~169.9	162.6~173.8	161.9~173.8	159.8~173.6	155~161.1	149~155
最大变频段	155~172.8	155~171.2	155~169.9	155~163.8	155~162.5	155~163.10	155~159.7		

表 11.12　消落期水位持续下降天数分段　　　　　　　　　单位：m

时间	3月			4月			5月		
	上旬	中旬	下旬	上旬	中旬	下旬	上旬	中旬	下旬
最小变频段	155~155.5	155~155.5	155~155.5	155~155.5	155~155.5	155~155.5	155~155.5	155~155.5	149~149.9
可调变频段	155.6~160.9	155.6~160.9	155.6~160.9	155.6~160.9	155.6~160.9	155.6~160.9	155.6~160.9	155.6~160.9	150~158
最大变频段	161~175	161~175	161~175	161~175	161~175	161~175	161~175	161~175	

11.5.4　三峡水库各旬极限调度空间

以历史多年旬平均水位、上旬末可能达到的最高水位和上旬末可达到的最低水位三者中的最低值作为计算本旬水位空间下限的起调水位，三者中的最大值作为计算本旬水位空间上限的起调水位。由于各旬来水概率相互独立，各旬调度空间计算相对独立，即每旬可涨、可降范围的计算在本旬出入流量组合方案下单独考虑水位约束、日变幅约束。各旬理论极限调度空间与三峡调度规程如图 11.13 所示（各旬理论极限空间仅考虑入流、出流、水位约束、日变幅约束 4 个要素）。由图 11.13 可知，从 4 月中旬至 12 月上旬，三峡水库的发电调度包括预想出力、8000MW 出力、6000MW 出力、5500MW 出力线都能包含于各旬极限调度空间上限以内，说明极限空间的上限可保证三峡水库的发电调度。极限调度空间的下限在 5 月下旬和 6 月上旬稍高于约束水位下限；在 10 月上旬高于 5500MW 出力线，说明 10 月上旬在调度空间下限以上，可以保证三峡水库出力高于 5500MW。而在 11 月上旬至次年 4 月下旬低于保证出力线，说明在此期间（11 月上旬至次年 4 月下）为保证三峡水库出力，调度空间的下限应该取保证出力线。汛期调度空间即为 144.9～148.0m，其中 90％概率入流条件下 8 月上旬、中旬、下旬最小下泄流量与入流相等，水位只能持平（图中紫色阴影区）。

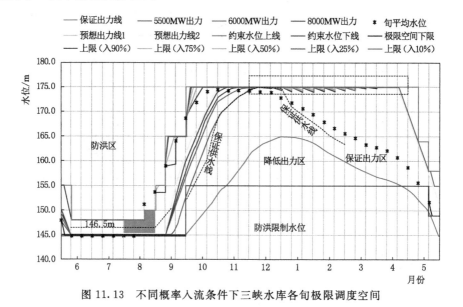

图 11.13　不同概率入流条件下三峡水库各旬极限调度空间

11.6　三峡水库各旬推荐调度空间

将每旬可能出现的水位合集作为三峡水库各旬的推荐生态调度空间：主汛期以 145m 为起调水位，其他期以三峡水库 2010 年（首次蓄水 175m）至 2020 年共 11 年的历史旬平均水位作为起调水位；入库流量采用特丰、丰、平、枯、特枯 5 种水平的旬来水量；以历史 11 年的旬平均流量作为最大下泄流量，最小下泄流量参照规程（图 11.7）；不同概率入流条件下的各旬所能达到的水位空间如图 11.14 所示。

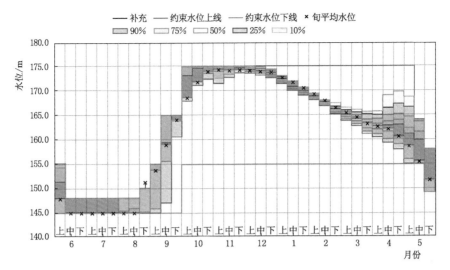

图 11.14 不同概率入流条件下三峡水库各旬可能的水位空间

11.7 三峡水库推荐调度过程线

取三峡水库 2010—2020 年的旬平均水位与上旬末的最高水位之间的最大值作为起调水位，在各概率下对应的入库流量与最小下泄流量的水位组合下的水位过程线为调度空间上限，同时为满足三峡水利枢纽汛期防洪要求，在 5 月 25 日调度空间上限降至 155m。下限根据主汛期（6 月中旬至 8 月中旬）、蓄水期（8 月下旬至 10 月下旬）、枯水期（11 月上旬至 12 月下旬）、消落期（1 月上旬至 6 月上旬），四个时期目标优先级单独计算。首先主汛期 6 月中旬至 8 月中旬，以防洪为首要目标，因此调度过程线的上限为 148m，下限为 144.9m。在其他三个期，要以枯水期运行需求为基准点，反推蓄水期的最晚起蓄时间，从而得到蓄水期的调度过程线下限；消落期以枯水期末的水位为基准点，采用"以电定水"的调度模型计算消落期的调度过程线下限。不同时期的调度过程线空间如图 11.15 所示。

11.7.1 枯水期水位过程线上下限分析

在 11—12 月三峡水库需要尽可能维持在高水位运行，考虑周调节、日调峰以及葛洲坝下游航运的需要，在 175.0m 以下留有适当的变幅。该变幅以一天内能够在当前对应概率入库条件下的最大日升幅上升至 175.0m 的水位为下限和 175m 为上限之间的水位区间作为高水位运行可调空间。10%、25% 和 50% 概率来水流量较大，可以在 11—12 月维持 175.0m 高水位运行，因此特丰、丰水、平水的入流条件下，水位过程上限为 175.0m；而 75%、90% 概率的旬来水量不够，在 12 月即便是以最小下泄流量出库，也无法维持 175.0m，75% 概率入库条件下水位从 12 月下旬从 175.0m 下降至 174.5m；90% 概率的入库条件下的库水位在 12 月中旬开始从 175.0m 下降，在 12 月下旬末降至 174.1m。枯水期不同概率入库条件下的水位过程线的下限等于每旬的上限减去可实现的最大日变幅，如

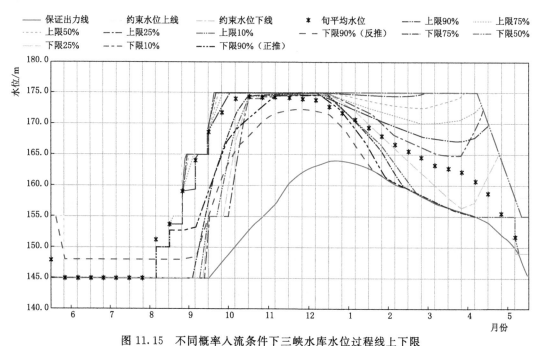

图 11.15　不同概率入流条件下三峡水库水位过程线上下限

表 11.13 所示。其中，在特丰水平（10％概率）来水情况下，11—12 月水位上限为 175.0m，11 月上旬、中旬、下旬和 12 月上旬、中旬、下旬的日变幅极值分别为 0.9m、0.6m、0.4m、0.3m、0.2m、0.1m，所以 11 月上旬至 12 月下旬的逐旬水位下限依次为 174.1m、174.4m、174.6m、174.7m、174.8m、174.9m。25％和 50％概率入库条件与 10％概率计算规则相似，每旬水位下限值见表 11.13。75％概率入库条件下，12 月下旬入库流量不够所以其旬水位过程下限与上限重合。90％概率为特枯水平，如果不以旬平均水位起调，则无法在 10 月末蓄至 175.0m，经过试算得出特枯水平入库条件下推迟至 11 月末蓄水到 174.9m 高水位运行时，反推蓄水期过程线才有可能得到可行解。

表 11.13　　　　　枯水期不同概率入库条件下逐旬水位过程上下限值　　　　单位：m

入流概率	水位/m	11月			12月		
		上旬	中旬	下旬	上旬	中旬	下旬
10％	上限	175.0	175.0	175.0	175.0	175.0	175.0
	日变幅	0.9	0.6	0.4	0.3	0.2	0.1
	下限	174.1	174.4	174.6	174.7	174.8	174.9
25％	上限	175.0	175.0	175.0	175.0	175.0	175.0
	日变幅	0.7	0.5	0.3	0.2	0.1	0.0
	下限	174.3	174.5	174.7	174.8	174.9	175.0
50％	上限	175.0	175.0	175.0	175.0	175.0	175.0
	日变幅	0.5	0.4	0.2	0.2	0.1	0.0
	下限	174.5	174.6	174.8	174.8	174.9	175.0
75％	上限	175.0	175.0	175.0	175.0	175.0	175.0～174.6
	日变幅	0.4	0.3	0.1	0.1	0.1	—
	下限	174.6	174.7	174.9	174.9	174.9	175.0～174.6

续表

入流概率	水位/m	11月			12月		
		上旬	中旬	下旬	上旬	中旬	下旬
90%	上限	175.0	175.0	175.0	175.0	174.9	174.8~174.2
	日变幅	0.2	0.1	0.0	0.1	0	0
	下限	170.9~173.1	173.1~174.5	174.5~174.9	174.9	174.9	174.8~174.2

11.7.2　消落期水位过程线上下限分析

消落期不同概率入库条件与最小下泄流量组合的水位过程线为上限。三峡水库保证出力为4990MW，为确保整个消落期的保证出力和不过度发电导致浪费，所以以消落期按照满足保证出力不超过1.5倍保证出力的"以电定水"调度模型计算下泄流量正推水位过程下限，如图11.16所示。在计算消落期不同概率入库条件的上限时，仅在特丰水平（10%概率）的入库条件下，可从1月上旬维持175.0m运行至4月中旬，在4月下旬至5月25日必须以最大日降幅0.6m/d持续下降至155.0m方可满足防洪需求；而25%、50%、75%、90%概率入库条件下，水位分别在不同程度下降后又有一定程度回升至最大日降幅段（与预想出力线重合）。10%和25%概率入库条件下，以1.5倍保证出力定最大下泄流量，水位下降至4月中旬时，入流大于出流，水位大幅抬升，其中10%概率入流条件下水位下限在4月下旬抬升至与上限重合，25%概率入流条件下水位下限在5月上旬抬升至与上限重合。50%概率入流条件下的水位过程下限为：1月上旬至3月上旬可保持1.5倍保证出力下泄，3月中旬至4月中旬只能以保证出力下泄，4月下旬至5月下旬与水位约束下限一致。75%和90%概率入流条件下水位过程下限与50%概率相似，但75%概率入流条件下只可按1.5倍保证出力运行至2月下旬，90%概率入流条件下只可按1.5倍保证出力运行至2月中旬。

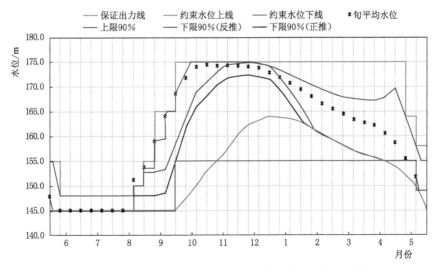

图11.16　90%概率入流条件下三峡水库水位过程线上下限

11.7.3 蓄水期水位过程线上下限分析

蓄水期不同概率入库条件与最小下泄流量组合的水位过程线为上限。下限以 10 月末水位为基准起调，按最小下泄流量反推最晚起蓄日期，如图 11.15 所示：75%、50%、25%、10%概率入流条件下的最晚起蓄日期分别为 9 月中旬第 8 天、9 月下旬第 3 天、9 月下旬第 5 天、9 月下旬第 6 天。90%概率入流条件较为特殊（见图 11.16），为特枯水平来水，反推得到该概率入流条件下 9 月上旬从 152.7m 起蓄才可能在 11 月末蓄满，但在特枯水平入库条件下很难在 8 月末蓄水至 152.7m，因此该过程线可行性不高。从 8 月下旬按防洪水位上限 148 起调，正推得出 90%概率入库条件下水库在 12 月上旬末才能蓄至最高水位，为 172.4m。

11.8 本 章 小 结

本章根据《三峡（正常运行期）-葛洲坝水利枢纽梯级调度规程（2019 年修订版）》、三峡入库流量和三峡水库运行约束条件，构建了三峡水库生态调度空间计算方法，确定了防控支流库湾水华的三峡水库生态调度空间，主要结论包括以下几个方面。

（1）根据《三峡（正常运行期）-葛洲坝水利枢纽梯级调度规程（2019 年修订版）》确定了三峡水库不同时期的控制水位：6 月上旬水位控制在 144.9～155m；6 月中旬至 8 月中旬：水位控制在 144.9～148m；8 月下旬水位控制在 144.9～150m；9 月上旬水位控制在 144.9～155m；蓄水期水位开始逐渐抬升，9 月中至下旬水位控制在 144.9～165m；10 月至 12 月水位控制在 155～175m；次年 1 月至 5 月上旬，水位控制在 155～175m；三峡水库汛前开始逐步消落库水位，5 月中旬水位控制在 155～164m；5 月下旬水位控制在 149～158m，但 5 月 25 日必须降至 155m 以下。

（2）三峡水库在汛期历史最高日水位可达 167.2m，最低日水位为防洪限制水位 145.0m。三峡水库消落期最高日水位出现在 3 月中旬为 169.9m，5 月末历史最低日水位为 147.8m。基于三峡水库近 11 年的历史日平均水位计算得到了历史旬平均水位。

（3）三峡水库生态调度空间计算依据为：以不同出入库流量组合作为边界条件，考虑现行水位约束和日变幅约束，计算出每一旬的生态调度空间，以旬日变幅空间（包括最大日升幅、最大日降幅）、旬下泄流量空间、旬水位变频空间（包括最大上涨天数、最大下降天数）三个指标分析生态调度空间。

（4）计算得到的三峡水库各旬的推荐生态调度空间为：主汛期 6 月中旬至 8 月中旬，以防洪为首要目标，因此调度过程线的上限为 148m，下限为 144.9m。在其他三个调度期，要以枯水期运行需求为基准点，反推蓄水期的最晚起蓄时间，从而得到蓄水期的调度过程线下限；消落期以枯水期末的水位为基准点，采用"以电定水"的调度模型计算消落期的调度过程线下限。

参 考 文 献

［1］ 马骏，余伟，纪道斌，等．三峡水库春季水华期生态调度空间分析［J］．武汉大学学报（工学

版），2015，48（2）：160－165.

［2］ 杨正健．分层异重流背景下三峡水库典型支流水华生消机理及其调控［D］．武汉：武汉大学，2014.

［3］ 郑守仁．三峡工程利用洪水资源与发挥综合效益问题探讨［J］．人民长江，2013，44（15）：1－6.

［4］ 郑守仁．三峡工程设计水位175m试验性蓄水运行的相关问题思考［J］．人民长江，2011，42（13）：1－7.

［5］ 陈进．三峡水库抗旱调度问题的探讨［J］．长江科学院院报，2010，27（5）：19－23.

［6］ 刘丹雅，纪国强．三峡工程防洪规划与综合利用调度技术研究［J］．水力发电学报，2009，28（6）：19－25，42.

［7］ 李学贵，袁杰．三峡工程的防洪调度运用与风险分析［C］//中国水利学会．中国水利学会2005学术年会论文集——水旱灾害风险管理．中国水利学会，2005：97－101.

［8］ 王俊，郭生练．三峡水库汛期控制水位及运用条件［J］．水科学进展，2020，31（4）：473－480.

［9］ 三峡-葛洲坝枢纽汛期调度运用方案获批［J］．陕西电力，2011，39（6）：11.

［10］ 葛守西．三峡水库洪水预报对城陵矶地区防洪补偿调节调度的有利条件［J］．水利水电快报，1997（20）：1－4.

［11］ 陈桂亚．三峡水库对城陵矶防洪补偿库容释放条件分析［J］．人民长江，2020，51（3）：1－5，30.

［12］ 何格高，安申义．对长江中游城陵矶设计洪水位的意见［J］．科技导报，2001（5）：40－41.

［13］ 杨春花，许继军，董玲燕．不同补偿调度方式下三峡水库分期汛限水位控制［J］．水力发电，2010，36（8）：15－18.

［14］ 陈桂亚，郭生练．水库汛期中小洪水动态调度方法与实践［J］．水力发电学报，2012，31（4）：22－27.

［15］ 王学敏．面向生态和航运的梯级水电站多目标发电优化调度研究［D］．武汉：华中科技大学，2015.

［16］ 张滔滔，胡晓勇．三峡电站调峰运用探析［C］//中国水力发电工程学会梯级调度控制专业委员会．梯级调度控制研究论丛——2011年学术交流论文集．中国水力发电工程学会，2011：255－262.

［17］ 李发政，袁梅．三峡电站汛期调峰对通航影响的研究［J］．长江科学院院报，2002（5）：10－12，16.

［18］ 胡亚安，张瑞凯．三峡永久船闸阀门水力学关键技术研究［C］//中国土木工程学会．科技、工程与经济社会协调发展——中国科协第五届青年学术年会论文集．中国土木工程学会，2004：470.

［19］ 宋维邦．长江三峡水利枢纽通航建筑物设计［J］．中国三峡建设，1995（3）：10－11，46－47.

［20］ 李宪中，赵连白，李一兵．改善葛洲坝枢纽大江船闸下引航道航行条件的长江委"W"方案验证及船模试验研究［J］．泥沙研究，2001（1）：48－56.

第12章 防控三峡水库支流水华水库群调度需求分析

12.1 概　　述

三峡水库蓄水后导致的支流水文条件改变是水华暴发的主要诱因，尤其是分层异重流导致的支流水体分层与支流水华关系非常密切，而支流水华情势对三峡水库水位波动的响应也比较敏感，说明通过水库调度改变三峡水库支流水动力及生境条件进而控制支流水华具有可能性。究竟采用什么样的调度方法才能有效抑制支流库湾水华？作用机制是什么？弄清楚这些问题是实施水库调度防控支流库湾水华实践的前提。

本章在多年研究的基础上，将系统分析 2008—2010 年三峡水库典型水位波动过程对香溪河库湾水流、水温及水华的影响，根据临界层理论阐述三峡水库水位波动对支流水华的抑制机理，结合三峡水库初步设计水位调度过程线，尝试性地提出针对不同季节水华的"潮汐式"水位波动方法，并结合三峡水库实际运行过程，分析"潮汐式"调度方法防控支流水华的效果及其对三峡电厂发电的影响，讨论该方法应用于三峡水库调度实践的可行性。以期将控制支流水华的生态调度概念提升到实际应用层面。

12.2　水库调度防控支流库湾水华机制分析

12.2.1　水库调度对水文水动力的影响

12.2.1.1　水位变化

为分析三峡水库不同类型及不同时期的水位波动对支流水华的影响，根据三峡水库实际调度运行过程，分别选取 2008 年 10 月汛末蓄水期、2009 年 9 月提前蓄水期及 2010 年 8 月主汛波动期作为三个典型水位波动过程进行分析，其水位及水位变幅变化趋势如图12.1 所示。

图 12.1 (a) 是 2008 年汛末蓄水期水位及水位变幅变化趋势图。2008 年分两阶段进行汛末蓄水，9 月 29 日至 10 月 6 日为第一阶段蓄水过程，历时 8 天，水位由 145m 迅速升至 156m，9 月 30 日水位变幅最大 (2.38m/d)。10 月 17 日至 11 月 4 日为第二阶段蓄水过程，历时 19 天，水位由 156m 升至 172.5m，水位最大日升幅为 1.99m/d。10 月 7—17 日，水位维持在 156m 水位左右，波动较小。整个蓄水过程主要在 10 月份进行，是按照三峡水库初步设计蓄水方案进行的第一次 175m 实验性蓄水，最终因多方面原因只蓄水至 172.5m。

图 12.1 (b) 是 2009 年提前蓄水期水位及水位变幅变化趋势图。2009 年提前蓄水期于 9 月 14 日开始，9 月 14—18 日水位由 145m 抬升至 150m；9 月 19—26 日，水位由 150m 抬升至 154m；9 月 26 日以后为正常蓄水期。2009 年提前蓄水将三峡汛末蓄水由初

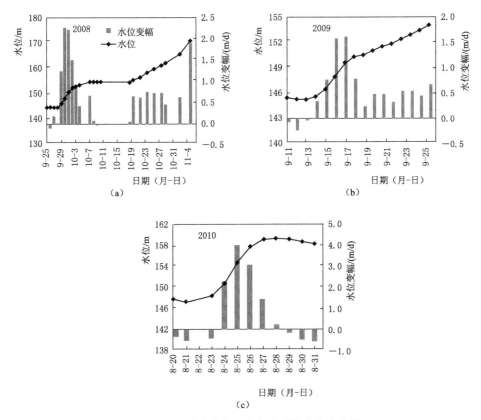

图 12.1 三峡水库典型水位波动期水位变化图

步设计中的 10 月开始蓄水提前至 9 月, 是三峡水库 175m 实验性蓄水的又一尝试。

图 12.1（c）是 2010 年主汛水位波动期水位及水位变幅变化趋势图。2010 年 8 月的一次洪峰迫使三峡水库由 8 月 23 日的 147m 迅速抬升至 8 月 27 日的 159m, 8 月 25 日水位变幅最大, 达到 4.2m/d, 是目前已知水位变幅最大的一天。8 月 28 日后水位开始下降, 至 9 月初开始汛末蓄水。

12.2.1.2 水动力变化

图 12.2 是三峡水库典型水位波动前后香溪河库湾水流剖面对比图。其中白色矢量代表自长江干流流向支流库湾方向的水流, 黑色矢量表示自支流库湾流向长江干流的水流, 矢量长短代表流速大小。因 2009 年流速仪损坏, 数据缺失, 本章只分析了 2008 年及 2010 年两个典型水位波前后香溪河库湾的水流分布。

图 12.2（a）是 2008 年 9 月 15 日香溪河库湾水流剖面图, 代表 2008 年汛末蓄水前香溪河库湾水流状态。水流分布与第 9 章图 9.4 的水流分布一致, 是典型的中层倒灌异重流。图 12.2（b）是 2008 年 10 月 3 日香溪河库湾水流剖面图, 代表汛末蓄水过程中香溪河库湾水流状态。从图 12.2（b）中可以看出, 较图 12.2（a）, 香溪河库湾水流发生了较大变化, 由库湾流向长江干流的表层水体消失, 中下游 30m 以上水体全部为长江倒灌水体（白色矢量）, 距河口 15m 至上游, 倒灌厚度逐渐减小, 直至延伸到库湾尾部, 库湾底

部水体仍然流向干流，但厚度较图12.2（a）略有增大。图12.2（b）与第9章图9.5一致，是典型的表层倒灌异重流。

图12.2（c）及图12.2（d）分别是2010年8月17日及2010年8月24日香溪河库湾流速剖面图，分别代表2010年水位波动前的夏季水流流态及2010年水位波动过程中的水流流态。图12.2（c）流速分布与图12.2（a）相似，只是表层流出库湾水体厚度略小，底部流出库湾水体流速略大。图12.2（d）流速分布与图12.2（b）相似，但整体流速略大。

分析图12.2可知，三峡水库水位迅速抬升能够将支流库湾的中层倒灌异重流转化为表层倒灌异重流。

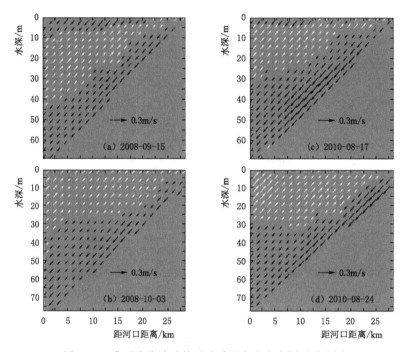

图 12.2　典型水位波动前后香溪河库湾水流剖面对比图

12.2.2　水库调度对水温的影响

图12.3是三峡水库典型水位波动前后香溪河库湾水温对比图。纵轴表示水深，横轴正值表示库湾各处距河口的距离，其中−20km处表示样点GJB，代表长江干流。图例中颜色越浅，表示水温越高。

图12.3（a）、（b）分别是2008年9月15日和2008年10月3日香溪河库湾水温剖面图，分别代表2008年汛末蓄水前和蓄水过程中的水温分布。从图12.3（a）可以看出，2008年汛末蓄水前香溪河库湾表层水温在24.5℃左右，底部水温最低小于20℃，表底部温差近5.0℃。长江干流水体表层水温在22.5℃左右，干流底部水温在22℃左右，表底温差较小，且长江干流水温整体与香溪河库湾中层水体一致。从水体分层角度来看，长江水体分层不显著，但支流库湾分层明显。该水温分布规律与第9章中图9.33基本一致。

图 12.3（b）水温分布较图 12.3（a）发生了显著变化，主要体现香溪河库湾表层水温梯度消失，整个中上层水温基本保持一致，底部水温梯度仍然存在，变得与第 9 章中图 9.35 基本一致。图 12.3（a）和图 12.3（b）中的水温分层分别与图 12.2（a）和图 12.2（b）中的水流分层基本保持一致，说明三峡水库水位抬升能够使干流混合水体倒灌入支流库湾进而破坏库湾水体分层。

图 12.3（c）、（e）的水温垂向分布模式与图 12.3（a）基本一致，图 12.3（d）、（f）的水温垂向分布模式与图 12.3（b）也基本一致，说明三峡水库水位波动对支流水温分布的影响具有时间普遍性。当然，图 12.3（e）、（f）的水温梯度分别比图 12.3（a）、（b）略大，主要原因是 8 月气温比 10 月要略高，导致的干支流温度差要比 10 月要大。

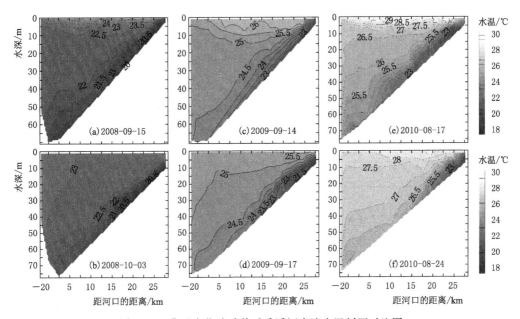

图 12.3 典型水位波动前后香溪河库湾水温剖面对比图

12.2.3 水库调度对营养盐的影响

三峡水库典型水位波动前后主要营养盐变化对比如图 12.4 所示。在 2008 年水位波动前的 9 月 15 日，长江干流（GJB）的 TN 浓度为 0.837mg/L，如图 12.4（a）所示；但在香溪河库湾，河口区域 XX00 的 TN 浓度为 0.565mg/L，但自 XX03 以后，TN 浓度要比河口区域大得多，其中最大值出现在 XX05 处，为 1.303mg/L，香溪河库湾末端的 TN 浓度也超过 0.900mg/L。总体来看，在水位波动前，香溪河库湾 TN 浓度具有显著的空间分布。但在水位波动后的 2008 年 10 月 3 日，长江干流 TN 浓度变化不大，但香溪河库湾原来显著的空间差异消失，整个库湾 TN 浓度基本与长江干流 TN 浓度一致。在 2009 年、2010 年，虽然在蓄水前后 TN 浓度大小没有较大变化，但水位波动后库湾 TN 空间分布差异较蓄水前明显降低，这一规律与 2008 年相似。

对于 TP，三个水位波动前后的变化规律基本一致 [图 12.4（b）、（e）、（h）]。三峡水库干流的 TP 浓度相对较高，且水位波动前后变化不大。但在香溪河库湾，水位变化前 TP 自河口至库湾末端逐渐升高，空间差异性非常显著，这与第 10 章图 10.4（c）相似；但是在水位波动以后，这种空间差异显著缩小，整个库湾 TP 浓度与长江干流 TP 浓度一致。甚至在 2010 年，水位波动前上游来流 TP 比长江干流高很多，但水位变化后却基本与长江干流一致。水位变化前后的溶解性二氧化硅（$D-SiO_2$）浓度具有显著变化，主要体现在溶解性二氧化硅浓度的整体升高，而且库湾的空间差异性也明显降低。

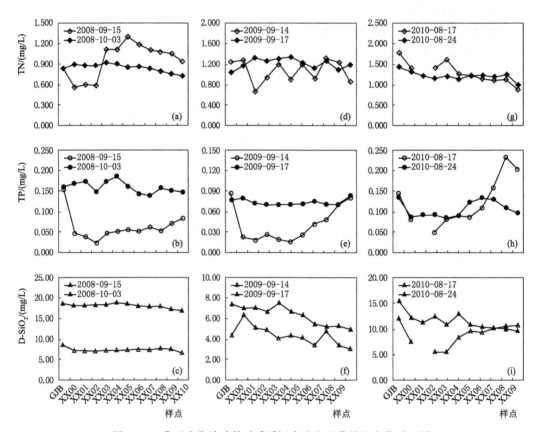

图 12.4　典型水位波动前后香溪河库湾主要营养盐变化对比图

整体而言，水库水位抬升能够降低支流库湾营养盐的空间差异性，使整个库湾的营养盐浓度与长江干流营养盐浓度一致。这正好解释了蓄水导致的表层倒灌异重流这一现象。当然，无论水位变化与否，支流库湾的营养盐浓度均超过水华暴发的临界值，因此营养盐不是导致支流库湾蓄水前后水华差异的决定性因子。

12.2.4　水库调度对水体层化结构及藻类水华的影响

图 12.5 是三个典型水位波动过程中香溪河库湾层化结构及 Chl-a 浓度变化图。图中上部分是 XX06 样点持续观测 Chl-a 浓度与水位变幅变化比较图，下部分是对应时间的 XX06 样点混合层（z_{mix}）厚度与真光层厚度（z_{eu}）变化比较图。

图 12.5（a）是 2008 年两阶段汛末蓄水过程中香溪河库湾水华变化趋势图。从图中可以看出，第一阶段蓄水前（9 月 25—28 日）香溪河库湾 Chl-a 浓度均在 20μg/L 以上；

此阶段 z_{mix} 与 z_{eu} 相近，均小于 10m。第一阶段蓄水后，Chl-a 浓度迅速降低至 $10\mu g/L$ 以下；z_{mix} 也随蓄水过程逐渐增大，至 10 月 3 日逼近 24m；z_{eu} 基本无显著变化。第一阶段蓄水结束后，水位波动较小，Chl-a 浓度迅速反弹，至 10 月 17 日达到 $12\mu g/L$，此时 z_{mix} 也略有下降。10 月 17 日后开始第二阶段蓄水，Chl-a 浓度随之又开始下降；z_{mix} 也随之升高，至 11 月 4 日逼近 30m。

图 12.5（b）是 2009 年提前蓄水过程中香溪河库湾水华变化趋势图。与 2008 年汛末蓄水过程相似，2009 年提前蓄水也是按"先快后慢"方式进行蓄水，但 2009 年没有明显的过渡阶段。香溪河库湾在提前蓄水前 Chl-a 浓度也是较高的，基本在 $20\mu g/L$ 以上，蓄水后 Chl-a 浓度也随之降低，并在水位变幅最大的 9 月 16 日、17 日降至 $5\mu g/L$ 以下。z_{mix} 厚度趋势与 Chl-a 浓度趋势正好相反，蓄水前均低于 10m，随着蓄水进行而逐渐增大，至 9 月 18 日达到最大，接近 15m。9 月 18 日与 9 月 19 日水位波动相对减小，Chl-a 浓度又反弹至 $20\mu g/L$ 以上，z_{mix} 也迅速降低至 10m 以下。随着水位的继续抬升，z_{mix} 又迅速增大至 15m 以上，Chl-a 浓度也降低至 10m 以下。整个过程中 z_{eu} 没有明显变化。

图 12.5（c）是 2010 年主汛期水位波动过程香溪河库湾水华变化趋势图，其 Chl-a 浓度、Z_{mix} 及 Z_{eu} 变化趋势与 2008 年及 2009 年水位迅速抬升过程基本一致。这说明三峡水库水位迅速抬升过程能增大支流库湾 z_{mix}，降低支流库湾 Chl-a 浓度（抑制藻类水华）在时间上具有普遍性。

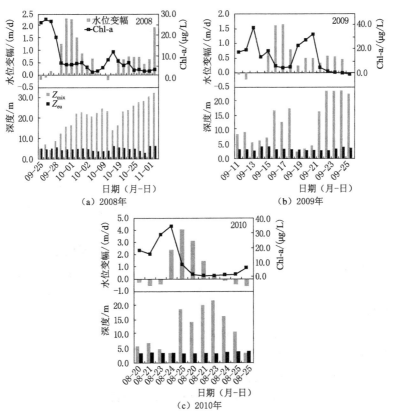

图 12.5 典型水位波动前后香溪河库湾层化结构及 Chl-a 浓度对比图

12.3　三峡水库"潮汐式"调度方法

12.3.1　"潮汐式"调度概念

"潮汐式"生态调度的主要内涵是通过水库调度方式，在一定时段内通过交替抬高和降低三峡水库水位，增强水库水体的波动，增加库区内干支流水体的掺混扰动程度，在库区内形成类似于"潮汐"的作用，进而有效缓解库区支流富营养化情况，抑制水华的暴发。"潮汐式"生态调度方法论中针对三峡水库支流水华集中暴发的时间段与水库常规运行调度需要满足的约束条件，分别提出了：①针对春季水华的"潮汐式"波动方法；②针对夏季水华的"潮汐式"波动方法；③针对秋季水华的"提前分期蓄水"波动方法。图 12.6（b）为"潮汐式"水位波动方法运行示意图，其中Ⅰ为主汛波动期，即"夏季潮汐式"波动方法；Ⅱ为汛后蓄水期，即秋季"提前分期蓄水"波动方法，由第一阶段蓄水（Ⅱ$_a$）和第二阶段蓄水（Ⅱ$_b$）组成；Ⅲ为枯水运用期；Ⅳ$_a$为泄水准备期；Ⅳ$_b$为初始泄水期；Ⅳ$_c$为波动泄水期，即"春季潮汐式"波动方法。

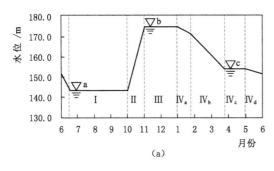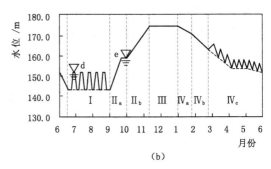

图 12.6　"潮汐式"波动方法示意图

分别对水华暴发较为集中的三个时期，即春季水华（3—5 月）、夏季水华（6—8 月）和秋季水华（9—11 月），同时也是对应"潮汐式"生态调度方法论三种调度方式，结合构建的基于水库调度过程的支流水华预测模型与水量平衡的原理，模拟计算了不同"潮汐式"调度工况下的水华情势，并对不同抬水、降水幅度及抬水、降水时间对支流水华情势的影响进行初步分析。

分别在春季、夏季、秋季等支流水华期间，以三峡水库常规调度水位过程线为基础，首先持续抬高水库水位，增强支流异重流能量补给，扩大异重流对支流的影响范围，然后持续降低水位，增大干流水体流速，促进干流对支流水体的拖动作用，进而缩小支流水体滞留时间，并为下次抬升水位提供水位可变空间，将水位抬升-下降过程交替进行，干流水位的波动对支流水体形成"潮汐式"影响，能增大干支流水体交换频率，持续破坏支流藻类生长环境，进而控制支流水华。

12.3.2　春季"潮汐式"水位调度方法

春季水华期，再进入 3 月后，为保证下游航道运行的最小流量，当入库流量稳定大于 5000m³/s 时即可实施防控春季水华暴发的生态调度方案。

对于春季水华（3—5月），采用春季"潮汐式"水位调度方法（图12.7），在水华暴发时段，短时间内减小大坝下泄流量，迅速抬升水位，增大支流中层异重流的强度，扩大其影响范围，迫使支流形成"上进下出"的水循环模式，缓解水华暴发程度；之后根据实际情况增大下泄流量，降低库水位。该方法能够改善支流库湾水质，控制支流春季水体富营养化及水华，同时能在5月来流较丰的情况下形成人造洪峰，有利于下游鱼类产卵，也能增加三峡电厂发电量，但在枯水运用期对下游航道有间歇式影响。

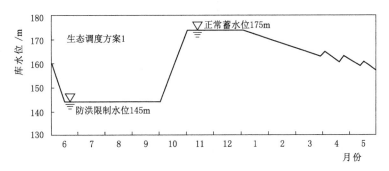

图12.7 控制春季水华发生的三峡水库"潮汐式"调度方法

12.3.3 夏季"潮汐式"调度方法

夏季水华期，夏季"潮汐式"生态调度方法的主要内容是在保证水库防洪功能的条件下，减少水库弃水，尽可能实现多频次、大幅度的"潮汐式"水位波动调度过程。

对于夏季水华（6—8月），采用夏季"潮汐式"调度方法（图12.8），即在水华暴发时段，在2～13天内将水位由防洪汛限水位抬升4～6m，但不超过上限水位，扩大异重流对支流的影响范围，使支流水体形成"上进下出"的水循环模式，打破支流水动力、营养盐等空间"分区"特性，破坏水温分层，缓解并控制水华的形成；之后增大下泄流量，在2～4天内将水位迅速降低4～6m，但不低于汛限水位，增大支流流速大小，缩短水体滞留时间，将支流内部分高藻类含量水体携出支流，以缓解水华的发生。该方法理论上能够控制支流库湾夏季水体富营养化及水华，同时容易形成人造洪峰，对下游鱼类生存有利，也能增加三峡电厂发电量，但增大了防洪风险，必须结合可靠的洪水预报才能进行。

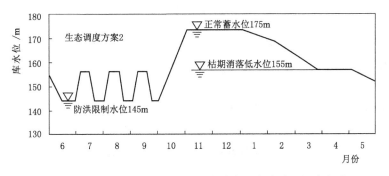

图12.8 控制夏季水华发生的三峡水库"潮汐式"调度方法

12.3.4　秋季"提前分期蓄水"水位调度方法

秋季水华期,秋季"潮汐式"生态调度方案的制定需满足"小幅度降水、大幅度涨水"的水库调度过程,在增加"潮汐式"调度频次的同时,也需要满足"蓄丰补枯"的原则。

秋季水华(9—10 月),采用"提前分期蓄水"的调度方法,即若在 9—10 月暴发较为严重的支流水华,则在 9 月初开始蓄水,采用"先快后慢"的蓄水过程(图12.9),即蓄水初 4~5d,日均抬升水位 1.0~1.5m,后期日均抬升水位 0.4m,抬升到一定高度可维持水位不变一段时间,再继续按前述步骤抬升水位,于 10 月底,将水位抬升至正常蓄水水位,以缓解支流水华发生。该方法理论上能够缓解并控制支流库湾水华,提前蓄水能保证水库蓄水至 175m 水位,可增大 10 月中下旬大坝下泄流量以满足长江河口对下流流量的要求,但与防洪有一定的矛盾,必须基于可靠的洪水预报方可进行。

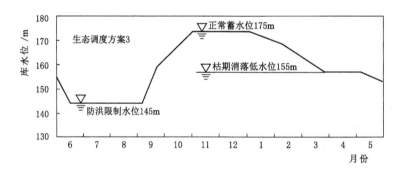

图 12.9　控制季水华发生的三峡水库"潮汐式"调度方法

12.4　基于过程模拟的防控水华调度需求分析

12.4.1　调度时机选取及工况设计

基于三峡水库香溪河库湾 2015 年全年定点野外监测数据进行水华模型的验证,如图12.10 所示,该模型能较好地反应香溪河库湾水华暴发的季节性规律,可用于后续不同调度工况防控水华效果估算。选取 Chl-a 浓度作为评价指标,以 $30\mu g/L$ 为水华暴发阈值分析香溪河库湾全年水华暴发情况,选取代表性春季水华(4 月 12—16 日)、夏季水华(6月 28 日至 7 月 15 日)、秋季水华(9 月 3—12 日)实施水库调度方案,设定 3 种典型调度工况(持续蓄水、波动、持续泄水),以实际水位运行作为对照组,模拟比较不同工况下水华防控效果。香溪河库湾 Chl-a 浓度变化图(XX06)如图 12.10 所示,具体工况设定见表 12.1,具体如下:工况 01,水位日变幅为 0.5m,持续蓄水 7d;工况 02,水位日变幅为 0.5m,先持续蓄水 3d,水位维持不变 2d,再持续泄水 2d;工况 03,水位日变幅为0.5m,持续泄水 7d;工况 00,汛期水位无法降低至 145m 以下,改为水位保持 145m不变。

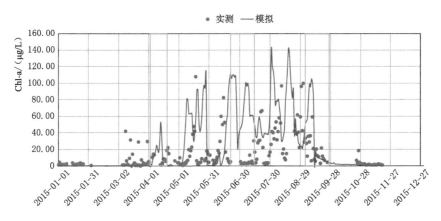

图 12.10　香溪河库湾 Chl-a 浓度变化图（XX06）

表 12.1　　　　　　　　　　　　　　　水库调度工况设置表

工　况	调　度　方　案
工况 01	+0.5，+0.5，+0.5，+0.5，+0.5，+0.5，+0.5
工况 02	+0.5，+0.5，+0.5，0，0，−0.5，−0.5
工况 03	−0.5，−0.5，−0.5，−0.5，−0.5，−0.5，−0.5
工况 00	水位保持 145m，持续 7d

12.4.2　不同季节水华期实施调度的效果

12.4.2.1　春季水华调度工况效果分析

假定现有的水华预测预报预见期为一周，所有调度工况均自水华暴发（4 月 12 日）前一周开始，即 4 月 5 日。为了保证调度结束时水库水位与实际水位一致，在满足水库调度准则（蓄水日变幅≤3m，泄水日变幅≤2m）的前提下，对水库水位进行调整，若调度结束时水位高于实际水位，则在合理范围内泄水；若调度结束时水位低于实际水位，则在合理范围内蓄水。

三种工况下香溪河库湾 XX06 监测断面 Chl-a 浓度变化如图 12.11 所示，整体上看，相比实际水位运行，工况 01、工况 02 的 Chl-a 浓度均有所升高，工况 03 则显著降低。通过比较各工况下水华暴发期（4 月 12—16 日）峰值 Chl-a 浓度可知，工况 01 较实际水位运行时降低 3.2%，但水体依然处于富营养化状态；工况 02 较实际水位运行时升高 34.6%；工况 03 较实际水位运行时降低 86.7%，水华消失。综上可知，此次水库调度方案中的工况 03，即持续泄水过程防控水华效果显著。

工况 03 香溪河库湾水温垂向分布图如图 12.12 所示。由图 12.12 可知，随着泄水过程的进行，香溪河库湾倒灌异重流潜入点深度不断上移，中上层倒灌（图 12.12）逐渐转变为表层倒灌（图 12.13）。由此可见，通过水库调度防控水华，其实质是通过水库调度改变香溪河库湾的水动力循环模式，即形成表层倒灌异重流，加强表层水体的垂向掺混作用，增加混合层深度，打破水温分层，将藻类掺混到水体真光层以下，从而有效抑制水华的暴发。

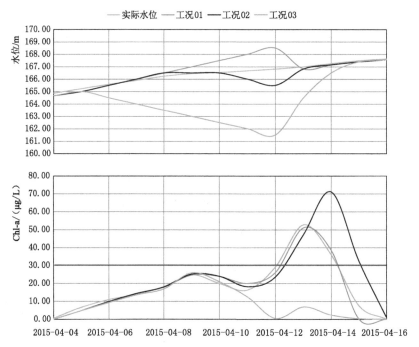

图 12.11　春季不同调度工况水位过程线及 Chl-a 浓度对比

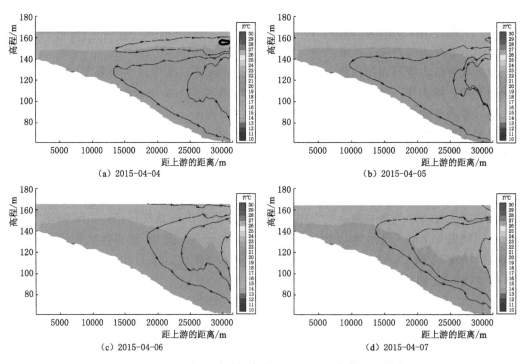

图 12.12　工况 03 香溪河库湾 4 月 4—7 日水体环流模式

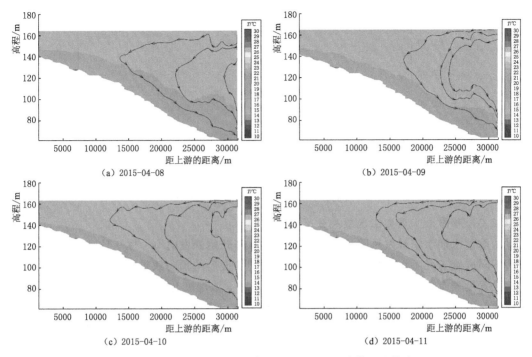

图 12.13　工况 03 香溪河库湾 4 月 8—11 日水体环流模式

　　无论采用何种方案进行水库调度，关键在于改变香溪河库湾水动力循环模式，改变干流水体向支流库湾的倒灌模式，形成表层倒灌异重流，加剧表层水体的垂向掺混作用，使表层水温趋于一致，最终打破水温分层，从而有效抑制水华暴发。

12.4.2.2　夏季水华调度工况效果分析

　　与春季水华工况类似，夏季提前一周即 6 月 21 日开始调度，三种调度工况下 Chl-a 浓度变化如图 12.14 所示。由图 12.14 可知，与实际水位过程相比，调度期内 Chl-a 浓度差别不大，均超出水华阈值，但呈下降趋势；而在目标水华期内（调度 7 天后），工况 00～工况 02 下 Chl-a 浓度均较低，而实际水位过程下 Chl-a 浓度很高。这说明在汛期水华已经暴发时，水位的波动与否对 Chl-a 浓度影响不大，而提前调度预防水华暴发才有作用，且从整个汛期来看，水位过于频繁波动且变幅较小的情况下（如实际水位过程）更容易暴发水华。

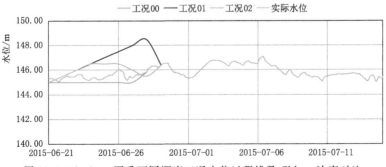

图 12.14（一）　夏季不同调度工况水位过程线及 Chl-a 浓度对比

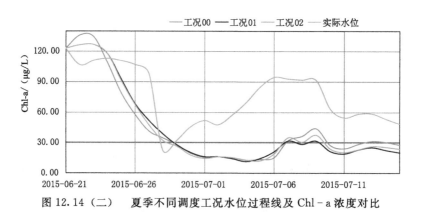

图 12.14（二）　夏季不同调度工况水位过程线及 Chl - a 浓度对比

12.4.2.3　秋季水华调度工况效果分析

秋季蓄水期水华暴发风险比较小，选取在水华开始暴发时（9 月 9 日）开始调度，来分析不同调度工况下对水华的控制效果以及调度 7 天后的预防效果。秋季水华期水库调度工况设置见表 12.5。不同工况下香溪河库湾 Chl - a 浓度变化如图 12.15 所示，采用 "先快后慢" 的蓄水方式（工况 01）较缓慢蓄水的方式（工况 02、工况 03）对水华的防控效果要好 Chl - a 浓度迅速降为 30μg/L 以下。在调度 7 天后（9 月 16 日以后）的 Chl - a 浓度远小于水华阈值，因此在秋季水华暴发时实施蓄水调度效果明显。

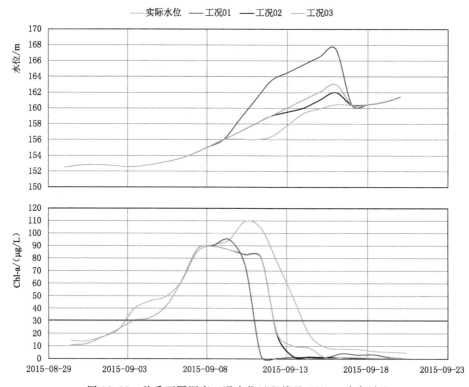

图 12.15　秋季不同调度工况水位过程线及 Chl - a 浓度对比

表 12.2　　　　　　　　秋季水华期水库调度工况设置表

工　况	调　度　方　案
工况 01	+2.5, +2.5, +2.5, +1.0, +1.0, +1.0, +1.0
工况 02	+1.0, +1.0, +1.0, 0.5, 0.5, +1.0, +1.0
工况 03	+1.0, +1.0, +1.0, +1.0, +1.0, +1.0, +1.0

12.5　基于水体滞留时间的防控水华调度需求分析

12.5.1　利用水体滞留时间控制水华的可行性分析

Chl-a 浓度与其对应的流速大小关系图见图。由图可以看出在一定流速范围内，表层流速较小时 Chl-a 浓度也较小，在流速超出这个范围时，接近 0.05m/s 时，Chl-a 浓度较高，之后流速变大时，其对应的 Chl-a 浓度相对较低，所以流速对藻类生长可能起到抑制作用，也可能起到促进作用。

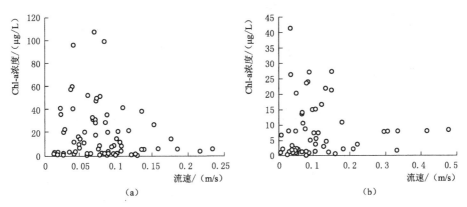

图 12.16　Chl-a 浓度与对应流速关系图

孔松[1]对泄水期 Chl-a 浓度与流速的关系研究发现流速大小对香溪河库湾水华有重要的影响，水流大小作为影响库湾水华情势的主要因子。蔡庆华等[2]、李锦秀等[3]研究认为支流水华暴发的主要诱因是支流水动力条件改变，水体流速变缓；龙天渝等[4-6]对嘉陵江、香溪河等研究也表明三峡水库建成后支流流速变缓是导致水华频繁的主要原因。李锦秀等[7]建立水动力条件对藻类生长速率的影响函数，表明水流减缓是水体诱发富营养化的重要因素之一，廖平安等[8]研究表明在一定流速范围内，增大水体流速可以抑制藻类生长，延缓水华发生。然而，黄钰铃等[9]实施大量控制实验发现流速大小有可能有利于藻类繁殖，钟成华[10]在模拟长江天然流速下藻类的生长情况时发现只是在某一特定流速下，藻类的生长率才最大。又有研究[11]表明部分藻类在大水流中生长良好，而小水流不利于其生长，说明水流有利于其生长繁殖。水华现象是多种藻类共同表现的结果，不同的藻类生长对环境因子的需求各有不同，所以临界流速并不是很符合实际。因此，水流减缓促使水华暴发可能不是其直接诱因，而仅为其表面现象。

王玲玲等[12]研究三峡水库相关泄水调度实验时，表明利用库湾上游的小型水库控制库湾上游来流量的大小，可抑制库湾水体富营养化进程和控制藻类生长。王红萍等[13]也得出流量增大减缓藻类的比增长速率的结论。龙天渝等[4-6]对嘉陵江、香溪河等研究结论均表明改善水库水体水动力条件能够在一定程度上抑制藻类生长，通过控制流量大小和进行水库调度等措施在一定程度上能为控制水体富营养化进程和藻类水华发生提供参考依据。

香溪河水体滞留时间的变化取决于三峡水库水位的变化。三峡水库每年蓄泄水位达30m的落差，水库运行时，水位波动造成库区水动力条件改变较大，诱发不同水华情势发生，水库调度过程对水华暴长情势有明显的作用。纪道斌等[14]研究表明，上游来流量、水位高低及水位日变幅等因素将会影响异重流的潜入深度及行进距离，当来流量增大时，其潜入距离减小，水位日变幅增大时，潜入距离增大，低水位时，潜入点厚度较小。蓄、泄水期间水库水位波动范围可达10～15m，水位调度空间较大，可通过蓄、泄过程控制水位变化来改变库湾的水体分层异重流的形式[15]。

泄、蓄水过程中，泄水前期，水体滞留时间较大，泄水中后期，水体滞留时间逐渐减小，而蓄水正好相反。蓄水前期水体滞留时间较小，中后期时，滞留时间逐渐增大。杨正健[16]提出的抑制香溪河库湾水华"潮汐式"调度方案，泄水期间，在允许的调度空间内，水库迅速关闸蓄水抬升水位，增大干流水体进入库湾的强度，增长水体倒灌的潜入距离，促使库湾藻类浓度得到充分稀释，水体垂向掺混加剧，从而抑制水华发生；之后水库开闸泄水，水体滞留时间急剧缩短，使藻类浓度较高的水体流出库湾，水华现象得到缓解，泄水过程中干流水体以表层倒灌形式进入库湾，直接缩减库湾表层水体表层的水体滞留时间，抑制水华进程。

12.5.2　基于室内实验防控水华的水体滞留时间阈值

图 12.17 为藻类生长稳定后 Chl-a 浓度与水体滞留时间的关系，结合表 12.3 的统计结果可知，在藻类初始浓度较低为 $30\mu g/L$ 时，当藻类所处水环境滞留时间为无穷大时，藻类生长稳定时浓度值达到约 $565.94\mu g/L$，而最低稳定浓度仅为 $6.14\mu g/L$。且有其趋势线 $y=398.93e^{-4.553x}$，$R=0.945$ 藻类生长过程中的藻类稳定浓度与水体滞留时间的倒数成指数关系，且是一条递减函数。随着水体滞留时间的延长，藻类生长达到稳定时期的藻类 Chl-a 浓度增大。水体滞留时间在一定程度上降低藻类生长稳定期时的

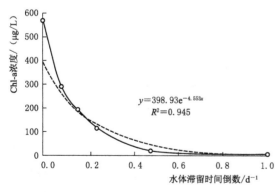

图 12.17　藻类生长稳定后 Chl-a 浓度与
水体滞留时间的关系

Chl-a浓度的峰值。结合图的分析结果，水体滞留时间小于等于 2 天时，在一定程度上可以抑制藻类生长，使藻类 Chl-a 浓度保持在较低水平。所以可确定 2 天为抑制藻类生长的水体滞留时间的阈值，小于或等于 2 天时，藻类生长过程中，Chl-a 浓度保持在较低水平且小于藻类水华暴发阈值 $30\mu g/L$；大于 4 天时，藻类生长较好，藻类生物量较高，并远高于藻类水华暴发阈值。

表 12.3		水体滞留时间与藻类生长稳定时 Chl－a 浓度的关系					
水体滞留时间		∞	12 天	6 天	4 天	2 天	1 天
初始浓度 30µg/L	稳定浓度 /(µg/L)	565.94	288.38	198.22	114.30	19.7	6.14
	稳定值/ 初始值	18.9	9.6	6.61	3.81	0.66	0.20

图 12.18 为藻类生长稳定值与藻类生长最大值的比值 Z_d/Z_{max} 与水体滞留时间倒数之间的关系图。以 2015 年香溪河库湾实测最大的 Chl－a 浓度 120µg/L，水华暴发阈值 30µg/L，得 30/120＝0.25 为基准，确定抑制水华暴发的阈值。由图 12.18 可得抑制藻类生长水体滞留时间阈值为 4.5d。

12.5.3 基于水体滞留时间的三峡水库水华调控方案

12.5.3.1 工况设计

香溪河水体滞留时间的变化更依赖于三峡水库水位的变化。通过三峡水库蓄泄水过程中水位变化，同时满足三峡水库正常发电、航运等要求的条件下，对水库进行调度，实现水库在紧急情况下的应急调度措施。本章在边界条件已知的情况下，通过调整水位日变化，研究水位日变幅对香溪河水流流场的影响，水位变化通过水位变幅来表示。从而在不同水库调度模式下，水体滞留时间与水华的关系来分析水水体滞留时间对香溪河支流库湾水华的影响。

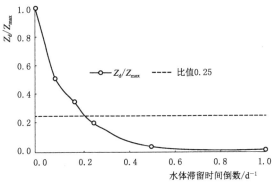

图 12.18 Z_d/Z_{max} 与水体滞留时间的关系

应急调度工况设计选择在三峡水库比较容易暴发水华的泄水期 3—5 月。此段时间三峡水库水位基本介于 145~165m 之间。根据野外跟踪监测结果表明，2015 年 5 月 9—16 日期间，香溪河库湾 Chl－a 浓度较高，水华情势较为严峻，故选取 2015 年 5 月 9 日为调度起始日期，此时水库水位为 157m，2015 年 5 月 16 日为调度结束日期。除水位外，其他因子均保持不变，分析调度 7 天后调度结束时水体的水动力及水华变化情况。根据当天水库水位的实际状况，其工况设计见表 12.4。

表 12.4	三峡水库蓄泄幅度调度工况设计						
工况	水 位 变 幅/(m/d)						
每日蓄 1m	+1	+1	+1	+1	+1	+1	+1
每日蓄 2m	+2	+2	+2	+2	+2	+2	+2
每日泄 1m	−1	−1	−1	−1	−1	−1	−1
交替蓄泄 1m	+1	−1	+1	−1	+1	−1	+1
交替蓄泄 2m	+2	−2	+2	−2	+2	−2	+2
交替蓄泄 3m	+3	−3	+3	−3	+3	−3	+3

12.5.3.2 不同水库调度下香溪河水流循环模式

不同水库调度工况下，香溪河水体水流的循环模式不尽相同。图 12.19 为三峡水库不同调度工况下香溪河库湾流场变化图。由图 12.19 可知，在水库蓄水过程中，水流从支流流向干流，表层水体潜入底层，支流水体由库湾底部潜入干流，靠近河口处水流流速较小。在泄水过程中，香溪河库湾来流由库湾底部进入干流，干流部分水体由香溪河表层倒灌进入库湾，水流流速较小，行进距离远，中层水体形成环流，干流水体从中层进入库湾后，又从库湾底部流出。在蓄泄交替运行过程中，香溪河来流从库湾底部顺坡进入干流，中层水体在香溪河接近河口处形成环流，水体从干流中层进入库湾后，直接从中下层流出。

图 12.20 为香溪河库湾不同调度工况下水温变化图。由图 12.20 可知，在不同调度工况下，香溪河库湾水体水温变化较小，香溪河水体表层水温较高，库湾中部和底部水流掺混相对均匀，水体温度基本保持一致，水温分层不显著，且上游底部受上游低温来流影响，水温较低。

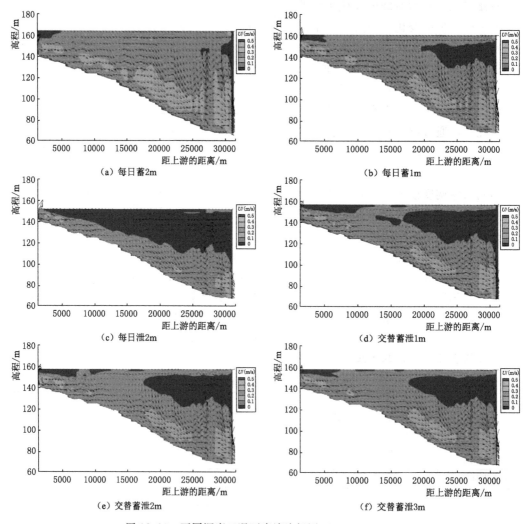

图 12.19 不同调度工况下库湾流场图 (2016-05-16)

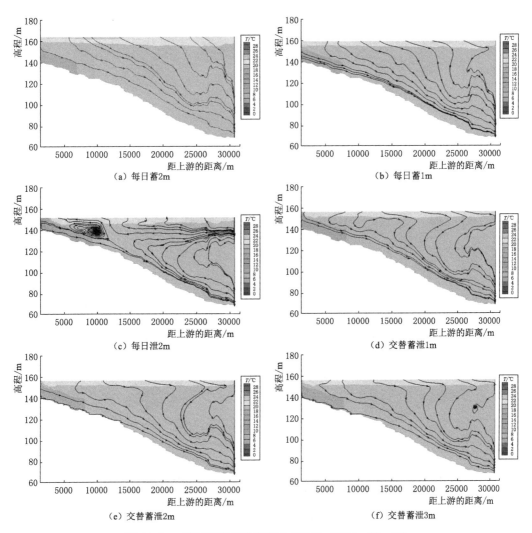

图 12.20 不同调度工况下库湾水温图（2016-05-16）

12.5.3.3 不同水库调度对水体滞留时间的影响

图 12.21 为三峡水库不同调度工况下香溪河库湾水体滞留时间化图。由图 12.21 可知，整体上，香溪河水体表中层，水体滞留时间由香溪河库湾上游向下游先增大后逐渐减小，香溪河水体底层，水体滞留时间由上游向下游逐渐增大。蓄水过程中，库湾中层水体滞留时间较小，且每日蓄水 2m 与蓄水 1m 相比，水体滞留时间小的区域较大，库湾水体更新范围更广。泄水调度过程中，库湾中层形成环流，水体倒灌的距离越远，水体更新较快，水体滞留时间较小，表层和底层水体分别由库湾表层和底层流入干流水体滞留时间较大。在蓄泄交替调度工况下，库湾中层水体滞留时间较小，库湾表层水体流入库湾底部，后进入长江干流，水体滞留时间较长。

12.5.3.4 不同水库调度对藻类 Chl-a 浓度的影响

图 12.22 为三峡水库不同调度工况下香溪河库湾水体藻类 Chl-a 浓度化图。由图

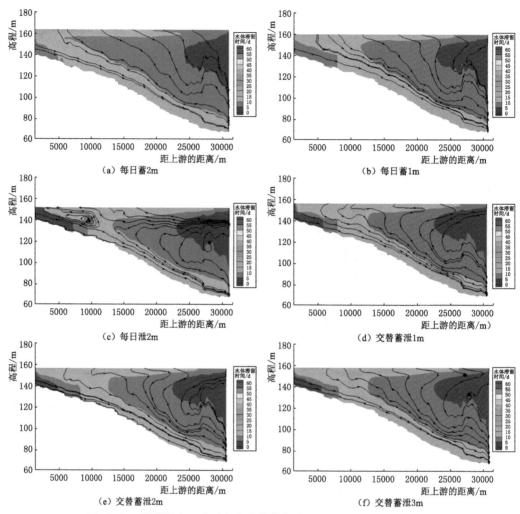

图 12.21　不同调度工况下库湾水体滞留时间变化图 (2016 - 05 - 16)

12.22 可知，整体上，香溪河水体表中层，Chl - a 由香溪河库湾上游向下游先增大后逐渐减小，香溪河水体底层，Chl - a 浓度也经历由上游向下游先增大后减小的变化，但较表层 Chl - a 浓度低。蓄水过程中，每日蓄水 2m，库湾中部和河口 Chl - a 浓度较低，蓄水2m 时对 Chl - a 浓度的影响强于蓄水 1m。泄水调度过程中，干流水体从中层进入支流，Chl - a 浓度较低，表层水体 Chl - a 浓度较大，且部分藻类被表层水体携带卷入到库湾底部，导致库湾底层 Chl - a 浓度较高。在蓄泄交替调度工况下，表层水体 Chl - a 浓度较高，而库湾中部，中层和底层藻类浓度较低，库湾上游表层和底层水体 Chl - a 浓度较高，是由于表层携带部分藻类进入库湾底部的缘故。

在调度过程中，整体上，香溪河水体表中层，水体滞留时间由香溪河库湾上游向下游表现先增大后逐渐减小的趋势，同样，Chl - a 也由上游向下游先增大后逐渐减小。香溪河水体底层，水体滞留时间由上游向下游逐渐增大，Chl - a 浓度也经历由上游向下游先增大后减小的变化的趋势，但较表层 Chl - a 浓度低。Chl - a 浓度与水体滞留时间变化趋势较为一致。

泄水过程，可缩短香溪河上游水体滞留时间，并抑制上游藻类生长，泄水过程中，泄水强度增大，泄流量增加，库湾上游水体滞留时间减小，藻类浓度较高的水体被卷进库湾中下游，以此降低库湾上游藻类浓度。每日蓄水工况可明显减小库湾中下游水体滞留时间。蓄水调度期间，干流水体从表层进入支流，并与支流水体产生交换作用，使支流库湾水体滞留时间减小，支流藻类较高的水体从库湾底层流出。蓄水过程对控制库湾中下游藻类水华作用效果显著。蓄泄交替调度过程对库湾水体滞留时间影响较小，调度效果不明显。

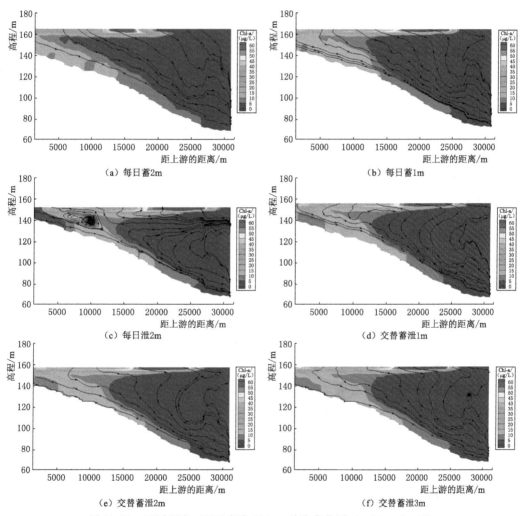

图 12.22　不同调度工况下库湾 Chl-a 浓度变化图（2016-05-16）

12.6　基于混光比理论的防控水华调度需求分析

12.6.1　不同时期三峡水库调度工况设计

　　依据《调度规程》和前述分析，为了探讨三峡水库不同时期水库调度对干支流水温和水体层化结构的影响，基于本研究已建立的干支流耦合模型，设计了不同时期的调度工况。

12.6.1.1　三峡水库汛期调度工况设计

根据三峡水库汛期水位约束条件，在满足防洪调度要求和下游通航供水需求的前提下，结合上游来水条件，经过试算，设计了以下 5 种工况，见表 12.5，调度工况如图 12.23 所示，此处选取的起调时间为 6 月 10 号。在试算可能的水位日涨幅过程中，发现水位日涨幅超过 1m/d 时，水库下泄流量将缩小至 6000m³/s 以下，不满足最低下泄流量要求，说明此时上游来流不满足水位日涨幅超过 1m/d。因此，此处最大日涨幅为 1m/d，汛期起始调度水位为 145m，持续上涨天数范围为 0～10d，平稳天数为 1～15d，最大日降幅也为 1m/d，持续下降天数范围为 0～4d，调度期为 15d。

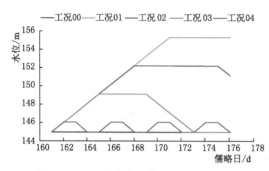

图 12.23　三峡水库汛期调度工况设计图

由表 12.5 可知，在 15d 的调度期内，水位日变幅相同时，持续上涨天数越短，水位波动越频繁，工况 04 波动达 4 次，工况 03 仅 1 次，其他工况不足 1 次。

表 12.5　　　　　　　　　　三峡水库汛期调度工况设计表

工况编号	起始水位 /m	日变幅 /(m/d)	持续天数 /d	平稳天数 /d	日变幅 /(m/d)	持续天数 /d	调度期 /d
00	145	0	0	15	0	0	15
01	145	1	10	5	−1	0	15
02	145	1	7	7	−1	1	15
03	145	1	4	4	−1	4	15
04	145	1	1	1	−1	1	15

12.6.1.2　消落期三峡水库调度工况设计

根据三峡水库汛期水位约束条件，在满足防洪调度要求和下游通航供水需求的前提下，结合上游来水条件，经过试算，设计了以下 5 种工况，见表 12.6，调度工况如图 12.24 所示。

由图 12.24 可知，消落期起始调度水位为 165m，最大日涨幅为 0.2m/d，持续上涨天数范围为 4～15d，平稳天数为 0，考虑地质灾害治理工程安全及库岸稳定对水库水位下降速率的要求，最大日降幅为 0.6m/d，持续下降天数为 0～11d，调度期为 15d。

由图 12.24 可知，消落期调度主要为泄水调度，此处选取的起调时间为 4 月 1 号，在试算可能的水位日涨幅过程中，受上游来水条件限制，春季可能的最大日涨幅仅为 0.2m/d。

表 12.6　　　　　　　　　　三峡水库消落期调度工况设计表

工况编号	起始水位 /m	日变幅 /(m/d)	持续天数 /d	平稳天数 /d	日变幅 /(m/d)	持续天数 /d	调度期 /d
10	165	0.2	4	0	−0.6	11	15
11	165	−0.6	15	0	0	0	15
12	165	−0.6	11	0	0.2	4	15

续表

工况编号	起始水位/m	日变幅/(m/d)	持续天数/d	平稳天数/d	日变幅/(m/d)	持续天数/d	调度期/d
13	165	−0.6	4	0	0.1	11	15
14	165	−0.3	15	0	0	0	15

12.6.1.3　蓄水期三峡水库调度工况设计

根据三峡水库汛期水位约束条件，在满足防洪调度要求和下游通航供水需求的前提下，经过试算，设计了以下5种工况，见表12.7，调度工况如图12.25所示。

表 12.7　　　　　　　　　　　三峡水库蓄水期调度工况设计表

工况编号	起始水位/m	日变幅/(m/d)	持续天数/d	平稳天数/d	日变幅/(m/d)	持续天数/d	调度期/d
20	150	0	15	0	0	0	15
21	150	1	2	2	1	2	15
22	150	1	15	0	0	0	15
23	150	3	3	10	3	2	15
24	150	3	3	0	0.5	12	15

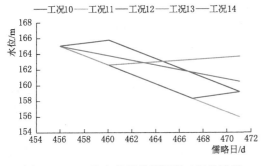

图 12.24　三峡水库消落期调度工况设计图

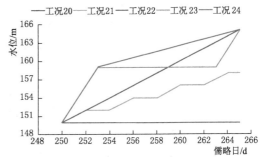

图 12.25　三峡水库蓄水期调度工况设计图

由表12.7可知，蓄水期起始调度水位为150m，最大日涨幅为3.0m/d，持续上涨天数范围为4~15d，平稳天数为2~10d。

由图12.25可知，蓄水期调度主要为蓄水调度，此处选取的起调时间为9月6号，在试算可能的水位日涨幅过程中，受9月末水位上限的限制，最大日涨幅连续运行天数不能超过3d。

12.6.2　不同工况下香溪河混光比的变化

图12.26~图12.28分别为2014－2015年香溪河库湾混合层深度 Z_{mix}、真光层深度 Z_{eu} 及混光比 Z_{mix}/Z_{eu} 在不同工况下的时空变化。在汛期（图12.26）各工况下，混合层与真光层深度的最大值均出现在XX00断面；除工况03与断面XX09外，其混合层深度基本位于5m左右；在工况03下，库湾各断面混合层深度与混光比基本高于其余工况，且表现出库湾下游混合层深度、真光层深度与 Z_{mix}/Z_{eu} 明显大于上游的趋势。XX00断面在工况01、02、03下，其 Z_{mix}/Z_{eu} 均大于2.8；在XX01~XX09断面，其调度后 Z_{mix}/Z_{eu} 均高于调度前，但基本小于2.8。在消落期（图12.27）各工况下，混合层与真光层深度的

最小值均出现在 XX08 断面，在其中下游的真光层深度基本位于 10m 左右；在工况 10、11、12、14 下其混合层深度最大值均出现在 XX04 断面；调度后各断面的混合层深度均明显大于调度前；在各工况下，表现出库湾中下游混合层深度明显大于上游的趋势。Z_{mix}/Z_{eu} 在调度前基本小于 2，调度后其位于 2~4 之间，且调度后 Z_{mix}/Z_{eu} 均高于调度前；在蓄水期（图 12.28）各工况下，工况 20 水位保持不变的情况下，全库湾 Z_{mix}/Z_{eu} 均小于起始状态，而其他工况均增加了库湾中上游段 Z_{mix}/Z_{eu}，工况 22~24 对河口段 Z_{mix}/Z_{eu} 有明显增大作用。五种工况下真光层变化都较小，因此混合层深度是影响 Z_{mix}/Z_{eu} 的关键因子。

香溪河库湾混光比在时间上呈夏秋季低、春季高的特点；在夏、春季空间上呈现库湾上游低、中下游高的特点；在秋季空间上呈现库湾下游低、上中游高的特点。在夏季（汛期），无日变幅工况（00）下的混光比 Z_{mix}/Z_{eu} 较其余工况均较低；在水位日涨幅以及涨水天数较大的工况 03 下，从 XX07 到 XX00 的混光比均大于 2.8，说明在该调度模式下，库湾基本无水华发生。在工况 01、02、03 下，库湾河口混光比均高于 2.8，表明随着持续上涨天数的增大，库湾河口混光比明显增大。由于汛期库湾表层水温高，因而容易与底部低温水体形成较大温差，继而使得混光比容易降低。在汛期其起调水位为 145m 时，在不同的水位日涨幅工况下，随着持续上涨天数的增大，其倒灌厚度以及倒灌距离也会逐渐增大，使库湾河口混光比均有明显的增大，且在水位日涨幅以及上涨天数较大的工况下（03），所对应的库湾断面混合层深度与混光比均有明显的增大。

在春季（消落期）不同工况下，库湾混光比范围为 1~2.5，大部分位于 2.5 左右，整体达到全年最高。工况 10 较工况 13 的日变幅偏大，随之前者库湾河口以及库湾下游的混光比均有明显的增大；从工况 13 到工况 11，其持续涨水天数逐渐增大，使其库湾河口以及库湾下游的混光比呈现一定的增大变化趋势。由于春季库湾表层水温升高较快，底部水温较表层相对滞后，表底温差较大导致混光比显著增大。在起调水位为 165m 时，随着日变幅与持续涨水天数的增大，库湾河口以及库湾下游的混光比均有明显的增大。

在秋季（蓄水期），由于光照强度不大，且由于三峡水库蓄水导致干流水体由表层倒灌进入库湾使得混光比达到全年最低。起调水位为 150m 时，在不同的水位日变幅工况下，随着持续涨水天数的增大，库湾河口以及库湾上游的混光比均有明显的增大，且在水位日涨幅以及涨水天数较大的工况下（22 和 24），所对应的库湾河口以及库湾上游混光比均有明显的增大。

12.6.3　防控支流水华的三峡水库调度时机的选择

临界层理论（criticaldepththeory）反映了垂向层化稳定度和浮游植物初级生产力的关系，以混光比为参照评价水华的暴发，但由于真光层只是临界层的近似，加之具有鞭毛藻类的垂向迁移影响，在 $Z_{mix}/Z_{eu}=1$ 时并未出现理论分界点。

本研究选取了水华暴发较严重的年份（2010—2011 年）作为研究对象，利用前文建立的香溪河库湾支流水动力-水生态模型，计算了混合层深度、真光层深度及两者之比，并与 XX06 样点实测值对比，如图 12.29~图 12.31 所示。由图 12.29 可知，混合层深度的模拟值与实测值吻合较好，模拟值在不同季节的趋势与实测一致，模拟值能够反映出混合层深度的季节变化。由图 12.30 可知，与实测值相比，真光层深度的模拟值，除 2 月、3 月偏大（2010 年）/偏小（2011 年）外，其他月份吻合较好，模拟值也能够反映出真光层深度的季节变化。

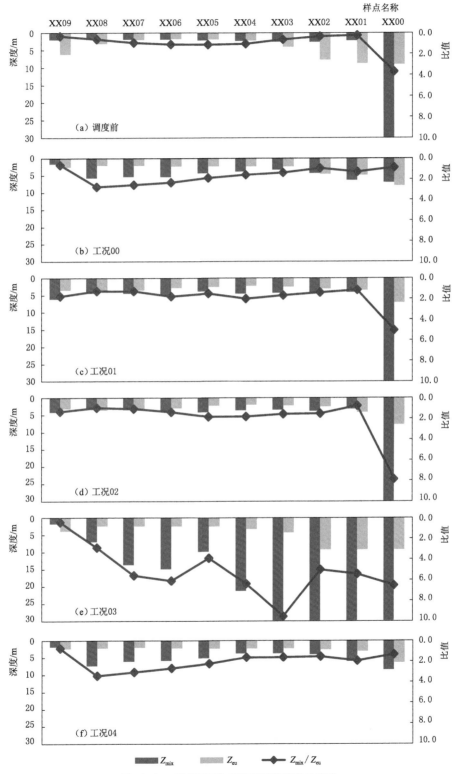

图 12.26 汛期不同工况下库湾混光比变化

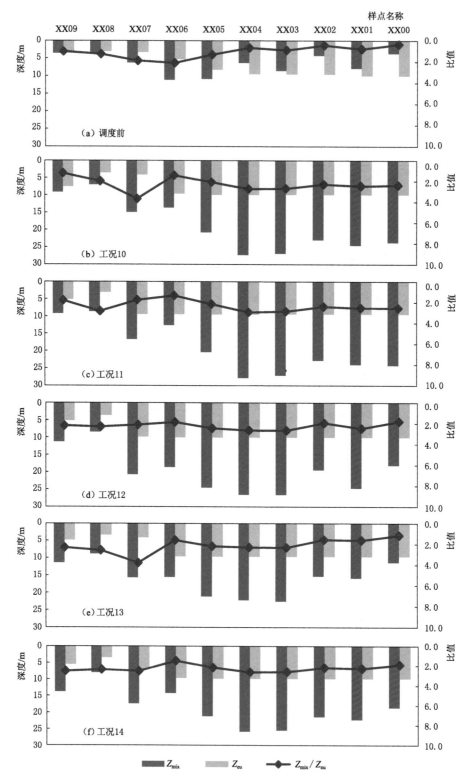

图 12.27　消落期不同工况下库湾混光比变化

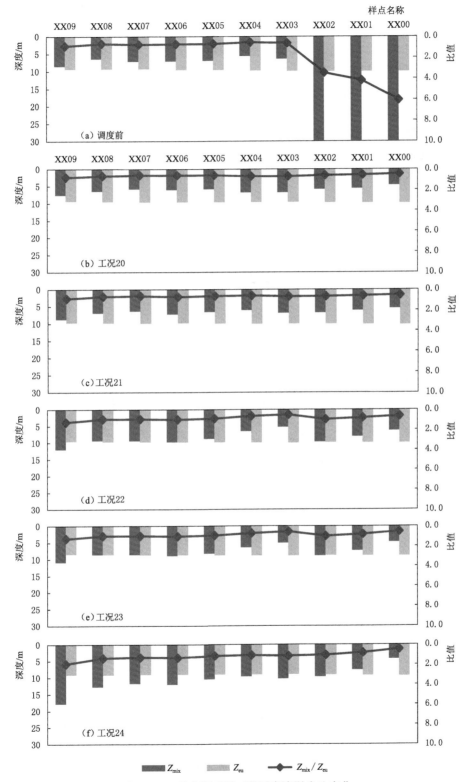

图 12.28　蓄水期不同工况下库湾混光比变化

由 5.2 节分析可知，混光比和 Chl-a 之间存在显著的相关性，当混合层深度与真光层深度之比（混光比）大于 2.8 时，对应的香溪河库湾 Chl-a 的浓度较低，发生水华的可能性降低。从图 12.31 可以看出，在实际调度过程中，春、夏、秋三季均出现过混光比大于2.8 的情况，故调度可以有效增加混光比。因此，为有效防控水华，可从增加混光比的角度来进行三峡水库调度，故可将混光比的值是否小于 2.8 作为水库调度时机的依据，即当混光比小于 2.8 时，启动水库调度，期望调度后混光比能够大于 2.8，降低水华发生的风险。

12.6.4 基于混光比防控支流水华的模拟调度的效果分析

整个调度期 15 天内，香溪河库湾中游（XX05）的混光比变化过程如图 12.32 所示，在汛期，水位第一次波动时，XX05 混光比稍有增加，在水位第二次平稳时迅速增大，

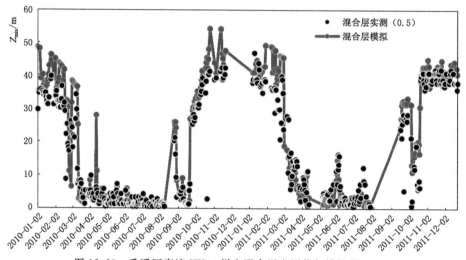

图 12.29 香溪河库湾 XX06 样点混合层实测值与模拟值对比图

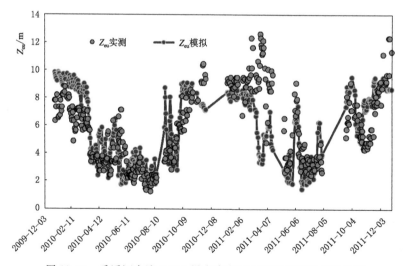

图 12.30 香溪河库湾 XX06 样点真光层实测值与模拟值对比图

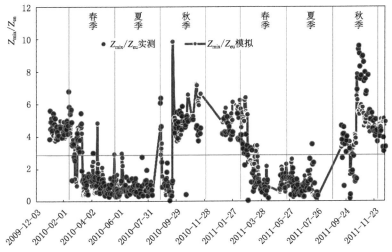

图 12.31　香溪河库湾 XX06 样点混光比实测值与模拟值对比图
（图中水平红线表示 $Z_{mix}/Z_{eu}=2.8$）

调度结束时为整个调度期最大。而在消落期，当水位以 0.6m/d 的速率下降至第 9 天时，XX05 处混光比达到最大，之后水位持续降低，混光比骤降，在调度末期的缓慢涨水阶段能基本保持混光比基本大于 2.8。在蓄水期，蓄水的第二阶段，即日涨幅较小阶段，调度的第 10 天混光比能增至最大，约为 4.0，说明调度周期不需要持续 15 天。综合得知，在不同时期防控水华调度的周期不同，蓄水期调度周期较短，而汛期调度周期较长。此外，当水位持续某种状态（持续涨/持续降/频繁波动）一段时间，混光比会迅速降低。

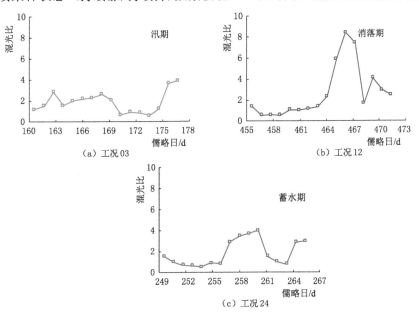

图 12.32　不同时期调度下香溪河库湾混合层深度变化过程

由图 12.33 可知，调度前，香溪河库湾整体 Chl-a 浓度较高，部分区域 Chl-a 浓度超

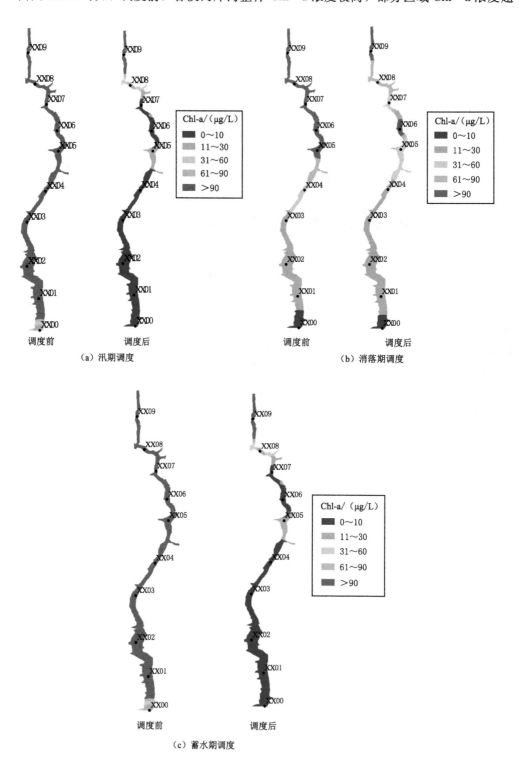

图 12.33　香溪河库湾不同调度期前后 Chl-a 浓度空间分布对比图

过了 $90\mu g/L$；调度后，Chl-a 浓度降低效果显著，大部分区域已经低于水华发生的阈值（$30\mu g/L$）。由以上分析可知，通过水库调度增加混合层深度，能够有效防控水华，有效缓解水华情势。其中蓄水期调度对水华重点区——香溪河库湾中上游段效果比河口段更为明显。

12.7 本 章 小 结

本章系统分析了三峡水库典型水位波动过程对香溪河库湾水流、水温及水华的影响，提出了针对不同季节水华的"潮汐式"水位波动方法，得到了结论如下。

（1）三峡水库水位迅速抬升能够将支流库湾的中层倒灌异重流转化为表层倒灌异重流，三峡水库水位抬升能够使干流混合水体倒灌入支流库湾进而破坏库湾水体分层，水库水位抬升能够降低支流库湾营养盐的空间差异性，使整个库湾的营养盐浓度与长江干流营养盐浓度一致，营养盐不是导致支流库湾蓄水前后水华差异的决定性因子。

（2）基于过程模拟的防控水华调度需求分析表明，无论采用何种方案进行水库调度，关键在于改变香溪河库湾水动力循环模式，改变干流水体向支流库湾的倒灌模式，形成表层倒灌异重流，加剧表层水体的垂向掺混作用，使表层水温趋于一致，最终打破水温分层，从而有效抑制水华暴发。

（3）基于水体滞留时间的防控水华调度需求分析表明，流速对藻类生长可能起到抑制作用，也可能起到促进作用。基于室内实验，得到香溪河库湾抑制藻类生长水体滞留时间阈值为 4.5 天。泄水过程可缩短香溪河上游水体滞留时间，并抑制上游藻类生长；蓄水过程对控制库湾中下游藻类水华作用效果显著；蓄泄交替调度过程对库湾水体滞留时间影响较小，调度效果不明显。

（4）基于混光比理论的防控水华调度需求分析表明，混光比和 Chl-a 浓度之间存在显著的相关性，当混合层深度与真光层深度之比（混光比）大于 2.8 时，对应的香溪河库湾 Chl-a 浓度较低，发生水华的可能性降低。因此，可将混光比 2.8 作为阈值来判断水华是否发生的临界条件。通过水库调度增加混合层深度，能够有效防控水华，有效缓解水华情势。

参 考 文 献

［1］ 孔松．通过三峡水库泄水调度抑制支流水华的可行性探讨［D］．宜昌：三峡大学，2012．
［2］ 蔡庆华，胡征宇．三峡水库富营养化问题与对策研究［J］．水生生物学报，2006（1）：7-11．
［3］ 李锦秀，廖文根．三峡库区富营养化主要诱发因子分析［J］．科技导报，2003（3）：49-52．
［4］ 龙天渝，蒙国湖，吴磊，等．水动力条件对嘉陵江重庆主城段藻类生长影响的数值模拟［J］．环境科学，2010，31（7）：1498-1503．
［5］ 龙天渝，周鹏瑞，吴磊．环境因子对香溪河春季藻类生长影响的模拟实验［J］．中国环境科学，2011（2）：327-331．
［6］ 龙天渝，刘腊美，郭蔚华，等．流量对三峡库区嘉陵江重庆主城段藻类生长的影响［J］．环境科学研究，2008，21（4）：104-108．

［7］　李锦秀，禹雪中，幸治国，等.三峡库区支流富营养化模型开发研究［J］.水科学进展，2005，16（6）：777－783.

［8］　廖平安，胡秀琳.流速对藻类生长影响的试验研究［J］.北京水务，2005（2）：12－14.

［9］　黄钰铃，刘德富，陈明曦.不同流速下水华生消的模拟［J］.应用生态学报，2008（10）：2293－2298.

［10］　钟成华.三峡水库对重庆段水环境影响及其对策［M］.重庆：西南师范大学出版社，2004.

［11］　福迪.藻类学［M］.罗迪安，译.上海：上海科学技术出版社，1980.

［12］　王玲玲，戴会超，蔡庆华.香溪河生态调度方案的数值模拟［J］.华中科技大学学报（自然科学版），2009（4）：111－114.

［13］　王红萍，夏军，谢平，等.汉江水华水文因素作用机理——基于藻类生长动力学的研究［J］.长江流域资源与环境，2004，13（3）：282－285.

［14］　纪道斌，刘德富，杨正健，等.三峡水库香溪河库湾水动力特性分析［J］.中国科学：物理学力学天文学，2010（1）：101－112.

［15］　杨正健，刘德富，纪道斌，等.三峡水库172.5m蓄水过程对香溪河库湾水体富营养化的影响［J］.中国科学：技术科学，2010，40（4）：358－369.

［16］　杨正健.基于藻类垂直迁移的香溪河水华暴发模型及三峡水库调控方案研究［D］.宜昌：三峡大学，2010.

第 13 章　防控三峡水库支流水华的水库群
联合调度准则及效果分析

13.1　概　　述

前面几章已从水华生消机理[1-3]、三峡水库调度空间[4]、"潮汐式"生态调度方法[5-6]等理论上综合阐述了三峡水库调度防控支流库湾水华的可行性，并提出了不同时期防控支流库湾水华的水位波动需求。因三峡水库调度极为复杂，在不同时期需要考虑不同的调度需求，究竟在三峡水库何时实施防控支流库湾水华的调度？实施效果如何？回答这些问题才能检验本书理论研究成果。

本章根据防控水库支流水华的调度需求和三峡水库实时调度过程，提出针对三峡水库不同时期的支流水华情势的三峡及上游梯级水库群调度准则；同时通过跟踪监测三峡水库生态调度过程，评价不同调度方式对支流库湾水华的防控效果，以分析通过水库调度防控支流库湾水华的可靠性，为改善三峡水库水质提出相关调度建议和方案。

13.2　防控支流水华的三峡水库调度运行准则

13.2.1　防控支流水华的水库群中长期运行准则

（1）枯水期：11—12 月、1—3 月，三峡水库支流一般无藻类水华，三峡水库在综合考虑航运、发电和供水及下游水生态等需求的条件下逐步消落，无须考虑防控水华目标。水库下泄最小流量按《调度规程》中规定的不低于 6000m^3/s 控制。

（2）春季水华期：4—5 月是三峡水库支流春季水华的主要暴发时期，此时三峡水库调度应考虑防控支流水华目标，实施潮汐式调度。4 月初，当水位不低于 165m 时，开始加大泄水量，水位降幅按不大于 0.6m/d 控制，持续 7 天，降低水位 4m 以上，然后再按允许最小流量 6000m^3/s 下泄，使水位逐步抬升，抬升水位 3m 以上，以上过程反复进行。三峡水库水位涨落期调度目的的实施，可以通过有效联合调度溪洛渡、向家坝以及三峡三个水库的水电站发电流量实现[7-8]，但要保证 4 月末库水位不低于 155.0m，5 月 25 日不高于 155.0m。

（3）5 月 25 日至 6 月 10 日，属于三峡水库汛前加速泄水期，此段时间较短，不考虑防控水华目标。

（4）6 月 10 日至 8 月 31 日，是三峡水库支流水华发生的主要时期，特别是蓝藻水华暴发最为频繁时期，也是洪水明显集中的时期（汛期）。因此在考虑防洪目标前提下也需要着重防控水华的生态目标。当满足沙市站水位在 41.0m 以下、城陵矶站（莲花塘站，下同）水位在 30.5m 以下，且三峡水库入库流量小于 50000m^3/s 时，主要考虑防控支流水华目标，实施潮汐式调度。具体调度方式为：以 145m 为起始调度水位，按日升幅

2.0m，水位持续上升 4 天，然后稳定 2 天，再按日降幅 1.6m，水位持续下降 5 天，整个过程反复进行；若以 150m 为起始调度水位，按日升幅 2.0m，水位持续上升 3 天，稳定 2 天，然后按日降幅 1.5m，水位持续下降 4 天。当三峡水库入库流量大于 50000m³/s 时，不再考虑防控支流水华目标的调度，以防洪安全调度为主要目标，按照三峡水库防洪调度规程执行。考虑地质灾害治理工程安全及库岸稳定对水库水位下降速率的要求[9]，汛期最高允许抬升的水位降至汛限水位（145m）所需的时间，不得大于洪水预报期天数的 2 倍。

（5）9—10 月，三峡水库支流仍然存在水华风险，此时三峡水库调度需要考虑水华防控目标。9 月，实施"分期提前蓄水方案"[10]，前 3 日按不低于 2m/d 的幅度抬升水位，后期按 10000m³/s 下泄并逐步抬升水位，三峡水库入库流量不足的，利用溪洛渡、向家坝两级水库进行联合调度补水；同时，保障三峡水库在 9 月底不高于 165m。10 月，当来水流量大于 8000m³/s 时，开展第二阶段蓄水，直至蓄水至 175m；当水库来水流量低于 8000m³/s 时，可按来水流量下泄。考虑地质灾害治理工程安全及库岸稳定对水库水位上升速率的要求，三峡水库库蓄水最大速率要求不超过 3m/d。

13.2.2　防控支流水华的水库群短期应急调度需求

当支流出现 Chl-a 浓度不小于 400μg/L 时，根据水华发生季节，采取不同变幅的应急调度，不断降低藻华浓度，具体为：①春季水华；②夏季水华；③秋季水华。

4—5 月，若三峡水库有支流发生藻类水华，且表层水体 Chl-a 浓度超过 400μg/L 的水域面积超过 2km² 时，实施水库群应急调度。当三峡水库水位不低于 165m 时，首先按 0.6m/d 降低三峡水库水位，持续 5 天，然后再按最低流量下泄并日抬升水位 1.5m，持续 3 天，反复进行，直至表层水体 Chl-a 浓度超过 100μg/L 的水域面积低于 0.5km² 为止；若此时三峡水库入库流量不足时，利用溪洛渡、向家坝两级水库进行联合调度补水；但 4 月末库水位不低于 155.0m，5 月 25 日不高于 155.0m。5 月 25 日至 6 月 10 日，属于三峡水库汛前加速泄水期，此段时间较短，不考虑水华应急调度。

6 月 10 日至 8 月 31 日，若三峡水库有支流发生藻类水华，且表层水体 Chl-a 浓度超过 400μg/L 的水域面积超过 2km² 时，实施水库群应急调度。在保证防洪安全条件下，若以 145m 为起始水位，首先日抬升水位 2.0m，持续 5 天，然后稳定 2 天；然后日降低水位 1.8m，持续 5 天；这一过程反复进行，直至表层水体 Chl-a 浓度超过 100μg/L 的水域面积低于 0.5km² 为止。若以 150m 为起始水位，首先日抬升水位 2.0m，持续 3 天，稳定 2 天，然后日降低水位 1.5m，持续 2 天，直至表层水体 Chl-a 浓度超过 100μg/L 的水域面积低于 0.5km² 为止。如遇特枯水年份，三峡水库流量不足时，利用溪洛渡、向家坝两级水库进行联合调度补水。

9—10 月，若三峡水库有支流发生藻类水华，且表层水体 Chl-a 浓度超过 400μg/L 的水域面积超过 2km² 时，实施水库群应急调度，前 3 日按不低于 2m/d 的幅度抬升水位，后期根据 11.2 节调度规程逐步抬升水位，直至表层水体 Chl-a 浓度超过 100μg/L 的水域面积低于 0.5km² 为止；若三峡水库入库流量不足，利用溪洛渡、向家坝两级水库进行联合调度补水。

13.3 防控支流水华的三峡水库调度效果模拟

13.3.1 水华防控效果评估方法

为全面分析并评价水库运行调度对防控水华的效果，本章从一年中水华发生的概率和每场水华的严重程度、水面覆盖范围、藻类生物量四个方面，其对应计算指标分别为水华暴发频次、全库湾 Chl‑a 浓度平均值、水华覆盖面积比、浮游植物生物藻（藻细胞密度），各指标计算公式见式（13.1）～式（13.4）。

（1）水华暴发频次：

$$F = \frac{D_{C \geqslant 30}}{D_{\text{total}}} \tag{13.1}$$

式中：F 为水华暴发频次；C 为 Chl‑a 浓度；$D_{C \geqslant 30}$ 为研究时段内 Chl‑a 浓度大于 $30\mu g/L$ 的天数；D_{total} 为研究时段内总天数。

（2）全库湾 Chl‑a 浓度平均值：

$$C_{\text{ave}} = \frac{\sum_{i=1}^{n} S_i C_{m,i}}{\sum_{i=1}^{n} S_i} \tag{13.2}$$

式中：C_{ave} 为全库湾 Chl‑a 浓度平均值；i 为对应的监测点；S_i 为第 i 个监测点的水域水面面积；$C_{m,i}$ 为第 i 个监测点的 Chl‑a 浓度峰值。

（3）水华覆盖面积比：

$$P = \frac{\sum_{i=1}^{n} S_{i,C_m \geqslant 30}}{\sum_{i=1}^{n} S_i} \tag{13.3}$$

式中：P 为水华覆盖面积比；i 为对应的监测点；C_m 为 Chl‑a 浓度峰值；$S_{i,C_m \geqslant 30}$ 为 Chl‑a 浓度峰值大于 $30\mu g/L$ 的第 i 个监测点的水域水面面积；S_i 为第 i 个监测点的水域水面面积。

（4）浮游植物生物量（藻细胞密度）：

$$\overline{C}_{\text{cell}} = \frac{\sum_{i=1}^{n} S_i C_{m,i}}{\sum_{i=1}^{n} S_i} \tag{13.4}$$

式中：$\overline{C}_{\text{cell}}$ 为全库湾藻细胞密度平均值；i 为对应的监测点；S_i 为第 i 个监测点的水域水面面积；$C_{m,i}$ 为第 i 个监测点的藻细胞密度峰值。

13.3.2 中长期调度防控支流水华调度效果数值模拟

基于数值模拟的中长期调度示范表明，"潮汐式"调度能够有效防控香溪河水华[11]。以香溪河库湾典型监测断面 XX05 为例（图 13.1），2008—2009 年及 2014—2015 年水位变化过程线基本一致，2008 年及 2009 年三峡水库支流水华（Chl‑a 浓度大于 $30\mu g/L$）[12]

暴发频次年平均值为 54.93%；按照潮汐式调度运行后，2014 年及 2015 年水华暴发频次年平均值为 24.79%，水华暴发频次相对潮汐式调度运行前（2008 年及 2009 年）下降了 54.86%；叶绿素浓度峰值相对潮汐式调度运行前下降了约 62.52%。

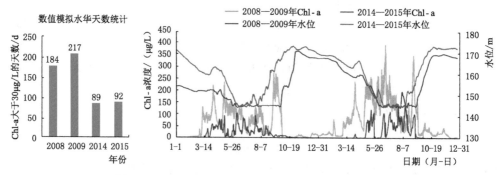

图 13.1　中长期调度防控支流水华调度效果数值示范

为对比潮汐式调度方案对支流水华防控效果，以 2014 年为例，设置两组水位过程线，潮汐式波动过程线与常规运行规程线（不调度），控制模型除水位外的其他条件均不变，模拟结果如图 13.2 所示。由图 13.2 可知，在相同的气象等条件下，潮汐式调度下水华暴发天数少于常规调度（不调度）水华暴发天数，且峰值浓度更低，说明潮汐式调度对支流水华防控较为有效。

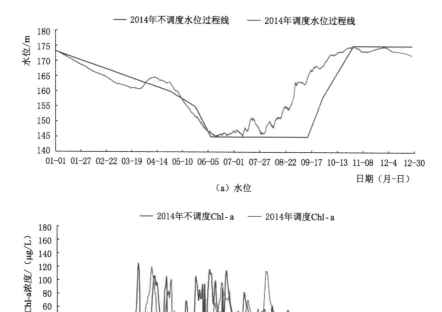

图 13.2　香溪河库湾 2014 年数值模拟潮汐式调度与不调度情况下水位及 Chl-a 浓度对比

13.3.3 支流水华应急调度效果数值模拟

以 2017 年汛期应急调度模拟为例。2017 年 7 月香溪河库湾水位变化过程及模拟 Chl-a 浓度变化过程分别如图 13.3、图 13.4 所示。由图 13.4 可知，调度以前（7 月 1 日），香溪河库湾水华严重，库湾上游 Chl-a 浓度明显高于下游，但随着蓄水过程的进行，7 月 2 日以后香溪河库湾 Chl-a 浓度大幅降低，水华基本消失。

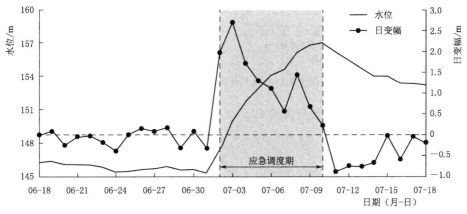

图 13.3 应急调度期间香溪河库湾水位及日变幅

7 月 1 日香溪河库湾上游 Chl-a 浓度最高，峰值为 245.50μg/L。随着蓄水过程的进行，7 月 2 日，香溪河库湾 Chl-a 浓度大幅降低，峰值为 66.71μg/L，较 7 月 1 日降低了 72.83%；7 月 3 日，香溪河库湾 Chl-a 浓度峰值为 44.22μg/L，较 7 月 1 日降低

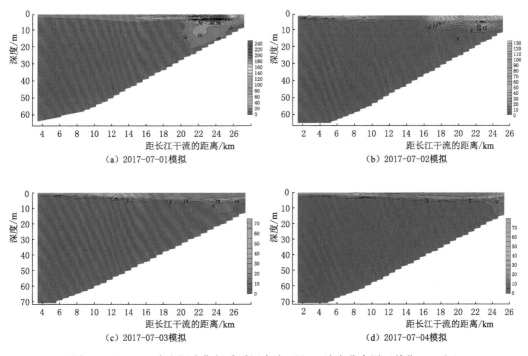

图 13.4（一） 应急调度期间香溪河库湾 Chl-a 浓度分布图（单位：μg/L）

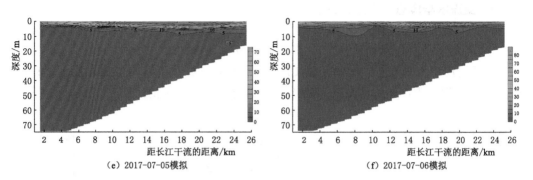

(e) 2017-07-05模拟　　　　　　　　　　　(f) 2017-07-06模拟

图 13.4（二）　应急调度期间香溪河库湾 Chl-a 浓度分布图（单位：μg/L）

了 81.99%。7月 4—6 日，香溪河库湾 Chl-a 浓度峰值较 7 月 1 日分别降低了 73.96%、71.99%、80.19%。

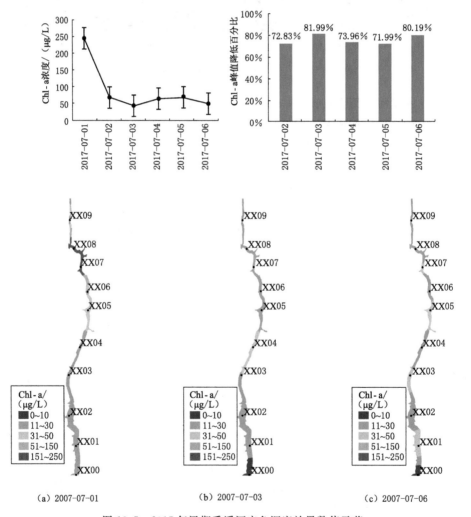

(a) 2007-07-01　　　　　　　(b) 2007-07-03　　　　　　　(c) 2007-07-06

图 13.5　2017 年汛期香溪河应急调度效果数值示范

图 13.5 为 2017 年汛期香溪河应急调度效果数值示范，调度以前的 7 月 1 日 Chl - a 浓度峰值为 245.5μg/L，7 月 3 日和 7 月 6 日 Chl - a 浓度峰值均低于 50μg/L，较 7 月 1 日显著降低。7 月 1 日，香溪河库湾河口至平邑口 Chl - a 浓度平均值为 79.62μg/L，7 月 3 日和 7 月 6 日，则分别为 23.36μg/L 和 29.32μg/L，较 7 月 1 日分别降低了 70.66% 和 63.18%。相比 7 月 1 日，7 月 3 日香溪河库湾水华（Chl - a 浓度大于 30μg/L）覆盖面积降低了 79.42%。

13.4 防控支流水华的三峡水库调度实验效果监测

13.4.1 中长期调度防控支流水华调度实验效果监测

对比"十一五"末期 2010 年和"十二五"末期 2016 年实际监测 Chl - a 浓度（图 13.6），根据每周一次（每月 4 次）香溪河支流库湾 Chl - a 浓度的监测数据统计，2010 年（"十一五"末期）Chl - a 浓度大于 30μg/L 的次数是 15 次，16 年 Chl - a 浓度大于 30μg/L 的次数是 7 次，水华频次下降了 53.3%。"十二五"末期较"十一五"末期藻细胞密度显著下降（图 13.7），丰水期内藻类细胞密度均值小于 $30×10^4$cells/L，水体多处于贫营养型；浮游藻类细胞密度最大值由大于 $40×10^4$cells/L 降低为小于 $25×10^4$cells/L，平均值由 $7.2×10^4$cells/L 下降为 $3.3×10^4$cells/L。说明在中长期调度的影响下，香溪河水华情势有所缓解。

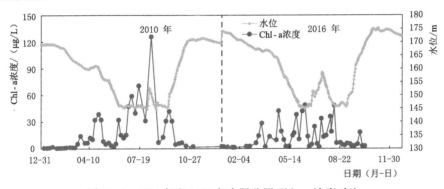

图 13.6 2010 年和 2016 年实际监测 Chl - a 浓度对比

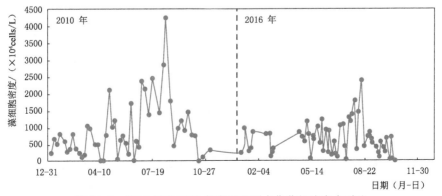

图 13.7 2010 年和 2016 年实际监测水华藻细胞密度对比

13.4.2 应急调度防控支流水华效果监测结果

13.4.2.1 防控香溪河库湾水华效果

据 2017 年汛期应急调度模拟结果进行调度，随后开展了香溪河、渣溪河及童庄河实际水华跟踪监测。图 13.8 为 2017 年调度期间库湾 Chl-a 浓度变化过程。由图 13.8 可知，香溪河库湾上游表层 Chl-a 浓度明显高于下游，7 月 1 日库湾上游表层 Chl-a 浓度最大，峰值超过 160μg/L，且从上游向下游逐渐减小。结合图 13.9 可知，随着水库水位的抬升，至 7 月 4 日 Chl-a 浓度逐渐减小。

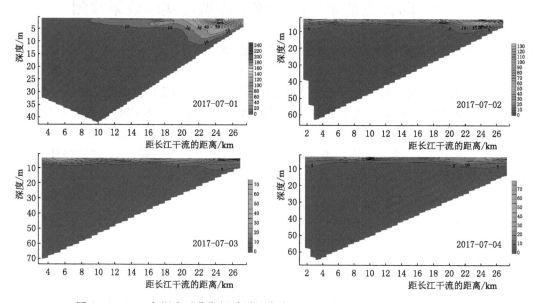

图 13.8 2017 年调度示范期间香溪河库湾 Chl-a 浓度分布图（单位：μg/L）

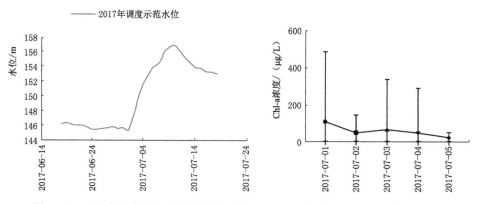

图 13.9 2017 年调度示范水位下香溪河库湾 Chl-a 浓度变化过程（单位：μg/L）

如图 13.10 所示，通过水库群联合调度前后香溪河水华情况对比图，可以明显看出，调度前，水华情势严重，呈现墨绿色；调度后水华基本消失，水色变清。通过水库调度，XX01 的 Chl-a 浓度降低了 47.68%，XX05 降低了 83.65%，XX08

降低了 83.65%，综合降低了 64.52%。香溪河库湾的水华（Chl-a 浓度大于 30μg/L）覆盖面积由 7 月 1 日的 81.59% 降低至 7 月 4 日的 15.28%，整体降低了 66.31%。如图 13.11，随着水库水位的抬升，7 月 5 日以后香溪河库湾 Chl-a 浓度大幅降低，峰值降为 52.39μg/L，调度后期，Chl-a 浓度降为 41.53μg/L，水华基本消失。

图 13.10　香溪河叶绿素浓度降低效果及调度前后照片对比

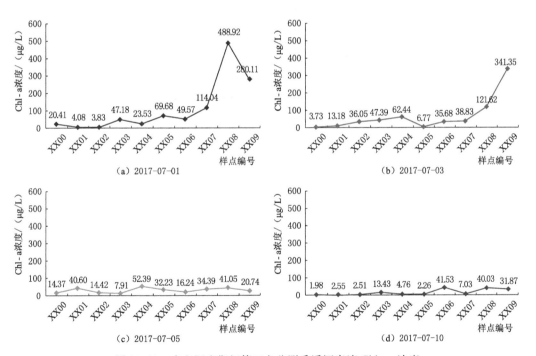

图 13.11　应急调度期间第三方监测香溪河库湾 Chl-a 浓度

13.4.2.2　防控其他支流库湾水华效果

　　水库调度期间渣溪河表层 Chl-a 浓度变化过程如图 13.12 所示。由图 13.12 可知，随着蓄水过程的进行，渣溪河各监测点表层 Chl-a 浓度均显著降低，其中，ZX01（渣溪河上游）由 7 月 4 日的 24.76μg/L 降至 7 月 10 日的 0.90μg/L，Chl-a 浓度降低了

96.37%；ZX02（渣溪河中游）由 24.89μg/L 最终降至 0.63μg/L，Chl-a 浓度降低了 97.47%；ZX03（渣溪河下游）由 34.01μg/L 最终降至 0.79μg/L，Chl-a 浓度降低了 97.68%。7 月 10 日，渣溪河水华基本消失。

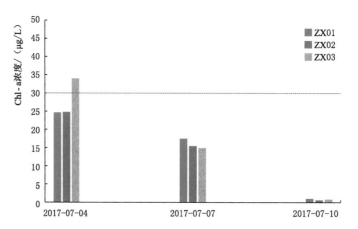

图 13.12 2017 年调度示范水位下渣溪河 Chl-a 浓度变化过程

水库调度期间童庄河表层 Chl-a 浓度变化过程如图 13.13 所示。由图 13.13 可知，随着蓄水过程的进行，童庄河各监测点表层 Chl-a 浓度均显著降低，其中，TZ01（童庄河上游）由 7 月 4 日的 31.36μg/L 降至 7 月 10 日的 2.27μg/L，Chl-a 浓度降低了 92.76%；TZ02（童庄河中游）由 16.07μg/L 最终降至 2.81μg/L，Chl-a 浓度降低了 82.51%；TZ03（童庄河下游）由 26.65μg/L 最终降至 2.45μg/L，Chl-a 浓度降低了 90.81%。7 月 10 日，童庄河水华基本消失。

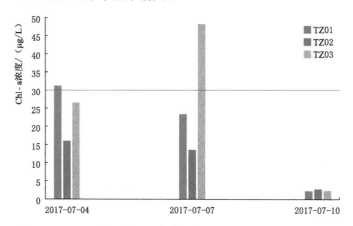

图 13.13 2017 年调度示范水位下童庄河 Chl-a 浓度变化过程

调度模拟和跟踪观测以及第三方监测表明，"潮汐式"水库生态调度方法能够实现包括香溪河在内的数条支流水华防控[1]。本书基于临界层理论[13]和中度扰动理论[14]，采用 CE-QUAL-W2 模型对三峡水库干流水流-水位进行数值模拟，分析三峡水库坝前水位变化对整个三峡水库水位变化的作用范围。并根据入库水情开展"潮汐式"调度，实现水位波动，在短时间内能够消除支流水华，中长期调度的影响下，能够有效防控香溪河水华[15]。

13.5 本 章 小 结

本章结合"潮汐式"生态调度防控支流库湾水华的数值模拟和现场监测结论，提出了防控支流库湾水华的三峡水库生态调度准则，并在三峡水库开展示范验证了"潮汐式"调度在三峡水库的可行性，主要结论包括以下几个方面：

(1) 防控支流水华的水库群中长期运行准则。枯水期无须考虑防控水华目标；针对春季水华，4月初，当水位不低于165m时，开始加大泄水量，水位降幅按不大于0.6m/d控制，持续7天，降低水位4m以上，然后再按允许最小流量6000m³/s下泄，使水位逐步抬升，抬升水位3m以上，以上过程反复进行；5月25日至6月10日不考虑防控水华目标；6月10日至8月31日，以145m为起始水位，日抬升2.0m，持续4天，然后稳定2天，再日降低水位1.6m，持续5天，反复进行；9月实施"分期提前蓄水方案"，前3日按不低于2m/d的幅度抬升水位，后期按10000m³/s下泄并逐步抬升水位；10月当来水流量大于8000m³/s时，开展第二阶段蓄水，直至蓄水至175m。

(2) 防控支流水华的水库群短期应急调度需求。针对4—5月水华，当三峡水库水位不低于165m时，首先按0.6m/d降低三峡水库水位，持续5天，然后再按最低流量下泄并日抬升水位1.5m，持续3天，反复进行；针对6月10日至8月31日，在保证防洪安全条件下，若以145m为起始水位，首先日抬升2.0m，持续5天，然后稳定2天，再日降低水位1.8m，持续5天，反复进行；若以150m为起始水位，首先日抬升水位2.0m，持续3天，稳定2天，然后日降低水位1.5m，持续2天；针对9—10月水华，实施水库群应急调度，前3日按不低于2m/d的幅度抬升水位，后期根据调度规程逐步抬升水位。

(3) 采用水华暴发频次、全库湾Chl-a浓度平均值、水华覆盖面积比例、浮游植物生物量（藻细胞密度）等作为水华防控效果评价指标。

(4) 调度模拟和跟踪观测以及第三方监测表明，"潮汐式"水库生态调度方法能够实现包括香溪河在内的数条支流水华防控。本书基于临界层理论和中度扰动理论，采用CE-QUAL-W2模型对三峡水库干流水流-水位进行数值模拟，分析三峡水库坝前水位变化对整个三峡水库水位变化的作用范围。根据入库水情开展"潮汐式"调度，实现水位波动，在短时间内能够消除支流水华，中长期调度的影响下，能够有效防控香溪河水华。

参 考 文 献

[1] 杨正健. 分层异重流背景下三峡水库典型支流水华生消机理及其调控 [D]. 武汉：武汉大学，2014.
[2] 姚绪姣，刘德富，杨正健，等. 三峡水库香溪河库湾冬季甲藻水华生消机理初探 [J]. 环境科学研究，2012，25 (6)：645-651.
[3] 杨正健，俞焰，陈钊，等. 三峡水库支流库湾水体富营养化及水华机理研究进展 [J]. 武汉大学学报：(工学版)，2017，50 (4)：507-516

［4］　马骏，余伟，纪道斌，等．三峡水库春季水华期生态调度空间分析［J］．武汉大学学报（工学版），2015，48（2）：160－165.

［5］　杨正健，刘德富，纪道斌，等．防控支流库湾水华的三峡水库潮汐式生态调度可行性研究［J］．水电能源科学，2015，33（12）：48－50，109.

［6］　三峡大学．一种通过水位调节控制河道型水库支流水华发生的方法：CN201010532571.1［P］2011－03－02.

［7］　蔡卓森，戴凌全，刘海波，等．兼顾下游生态流量的溪洛渡-向家坝梯级水库蓄水期联合优化调度研究［J］．长江科学院院报，2020，37（9）：31－38.

［8］　周研来，郭生练，陈进．溪洛渡-向家坝-三峡梯级水库联合蓄水方案与多目标决策研究［J］．水利学报，2015，46（10）：1135－1144.

［9］　彭浩，许模，郭健，等．水库水位下降速率对滑坡稳定性控制作用研究［J］．人民黄河，2013，35（4）：131－134.

［10］　彭杨，李义天，谢葆玲，等．三峡水库汛后提前蓄水方案研究［J］．水力发电学报，2002（3）：12－20.

［11］　杨正健．基于藻类垂直迁移的香溪河水华暴发模型及三峡水库调控方案研究［D］．宜昌：三峡大学，2010.

［12］　曾勇，杨志峰，刘静玲．城市湖泊水华预警模型研究——以北京"六海"为例［J］．水科学进展，2007，018（1）：79－85.

［13］　范绪敏，宋林旭，纪道斌，等．基于临界层理论的水华生消机理实验研究［J］．环境科学与技术，2017，40（11）：89－94.

［14］　李哲，王胜，郭劲松，等．三峡水库156m蓄水前后澎溪河回水区藻类多样性变化特征［J］．湖泊科学，2012，24（2）：227－231.

［15］　刘德富，杨正健，纪道斌，等．三峡水库支流水华机理及其调控技术研究进展［J］．水利学报，2016，47（3）：443－454.

附录　香溪河库湾断面布设及说明

　　基于三峡大学于兴山县峡口镇建立的香溪河水生态与环境野外观测站,对香溪河库湾回水河段进行长期的水文水动力现场观测。本书主要研究范围为香溪河入长江干流的河口至回水末端兴山县昭君镇共计30km的水域,该河段内每3km左右设置一个采样断面,如附图所示,分别记为XX00～XX10(汛期水位较低时无XX10断面),在昭君镇上游,靠近兴山水文站附近设置1个香溪河源头采样断面(记为XXYT),并在香溪河河口的长江干流布设1个断面(记为CJXX),共计13个采样断面。

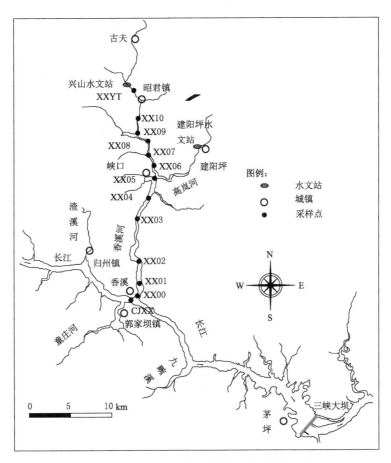

附图　香溪河库湾采样断面分布图

后　　记

　　《三峡水库支流水华与生态调度新进展》一书终将落笔梓刻，是对2013年团队编著的《三峡水库支流水华与生态调度》一书中尚未解决的问题的深入补充和完善。若从2003年恩师刘德富教授开始水库生态环境研究算起，团队开展三峡水库水华研究已有十七年之久。十七年里，在刘德富教授的带领下，研究团队始终聚焦于"三峡水库支流库湾水华"这一个问题，先后有黄应平、肖尚斌、王从锋、黄钰铃、诸葛亦斯、罗华军、纪道斌、杨正健、宋林旭、张佳磊、马骏、苏青青、崔玉洁等十三名教师参与了相关研究工作，投入的博士生、硕士生总数已超过100名。大家在一起团结协作、锲而不舍、甘于清苦、静心研究，才形成了一系列成果，并全部集中在《三峡水库支流水华与生态调度》和《三峡水库支流水华与生态调度新进展》两部著作中。

　　这两部著作，均是以三峡水库大量原位监测为基础，从寻求三峡水库及其支流库湾水动力及水环境特点出发，通过有针对性的室内外控制实验、数值建模、方案建议和实验验证等过程来实现"水华机理及其生态调控方法"这一研究目标的。研究亮点包括：①通过构建水库微弱流场监测方法发现了支流库湾分层异重流特性；②证实了支流库湾水华藻类可利用营养盐主要来自水库干流补给；③指明了水体分层是支流库湾藻类水华的主要诱因；④通过改进临界层理论提出了适合三峡水库的水华生消判定条件；⑤构建了三峡水库干支流水流-水质-水华耦合仿真模型；⑥实现了支流库湾藻类水华预测预报；⑦找到了防控支流库湾藻类水华的环境干扰条件为混光比大于2.8；⑧发明了防控支流库湾水华的三峡水库"潮汐式"生态调度方法；⑨论证了通过三峡水库调度防控支流库湾水华是可行且可靠的。利用这些研究成果，先后完成包括国家水污染科技重大专项、国家科技支撑计划、国家自然科学基金、国家国际科技合作专项等在内的各类科研项目30余项，合计经费近5000万元，发表论文200余篇，申报专利50余项，荣获省部级以上奖励4项。

　　虽然经过十七年的研究取得了如上成果，但是回过头来看，这些成果多是对宏观监测发现的一些现象进行的总结和解释，而关于三峡水库水华生消机理及其与环境因子的本质关系问题仍然没有回答清楚。实际上，水华是藻类的生长、死亡、运移和聚集过程的一种外观表现，因此，水华的准确研究尺度应该小于藻细胞及其聚集体的尺度，而目前采用的监测、模拟、实验等尺度都是在米以上的范围，自然无法捕捉到环境条件与藻类之间的本质关系。以水流与藻类的关系为例，因不同微藻的主动迁移能力、几何形态及理化特征等不同，其被裹挟夹带并随水体掺混、输移所需的紊动强度也不相同，以目前时空平均化的监测流场和水流模拟尺度，是无法考虑藻细胞的迁移规律和几何形态的。因此，要真正诠释藻类水华的生消机理，必须要将研究方法从宏观尺度改进到小于藻细胞大小的微观尺度，这也是后期的重点研究方向。

　　总的来说，两本著作是对研究团队从宏观尺度研究三峡水库支流库湾藻类水华的过程的系统梳理和经验总结，希望能够给读者朋友们一些启示，避免在相关问题上再犯相同的错误，当然，部分研究方法、成果和结论也可为读者提供一些借鉴。因受作者水平和编著时间的限制，本书中难免有疏漏或不足之处，还请读者谅解并提出宝贵意见。

作者